21世纪高等学校网络空间安全专业系列教材

网络安全教程与实践

第3版

李启南 李娇 编著

清华大学出版社

北京

内 容 简 介

本书以国密算法为主线讲解密码学,突出公钥密码算法 SM2、哈希算法 SM3、对称密码算法 SM4 三大国产密码算法的具体应用实践;系统阐述欧拉定理、阿贝尔群、点加运算、倍点运算等相关密码学基础数学,重在培养读者应用数学理论解决密码学复杂工程问题的创新能力,帮助读者提高信息系统国密替代实践能力;通过豪密、祖冲之算法、网络安全法等内容支撑课程思政;具体讲解华为 USG6530 防火墙安全策略配置真实案例,支持网安设备国产化,提高读者保证网络安全正常运行的工程实践能力;第 7 章通过数字水印编程提高读者保护数字资源版权的工程实践能力,具有一定的编程挑战度。

本书例题丰富、案例真实,可作为高等院校信息类专业高年级本科生和低年级硕士研究生的教材。

图书在版编目(CIP)数据

网络安全教程与实践 / 李启南,李娇编著. -- 3 版. -- 北京:清华大学出版社,2025. 6.
(21 世纪高等学校网络空间安全专业系列教材). -- ISBN 978-7-302-69470-0

Ⅰ. TP393.08

中国国家版本馆 CIP 数据核字第 2025G5E047 号

责任编辑:贾 斌 薛 阳
封面设计:刘 键
责任校对:刘惠林
责任印制:刘海龙

出版发行:清华大学出版社
    网 址:https://www.tup.com.cn,https://www.wqxuetang.com
    地 址:北京清华大学学研大厦 A 座   邮 编:100084
    社 总 机:010-83470000   邮 购:010-62786544
    投稿与读者服务:010-62776969,c-service@tup.tsinghua.edu.cn
    质量反馈:010-62772015,zhiliang@tup.tsinghua.edu.cn
    课件下载:https://www.tup.com.cn,010-83470236
印 装 者:三河市人民印务有限公司
经 销:全国新华书店
开 本:185mm×260mm 印 张:22.5   字 数:548 千字
版 次:2012 年 9 月第 1 版 2025 年 7 月第 3 版 印 次:2025 年 7 月第 1 次印刷
印 数:1~1500
定 价:69.00 元

产品编号:105710-01

第 3 版前言

时光飞逝,本书第 2 版已经出版五年。回顾四年一轮的教学实践,通过增加例题讲解,将枯燥、抽象的密码学教学内容变得有趣、具体化,激发了学生学习兴趣、活跃了课堂教学气氛、提高了理论教学质量;通过增加国产商用密码实现等实验教学内容,提高了学生应用国产密码保证网络安全的工程实践能力,助力了密码国产化应用。但也发现教学内容存在重点不突出、过于追求知识点面面俱到、部分内容较空泛等不足。这促使我们对教材相关章节的安排及内容取舍进行了新的思考,希望通过新版教材得以改善。

第 3 版将第 2 版的 9 章精简为 8 章,分为密码学、网安设备配置、数字版权保护、网络安全法律法规 4 部分,删除了第 2 版中内容较空泛的第 6、9 章;将第 2 章"密码学基础"分解为对称密码、公钥密码、数字签名 3 章,突出各自重点内容,增加了公钥密码中相关数学知识的介绍,知识结构更加清晰。具体讲解了国产商用密码 SM2、SM3、SM4 的工作原理,增加了"基于 SM 算法的环签名实验",培养读者进行国产密码替代的工程实践能力,提高了密码编程实验挑战度,鼓励读者积极、主动探索新知识。对其余章节进行了简化合并。本次修订的具体内容如下。

第 1 章网络安全概论。将第 2 版第 7 章"计算机病毒与特洛伊木马"内容精简合并到本章,将第 2 版第 1 章《网络安全法》相关内容调整到本书第 8 章。本章主要讲解网络安全定义、西北工业大学网络攻击事件、震网病毒,加深对"没有网络安全,就没有国家安全"的直观认识。

第 2 章对称密码。新增 SM4 工作原理讲解,强化凯撒密码、栅栏密码,帮助读者直观认识对称密码的对称性;讲解 DES 算法、SM4 算法,培养读者密码学思维;讲解豪密、祖冲之算法,培养读者爱国主义精神;重点理解对称密码的对称性。

第 3 章公钥密码。新增 SM2 工作原理讲解,强化了阿贝尔群、欧拉定理、费马小定理、数乘运算、点加运算、模运算、最大公约数等相关数学知识教学,重点培养学生应用数学知识解决密码学复杂工程问题的能力。

第 4 章哈希算法和数字签名。新增 SM3 工作原理讲解和哈希函数在区块链中的应用内容,重点培养学生应用密码学知识解决网络通信安全工程问题的实践能力。

第 5 章网络攻防。由第 2 版第 3 章"网络攻防技术"和第 5 章"IP 安全与 Web 安全"内容精简合并而成,通过案例讲解网络攻防过程。

第 6 章防火墙。重点培养学生合理地配置防火墙安全策略,保证网络运行安全的工程实践能力。

第 7 章数字版权保护。精简了部分理论知识,突出了编程教学,重点培养学生应用数字水印技术,编程实现保护多媒体数字资源版权的工程实践能力。

第 8 章网络安全法律法规。新增章节,介绍《网络安全法》等法律知识。普及网络安全法律知识,提高全民网络安全意识。保护网络安全不仅靠技术,还要靠法律,两者缺一不可。需要通过技术发现网络犯罪,通过法律打击、威慑网络犯罪,保护清朗网络空间。

本书的出版得到了甘肃省自然科学基金项目"基于 SM2 可链接环签名的共识算法抗自适应攻击研究"(22JR5RA356)的资助。

本书参考理论学时为 32 学时,实验学时为 16 学时;或者理论学时 24 学时,讲授前 6 章,实验学时 8 学时,任意选做 4 个实验。编者整理了教学课件、课后作业、实验指导、示例代码、习题答案。请各位教师在清华大学出版社网站(http://www.tup.com.cn)下载参考。在线作业请扫描封底的作业系统二维码,登录网站在线做题及查看答案。

由于编者水平有限,书中难免存在错误和不当之处,敬请读者提出宝贵意见。

编　者

2025 年 3 月

目　　录

第 1 章　网络安全概论

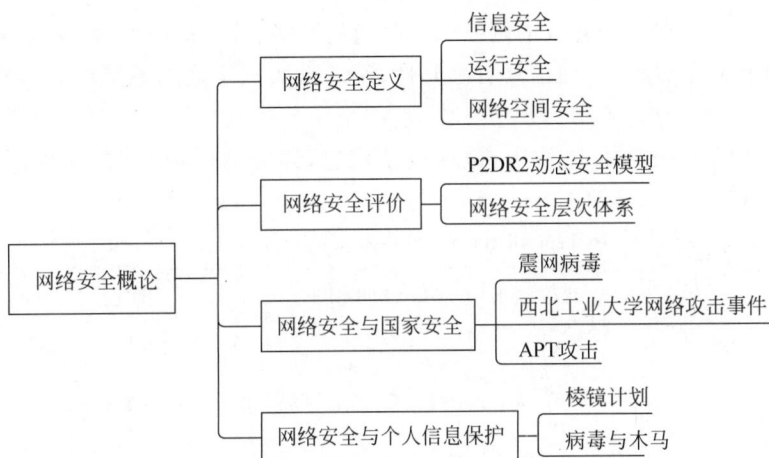

```
                                ┌─ 信息安全
              ┌─ 网络安全定义 ───┤─ 运行安全
              │                  └─ 网络空间安全
              │
              │                  ┌─ P2DR2动态安全模型
              ├─ 网络安全评价 ───┤
              │                  └─ 网络安全层次体系
              │
网络安全概论 ─┤                  ┌─ 震网病毒
              ├─ 网络安全与国家安全 ─┤─ 西北工业大学网络攻击事件
              │                  └─ APT攻击
              │
              │                      ┌─ 棱镜计划
              └─ 网络安全与个人信息保护 ─┤
                                      └─ 病毒与木马
```

本章首先讲解网络安全定义,然后介绍衡量网络安全程度的 P2DR2 模型,最后通过西北工业大学网络攻击事件、震网病毒、棱镜计划,强调了网络安全的重要性,加深对"没有网络安全,就没有国家安全"的直观认识,阐述"网络安全为人民,网络安全靠人民"的理念。

网络安全包括网络信息安全和网络运行安全。信息安全是指网络中传输、存储的信息具有保密性、完整性、可用性。运行安全是指网络不因偶然或恶意原因中断提供网络服务。网络安全的重要性体现在网络安全不仅与国家安全密切相关,而且与个人信息安全密切相关,网络安全存在于工作、生活的方方面面。P2DR2 模型为实现网络安全指明了方向。

1.1　网络安全定义

《网络安全法》规定:网络安全是指通过采取必要措施,防范对网络的攻击、侵入、干扰、破坏和非法使用及意外事故,使网络处于稳定可靠运行的状态,以及保障网络数据的完整性、保密性、可用性的能力。

网络安全既要保证网络处于全天候稳定可靠运行的状态,使用者可以随时随地使用网络进行信息交流,称为运行安全;也要保护网络中存储、传输、计算的数据具有保密性、完整性、可用性,发送者相信发送的数据能够被接收者完整、安全地接收,接收者能够相信收到的信息是完整、可信的,称为信息安全。

因此,网络安全=运行安全+信息安全。

网络安全是运行安全和信息安全的有机结合,运行安全是信息安全的前提和物质基础,信息安全是运行安全的具体表现和目的。

本书将网络抽象为如图 1-1 所示的 AB 模型网络,Alice 是网上银行 Bank 的合法客户,

Alice 和 Bank 之间相互通信实现网上银行安全支付。

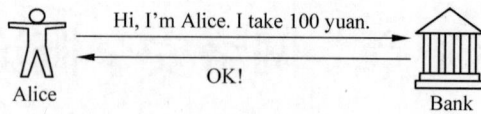

图 1-1　AB 模型网络

　　由于信息(数据)在一个开放的网络(大气、通信网络、计算机网络、物联网)中传输,通过网络获取信息是简单可行的,通信具有公开性,所以真实网络通信系统中是存在敌手(攻击者)的。

　　如图 1-2 所示,Trudy 可以侦听、截取通信信息,读懂通信内容(被动攻击),也可以删除、增加报文、重放报文、篡改报文(主动攻击)。

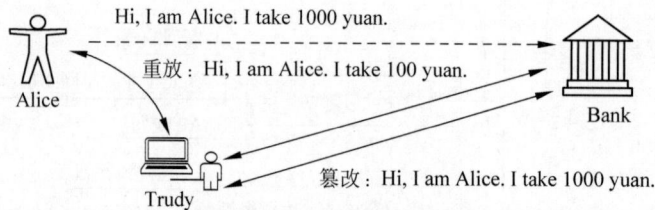

图 1-2　AB 网络安全模型

　　要保证 AB 模型网络安全需要满足以下条件。

　　(1) A 希望确保除了 B 之外没有人能获得本次通信信息,或者即使有其他人获得,也不知道本次通信的详细内容,这是保密性。

　　(2) A 和 B 希望确保没有人可以篡改本次通信内容(如金额、日期、收款人姓名等),B 需要防止 Trudy 擅自增加自己账户的余额,或者改变 Alice 账户里的余额,这是完整性。

　　(3) B 希望确认本次通信确实来自 A,而不是来自冒充 A 的其他人(这种情况下可能是假信息),这是可认证性。

　　(4) 用户 A 通过因特网向 B 发送资金转账请求。银行按照 A 的指令进行资金转账后,A 不能声称自己从未给银行发送过资金转账的指令,即 A 否认(或抵赖)了资金转账指令,这是不可抵赖性。这会发生什么呢? B 或法院将用 A 的签名驳回 A 的抵赖,解决争议。

　　如图 1-2 所示,Trudy 可以在 Alice 关机后重放通信内容,这会破坏网络安全;也可以重放信息时将转账金额从 100 元篡改为 1000 元,这将引发消息完整性的丧失。

　　保护网络不受这些攻击或减少这些攻击的危害需要解决以下问题。

　　(1) 如何防止 Trudy 窃听信息?

　　(2) Bank 如何检查信息在传输中有没有改变?

　　(3) Bank 如何确认 Alice 不是 Trudy 假冒的?

　　(4) 如何防止重放?

　　理解网络安全的关键是树立现实网络中存在各种各样的敌手(攻击者)的观念。敌手通过多种技术手段或破坏网络设施,阻止网络运行安全,危害国家安全;或者非法获取网络信息,追求个人利益最大化,损害全社会的网络信息安全。

　　保护网络安全要"打防结合",既要用法律来惩治破坏网络安全的行为、个人或组织,打击网络犯罪;也要用技术来保证网络安全,防止网络犯罪。

1.1.1　信息安全

信息安全是指信息具有保密性、完整性、可用性。具体研究在有敌手的对抗环境下,信息在产生、传输、存储、处理各个环节中所面临的威胁和防御措施。

保密性、完整性、可用性(confidentiality,integrity,availability,CIA)称为信息安全的三要素。

(1) 保密性(confidentiality):在数据的存储、传输过程中,保证非授权第三方不了解信息真实含义;同时接收端授权用户能够了解信息真实含义的特性。也就是说,保密性规定只有发送方和预期的接收方才能理解消息内容。如果未授权人员能理解该消息,则违背了保密性原则。

例如,A 将机密电子邮件发送给 B,攻击者 Trudy 未经 A 和 B 的同意或在 A 和 B 不知情的情况下访问了该邮件,这种攻击称为截获(iterception)。截获会导致信息保密性丧失。

保密性的目的是防止对信息进行未授权的"读"。对敏感信息在传输过程中进行保护是信息传输的通用需求。

为了保证通信效率问题,保密性并不防止非授权第三方获取(读)信息,但要保证非授权第三方不能读懂信息。也就是说,非授权第三方可以获得存储、传输中的信息,但这个信息是加密的信息,非授权第三方无法将其解密获得原始信息。

(2) 完整性(integrity):保证信息未经授权不能进行改变的特性。即信息在存储或传输过程中保持不被修改、不被破坏和丢失的特性,保证接收到的信息和发出的信息是相同的。目的是防止或至少是检测出未授权的"写"(对数据的改变)。

(3) 可用性(availability):授权方可随时享用资源(信息),即当需要时保证合法用户对信息或资源的使用不会受到影响或被不正当地拒绝,而且发送方不能否认发送过该信息(不可抵赖性)、接收方能够有效认证发送方的真实身份(可认证性),信息具有正能量。

如图 1-3 所示,由于攻击者 Trudy 的故意行为,授权用户 Alice 可能无法联系 Bank 服务器,这破坏了可用性。这种攻击称为中断(interruption),中断危害资源的可用性。

从法律层面上讲,需要信息内容符合国家法律法规要求,具有正能量,不能是反动、虚假、诈骗等信息,只有这样信息才是可用的。

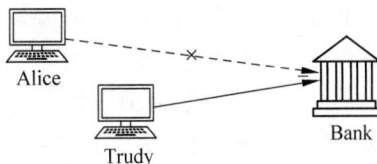

图 1-3　针对可用性的攻击

可用性可细分为可认证性(authentication)和不可抵赖性(non-repudiation)。

可认证性保证了信息发送者的身份可被认证,接收信息具有真实性。

不可抵赖性不允许消息发送方拒绝承认发送过消息,保证了信息的来源可靠,接收信息具有可靠性。不可抵赖性也称不可否认性,可以保证在信息交互过程中所有参与者都不可能否认或抵赖曾经完成的操作和承诺甚至是"内鬼"行为。不少黑客会伪装成真正的发送者,给你发送虚假的信息,此时需要对发送者的身份进行认证,可使用信息认证码、数字签名的方式。

只有具有以上两个性质,接收的信息才是真实可用的。

有时用户发送了消息后,又想否认自己发送了该消息。例如,用户 A 通过因特网向银行 B 发送资金转账请求。银行按照 A 的指令进行资金转账后,A 反悔,声称自己从未给银行发送过资金转账的指令,即 A 否认(或抵赖)了资金转账指令。不可抵赖性可以防止这种对已做过某事但却否认做过该事的抵赖行为。

【案例 1】 购买房屋时,你和开发商一定会同时在合同上签字(或盖章)。如果你足够细心,你可能会发现开发商在合同的每一页都盖了章。除了在签字页签字外,你可能还会在合同页的侧面签字(或是每一页都签字)。

为什么要在合同上签字呢?在合同签字页上签字其实是有两个目的:一是为了方便验证签署人的身份,因为每个人的笔迹都有所不同,所以可以通过笔迹来验证签署合同的人到底是谁。二是在验证签署人身份的基础上,确保签字双方不会抵赖合同的签署。这就是身份验证和不可抵赖的需求。

为什么开发商还要在合同的每一页上盖章呢?你又为什么还要在合同页侧面签字呢?其实双方都怕对方在合同签署后,把其中几页替换成对自己有利的内容。这就是信息完整性的需求,即可以验证信息创建之后是否被篡改的需求。

保密性和完整性不是一个概念。如图 1-4 所示,Trudy 不能读懂通信的内容(保密性),但可以修改这些不可读的数据(破坏完整性)。

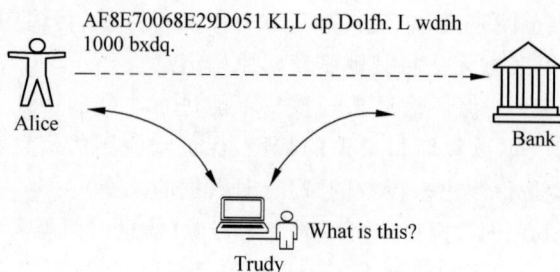

图 1-4 AB 安全模型

显然,Trudy 通过延时重放就可假冒 Alice,Bank 如何知道这个登录的"Alice"是真实的 Alice,而不是 Trudy 假冒的? 这是身份认证需要解决的问题。

此外,Trudy 可以对 Bank 发动拒绝服务(denial of service,DoS)攻击,会导致 Alice 无法获得服务,从而破坏 Bank 的可用性。

因此应该从 AB 模型接收者视角来理解网络信息安全含义:接收方可以随时随地获得数据,且可验证发送方身份真实(可认证性)、发送方不可以否认发送过该数据(抗抵赖性)、接收方接收数据完整(完整性),第三方在数据传输过程中无法读懂数据的含义(保密性)。

信息安全技术是实现信息具有保密性、完整性、可用性的技术,包括如图 1-5 所示的密码学技术(对称加解密技术、非对称加解密技术、摘要技术)和信息隐藏技术(数字水印技术、数字指纹技术)。

(1)为防止信息被窃取、监听,避免秘密泄露,需要确保信息的保密性,可以使用对称加密与非对称加密对信息进行加密保护。

(2)为防止信息被篡改,导致接收者收到错误的信息,可以使用数字签名、信息认证码、单向哈希函数的技术保证信息的完整性。

信息的整个生命周期包括信息的产生、存储、传输、应用(计算)多个阶段,以上信息安全定义强调了信息在网络传输过程中的安全,忽略了信息产生、存储、应用(计算)中的安全,未

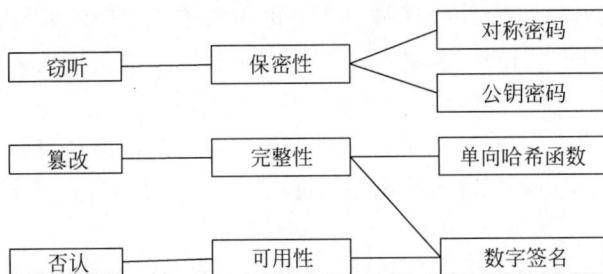

图 1-5　密码学技术

能覆盖信息的整个生命周期；强调了信息自身的安全，忽略了信息生存依赖硬件设备的安全。因此需要将信息安全的概念进一步扩展：信息安全不应局限于信息生命周期的部分阶段，而是全生命周期的安全；不仅要保护信息自身的安全，同时也要保护与信息密切相关的软硬件安全。这就是网络安全产生的原因。

1.1.2　运行安全

运行安全是指网络系统的硬件、软件不因偶然的或恶意的原因而遭受到破坏、更改，系统连续可靠正常地运行，网络服务不中断。

运行安全是整体性概念，针对的是若干台设备（计算机、手机、传感器等）构成的网络，而非单个设备。

网络的开放性不可能保证整个网络运行的安全，因此需要将网络划分为安全区（trust）、不安全区（untrust）、非军事区（demilitarized zone，DMZ）三个不同安全等级的区域，如图 1-6 所示。

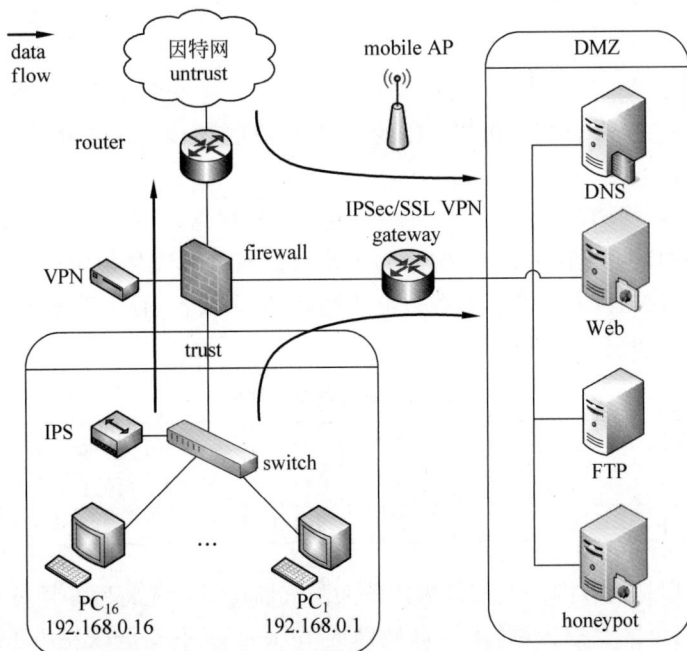

图 1-6　网络安全区域示意图

网络运行安全保证网络 trust 区域、DMZ 的运行安全,不保证 untrust 区域的运行安全。运行安全是局部网络(trust 区域)运行安全,而非整个网络运行安全;是相对安全,而非绝对安全。

当然宏观上讲,构成 untrust 区域的网络也是由多个网络运营商的 trust 区域、DMZ 构成的。当每个网络运营商都保证自身网络 trust 区域、DMZ 的运行安全,那么整个网络也就是安全的。

使用如图 1-6 所示的防火墙(firewall)、入侵检测系统(intrusion protect system,IPS)、虚拟专用网(virtual private network,VPN)等常用网络安全设备实现网络运行安全,它们的功能如表 1-1 所示。

表 1-1　常见网络安全设备功能

设 备 名 称	设 备 功 能
防火墙	防止来自 untrust 的已知网络攻击,保证 trust 安全,构筑第一道网络安全防线
入侵检测系统	检测发现未知网络攻击并做出实时反应,构筑第二道网络安全防线
虚拟专用网	保证 untrust 用户与 trust 建立可信的安全连接,保证数据的传输安全
IPSec/SSL VPN 网关	支持移动用户与 trust 建立可信的安全连接,保证数据的传输安全
物理蜜罐	诱骗黑客进行攻击,跟踪研究网络攻击技术发展,进行网络攻击法律取证

使用硬件设备而不是软件保证网络运行安全,是因为实现同样的功能,硬件运行比软件运行快,对网络通信造成的延迟小,对用户使用网络的可用性影响小。当然这也使得保证网络运行安全灵活性不足。

1. 防火墙

防火墙是由计算机软件、硬件设备组合而成,在一个安全区和不安全区之间执行访问控制策略的一个或一组系统。

个人计算机使用软件防火墙,但为了满足网络实时通信的要求,网络都使用硬件防火墙,可以理解为是一个专门执行访问策略的专用计算机。如果没有特别说明,本书所说的防火墙指硬件防火墙。

硬件防火墙通常具有多个端口分别连接多个不同网络,如图 1-6 所示防火墙具有 3 个端口。不同网络的数据包流入防火墙后,防火墙根据网络管理员设定的过滤规则对流经的每个数据包分析包头,判断其是否匹配过滤规则,匹配则放行,否则丢弃该数据包。

过滤规则示例如表 1-2 所示。

表 1-2　防火墙过滤规则

规 则 序 号	包 的 方 向	源 地 址	目 的 地 址	处 理 方 法
1	out	192.168.1.1/8	61.135.169.121	permit
2	in	61.135.169.121	192.168.1.1/8	deny

防火墙的作用是划分网络安全区域。使用防火墙可以首先将网络划分为安全区和不安全区两个区域,安全区也称内网,多为局域网或 Intranet;不安全区特指 Internet。防火墙的功能是防止来自 untrust 的已知网络攻击,保证 trust 安全,构筑第一道网络安全防线。

为了实现防火墙的功能,防火墙必须设置为阻止 untrust 对 trust 进行访问,例如,图 1-6

中的防火墙设置表 1-2 的过滤规则后,位于 untrust 的百度服务器(IP 地址为 61.135.169.121)就不能向 trust 发送信息(访问 trust),但 trust 用户(IP 地址为 192.168.1.1/8)仍然能访问百度服务器。

当防火墙阻止 untrust 对 trust 进行访问后,如果把服务器放在 trust 就会导致 untrust 无法访问该服务器,所以需要定义出一个 DMZ。DMZ 是为了解决安装防火墙后 untrust 区域用户不能访问 trust 服务器的问题而设立在 trust 区域与 untrust 区域之间的一个缓冲区域,在这个区域内可以放置一些必须公开的服务器设施,如企业 Web 服务器、FTP 服务器和论坛等。

trust 和 untrust 都可以访问 DMZ。如果 DMZ 还可以访问 trust,那么 untrust 用户就可以沿着 untrust→DMZ→trust,通过 DMZ 实现对 trust 服务器的访问,防火墙就失去了防止网络攻击的作用(绕过防火墙),这是绝对不允许的。因此划分有 DMZ 的网络,防火墙必须遵守 6 条访问控制策略,严格规定各个安全区域之间的访问关系。

① trust 可以访问 untrust;② trust 可以访问 DMZ;③ untrust 不能访问 trust;
④ untrust 可以访问 DMZ;⑤ DMZ 不能访问 trust;⑥ DMZ 不能访问 untrust。

只有这样,trust、untrust 的用户之间通信的流量才能够都通过防火墙,实现防止网络攻击的功能,保证 trust 安全。

显然 6 条访问控制策略只是一般原则,需要结合具体网络需求把它们转换为可供防火墙执行的过滤规则,具体内容将在第 5 章展开介绍。

防火墙是通过执行过滤规则实现防止网络攻击的,为了制定合理的过滤规则,就必须知道网络攻击的特征,因此防火墙只能防止已知的网络攻击。

2. 入侵检测系统

网络入侵(intrusion)是指攻击者未经授权取得了使用系统资源的权限。泛指任何试图危害资源的完整性、可信度和可获取性的动作。网络入侵的目的有多种:取得使用系统的存储能力、处理能力,以及访问其存储内容的权限;作为进入其他系统的跳板;试图破坏这个系统,使其毁坏或丧失服务能力。

入侵检测(intrusion detection)是发现、跟踪并记录网络中的非授权行为,或者发现并调查系统中可能为试图入侵或病毒感染所带来的异常活动。具体是指通过硬件或软件对网络上的数据流进行实时的检查,并与系统中的入侵特征数据库进行比较,一旦发现有被攻击的迹象,立刻根据用户所定义的动作做出反应,如切断网络连接,或者通知防火墙系统对访问控制策略进行调整,将入侵的数据包过滤掉等。

入侵检测系统(intrusion detection system,IDS)是一种对网络传输进行实时监视,在发现可疑信息传输时发出警报或采取主动反应措施的网络安全设备。与其他网络安全设备的不同之处便在于,IDS 是一种积极主动进行安全防护的设备。

IDS 的核心功能是对各种网络事件进行实时分析,从中发现违反安全策略的行为。虽然 IDS 无法准确判别出攻击的类型,但它至少在理论上可以判别更广泛,甚至未发觉的攻击。这是 IDS 存在的根源。

为什么要在防火墙基础上用 IDS?虽然利用防火墙技术,经过仔细的配置,通常能够在内外网之间提供安全的网络保护,降低了网络安全风险。但是,仅仅使用防火墙,网络安全还远远不够,可能存在如下情形。

(1) 入侵者可寻找防火墙背后可能敞开的后门。

(2) 防火墙无法防护未知的网络攻击(入侵)。

(3) 由于性能的限制,防火墙通常不能提供实时的入侵检测能力。

入侵检测技术是一种主动保护自己免受攻击的网络安全技术。作为防火墙的合理补充,入侵检测技术能够帮助系统对付未知网络攻击,扩展了系统管理员的安全能力,包括安全审计、监视、攻击识别和响应,提高了信息安全基础结构的完整性。入侵检测被认为是防火墙之后的第二道安全闸门,能在不影响网络性能的情况下对网络进行检测。

不同于防火墙,IDS 是一个监听设备,没有跨接在任何链路上,无须网络流量流经它便可以工作。因此,对 IDS 的部署唯一的要求是:IDS 应当挂接在所有所关注流量都必须流经的链路上。在这里,"所关注流量"指的是来自高危网络区域的访问流量和需要进行统计、监视的网络报文。例如,因特网接入路由器之后的第一台交换机上;重点保护网段的局域网交换机上。

3. 网络运行安全技术的发展历史

(1) 第一代网络运行安全:防火墙技术。

使用防火墙保证网络运行安全。以保护为目的,划分明确的网络边界,利用各种保护和隔离手段,如用户鉴别和授权、访问和控制、多级安全、权限管理和信息加解密等,试图在网络边界上阻止非法入侵,从而达到确保信息安全的目的。

第一代网络运行安全技术解决了许多安全问题,但并不是在所有情况下都能清楚地划分并控制边界,网络攻击也不都是已知网络攻击,无法明确制定策略进行防护,保护措施也并不是在所有情况下都有效。因此,第一代网络运行安全技术并不能全面保护网络运行安全,于是出现了第二代网络运行安全技术。

(2) 第二代网络运行安全:信息保障技术。

使用 IDS 保证网络运行安全。以保障为目的,以检测技术为核心,以恢复技术为后盾,融合了保护、检测、响应和恢复四大类技术。

第二代网络运行安全技术也称信息保障技术,目前已经得到了广泛应用。

信息保障技术的基本假设是:如果挡不住敌人,至少要能发现敌人或敌人的破坏。如能够发现系统死机、网络安全扫描、网络流量异常等。然后针对发现的安全威胁,采取相应的响应措施,从而保证系统的安全。

在信息保障技术中,所有的响应甚至恢复都依赖检测结论,IDS 的性能是信息保障技术中最为关键的部分。因此,信息保障技术遇到的挑战是:IDS 能够检测到全部的攻击吗?几乎所有人都认为,IDS 要发现全部攻击是不可能的,准确区分正常数据和攻击数据是不可能的,准确区分正常系统和有木马的系统是不可能的,准确区分有漏洞的系统和没有漏洞的系统也是不可能的。因此出现了第三代网络运行安全技术。

(3) 第三代网络运行安全:入侵容忍技术。

以顽存(survivable)为目的,即系统在遭受攻击、故障和意外事故的情况下,在一定时间内仍然具有继续执行全部或关键使命的能力。

第三代网络运行安全技术与前两代技术的最重要区别在于设计理念:不可能完全正确地检测和阻止对系统的入侵行为。第三代网络运行安全技术的核心是入侵容忍技术(或称攻击容忍技术)。

入侵容忍的含义是在攻击者到达系统,甚至控制了部分子系统时,系统不能丧失其应有的保密性、完整性、真实性、可用性和不可否认性。增强信息系统的顽存性对于在网络战中防御敌人的攻击具有重要意义。

入侵容忍技术的实现主要有两种途径。

第一种方法是攻击响应。通过检测到局部系统的失效或估计到系统被攻击,而加快反应时间,调整系统结构,重新分配资源,使信息保障上升到一种在攻击发生的情况下能够继续工作的系统。可以看出,这种实现方法依赖 IDS 是否能够及时准确地检测到系统失效和各种入侵行为。

第二种实现方法称为"攻击遮蔽"技术。就是待攻击发生之后,整个系统好像没什么感觉。该方法借用了容错技术的思想,就是在设计时就考虑足够的冗余,保证当部分系统失效时,整个系统仍旧能够正常工作。

入侵容忍技术虽然取得了一些成果,但还没有投入实际应用的产品或系统。

【结论】　网络运行安全不是保证网络不受攻击(绝对的运行安全),而是通过采用以下措施、设备实现网络少受攻击或受到攻击后能够降低性能继续运行(相对的运行安全)。

① 网络安装防火墙,防止已知网络攻击。

② 网络安装 IDS,可以防止未知网络攻击。

③ 网络使用一定入侵容忍技术,在攻击后仍然部分可用。

网络安全是运行安全和信息安全的统一体。网络安全决定了网络安全技术必须独立、自主发展,要从使用国产密码替代国际密码做起,逐步实现网络设备、系统软件、应用软件全方位网络安全,努力提高我国网络安全水平。

网络安全的内涵和外延是与时俱进的。在计算机产生之前,网络安全主要是指通信安全,重点关注的是信息安全。计算机产生后,需要考虑计算机系统的安全,如保障计算机系统自身的完整性。计算机网络产生后,网络安全中的网络主要是指计算机网络,保护计算机网络系统的硬件、软件,以及在网络中存储、传输和处理的数据。

网络安全是网络时代的信息安全,信息安全关注信息传输、存储过程中信息自身的静态安全,网络安全不局限于此,而是更加关注信息全生命周期的动态安全,将其防护对象扩展到组成我国经济社会生活的网络基础设施和其承载的各类信息系统。

从技术发展角度而言,信息安全向网络安全转变势在必行。21 世纪是互联网的时代,移动互联网、工业物联网(CPS)、5G 等新技术的应用给政府、企业和个人带来巨大便利,互联网+政务服务、电子商务和社交网络(SNS)等应用场景越来越多地依赖互联网,传统信息安全针对单点网络和单个系统,基于边界防护的静态防护策略已不能满足互联网架构下移动、弹性、分布式等新特征带来的新的安全防护需求,研究并提出互联网架构下新的网络安全保障体系已成为必然选择。

1.1.3　网络空间安全

网络空间(cyberspace)是通过全球互联网和计算系统进行通信、控制和信息共享的动态虚拟空间。与其他空间不同的是,网络空间没有明确的、固定的边界,也没有集中的控制权威,网络空间是社会有机运行的神经指挥系统。

网络空间不仅包括通过网络互联而成的各种计算系统(包括各种智能终端)、连接端系统的网络、连接网络的互联网和受控系统,也包括其中的硬件、软件乃至产生、处理、传输、存储的各种数据或信息。

网络空间安全(cyberspace security,cyber security)是人类在网络空间信息影响下的行为安全。发送者发送虚假信息、色情信息、反动信息;未经接收者同意,向接收者定向频繁推送商品信息、促销信息等都属于违反网络空间安全的行为。

网络时代,网络成为人类获取信息的首要工具,人类的行为越来越多地受到网络空间中信息的影响。信息安全保证了传输信息具有保密性、完整性、可用性,但对传输信息内容是否符合法律法规、弘扬正能量等不进行检查,不限制传输,因此诈骗信息、虚假信息、反动信息等网络信息广泛充斥于网络空间,人类(特别是缺乏辨别能力的青少年)往往在此类信息影响下做出过激、错误、违法的行为。因此网络安全不仅需要保证运行安全和信息安全,更要保证网络空间安全。

我们必须遵守法律法规,弘扬正能量,共创清朗网络空间。

网络空间是人类的共同家园,网络空间的未来应由世界各国共同掌握,而不应该由一个国家或几个国家说了算。在网络空间国际治理中,我们主张联合国发挥主渠道作用,倡导国际社会坚持共商、共建、共享,加强合作,共同制定网络空间国际规则。

综上所述,对网络安全的全面理解如下。

首先,网络安全是运行安全。只有网络运行安全了,网络中的信息才能正常有序流动,才能确保流动方向正确可控。其次,网络安全是信息安全。只有网络信息安全了,接收方才能确信收到的信息是完整、准确地发送信息,信息内容没有被未授权第三方篡改,具有完整性;该信息不能被未授权第三方读懂,信息内容没有泄密,具有保密性;接收方能够验证发送方身份真实,从而可以放心使用接收信息,具有可用性。最后,网络安全是网络空间安全。使用网络行为必须符合法律法规、遵守公序良俗,共创清朗网络空间。

1. 信息安全、网络安全、网络空间安全三者比较

信息安全、网络安全、网络空间安全具有相同的内涵,都关注信息安全,但外延和侧重点是不同的。信息安全侧重信息传输过程中自身的安全,较少关注信息传输依赖的硬件是否安全;网络安全同时关注信息传输过程中自身的安全和信息传输依赖的硬件的安全,更加全面;网络空间安全在关注网络安全的基础上,侧重人类在网络空间信息影响下的行为安全。

简单讲,信息安全侧重信息自身安全,网络安全侧重软硬件全面安全,网络空间安全侧重行为安全。

从内容上讲,网络安全是广义的信息安全,它不仅关注信息交流自身的安全(CIA),而且关注信息交流依赖的网络(硬件)安全、信息交流导致的行为安全(空间安全),内容更加广泛。

从时间上讲,网络安全是当前网络时代的信息安全,是信息安全发展历史上特定时间段的新辖区,因此网络安全是狭义的信息安全。

要看到概念间存在的差异,在不同场合使用不同名称:国家层面使用网络空间安全,个人层面使用信息安全,组织层面使用网络安全。因为不同场合、不同人,网络安全关注的重点不一样。

(1)网络运营商视角。网络运营商关注的重点是网络运行安全,网络安全等同于运行安全。震网病毒、西北工业大学网络攻击事件表明网络可用性会受到破坏，因此网络运营商的首要任务和重点是把网络核心技术掌握在自己手里，保证网络运行安全。

（2）个人视角。个人关注的重点是从网络获取的信息是否真实可信？个人信息在网络中传输、存储是否机密？是否完整？网络安全等同于信息安全。棱镜门事件说明攻击者能够破坏个人信息的保密性。每个人都必须强化自身网络安全意识，养成良好的用网习惯。

（3）一方面网络安全为人民，网络为每个人的工作、生活带来了便利，提高了效率；另一方面，网络安全靠人民，只有每个人用网安全多一点，网络攻击者得逞的概率才能少一点，整个网络安全才能高一点，每个人才能更加放心地使用网络。

（4）国家视角。国家关注的是公民网络行为安全，建设清朗网络空间，网络安全等同于网络空间安全。随着网络的普及，其成为公民获得信息的主要来源，网络越来越多地影响、支配着公民行为，国家必须依靠法律规范公民网络行为，提高网络综合治理能力，维护国家网络空间安全。

2. 网络安全教学内容

网络最基本的功能是信息交流，因此网络安全可以从运行安全、信息安全、空间安全三个层次理解。

第一，网络安全要保证网络能正常进行信息交流（运行安全），这是网络安全的物质基础和前提条件。

第二，网络安全要保证交流信息形式上安全（信息安全），即信息至少具有 CIA 性质。信息安全是网络安全的具体表现。

第三，网络安全要保证交流信息内容上安全（空间安全），即交流信息内容合法合规，具有正能量，人类在交流信息指导下的行为安全。空间安全是网络安全的最终目标。

人类进行信息交流的目标是根据获取的信息指导人的行为，正确、积极的信息产生正确、积极的行为，错误、消极的信息产生错误、消极的行为，网络安全需要保证获取的信息内容合法合规，具有正能量。

三层中每一层都是上一层的基础，相互依存，缺一不可。因此如图 1-7 所示，本书将教学内容分为运行安全、信息安全、空间安全三部分。第 5 章网络攻防、第 6 章防火墙构成运行安全教学内容；第 2 章对称密码、第 3 章公钥密码、第 4 章哈希算法和数字签名、第 7 章数字版权保护构成信息安全教学内容；第 8 章网络安全法律法规构成空间安全教学内容。

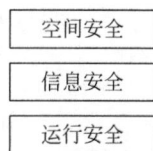

| 空间安全 |
| 信息安全 |
| 运行安全 |

图 1-7　教学内容

1.2　网络安全评价

网络是一个多种类型计算机设备、多种协议、多系统、多应用、多用户组成的分布范围很广的系统，复杂性高，因此不可避免地存在着各种各样的安全隐患和漏洞。

据 Security Focus 公司的漏洞统计数据显示，绝大部分操作系统存在着安全漏洞。由于管理、软件工程难度等问题，新的隐患和漏洞不断地被引入网络环境中，所有这些安全脆弱点都可能成为攻击者攻击的切入点,攻击者可以利用这些脆弱点入侵系统,窃取信息。

对一个网络系统进行安全性评价的时候,必须依靠相应的标准进行。我国《网络安全等级保护条例》根据网络在国家安全、经济建设、社会生活中的重要程度,以及其一旦遭到破坏而丧失功能或数据被篡改、泄露、丢失、损毁后,对国家安全、社会秩序、公共利益,以及相关公民、法人和其他组织的合法权益的危害程度等因素,将网络分为5个安全保护等级。

第一级,一旦受到破坏会对相关公民、法人和其他组织的合法权益造成损害,但不危害国家安全、社会秩序和公共利益的一般网络。

第二级,一旦受到破坏会对相关公民、法人和其他组织的合法权益造成严重损害,或者对社会秩序和公共利益造成危害,但不危害国家安全的一般网络。

第三级,一旦受到破坏会对相关公民、法人和其他组织的合法权益造成特别严重损害,对社会秩序和社会公共利益造成严重危害,或者对国家安全造成危害的重要网络。

第四级,一旦受到破坏会对社会秩序和公共利益造成特别严重危害,或者对国家安全造成严重危害的特别重要网络。

第五级,一旦受到破坏会对国家安全造成特别严重危害的极其重要网络。

《网络安全等级保护条例》要求网络运营者应当在规划设计阶段确定网络的安全保护等级。当网络功能、服务范围、服务对象和处理的数据等发生重大变化时,网络运营者应当依法变更网络的安全保护等级。

对拟定为第二级以上的网络,其运营者应当组织专家评审。有行业主管部门的,应当在评审后报请主管部门核准。跨省或全国统一联网运行的网络由行业主管部门统一拟定安全保护等级,统一组织定级评审。

等级保护对象应当选择符合资质要求的第三方测评机构,依据《网络安全等级保护测评要求》等技术标准,定期对等级保护对象开展等级测评。第三级定级对象应当每年进行一次等级测评工作,第四级定级对象应当每半年进行一次等级测评工作,第五级定级对象应当依据特殊安全需求进行等级测评。

1.2.1　P2DR2 动态安全模型

如图 1-8 所示,P2DR2 动态安全模型由策略(policy)、防护(protection)、检测(detection)、响应(response)和恢复(restore)五要素构成,是一种基于闭环控制、主动防御、依时间及策略特征的动态安全模型,能够构造多层次、全方位、立体的区域网络安全环境。

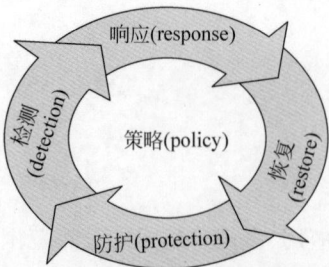

图 1-8　P2DR2 模型

(1) 防护指通过修复系统漏洞、正确设计开发和安装系统来预防安全事件的发生;通过定期检查来发现可能存在的系统脆弱性;通过教育手段使用户和操作员正确使用系统,防止意外威胁;通过访问控制、监视等手段来防止恶意威胁。如用于提供边界保护和构建安全域的防火墙技术、操作系统的身份认证技术、信息传输过程中的加密技术等。

(2) 检测是动态响应和加强防护的依据,通过不断地检测和监控网络,来发现新的威胁和弱点,通过循环反馈来及时做出有效的响应。主要包括漏洞扫描技术、IDS、IPS 等。当攻击者穿透防护时,检测功能就发挥作用,与防护形成互补。

（3）网络一旦检测到入侵，响应就开始工作，进行入侵事件处理，阻止入侵进一步发展。例如，提示用户有程序要修改操作系统注册表，要求用户确认是否允许修改。

响应机制要对入侵行为做出反应，记录入侵行为并通知系统管理员，采取相应的措施阻止该入侵行为。响应技术主要包括报警、反击等。

（4）恢复是指将系统还原到可用状态或原始状态，包括系统恢复和信息恢复。

如图 1-8 所示，模型在整体的安全策略的控制和指导下，在综合运用防护工具（如防火墙、操作系统身份认证、加密等）的同时，利用检测工具（如漏洞评估、入侵检测等）了解和评估系统的安全状态，通过适当的响应、恢复将系统调整到最安全或风险最低的状态。

防护、检测、响应、恢复组成了一个完整的、动态的安全循环，在安全策略的指导下保证网络安全。

模型通过区域网络的路由及安全策略分析与制定，在网络内部及边界建立实时检测、监测和审计机制，采取实时、快速动态响应安全手段，应用多样性系统灾难备份恢复、关键系统冗余设计等方法，构造多层次、全方位和立体的区域网络安全环境。

1. P2DR2 模型的时间域分析

模型认为，网络安全相关的所有活动，不管是攻击行为、防护行为、检测行为、响应行为等都要消耗时间。因此可以用时间来衡量一个网络的安全性和安全能力。

定义攻击者从攻击开始到攻击成功花费的时间就是模型提供的防护时间 P_t；在入侵发生的同时，检测也在发挥作用，检测到入侵行为花费的时间就是检测时间 D_t；检测到入侵后，网络做出应有的响应动作，将网络调整到正常状态的时间就是恢复时间 R_t（响应时间和恢复时间之和），则可得到如下安全要求。

$$P_t > D_t + R_t \tag{1-1}$$

由此对于需要保护的安全目标，要求满足式（1-1），即防护时间大于检测时间加上响应时间，也就是在攻击者危害安全目标之前，这种入侵行为就能够被检测到并及时处理。

如果定义 $P_t = D_t + R_t$，则 P_t 越小系统就越安全。

式（1-1）给出了一个全新的安全定义：及时地检测和响应就是安全，及时地检测和恢复就是安全。

定义为解决网络安全问题给出了明确的提示：提高系统防护时间 P_t、降低检测时间 D_t 和响应时间 R_t，是加强网络安全的有效途径。

P2DR2 动态安全模型认可风险的存在，认为绝对安全与绝对可靠的网络系统是不现实的，理想效果是期待网络攻击者穿越如表 1-3 所示防御层的机会逐层递减，穿越第 5 层的概率趋于零。

表 1-3　P2DR2 动态模型各层功能

层　　次	主　要　功　能
第 5 层	系统恢复、系统备份和还原
第 4 层	系统响应、对抗
第 3 层	系统检测、漏洞扫描
第 2 层	系统保护、包过滤和认证
第 1 层	系统策略

2. P2DR2 模型的策略域分析

安全策略(security policy)是提供安全服务的一套准则,安全策略是 P2DR2 模型的核心,规定网络要达到安全的目标而采取的各种方法和措施,所有的防护、检测、响应、恢复都是依据安全策略实施的。安全策略描述网络中哪些资源要得到保护,以及如何实现对它们的保护等。安全策略一般包括总体安全策略和具体安全策略两部分。

安全策略是网络安全的核心。网络安全必须依赖统一的安全策略管理、动态维护和管理各类安全服务。安全策略根据各类实体的安全需求,划分信任域(安全域),制定各类安全服务的策略。

在同一信任域内的实体元素,存在两种安全策略属性,即信任域内的实体元素所共同具有的共同安全策略 S_a,以及各个实体自身具有的、不违反 S_a 的具体安全策略 Spi。一个信任域的总体安全策略 $S = S_a + \sum_{i=1}^{n} Spi$。

S_a 是整个信任域的设备都必须遵守的最低安全策略,Spi 是各个设备制定的更高安全程度的安全策略,Spi 不能违背 S_a,只能在 S_a 的基础上进一步强化安全措施。

安全策略不仅制定了实体元素的安全等级,而且规定了各类安全服务互动的机制。每个信任域或实体元素根据安全策略分别实现身份验证、访问控制、安全通信、安全分析、安全恢复和响应的机制选择。

例如,根据"是否允许因特网中的计算机访问该区域计算机"这条安全策略,可将如图 1-6 所示网络划分为 trust、DMZ 两个安全程度不同的区域。trust 中计算机之间彼此信赖,可相互访问,但不允许因特网中的计算机访问该区域计算机,安全程度最高;DMZ 中计算机之间彼此信赖,可相互访问,同时也允许因特网中的计算机访问该区域计算机,安全程度次之。

通过在防火墙设置相应过滤规则(一种具体策略)可实现因特网(untrust)的实体不能访问安全区的实体(计算机),所以安全区中所有计算机都应遵循共同安全策略 $S_a = \{$不允许因特网的计算机访问本区域的计算机$\}$,其目的是保护 trust 信息不泄露,网络能够正常运行。

在安全区中,各个计算机运行不同的应用软件提供不同的应用服务,如 PC_1 运行财务软件提供工资管理服务,PC_n 运行 Word 提供文件共享打印服务。显然 PC_1 应具有向 PC_n 读写数据的权限,但 PC_n 不应具有向 PC_1 写入数据的权限,以防止其修改对应工资数据。所以 PC_n 只需要遵循共同安全策略 S_a 即可,而 PC_1 还需要进一步遵循自身的具体安全策略 $Sp_1 = \{$不允许本区域其他主机向 PC_1 写入数据$\}$。因此本信任域的总体安全策略 $S = \{\{$不允许因特网的计算机访问本区域的计算机$\}, \cdots, \{$不允许本区域其他主机向 PC_1 写入数据$\}\}$。

P2DR2 模型对网络安全理论研究和实际工作都具有重要指导意义。例如,为了保护个人计算机 PC 的信息安全,需要同时安装杀毒软件和防火墙,两者缺一不可。这是因为杀毒软件的主要功能是检测计算机是否已感染病毒,并在病毒发作后尽量恢复被破坏的信息,属于事后处理。但杀毒软件不能预防病毒传播,不具有检测木马、网络入侵的能力。防火墙的主要功能是检测已知网络入侵,按照预先设定的检测规则实时阻止已知网络入侵,起响应作用,防止网络入侵造成安全破坏。防火墙出于运行效率的考虑都不具有病毒防护能力,也不具有破坏恢复能力。所以只有把两者结合起来,才能实现 P2DR2 的要求。实时更新杀毒软件使用的病毒库和防火墙使用的木马库,则是 P2DR2 模型动态性的体现,也是实时保证网络安全的具体要求。

1.2.2　网络安全层次体系

　　资源和访问的逻辑安全管理包括如何限制资源只被合法的用户访问、如何管理各种口令、是否需要限制登录次数和登录时间、登录的用户具有哪些操作权限等。因此网络信息系统的安全性是一个复杂的问题,在具体的实践中,只能具体问题具体分析,寻找出有针对性的方法,进行全方位的综合防御。

　　与开放系统互连参考模型(open system interconnection reference model,OSI-RM)类似的还有一个鲜为人知的标准——OSI 安全模型标准,即 OSI 安全模型 7498-2,它也定义了七层安全。

　　(1) 认证。

　　(2) 访问控制。

　　(3) 不可抵赖性。

　　(4) 数据完整性。

　　(5) 保密性。

　　(6) 可用性或保证。

　　(7) 公证或签名。

　　本书涵盖了这些主题。

　　访问控制决定了谁能访问什么。例如,只允许用户 A 查看数据库记录,但不能更新记录,而允许用户 B 更新记录。

　　访问控制与两个领域相关,角色管理和规则管理。角色管理集中在用户端(哪个用户能做什么),而规则管理侧重于资源方(即在什么条件下,可以访问哪些资源)。基于决策可以建立访问控制矩阵,列出用户的可访问项,例如,允许用户 A 对文件 X 进行写入操作,但只能更新文件 Y 和文件 Z。访问控制列表(access control list,ACL)是访问控制矩阵的子集。

　　网络安全的目标就是要保证合法的用户在需要访问的时候能够访问到具有访问权限的资源;非法用户和攻击者无法访问和窃取受保护的信息。要实现网络安全的目标,网络系统必须具备以下的几个基本功能。

　　(1) 网络安全防御:对要求有安全性保障的网络,必须具备各种网络安全防御手段,使得网络系统具备阻止、抵御各种已知网络威胁和攻击的功能。

　　(2) 网络安全检测:采用各种手段和措施,检测、发现各种已知或未知的网络威胁,并能够采取相应的防范措施。

　　(3) 网络安全应急:一旦网络系统受到攻击,系统无法正常运行,甚至数据受到破坏,必须有相应的应急手段和策略,及时进行响应,阻断网络攻击,记录攻击的信息,以便事后审计和处理。

　　(4) 网络安全恢复:在网络因为攻击受到破坏后,能够尽快恢复网络系统的正常运行,尽量减少网络系统的中断时间和降低数据破坏的程度。

1.3　网络安全与国家安全

　　网络安全的重要性表现为网络安全不仅与国家安全密切相关,而且与我们的个人信息密切相关,存在于日常生活的方方面面中。2010 年 9 月发生的震网病毒攻击伊朗核电站事件、2013 年斯诺登曝光的美国系列网络监控丑闻等,都给世界各国的网络安全领域带来了深远的影响。近年来,网络攻击事件频发,互联网上的木马、蠕虫、勒索软件层出不穷,这对网络安全乃至国家安全构成了严重的威胁。

　　习近平总书记指出:"没有网络安全,就没有国家安全"。在国际上,已经发生了多起因网络安全没有同步跟进而导致的重大危害事件,甚至带来了政府倒台的后果。例如,2007年四五月,爱沙尼亚遭受全国性网络攻击,攻击的对象包括爱沙尼亚总统和议会网站、政府各部门、各政党、六大新闻机构中的三家、最大的两家银行及通信公司等,大量网站被迫关闭;2010 年伊朗核设施遭受震网病毒攻击,导致 1000 多台离心机瘫痪,引起世界震动;2011 年社交网络催化的西亚北非街头革命,导致多国政府倒台;2015 年 12 月 23 日,乌克兰电力基础设施遭受到恶意代码攻击,导致大面积地区数小时的停电事故,造成严重社会恐慌,这是一个具有信息战水准的网络攻击事件。在国内,2015 年的海莲花事件、2022 年的西北工业大学网络攻击事件,都对我国网络安全造成一定危害。这些惨痛的教训所反映的共同问题,就是网络安全防护工作没有同步跟进,使得国家政权、基础设施和社会生活面临极大的网络风险。

　　网络具有数据通信、信息共享的功能,已成为人类获得信息的主要来源,时时刻刻影响、支配着人类行为,因此人类必须保护网络安全。

　　网络信息泄露关乎成千上万人的敏感个人信息,网络攻击和黑色产业威胁经济健康发展,网络舆论恶意炒作影响社会稳定,网络战争和网络间谍威胁国家安全。同时,震网病毒、棱镜门事件说明网络核心技术、优势技术掌握在少数国家手里,网络安全问题极易被他人恶意传播、利用、控制和绑架,成为攻击、颠覆他国政权的手段和途径,网络安全已成为维护各国国家安全的焦点和热点问题。

　　近年来,我国网络安全法律不断完善,网络安全技术快速发展,人民网络安全意识不断增强。西北工业大学网络攻击事件表明我国人民网络安全防范意识有所提高、网络攻击检测防御技术日益成熟。但也说明敌对势力针对我国的网络攻击依然存在,网络攻击水平有所提高,严重影响着我国的社会稳定、经济发展,仍需不断提高我国网络安全水平,我国网络安全技术发展依然任重道远,仍需持续不断努力。

1.3.1　震网病毒

　　2010 年 7 月,震网(Stuxnet)蠕虫病毒曝光,研究表明这是一起经过长期规划准备的入侵潜伏作业。借助高度复杂的恶意代码和多个零日漏洞作为攻击武器,以铀离心机为攻击目标,以造成超压导致离心机批量损坏和改变离心机转数导致铀无法满足武器要求为致效机理,以阻断伊朗核武器进程为目的的攻击。具有政治意图明显、针对性强、隐蔽性强的特点。

震网病毒在网络安全领域具有里程碑意义。这是因为震网病毒是人类已知的第一个以现实世界中关键工业基础设施为目标的蠕虫病毒，并达到了预设的攻击目标。该蠕虫病毒感染并破坏了伊朗纳坦兹的核设施，并最终使伊朗的布什尔核电站推迟启动，减缓了伊朗成为拥核国家的进程，损害了伊朗国家安全。

震网的里程碑意义不仅在于其网络攻击的复杂性和高级性，而在于其证实了通过网络空间手段进行攻击，可以达成与传统物理空间攻击（甚至是火力打击）的等效性。在 2016 年的报告中，安天研究人员将二十世纪七八十年代的"凋谢利刃与巴比伦行动"（在 1977—1981 年发生的以、美联合，在两伊战争期间针对伊拉克核反应堆进行军事打击的事件）与震网事件进行对比分析看出，通过大量复杂的军事情报和成本投入才能达成的物理攻击效果仅通过网络空间作业就可以达成，而且成本也大大降低。正如美国陆军参谋长前高级顾问 Maren Leed 所讲——网络武器可以有许多适应环境的属性，从生命周期的成本角度看，它们比其他的武器系统更为优越。

震网系列攻击也全面昭示了工业基础设施可能被全面入侵渗透乃至完成战场预制的风险，震网的成功是建立在火焰、毒曲恶意代码的长期运行、信息采集的基础上。在攻击伊朗铀离心机之前，攻击方已经入侵渗透了伊朗的多家主要国防工业和基础工业厂商，包括设备生产商、供应商、软件开发商等。

震网病毒最为恐怖的地方就在于极为巧妙地控制了攻击范围，攻击十分精准。60％的受害主机位于伊朗境内，其中受害最严重的为伊朗核工厂，说明该病毒的针对性极强。

1. 震网病毒工作过程

震网病毒攻击是人类历史上第一次网络战实战，遭遇震网病毒攻击的核电站计算机系统实际上是与外界物理隔离的，理论上不会遭遇外界攻击。坚固的堡垒只有从内部才能被攻破，震网病毒也正充分地利用了这一点。震网病毒的攻击者并没有广泛地去传播病毒，而是针对核电站相关工作人员的家用计算机、个人计算机等能够接触到互联网的计算机发起感染攻击，以此为第一道攻击跳板，进一步感染相关人员的移动设备。当受感染的移动设备插入运行 Windows 操作系统的计算机后，震网病毒就能感染计算机并隐藏起来。如果计算机连接到网上，震网病毒会继续感染其他计算机及任何插入该计算机的可移动装置，以实现传播。

病毒以移动设备为桥梁进入"堡垒"内部，随即潜伏下来。西门子公司设计的 SCADA 系统与因特网是不相连的，但震网病毒会通过计算机的 USB 端口检测 WinCC 软件的运行（在伊朗，该软件被用于管理核设施的离心机），如果软件正在运行，病毒就入侵该计算机并且设置一个秘密的"后门"，连上因特网，再由位于其他国家的服务器下达指令。如果未检测到 WinCC 在运行，震网病毒则会自我复制到其他的 USB 端口，并借此传播病毒。此外，震网病毒也可透过共享的文件夹及打印后台处理程序等途径传播到内部网络中。在感染该控制系统后，震网病毒就隐藏起来，并在几天后开始对离心机实施破坏行动，在进行破坏行动的同时，它还会发出虚假信号使安全系统误认为离心机运转一切正常。

其具体攻击过程如下。

（1）以快捷方式文件解析漏洞（MS10-046）感染核电站相关工作人员的个人计算机。

（2）工作人员在个人计算机上使用 U 盘，病毒感染到 U 盘。

（3）工作人员在单位使用 U 盘，病毒感染到局域网。

　　(4)震网病毒通过共享的文件夹及打印后台处理程序等途径在内部网络中传播。

　　(5)病毒发作,造成危害。

　　入侵计算机后,震网病毒首先判断计算机是 32 位还是 64 位,如果是 64 位,放弃。震网病毒会仔细跟踪自身在计算机上占用的处理器资源情况,只有在确定震网病毒所占用资源不会拖慢计算机速度时才会释放病毒,以免被发现。

　　感染计算机后,震网病毒开始搜索并把战果汇报给指挥控制服务器。如果计算机没有安装特定的两种软件,震网病毒会主动进入休眠状态。这两种软件是西门子公司的专有软件 Step 7 和 WinCC。它们都是与西门子公司生产的可编程逻辑控制器(PLC)配套的工业控制系统的一部分,用于配置自动控制系统的软硬件参数。只有发现了这两款软件,软件所对应的 PLC 还必须是 S7-315 和 S7-417 这两个型号,震网病毒才会开始攻击。因此震网病毒攻击的目标是安装了这两种变频器的 6 组大型机组,每组 164 台。

　　通过层层限定,震网病毒不会感染任何一个配置稍有偏差的工业控制系统,只会把它们作为传播的载体和攻击的跳板,直到找到最终的攻击目标。

　　(1)攻击第一阶段是为期 13 天的侦查。其间,震网病毒只是安静地记录着 PLC 的正常运行状态。震网病毒记录的频率为每分钟 1 次,在完成约 110 万次记录之后,才会转入下一阶段。震网病毒开始运行,会把之前保存的数据送往监控端,造成运行正常的"假象"。

　　如果程序员发现 PLC 出现问题,要进行调试,震网病毒会拦截读取 PLC 代码段的请求,并且把恶意代码删除。如果杀毒软件检测感染系统,震网病毒会 hook 操作系统,隐藏自身,劫持扫描指令,"躲避"杀毒软件,使其找不到病毒。

　　(2)攻击第二阶段震网病毒会把变频器的频率提升到 1410Hz,并持续 15min。这个频率,恰好处于 IR-1 型离心机马达可以承受范围的极限上,频率再高一点,离心机可能就直接损毁了。然后降低到正常运行频率范围内的 1064Hz,持续 26 天。这 26 天,还是侦查期。

　　(3)攻击第三阶段震网病毒会让频率在 2Hz 的水平上持续 50min,然后再恢复到 1064Hz。再过 26 天,攻击会再重复一遍。

　　在铀浓缩生产进程中,离心机必须持续稳定地高速旋转,才能将含有铀 235 和铀 238 的气体从混合气体中分离出来。如果离心机转速降低 50～100Hz,六氟化铀气体产量会减半,何况是降到 2Hz。

　　震网病毒先让离心机转得飞快,再让它很慢,这样离心机很容易损坏。2009 年 12 月到 2010 年 1 月,仅仅两个月就坏了 1000 台离心机,远高于每年 800 台损坏的正常水平。

　　Stuxnet 是世界上首个专门针对特定工业控制系统编写的破坏性病毒,1064Hz 这个频点是 IR-1 铀浓缩离心机独有的。13 天是令 IR-1 离心机充满铀所要的时间。而世界上使用 IR-1 型离心机的国家只有一个——伊朗。伊朗纳坦兹铀浓缩工厂的级联机组,正好由 164 台离心机构成。

　　综上所述,震网病毒具有 4 个特征。

　　(1)使用对 Windows 系统和西门子 SIMATIC WinCC 系统的 7 个 0day 漏洞进行攻击,目标针对 SIMATIC WinCC 监控与数据采集(SCADA)系统。该系统还被用来进行钢铁、电力、能源、化工等重要行业的人机交互与监控。这 7 个漏洞中,有 5 个是针对 Windows 系统,2 个是针对西门子 SIMATIC WinCC 系统。

　　① 快捷方式文件解析漏洞(MS10-046):漏洞利用 Windows 系统在解析快捷方式文件

(如.lnk 文件)时的系统机制缺陷,使操作系统加载攻击者指定的动态链接库文件。震网病毒利用此漏洞实现"摆渡"攻击,实现对物理隔离网络的渗透。

② 打印机后台程序服务漏洞(MS10-061):该漏洞是 Windows 打印后台程序用户权限设置不合理造成的。震网病毒利用此漏洞实现内网传播。

③ RPC 远程执行漏洞(MS08-067):有此漏洞的 Windows 2000、Windows XP 和 Windows Server 2003 系统,收到恶意构造的 RPC 请求时,会绕过认证执行任意代码,并获得完整控制权限。震网病毒利用此漏洞进行大规模传播。

④ WinCC 默认密码安全绕过漏洞:WinCC 系统开发者将数据库的默认账户名和密码硬编码到了 WinCC 系统中。震网病毒利用此漏洞访问数据库。震网病毒还利用 Step 7 工程打开文件时的动态链接库加载策略缺陷,实现查询读取函数的劫持,从而窃取正常生产数据。

(2) 伪装 RealTek 与 JMicron 两大公司的数字签名,从而顺利绕过安全设备的检测。

(3) 主要通过 U 盘和局域网进行传播,由于安装 SIMATIC WinCC 系统的计算机一般会与互联网隔绝,因此黑客特意强化了病毒的 U 盘传播能力。

这是世界上首次专门针对工业控制系统编写的破坏性病毒,它绝非所谓的间谍病毒,而是纯粹的破坏病毒。

2. 启示

(1) 震网病毒破坏伊朗铀浓缩工控网络的可用性、机密性,属于网络安全事件。

(2) 网络安全事关国家安全。没有震网病毒,伊朗可能已是拥核国家。

(3) 震网病毒使我们认识到网络可以是一种战争武器,能够在现实世界中产生真实的物质损失,实实在在存在于工控系统等真实世界中。

(4) 震网病毒是典型的 APT 攻击,技术先进,成本高昂,破坏巨大,属于国家(大企业)行为。

(5) 网络安全是相对的,不是绝对的。物理隔离的网络也是不安全的。

(6) 网络安全与人类自身的网络安全意识密切相关。震网病毒能够成功的重要原因是工作人员网络安全意识不强,没有严格遵守工控网络不得使用 U 盘的规定。

(7) 要掌握核心技术,保护关键设施设置的安全性。

(8) 震网病毒通过离心机正常工作数据方式抵抗 P2DR2 模型的检测,为病毒造成危害提供了条件,应采取有效措施防止数据泄露,提高监测的时效性。

1.3.2　西北工业大学网络攻击事件

网络安全不仅破坏他国的国家安全,也破坏着我国的国家安全。

网络攻击是对网络系统的保密性、完整性、可用性、可控性和抗抵赖性产生危害的行为。网络攻击的 4 种表现形式如下。

(1) 中断:以可用性作为攻击目标,它毁坏系统资源,使网络不可用。

(2) 截获:以保密性作为攻击目标,非授权用户通过某种手段获得对系统资源的访问。

(3) 修改:以完整性作为攻击目标,非授权用户不仅获得访问而且对数据进行修改。

(4) 伪造:以完整性作为攻击目标,非授权用户将伪造数据插入正常传输的数据中。

网络攻击的具体方式有鱼叉攻击和水坑攻击。

　　鱼叉攻击是将木马程序作为电子邮件的附件,并起上一个极具诱惑力的名称,发送给目标计算机,诱使受害者打开附件,从而感染木马。

　　水坑攻击是在受害者必经之路设置了一个"水坑"(陷阱)。最常见的做法是黑客分析攻击目标的上网活动规律,寻找攻击目标经常访问网站的弱点,先将此网站"攻破"并植入攻击代码,一旦攻击目标访问该网站就会"中招"。曾经发生过这样的案例,黑客攻陷了某单位的网络,将网络上一个要求全体职工下载的表格偷偷换成了木马程序,这样,所有按要求下载这一表格的人都会被植入木马程序,向黑客发送涉密资料。

　　2022 年 6 月 22 日,西北工业大学发布《公开声明》称,该校遭受境外网络攻击,发现该校电子邮件系统中出现一批以科研评审、答辩邀请和出国通知等为主题的钓鱼邮件,内含木马程序。同时,部分教职工的个人上网计算机中也发现遭受网络攻击的痕迹。作为国防七子之一的西北工业大学是中国唯一同时发展航空、航天、航海"三栖"工程教育和科学研究的重点大学,拥有大量国家顶级科研团队和高端人才,国产歼-10、歼-20、直-20、运-20 等多型号军机的总设计师都出自该校。该校承担国家多个重点科研项目,西北工业大学自主研制的无人机在国庆阅兵时,三次穿越天安门广场,2022 年 7 月,西北工业大学自主研制的"飞天一号"火箭也成功发射。由于其所具有的特殊地位和从事的敏感科学研究,因此才成为此次网络攻击的针对性目标。

　　随后中国国家计算机病毒应急处理中心与中国网络安全公司奇虎 360 安全技术有限公司合作,分析了中国西北工业大学(NPU)遭受的网络攻击。研究结论有明确证据链显示,中国西北工业大学遭到美国国家安全局(NSA)的网络攻击。

　　分析报告表明,本次网络攻击利用了 17 个国家的服务器,目标是攻击该国防类大学的零日漏洞。《环球时报》报道了此次事件,并援引匿名消息来源,称 NSA 采用的工具包括"二次约会"和"喝茶"软件,分别用于中间人攻击和远程访问木马。奇虎 360 的取证报告还提供了 41 个"网络攻击"工具的更多细节,其中包括据称被 NSA 使用的工具。

　　中国外交部发言人发表声明谴责"美国国家安全局对中国的网络攻击和数据窃取活动",称此次事件有 13 名美方人员参与,涉及"与美国电信运营商相关联的 60 多份合同和 170 多份数字文件,用于构建网络攻击环境",美方对西北工业大学开展了 1000 多次网络攻击,以窃取"核心技术数据"。

　　美国国家安全局(NSA)"特定入侵行动办公室"(TAO)的主要职责是利用互联网秘密获取对手的内幕情报。具体包括秘密侵入目标国家的关键信息基础设施和重要互联网信息系统、破解窃取账号密码、突破或破坏对手计算机安全防护系统、监听网络流量、窃取隐私和敏感数据,获取通话内容、电子邮件、网络通信内容和手机短信等。

　　近年 TAO 利用其网络攻击武器平台、零日漏洞及其控制的网络设备等,持续扩大网络攻击范围,对中国国内的网络目标实施了上万次的恶意网络攻击,控制了数以万计的网络设备(网络服务器、上网终端、网络交换机、电话交换机、路由器、防火墙等),窃取了超过140GB 的高价值数据。

　　国内技术团队的调查报告显示此次 TAO 攻击活动有以下两个重大特点。

　　(1) 掩盖真实 IP,精心伪装网络攻击痕迹。

　　TAO 长时间的准备工作主要体现为进行匿名化攻击基础设施的建设。TAO 在针对西北工业大学的网络攻击行动中先后使用了 54 台跳板机和代理服务器,主要分布在日本、韩国、瑞典、波兰、乌克兰等 17 个国家,其中 70% 位于中国周边国家,如日本、韩国等。其中,针对西北工业大学攻击平台所使用的网络资源涉及代理服务器,美国国家安全局通过秘密成立的两家掩护公司购买了埃及、荷兰和哥伦比亚等地的 IP,并租用了一批服务器。用以掩盖真实 IP 的跳板机都是精心挑选的,所有 IP 均归属于非"五眼联盟"国家。

(2) 使用了种类繁多功能各异的专用网络攻击武器装备。

TAO 在对西北工业大学的网络攻击行动中,先后使用了 41 种 NSA 的专用网络攻击武器装备。并且在攻击过程中,TAO 会根据目标环境对同一款网络武器进行灵活配置。

1. 攻击武器

技术团队将此次攻击活动中 TAO 所使用的工具类别分为四大攻击武器:嗅探窃密类武器、漏洞攻击类武器、持久化控制类武器、隐蔽消痕类武器。

① 嗅探窃密类武器:TAO 依托此类武器嗅探西北工业大学工作人员运维网络时使用的账号口令、命令行操作记录,窃取西北工业大学网络内部的敏感信息和运维数据等。此类武器共有两种:"饮茶"和"敌后行动",后者包含"魔法学校""小丑食物""诅咒之火"等。

② 漏洞攻击类武器:TAO 依托此类武器对西北工业大学的边界网络设备、网关服务器、办公内网主机等实施攻击突破,同时也用来攻击控制境外跳板机以构建匿名化网络作为行动掩护。此类武器共有 3 种:"剃须刀""孤岛""酸狐狸"。

③ 持久化控制类武器:TAO 依托此类武器对西北工业大学网络进行隐蔽持久控制,TAO 行动队可通过加密通道发送控制指令操作此类武器实施对西北工业大学网络的渗透、控制、窃密等行为。此类武器共有 5 种:"二次约会""NOPEN""怒火喷射""狡诈异端犯""坚忍外科医生"。

④ 隐蔽消痕类武器:TAO 依托此类武器消除其在西北工业大学网络内部的行为痕迹,隐藏、掩饰其恶意操作和窃密行为,同时为上述三类武器提供保护。现已发现 1 种此类武器:吐司面包。

2. 工作原理

美国对西北工业大学网络攻击描述为单点突破、级联渗透,控制西北工业大学网络;隐蔽驻留、"合法"监控,窃取核心运维数据;搜集身份验证数据、构建通道,渗透基础设施;控制重要业务系统,实施用户数据窃取。

本次攻击使用突破计算机系统漏洞类、持久控制计算机网络类、嗅探窃密类、隐蔽消除痕迹类等 4 大类 40 余种方式对国内网络目标实施上万次攻击,控制数万台网络设备,成功窃取该校关键网络设备配置、网管数据、运维数据等核心技术数据。

从西北工业大学网络攻击事件可总结出网络攻击步骤如下。

① 渗透:寻找被攻击网络存在的安全漏洞,依托漏洞攻击类武器渗透进入网络内部。

② 攻击持久化:依托持久化攻击类武器,在系统内安装病毒程序或木马程序,实现攻击持久化。

③ 实施攻击:在网络中嗅探敏感信息,依托嗅探窃密类武器将网络信息传递给攻击者,或者满足条件时破坏系统。

④ 隐蔽消痕:依托隐蔽消痕类武器,隐藏、掩饰网络攻击恶意操作和窃密行为,保证网络攻击能够持续有效。

3. 几点启示

(1) 西北工业大学的遭遇仅是美国对华攻击的一个缩影,网络安全关系国家安全再次得到重大警示。

此次调查报告披露,美国国家安全局利用大量网络攻击武器,针对我国各行业龙头企业、政府、大学、医疗、科研等机构长期进行秘密黑客攻击活动,进行情报或数据窃取,破坏信息保密性。它从攻击策划到部署,通过这种很长的跳板,一直到攻入核心岗位里面,大概持续的时间有的长达数年,严重影响我国国家安全。

2022 年 3 月以来,我国接连披露了 NSA 和中央情报局的蜂巢、量子攻击、NOPEN 及酸狐狸等多款主战网络武器,其触及范围之广、部署时间之长、破坏程度之大令人咋舌,可知各种软硬件、设备和终端都是美国情报部门的"囊中之物"。由此可见,中国陆续披露的美国攻击能力仅是冰山一角,美国网络行动的范围和目标要远远大于已知,这无疑置全球网络的正常运行和各国重要数据的安全于巨大危险之中。

(2) 展现了国内网络攻击溯源技术与能力的重大突破。

针对此次攻击事件,国内相关技术团队通过取证分析,公布了相关事件调查的很多技术细节,全面还原了相关攻击事件的总体概貌、技术特征、攻击武器、攻击路径和攻击源头,细节清晰、链条完整、证据确凿,这表明了国内在网络攻击溯源技术与能力上有了显著提升并取得了重大突破。

一般而言,成功的网络攻击从侦查、情报搜集、定向研发并植入网络武器到最后的攻击等,具备一个完整且持续的杀伤链条。此次发布的调查报告,以取自受攻击系统的恶意软件样本为基础,综合利用国内现有数据资源和分析手段,把攻击的各环节、全流程还原得一清二楚。包括侦破了 40 余种、4 大类攻击武器和装备,发现了 1100 余条攻击链路和 90 余个操作指令序列,查获被窃的网络设备配置文件、口令、日志和密钥等大批重要数据,找出攻击行动代号及其指挥人和直接发起攻击人 13 名等,最后判明攻击源自美国国家安全局下属的 TAO。报告公布距 2022 年 6 月 22 日正式立案调查仅过去两个半月,调查之快速、分析之缜密、结论之明确,足以说明中国网络安全技术部门和企业在网络攻击溯源分析水平、网络威胁情报搜集和积累方面取得跃进。

一直以来,美国惯用对所谓中国黑客进行"点名"和"羞辱"的伎俩,频抛牵强附会的所谓证据,甚至纠集盟国联手指控中国对其发动网络攻击。通过扮演受害者,美国塑造国际叙事,渲染放大网络威胁,极力抹黑和丑化中国形象,并叫嚣让攻击者承担后果,为其采取起诉、制裁等单边措施提供托词。此次西北工业大学网络攻击调查报告就是对美国渲染"中国网络威胁论"的最有力还击。

(3) 美国作为具有最先进技术的最大黑客国家的事实被再次印证。

(4) 高校科研机构是中国网络安全的重要一环。

高校科研机构是重要科研数据的存储场所,自然受到美国的重点监视。高校科研单位涉密类别多、范围广,人员组成复杂、流动性大,对外交流多、信息化程度高。近年来,高校已成为境外间谍机构窃密的重点目标,保密工作难度加大;高校科研单位的业务骨干安全意识有待提高,由于不了解信息化条件下的保密工作,缺乏应有的防范技能,他们已成为网络泄密的高危人群。涉密往往从违规开始,因此,作为高校科研机构的管理者和教职员工,不懂保密、不会保密是十分危险的。如果在互联网上存储、处理涉密信息,就等于把国家秘密直接摆在了境外情报机构的办公桌上,这会给国家带来不可估量的损失。高校科研机构要加强自身网络安全保护。

(5) 强化网络安全意识。

这次事件给我们敲响了警钟,黑恶势力就在身边,网络安全与我们息息相关,没有网络安全就没有国家安全。同时提醒我们,网络安全不能受制于人,应从顶层设计开始,立足于自主设计,要广泛地普及网络安全意识,通过国家立法和技术手段来保护关键信息基础设施安全,要对违反网络安全的行为实施制裁。

这次攻击使我们更加明白《密码法》和《网络安全法》的必要性,实行网络安全等级保护制度的必要性,对涉密信息系统进行分级保护的必要性,以及对关键信息基础设施进行保护的必要性。

我国公民网络安全意识有了大幅度提高,但部分公民网络安全意识不足,网络安全宣传任重道远,仍需持续加强。该事件表明,经过多年网络安全教育和网络安全技术发展,一方面我国高校师生网络安全意识有所提高,部分师生能够主动拒收可疑的电子邮件,并向公安机关报案,为防止事件造成更大破坏做出了贡献。我国网络安全机构网络防范能力有所提高,能够在较短时间对事件进行技术分析,公布事件真相,杜绝了事件进一步发展。另一方面,我国高校也有部分师生打开了可疑的电子邮件,客观上为事件发生提供了条件,我国部分网络设备、网站仍然存在安全漏洞,使得攻击有机可乘。我们应当继续加强网络安全全面教育,积极提高我国网络安全技术水平,保护我国网络安全。

无论多么严谨的系统与体系,也抵不过人员安全意识不足,只有大力加强人们的网络安全意识与自我保护意识,才是面对安全威胁的最佳方式。

1.3.3　APT 攻击

1. 安全漏洞

安全漏洞是在硬件、软件、协议的具体实现或系统安全策略上存在的缺陷,从而可以使攻击者能够在未授权的情况下访问或破坏系统。安全漏洞的存在会使网络易遭受病毒和黑客攻击。

这里需要注意漏洞与不同安全级别计算机系统之间的关系。理论上,系统的安全级别越高,该系统也越安全。但实际上漏洞是独立于系统本身的理论安全级别而存在的。并不是说,系统安全级别越高,该系统中存在的漏洞就越少。而是在安全性较高的系统当中,入侵者如果希望进一步获得特权或对系统造成较大的破坏时,必须要克服更大的障碍。

漏洞有如下 3 个特性。

(1) 长久性。

一个系统从发布的第一天起,随着用户的深入使用,其中存在的漏洞会被不断暴露出来,随之被发现的漏洞也会不断被系统供应商发布的补丁修补,或者在以后发布的新版本中得到纠正。

漏洞与时间紧密相关。随着时间推移,旧的漏洞会不断消失,新的漏洞会不断出现,漏洞问题长期存在。

(2) 多样性。

漏洞会影响到很大范围的软硬件设备,包括系统本身及其支撑软件、网络客户和服务器软件、网络路由器和安全防火墙等。在不同种类的软、硬件设备,同种设备的不同版本之间,由不同设备构成的不同系统之间,以及同种系统在不同的设置条件下,都会存在各自不同的漏洞问题。

(3) 隐蔽性。

漏洞是在系统具体使用和实现过程中产生的错误,只有能威胁到系统安全的错误才是漏洞。许多错误在通常情况下并不会对系统安全造成危害,只有在某些条件下被人利用时才会影响系统安全。

任何网络系统都存在漏洞,没有绝对安全。一方面,黑客一旦找到网络中的薄弱环节,就能轻而易举地闯入系统,黑客利用安全漏洞引起的安全事件数量呈上升趋势;另一方面,网络管理者(运营商)需要不断发现漏洞,根据漏洞特征开发漏洞补丁程序,不断提高网络安全水平。所以,了解网络中哪里存在安全漏洞,并及时修补漏洞至关重要。

漏洞不是自己出现的,而是被使用者发现的。攻击者往往是系统漏洞的发现者和使用者。从某种意义上讲,是攻击者使网络系统变得越来越安全。

2. 漏洞产生的原因

(1) 早期因特网设计的缺陷。

因特网设计的初衷是相互交流,实现资源共享。设计者并未充分考虑网络安全需求。

协议是定义网络上计算机会话和通信的规则。如果协议的设计存在漏洞,那么无论使用该协议的应用服务设计得多完美,它仍然是存在漏洞的。TCP/IP 协议存在早期设计不足造成的安全漏洞,最大的问题在于 IP 协议是非常容易轻信的,就是说入侵者可以随意地伪造及修改 IP 数据包而不被发现。IPSec 协议可以用来克服这个不足,现正在被广泛应用。

(2) 软件自身缺陷。

即使是协议设计得足够完美,但在实现过程中引入漏洞也是不可避免的。如邮件协议,一个实现中能够让攻击者通过与受害主机的邮件端口建立连接,达到欺骗受害主机执行非法任务的目的,或者使入侵者具有访问受保护文件和执行服务器程序的权限。这样的漏洞往往导致攻击者不需要访问主机的凭证就能够从远程控制服务器。

随着因特网的发展,各种各样新型、复杂的网络服务和软件层出不穷,这些服务和软件在设计、部署和维护上都可能存在各种安全问题。为保证在市场竞争中占得先机,任何设计者都不能保证产品中没有错误,这就造成了软件本身存在的漏洞。同时,商业系统为迎合用户需求的易用性、维护性等要求,大多数情况下,不得不牺牲安全性和可靠性。

(3) 系统或网络配置不当。

许多系统安装后都有默认的安全配置信息,默认配置往往存在不足。所以管理员要及时更改配置,避免入侵者利用这些配置对服务器进行攻击。如 FTP 的匿名账号就曾给不少管理员带来麻烦。又如有时为了测试使用,管理员会在机器上打开一个临时端口,但测试完后却忘记了禁止它,这样就会使入侵者有漏可钻。通常的解决策略是:除非一个端口是必须使用的,否则应该关闭此端口。

(4) 网络开源。

网络的开源使得攻击者技术不断提高,攻击的教程和工具在网上可以轻易找到。这样,造成攻击事件增多,而且攻击早期不易被网络安全人员发觉。

3. APT 攻击

高级持续性威胁(advanced persistent threat,APT)攻击是指利用先进的攻击手段对特定目标进行长期持续性网络攻击的攻击形式。

APT 攻击需要大量人力、物力、金钱、时间的投入,个人往往承担不起如此高昂的费用,因此多数为国家或大企业行为。

APT 攻击原理相对于其他攻击形式更为高级和先进,其高级性主要体现在发动攻击之前需要对攻击对象的业务流程和目标系统进行精确的收集,在此收集过程中,攻击会主动挖掘被攻击对象信息系统和应用程序的漏洞,利用这些漏洞组建攻击者所需的网络,并利用零日漏洞进行攻击;其先进性主要体现为攻击手段先进,多利用零日漏洞实现,这些零日漏洞多为相关系统的核心机密,难以获得。

零日漏洞是指没有发布公开补丁的漏洞,包括开发者有意保留供自己使用的漏洞、攻击者发现但未通知开发者的漏洞、开发者正在开发补丁的漏洞。特征是用户对此类漏洞无法防护,危害巨大。

震网病毒和西北工业大学网络攻击事件都是典型的 APT 攻击。防范 APT 攻击的主要方法是提高网络用户的网络安全意识,做好网络日常安全维护。

1.4　网络安全与个人信息保护

网络安全不仅与国家安全密切相关,而且与我国人民的个人信息保护密切相关,存在于日常生活的方方面面。

1.4.1　棱镜计划

2013 年的 6 月 6 日,西方媒体曝光美国国家安全局代号为"棱镜"的秘密项目,对上至盟国总理、下至本国公民的信息进行监控,这就是震惊世界的"棱镜门"事件。

棱镜计划(PRISM)是由 NSA 自 2007 年小布什时期起开始实施的绝密电子监听计划,允许相关工作人员直接进入美国网际网络公司的中心服务器挖掘数据、收集情报。通过该计划,NSA 可以实时监控一个人正在进行的网络搜索内容。

棱镜计划监听的对象为任何在美国以外使用微软、谷歌、雅虎等产品的客户和与国外人士通信的美国公民,其中既有美国盟友德国总理默克尔,也有普通百姓;既有清华大学、香港中文大学这样的网络主节点,也有普通计算机。包括微软、雅虎、谷歌、苹果等在内的 9 家国际网络巨头皆参与其中。

全球互联网的最终主导权长期掌握在美国手中,棱镜计划表明互联网对美国几乎是透明的,美国的情报机构能够通过秘密技术监控世界各国,监控几乎每一个人,控制关键基础设施。"微软黑屏"事件向世人揭露出一个重大事实,微软有能力控制使用 Windows 系统的每一台计算机,用户实际上已经丧失了对自己计算机的控制权。2012 年,作为总统每日简报的一部分,棱镜计划收集的数据被引用 1477 次,国安局至少有 1/7 的报告使用相关数据。

在网络空间内,谁拥有核心技术,谁就能在获取信息方面拥有更大的主动权。"棱镜门"使我们认识到,如果不掌握操作系统核心技术,就很难防止其他国家通过合理或不合理的手段,如系统升级、后门程序等获取终端信息;就很难有完善的对策对类似"棱镜门"这样的监控项目加以防护。而我们可以采用的对策就是千方百计发展核心技术,推广使用国产软硬件。

棱镜计划给当时的中国造成了很大触动,公众开始认识到,如果连德国总理都受到监控,意味着网络信息安全问题已经到了怎样严重的程度。以此为开端,我国开始了网络安全建设,开展国家网络安全宣传周活动,强调没有网络安全就没有国家安全,提出建设网络强国的战略目标,网络安全被提高到前所未有的位置。

习近平总书记指出网络安全和信息化是事关国家安全和国家发展、事关广大人民群众工作生活的重大战略问题,要从国际国内大势出发,总体布局、统筹各方、创新发展,努力把我国建设成为网络强国。

个人信息

个人信息,是指以电子或其他方式记录的能够单独或与其他信息结合识别自然人个人身份的各种信息,包括但不限于自然人的姓名、出生日期、身份证号、个人生物识别信息、住址、电话号码等。

个人隐私(individual privacy)是个人信息的通俗说法,Banisar 等把个人信息分为 4 类。

① 信息隐私:信息隐私包括身份证号、银行账号、收入和财产状况、婚姻和家庭成员、医疗档案、消费和需求信息(如购物、房、车、保险)、网络活动踪迹(如 IP 地址、浏览踪迹、活动内容)等,也称数据隐私。

② 通信隐私:个人使用各种通信方式和其他他人的交流,包括电话、QQ、e-mail、微信等。

③ 空间隐私:个人出入的特定空间或区域,包括家庭住址、工作单位及个人出入的公共场所。

④ 身体隐私:保护个人身体的完整性,防止侵入性操作,如药物测试等。

互联网已经成为生活的一部分,留下了我们访问各大网站的数据足迹。这使我们的个人信息泄露变得更加容易,我们时刻暴露在第三只眼下,如淘宝、亚马逊、京东等各大购物网站都在监视着我们的购物习惯;百度、必应、谷歌等监视我们的查询记录;QQ、微博、电话记录等窃听了我们的社交关系网;监视系统监控着我们的 e-mail、聊天记录、上网记录等;cookies 泄露了我们的某些使用习惯或位置等信息,广告商便跟踪这些信息并推送相关广告等。

我们的日常活动也被监视着,如智能手机监视着我们所在位置;工作单位、各大活动场所、商店、小区等监视我们的出入行为。这就造成空间位置隐私的侵犯。

数字传感器技术的发展使得我们日常情况下的新型数据也可以被收集,如基于射频识别(radio frequency identification,RFID)的自动付款系统和车牌识别系统、可植入的传感器监视病人的健康、监视系统监视着在家的老人活动等。这些数据传输过程中,如果节点发出的信息不经过隐私保护,被第三方接收查看,那么病人的极为敏感的生理数据可能被泄露。由此可见,由位置隐私和信息隐私侵犯而带来的一系列问题必须引起重视。

企业获得了大量的个人数据,他们会利用这些数据挖掘其蕴含的巨大价值,促进企业的发展或获得更多的经济利益。个人信息数据的保护面临着内忧外患。内忧主要是指企业内部,企业在处理数据的过程中造成隐私泄露问题有 4 个相关的数据维:信息的收集、误用、二次使用及未授权访问。此外,业内人可以对外发布数据,无授权地访问或窃取,把个人数据卖给第三方、金融机构、政府机构或者同他们共享数据等；外患主要是指外部人为了获取数据，通过系统的漏洞对数据的窃取。同时，研究者们也发现通过财务奖励补偿用户，可以鼓励他们进行信息发布，同样，如果用户想要获得个性化服务，他们可能会提供更多的个人信息。因此，个人信息的泄露不仅有企业的责任，也有个人的因素，而个人信息的泄露可能影响到个人的情感、身体及财物等多方面。

个人信息数据除了用于精准的广告投放，还会被不法分子用于勒索用户钱财，给互联网用户带来更严重、更直接的经济损失。

1.4.2　病毒与木马

1. 计算机病毒

计算机病毒是具有自我复制能力的一段计算机代码，它能够破坏计算机系统和网络的正常运行。计算机病毒能够通过某种途径潜伏在计算机存储介质（或程序）里，当达到某种条件时即被激活，对计算机资源进行破坏并具有自我复制、传播能力。

计算机病毒具有传染性、破坏性。

（1）传染性。

计算机病毒的传染性是指计算机病毒可进行自我复制，并把复制的病毒附加到无病毒的程序中，或者去替换磁盘引导区的记录，使得附加了病毒的程序或磁盘变成了新的病毒源，从而再次进行病毒复制，重复原先的传染过程。

计算机病毒与其他程序最大的区别在于计算机病毒能够传染，没有传染性的程序就不能称为病毒。

计算机病毒不是一个完整的程序，只是一段程序代码，因此其需要寄存于载体文件。这便于其隐藏自身和增加清除难度。

（2）破坏性。

计算机病毒是一段恶意程序代码，故凡是由常规程序操作使用的计算机资源，计算机病毒均有可能对其进行破坏。据统计，病毒发作后，造成的破坏主要有数据部分丢失、系统无法使用、浏览器配置被修改、网络无法使用、使用受限、受到远程控制和数据全部丢失等。

计算机病毒通常由 3 部分组成：复制传染部件、隐藏部件和破坏部件。复制传染部件的功能是控制病毒向其他文件的传染；隐藏部件的功能是防止病毒被检测到；破坏部件则用在当病毒符合激活条件后，执行破坏操作。计算机病毒将上述 3 部分综合在一起，并将其复制到连接在网络中的计算机后，病毒就开始在网络上逐渐传播。

计算机病毒采用三线程技术保证其不被删除。Windows 操作系统中引入了线程的概念，一个进程可以同时拥有多个并发线程。三线程技术就是指一个病毒代码进程同时开启了三个线程，其中一个为主线程，负责远程控制的工作。另外两个辅助线程是监视线程和守护线程，监视线程负责检查病毒代码是否被删除或被停止自启动。守护线程注入其他可执行文件内，与病毒代码进程同步，一旦进程被停止，它就会重新启动该进程，并向主线程提供必要的数据，这样就能保证病毒代码运行的可持续性。例如，"中国黑客"等就是采用这种技术的病毒代码。

1) 莫里斯蠕虫病毒

1988 年,美国大学生罗伯特·莫里斯制作了第一个蠕虫病毒——莫里斯蠕虫(Morris Worm)。编写蠕虫病毒的起因是莫里斯想测量互联网的规模,也就是连接了多少台设备。病毒可以在计算机间传播,并要求每台机器将信号发送回控制服务器,以进行计数,非常简洁的方案。

1988 年 11 月 2 日该程序被莫里斯从麻省理工学院(MIT)施放到互联网上(莫里斯本人当时在康奈尔),短短 12h,超过 6200 台采用 UNIX 操作系统的 SUN 工作站和 VAX 小型机瘫痪或半瘫痪,遭到破坏的设备大概占当时互联网接入设备的 10%,包括 NASA、知名大学,还有美国军事基地等,损失的资料不计其数。美国政府审计办公室估算,莫里斯蠕虫造成的损失为 1000 万～1 亿美元。研究人员花了 72h 来制止这种蠕虫。

莫里斯蠕虫爆发第二天,美国军方的 DARPA 组建了计算机紧急反应小组(CERT),用以应对此类事件,标志着因特网保护开始成为一项严肃的工作,也促使美国总统里根因此而签署了《计算机安全法令》。

莫里斯蠕虫震惊了美国社会乃至整个世界,“黑客”这一形象也正式走入大众眼中;1989 年 7 月 26 日,罗伯特·莫里斯成为第一个因计算机欺诈和滥用法案被定罪的人,被判3 年缓刑、400h 社区服务及 1 万美元罚金。

该病毒的两大特征代表了此后的蠕虫病毒主要特征。

(1) 可以自我复制。

一旦蠕虫病毒在局域网中成功感染了一台计算机,它就会像蠕虫一样自动复制到局域网内其他的计算机上,不断壮大感染队伍,在网络中快速蔓延,消耗被攻击者的网络资源、计算机资源,甚至造成网络瘫痪、计算机崩溃等后果。蠕虫病毒的破坏程度和范围,堪称各类计算机病毒中的“佼佼者”。

莫里斯蠕虫病毒源代码只有 99 行,这使它非常容易复制和传播。

(2) 可以从一台计算机移动到另一台计算机。

莫里斯蠕虫利用了 UNIX 系统中 sendmail、Finger、rsh/rexec 等程序的已知漏洞和薄弱的密码。

最初的网络蠕虫设计目的是当网络空闲时,程序就在计算机间“游荡”而不带来任何损害。当有机器负荷过重时,该程序可以从空闲计算机“借取资源”而达到网络的负载平衡。蠕虫在入侵一台计算机之前会查询其是否已经被感染,但这么做会让清除蠕虫变得非常容易,只要设置一个进程在受到查询时回答“是”就可以避免被感染。为躲过这种防御措施,莫里斯采用了“随机性”作为对策,让蠕虫在得到“是”的回答时,仍按 1/7 的概率进行复制。事实证明这种复制概率还是过高,蠕虫的传播非常迅速,它使同一台计算机会被重复感染,每次感染都会造成计算机运行变慢直至无法使用,导致拒绝服务(denial of service,DoS)发生。

莫里斯蠕虫同时意外打开了分布式拒绝服务(distributed denial of service,DDoS)的潘多拉魔盒。

如图 1-9 所示,DDoS 是指处于不同位置的多个攻击者同时向一个或数个目标发动攻击,或者一个攻击者控制了位于不同位置的多台机器并利用这些机器对受害者同时实施攻击。由于攻击的发出点是分布在不同地方的,这类攻击称为分布式拒绝服务攻击,其中的攻击者可以有多个，可以分别在不同物理位置，攻击者还可以是网络摄像等物联网连接设备。

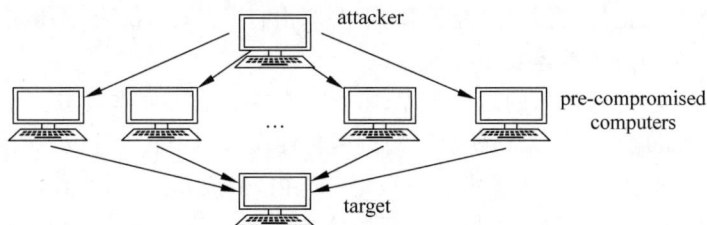

图 1-9　DDoS 攻击示意图

2）WannaCry 勒索病毒

以勒索钱财为目的病毒的统称为勒索病毒。该病毒利用各种加密算法对文件进行加密，被感染者没有解密私钥无法解密，只有向攻击者缴纳赎金获得解密私钥，才能解密加密文件，重新获得加密文件的正常使用权。

勒索病毒文件一旦被用户单击打开，就会自动运行，同时删除勒索软件样本，以躲避查杀和分析。接下来，勒索病毒利用本地的互联网访问权限连接至黑客的 C&C 服务器，进而上传本机信息并下载加密公钥，将加密公钥写入注册表中，遍历本地所有磁盘中的 Office 文档、图片等文件，对这些文件进行格式篡改和加密。加密完成后，还会在桌面等明显位置生成勒索提示文件，指导用户使用虚拟货币去缴纳赎金，如图 1-10 所示。

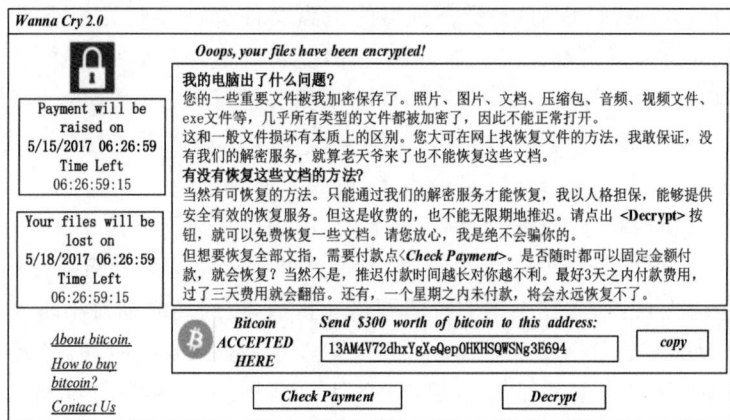

图 1-10　勒索窗口

勒索病毒是加解密技术和病毒技术相结合的产物，主要通过漏洞、邮件木马、广告推广等形式进行传播，攻击的样本以 EXE、JS、WSF、VBE 等类型文件为主，且变种非常快，对常规的杀毒软件都具有免疫性。

勒索病毒破坏了用户信息的可用性，导致重要文件无法读取，关键数据被损坏，给用户的正常工作带来无法估量的损失。

长期以来，病毒攻击者（病毒编制者和病毒使用者）难以直接从病毒直接获取经济利益，勒索病毒解决了这一难题，成为目前计算机病毒的主流。

为防止用户感染该类病毒，可以从安全技术和安全管理两方面入手。

① 定期异地备份计算机中重要的数据和文件，万一中病毒可以进行恢复；

② 不要打开陌生人或来历不明的邮件，防止通过邮件附件的攻击；

③ 尽量不要点击 Office 宏运行提示,避免来自 Office 组件的病毒感染;

④ 需要的软件从正规(官网)途径下载,不要双击打开.js、.vbs 等后缀名文件;

⑤ 升级到最新的防病毒等安全特征库;

⑥ 升级防病毒软件到最新的防病毒库,阻止已存在的病毒样本攻击。

WannaCry 勒索蠕虫病毒兼具勒索和蠕虫两种性质,2017 年 5 月 12 日在网络中"蠕虫"式爆发,席卷全球,波及 150 多个国家。在短短一天内,造成超过 10 万家企业和公共组织被感染。美国、中国、日本、俄罗斯、英国等重要国家均有攻击现象发生,其中俄罗斯受攻击最为严重,约有 1000 台计算机受到影响,俄罗斯联邦储备银行(Sberbank)成为攻击目标;对英国的攻击主要集中在英国国家医疗服务体系(NHS),旗下至少有 25 家医院计算机系统瘫痪、救护车无法派遣,极有可能延误病人治疗,造成性命之忧;我国多地中国石油旗下 2 万多个加油站在 2017 年 5 月 13 日 0 点前后也突然出现断网,无法使用支付宝、微信、银联卡等联网支付方式,只能使用现金支付;国内多所高校受到了此次网络攻击的影响,致使许多实验室数据和毕业设计被锁,学习资料和个人数据造成严重损失。由于正值高校毕业季,大量应届毕业生的毕业论文被加密,直接影响到学生毕业答辩。

网络安全机构通报,这是不法分子利用被盗的 NSA 自主设计的 Windows 系统黑客工具永恒之蓝(eternal blue),将一款勒索病毒升级后,形成如今攻击全球多个国家的新型病毒。永恒之蓝传播的勒索病毒以 ONION 和 WNCRY 两个家族为主,名为 WannaCry(想哭吗)或 Wanna Decryptor(想解锁)。受害机器的磁盘文件会被篡改为相应的后缀,图像、文档、视频、压缩包等各类资料都无法正常打开,只有支付赎金才能解密恢复。

如果网络内有一台计算机感染该病毒,网络中其他运行 Windows 的计算机如果没有安装微软补丁,则只要开机上网,无须用户任何操作就能在计算机里执行任意代码,植入勒索病毒等恶意程序,从而引发病毒在网络内传播,造成大面积感染。

奇虎 360 针对勒索病毒事件的监测数据显示,国内首先出现的是 ONION 病毒,平均每小时攻击约 200 次,夜间高峰期达到每小时 1000 多次;WNCRY 勒索病毒则是 5 月 12 日下午新出现的全球性攻击,并在中国的校园网迅速扩散,夜间高峰期每小时攻击约 4000 次。

WannaCry 勒索病毒属于蠕虫病毒,自身具备网络自动扩散功能,通过远程攻击网络中运行 Windows 操作系统计算机的 445 端口(文件共享)实现传播。该病毒自动生成 IP 地址,对联入网络的其他计算机 445 端口进行自动扫描,只要计算机正在运行,且 445 端口未防护并且未安装补丁,就会被勒索蠕虫病毒自动扫描发现,之后蠕虫病毒即可利用 445 端口的 SMB 协议漏洞利用工具,马上入侵感染这台计算机。

SMB 协议是一个网络文件共享协议,它允许应用程序和终端用户从远端的文件服务器访问文件资源,用于在计算机之间共享文件、打印机、串口和邮箱等。我们平时使用的网络共享功能,就是通过 SMB 协议在 445 端口实现的。

此次全球爆发的大规模蠕虫式勒索软件病毒 WannaCry,攻击的主要对象是医院、教育等公共系统的计算机,主要原因是公共系统的计算机通常更新不及时,保护措施薄弱,最易受到攻击。

勒索病毒在我国校园网传播速度之快,影响面之大主要原因是当前大部分学校基本是一个大的局域网,不同的业务未划分安全区域,为了方便教学、科研,存在大量暴露着 445 端口的机器,所以成为此次攻击的重灾区。例如,学生管理系统、教务系统等都可以通过任何一台连入的设备访问。同时,实验室、多媒体教室、机器 IP 分配多为公网 IP,如果学校未做相关的权限限制,所有机器直接暴露在外面。

勒索病毒引诱用户单击看似正常的邮件、附件或文件,从而完成病毒的下载和安装,称为"钓鱼式攻击"(phishing)。病毒发作时会将用户计算机锁死,把所有文件都改成加密格式,后缀名为.onion,并修改用户桌面背景,弹出如图 1-10 所示提示窗口告知用户交纳赎金的方式。

病毒要求用户在被感染后的 3 天内缴纳相当于 300 美元的比特币,3 天后赎金将翻倍。7 天内不缴纳赎金的计算机数据将被全部删除且无法修复。用户可以尝试修复极小一部分数据,作为证明病毒及解密有效的证据。

这次事件给广大高校师生上了一堂真实、生动的网络安全课,直接反映了高校在校园网安全管理上存在的安全漏洞,给我们以下启示。

① 对于校园网络管理人员,应该及时配置校园网网络边界设备及校园网内部的网络设备,通过添加访问控制列表规则或网络安全防护规则,阻止对任意目标 IP 地址且目标端口为 445 端口的网络数据包的传播,从而阻止病毒从 untrust 传入 trust,同时对病毒在校园网的传播起到部分拦截作用。

② 对广大用户,要安装正版操作系统、Office 软件并将自动漏洞、补丁升级设置为自动安装;关闭 445、135、137、138、139 端口,关闭网络共享;强化网络安全意识,意识到网络安全就在身边,要时刻提防:不明链接不单击,不明文件不下载,不明邮件不打开;养成定期备份自己计算机中的重要文件资料到移动硬盘/U 盘/网盘的习惯,减少损失。

③ 校园网不是世外桃源,网络安全存在于高校日常工作中,也存在于高校学生的学习、生活中。要树立网络安全意识,定期备份重要文件。如图 1-11 所示是学生的一些感想。

【拓展思考】　用户拥有公钥加密的文件、公钥,甚至可以猜到加密方法,为什么无法自己解密加密的文件?攻击者为什么不担心收取赎金导致其身份暴露而受到法律制裁?

图 1-11　学生感想

2. 木马

木马是"特洛伊木马"(Trojan horse)的简称,源于荷马史诗《伊利亚特》中的希腊神话《木马屠城记》,有"一经潜入,后患无穷"之意。网络安全的木马指系统中被植入的、人为设计的程序,目的包括通过网络远程控制其他用户的计算机系统,窃取信息资料,并可恶意致使计算机系统瘫痪。

目前木马已成为黑客常用的攻击方法,它通过伪装成合法程序或文件,植入系统,对网络系统安全构成严重威胁。木马可以试图访问未授权资源,破坏保密性;试图阻止访问或者更改、破坏数据和系统,破坏可用性。谋取经济利益是其根本目的。

本质上,木马以客户/服务程序模式为基础,常由一个攻击者控制的客户端程序和一个

(或多个)运行在被控计算机端的服务端程序组成。植入对方计算机的是服务端,而黑客则是利用客户端进入运行了服务端的计算机。

运行了木马程序的服务端会产生一个容易迷惑用户的名称的进程,暗中打开端口,向指定地点发送数据(如网络游戏的密码、实时通信软件密码、用户上网密码等),黑客甚至可以利用这些打开的端口进入计算机系统。此时计算机上的各种文件、程序、计算机上使用的账号、密码就无安全可言了。攻击者能不同程度地远程控制受到木马侵害的计算机,如访问受害计算机、在受害计算机中执行命令或利用受害计算机进行 DDoS 攻击。

【案例 2】 以持久化控制类武器中"NOPEN"木马为例,"NOPEN"木马工具包含客户端和服务端两部分,客户端会采取发送激活包的方式与服务端建立连接,使用 RSA 算法进行密钥协商,使用 RC6 算法加密通信流量。

该木马工具针对 UNIX/Linux 平台,可在主控端和受控端之间建立隐蔽加密信道,攻击者可通过向目标发送远程指令,实现远程获取目标主机环境信息、上传/下载/创建/修改/删除文件、远程执行命令、网络流量代理转发、内网扫描、窃取电子邮件信息、自毁等恶意功能。

虽然"NOPEN"木马工具支持多种植入运行方式,包括手动植入、工具植入、自动化植入等,但其中最常见的植入方式是结合远程漏洞攻击自动化植入至目标系统中,以便规避各种安全防护机制。

尽管木马植入方式多种多样,但对于家用计算机、手机等设备来说,当浏览风险网站(网络安全证书过期)的时候会自动下载或无意下载木马软件,只要不安装就无法执行。

对于钓鱼邮件等要仔细甄别发送方的信息身份,以防下载安装木马。

服务器则需要提高漏洞的筛查,检查服务器用到什么样的端口,正常运用的是哪些端口,而哪些端口不是正常开启的;了解服务器端口状态,哪些端口目前是连接的,特别注意这种开放是否正常;查看当前的数据交换情况,重点注意哪些数据交换比较频繁,是否属于正常数据交换。最后还是要增强每个人的网络安全意识,大家的防范意识都增强了受到攻击的概率也就下降了。

木马和计算机病毒都是一种人为程序,都属于恶意软件。但两者也存在如下差异。

① 计算机病毒的作用是主动破坏计算机的资料数据,有些病毒制造者为了达到某些目的而进行的威慑和敲诈勒索,或为了炫耀自己的技术;木马的作用是偷偷监视别人和盗窃别人的密码、数据等,达到偷窥别人隐私和得到经济利益的目的。

② 计算机病毒是程序片段,木马是完整的程序,具有完整的客户端和服务器端。

③ 计算机病毒具有传染性,能够主动运行、自我传播;木马不会自动运行,不具有自我传播能力,需要诱使用户运行。

同计算机病毒相比,木马不具有自我传播能力,不会自动运行。它的特点是伪装成一个实用工具、一个可爱的游戏、图像、软件,诱使用户将其安装在 PC 端或服务器上,从而秘密获取信息。木马不会自动运行,当用户运行文档程序时,木马才会运行,信息或文档才会被破坏和丢失。

木马可以和最新病毒、漏洞利用工具一起使用,几乎可以躲过各大杀毒软件。这是因为杀毒软件理论上可以包含对木马的查杀功能,但因为查杀病毒速度是比较慢的,每个文件要经过近 10 万个病毒代码库的检验,因此往往把查杀木马程序单独剥离出来加入防火墙软件,这样就可以省去普通病毒代码检验,提高专门查杀木马的效率。

因此,防火墙软件可以有效地防止木马和黑客的入侵,不过它不是杀毒软件,如果要防御和查杀木马以外的病毒还得用杀毒软件,所以计算机中通常同时安装防火墙软件和杀毒软件。

习　题　1

1. 网络安全是(　　　　　　　　　　　　　　　　　　　)。

2. 网络安全是(　　)和(　　)的有机结合。理解网络安全的关键是(　　　　　　　)。

3. 网络安全教学内容包括(　　)、(　　)、(　　)、(　　)、(　　)5 部分。

4. (　　)、(　　)、(　　)称为信息安全的三要素。网络安全划分为(　　)、(　　)、(　　)、(　　)和(　　)5 个层次。

5. 常见的网络安全设备有哪些? 主要功能是什么?

6. DMZ 是(　　　　),DMZ 网络必须遵守的 6 条访问控制策略是(　　)。

7. APT 攻击是(　　　　　　　　　　　　　　　)。

8. 零日漏洞是指没有发布公开补丁的漏洞,包括(　　)、(　　)、(　　)。特征是用户对此类漏洞(　　),(　　)。

9. 个人信息指(　　)。隐私的范围包括(　　)、(　　)和(　　)。

10. 举例说明个人信息主要涉及的 4 个范畴。

11. 提供公民个人信息情节严重的认定标准包括非法获取、出售或提供行踪轨迹信息、通信内容、征信信息、财产信息(　　)以上的;非法获取、出售或提供住宿信息、通信记录、健康生理信息、交易信息等其他可能影响人身、财产安全的公民个人信息(　　)以上的;非法获取、出售或提供前两项规定以外的公民个人信息(　　)以上的;违法所得(　　)以上等。

12. P2DR2 字母对应的单词是(　　)、(　　)、(　　)、(　　)、(　　)五要素构成,对应的汉语意思是(　　)、(　　)、(　　)、(　　)、(　　),它们组成一个完整的、动态的安全循环。

13. 网络安全概念中安全的定义是(　　　　　　　　　　　　)。

14. 商用操作系统属于 TCSEC 的 C2 安全级别。在连接到网络上时,C2 系统的用户(　　　　　　　)。C2 系统通过(　　　　　　)来增强这种控制。

15. 如何理解 P2DR2 模型?

16. 举例说明 APT 攻击具有的特征。

17. 如何理解没有网络安全就没有国家安全?

18. 请说明图 1-6 中网络安全设备如何保证网络运行安全。

19. 网络安全的主要目标是什么?

20. 震网病毒是如何渗透到核工厂内网的? 震网病毒破坏是如何做到不被检测的?

21. 请举出一个个人信息泄露的案例,分析案例中包含了哪些网络信息安全教学内容。

22. 棱镜计划对我国加强网络安全的启示有哪些?

23. 从时间域和策略域两方面分析 P2DR2 模型如何影响遵守 P2DR2 模型开发的应用系统信息安全。

24. 我国计算机安全保护的五个等级具体要求分别是什么？

25. 使用 P2DR2 模型分析西北工业大学网络安全事件。

26. 网络攻击的一般步骤是什么？

第2章 对称密码

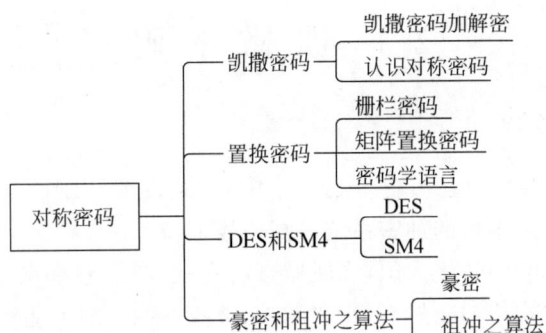

```
                              ┌─ 凯撒密码加解密
               ┌─ 凯撒密码 ──┤
               │              └─ 认识对称密码
               │              ┌─ 栅栏密码
               ├─ 置换密码 ──┼─ 矩阵置换密码
               │              └─ 密码学语言
   对称密码 ──┤              ┌─ DES
               ├─ DES和SM4 ──┤
               │              └─ SM4
               │              ┌─ 豪密
               └─ 豪密和祖冲之算法 ──┤
                              └─ 祖冲之算法
```

密码学(cryptography)是研究数据变换(加密、解密、摘要等)的科学,是数学和计算机的交叉学科,和信息论密切相关。它包含了对数据进行变换的原理、手段和方法,其目的是隐藏数据的内容,防止对它作了篡改而不被识破或非授权使用。

信息论的创始人克劳德·香农在1949年发表了"保密系统的通信理论",将密码学建立在坚实的数学基础之上,标志着密码学作为一门科学的形成。20世纪70年代后期,美国联邦政府颁布数据加密标准(data encryption standard,DES)和公钥密码体制的出现,成为近代密码学的两个重要里程碑。

根据密钥的使用方法,可以将密码分为对称密码和公钥密码两种。对称密码(symmetric cryptography)是指在加密和解密时使用同一密钥,解密算法和加密算法相同或相似的密码。公钥密码(public-key cryptography)则是指在加密和解密时使用不同密钥,解密算法和加密算法存在显著差异的密码,公钥密码也称非对称密码。

对称密码的对称性是指加密、解密互为镜像,方向不同,其余相同。对称密码常用的两个数据变换方法如下。

(1) 替代(substitution cipher),按照一定规则将一组字符换成其他字符,以凯撒密码为代表。如 caesar cipher 变成 fdhvdu flskhu(每个字符用字母表中向后顺序第3个字符替代,古典凯撒密码)。替代的特点是字符形式发展了变化,但字符所在位置不变,即字符变,位置不变。

(2) 置换(transposition cipher),将字符位置(顺序)重新排列,以栅栏密码为代表。如 caesar cipher 变成 ccaiep shaerr(6个字符一行写成两行,按列重新书写,栅栏密码)。置换的特征是字符所在位置发生了变化,但字符形式不变,即位置变,字符不变。

根据信息论,变换增加了字符串含义的不确定性,信息熵值增加。例如,字符串 caesar cipher 具有明确含义,字符串 uswksj uahzwj 的含义是不明确的,则需要多次尝试才能确定其含义。

实用对称密码需要多次同时使用替代和置换两种方法。一次替代和一次置换,定义为一轮迭代。实用对称密码的特点是使用多轮迭代,字符、位置同时改变,提高了解密的困难程度,增加了密码安全性。

国际通用的实用对称密码 DES 进行 16 轮迭代,国产商用密码 SM4 需要进行 32 轮加密,密码安全性优于 DES。

豪密和祖冲之算法体现了我国密码学研究的成果,对我国密码学应用发展具有重要意义。

2.1　凯撒密码

2.1.1　凯撒密码加解密

凯撒密码(Caesar cipher)是历史上第一个密码,是古罗马凯撒(Caesar)大帝在营救西塞罗战役时用来保护重要军情的加密系统(《高卢战记》)。

古罗马是横跨亚非欧的超级大国,当凯撒自己在欧罗巴,想要向亚细亚发一条指令,当时必须要通过信件的方式传输。然而,距离越长,被敌人截获的可能性就越大。敌人只要拿到了信件,就掌握了古罗马的最新情报。必须想办法让敌人拿到信件也看不懂,于是就产生了凯撒密码。

凯撒密码使用替代变换方法。变换规则是:将字符串中当前字符用字母表中向后顺序的第 k 个字符替代,实现字符串加密;将字符串中当前字符用字母表中向前顺序的第 k 个字符替代,实现字符串解密,如图 2-1 所示。

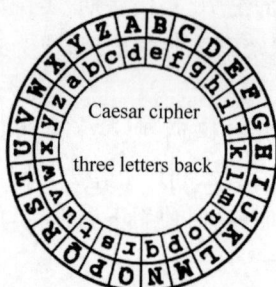

图 2-1　凯撒密码转盘

凯撒密码的特点是按表移动 k 位,加密向后,解密向前;替代密码的特点是按表(字母表、ASCII 码表⋯⋯)替代或按表移位,字符变,位置不变。

变换规则中的 k 称为密钥,规定 $k \in \{1,2,3,4,5,\cdots,23, 24,25\}$。$k=3$ 时的凯撒密码最为著名,称为古典凯撒密码。

一个密码系统可能使用的密钥集合,称为密钥空间,记为大写 K。凯撒密码的密钥空间 $K=\{1,2,3,\cdots,25\}$,密钥空间大小为 25。显然可以通过扩大密码空间来提高密码系统的安全性。如将凯撒密码的字母表换为 ASCII 码表,其密码空间就由 25 扩大为 127。

凯撒密码使用字符移位操作实现。凯撒密码的特点是按表(字母表、ASCII 码表⋯⋯)移动 k 位,加密向后,解密向前。

本章约定字符串仅由英文小写字符构成,不考虑 ASCII 码表其他字符,统一将大写字符转换为小写字符。

1. 古典凯撒密码

古典凯撒密码是单表替代密码的典范。古典凯撒密码变换规则可以直观地表示为一张字符替代表,如表 2-1 所示。

表 2-1　古典凯撒密码明文、密文字符替代表

明 文 字 符	a b c d e f g h i j k l m n o p q r s t u v w x y z
密 文 字 符	d e f g h i j k l m n o p q r s t u v w x y z a b c

数据加密时,用户对明文中的每一个字符,依次查找表 2-1 中"明文字符"行所在的位置,然后写出"密文字符"行对应的字符,就可生成密文;数据解密时,用户通过对密文中的每一个字符,依次查找表 2-1 中"密文字符"行所在的位置,然后写出"明文字符"行对应的字符,就可生成明文。

【例 2-1】 已知明文 $p_1 =$ caesar is three letters back,使用古典凯撒密码加密,求密文 c_1。

解：因为使用古典凯撒密码加密,所以 $k=3$。向后移动 3 位或查表 2-1 可得,c→f,a→d,e→h,s→v,r→u…

所以 $c_1 =$ fdhvdu lv wkuhh ohwwhuv edfn。

【例 2-2】 已知古典凯撒密码加密的密文 $c_2 =$ zh duh vwxghqwv,求明文 p_2。

解：查表 2-1 可得,z→w,h→e,d→a,u→r,v→s,w→t,x→u,g→d,h→e,q→n,所以 $p_2 =$ we are students。

【结论】 古典凯撒密码明文和密文存在一一对应关系,密文的安全性依赖保密变换规则。随着使用范围的增加,其安全性逐步减小,不具有实用性。

2. 凯撒密码

当 k 取不同值时,对应不同的字符替代表,数据加密、解密需要查找对应字符替代表,因此凯撒密码属于多表替代密码。$k=5,21$ 时,字符替代表如表 2-2、表 2-3 所示。

表 2-2　凯撒密码明文、密文字符替代表($k=5$)

明文字符	a b c d e f g h i j k l m n o p q r s t u v w x y z
密文字符	f g h i j k l m n o p q r s t u v w x y z a b c d e

表 2-3　凯撒密码明文、密文字符替代表($k=21$)

明文字符	a b c d e f g h i j k l m n o p q r s t u v w x y z
密文字符	v w x y z a b c d e f g h i j k l m n o p q r s t u

【例 2-3】 $p_1 =$ caesar is three letters back,使用凯撒密码加密,求 $k=3,5$ 时 c_1,c_2。

解：因为 $k=3$,所以查找表 2-1,可得 $c_1 =$ fdhvdu lv wkuhh ohwwhuv edfn;

因为 $k=5$,所以查找表 2-2,可得 $c_2 =$ hfjxfw nx ymwjj qjyyjwx gfhp。

【例 2-4】 $k=6$ 时,凯撒密码加密的密文 $c_2 =$ igkygx oy znxkk rkzzkxy hgiq,求 p_2。

解：因为 $k=6$,所以 $p_2 =$ caesar is three letters back。

为了加大凯撒密码的密钥空间,可以采用单字符替代密码。单字符替代密码也是一种多表替代算法,是将密文字符的顺序打乱后与明文字符对应生成字符替代表,如表 2-4 所示。

表 2-4　单字符替代密码明文、密文字符替代表

明文字符	a b c d e f g h i j k l m n o p q r s t u v w x y z
密文字符	o g r f c y s a l x u b z q t w d v e h j m k p n i

【例 2-5】 已知 $p_5 =$ caesar is three letters back,使用单字符替代密码(表 2-4)加密,求 c_5。

解：查表 2-4 可得，c→r,a→o,e→c,s→e,r→v,i→l,k→u,n→q,g→s… 所以 $c_5=$
roceov le havcc bchhcve goru。

单字符替代密码的密钥空间大小为 $25! \approx 4 \times 10^{26}$（明文字符 a 可从除自身外 25 个字母中任选 1 个字母替代，明文字符 b 可从明文字符 a 选剩下的 24 个字母中任选 1 个字母替代……）。

此时使用人脑进行暴力破解显然不可能。即使使用每微秒尝试一个密钥的计算机进行暴力破解，也需要花费约 10^{10} 年才能穷举所有的密钥，显然计算不可行。因此扩大密钥空间是增加密码安全性的有效途径之一，随着密钥空间的增加，必须使用计算机实现密码解密。

【结论】 凯撒密码的安全性依赖密钥，可以公开凯撒密码算法，扩大密码使用范围。

① 明文和密文变为一对多的关系，同一个明文使用不同的密钥，会产生多个不同的密文，增加了根据密文解密明文的难度。

② 密码加密、解密不仅与变换规则有关，而且与密钥相关，仅知道变换规则和密文、不给定密钥（无密钥），就不能唯一确定明文（不确定性增加，熵增加）。

③ 密文的安全性可以不依赖保密变换规则，而是依赖密钥的保密。因此保密变换规则可以公开，以扩大密码使用范围，这是密码学发展的必然。

综上所述，替代密码的特点是按表替代或按表移位，字符变，位置不变。

3. 解密分级

密码学包括密码编码学和密码分析学。密码编码学的主要目的是保持明文（或密钥，或明文和密钥）的秘密以防止偷听者（对手、攻击者、敌人）知晓。这里假设偷听者完全能够截获收发者之间的通信。密码分析学是在不知道密钥的情况下，恢复出明文的科学。成功的密码分析能恢复出信息的明文或密钥。密码分析也可以发现密码体制的弱点，最终得到上述结果（密钥通过非密码分析方式的丢失叫作泄露）。

在图 2-2 所示 AB 通信安全模型中，存在一个密码攻击者或破译者 Trudy（敌手）可从公开通信道上拦截到密文 c，其工作目标就是要在不知道密钥 k 的情况下，试图从密文 c 恢复出明文 p 或密钥 k。该种攻击称为唯密文攻击。

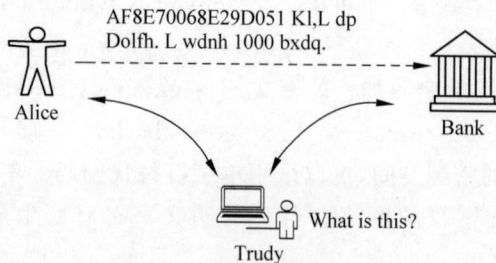

图 2-2　AB 通信安全模型

唯密文攻击（cipher text-only attack）是指密码分析者有一些信息的密文，这些信息都用同一加密算法加密，密码分析者的任务是恢复尽可能多的明文，或者最好是能推算出加密信息的密钥来，以便采用相同的密钥解密出其他被加密的信息。

已知：$C_1 = E_k(P_1), C_2 = E_k(P_2), \cdots, C_i = E_k(P_i)$

推导出：$P_1, P_2, \cdots, P_i$；或者密钥 k 或者找出一个算法从 $C_{i+1} = E_k(P_{i+1})$ 推出 P_{i+1}。

如果密码分析者可以仅由密文推出明文或密钥，或者可以由明文和密文推出密钥，那么就称该密码系统是可破译的。相反地，则称该密码系统不可破译。

衡量密码分析效果的指标有两个，一是准确率；二是时间效率。

一个通信安全的密码系统应该满足如下。

① 非法截收者很难从密文 c 中推断出明文 p。

② 加密和解密算法应该相当简便，而且适用于所有密钥空间。

③ 密码系统的保密强度只依赖密钥。

④ 合法接收者能够检验和证实信息的完整性和真实性。

⑤ 信息发送者无法否认其所发出的信息，同时也不能伪造别人的合法信息。

⑥ 必要时可由仲裁机构进行公断。

密码分析(密码解密)是不知道密钥的，这也是解密的魅力所在。探索不知道密钥前提下准确解密密文，对于提高读者深入理解密码学、锻炼分析问题能力、提高编程能力大有益处。下面以凯撒密码为例，进行密码分析。

(1) 初级解密。

初级解密是指密文中存在单字母单词、双字母单词、三字母单词。此时这些单词是突破口。英文句子中出现单字母单词是 a 的概率非常大，因此可据此将密文中单字母单词假定为 a 从而推出密钥实现解密。

【例 2-6】　凯撒密码加密的密文 $c_3 = $ kimaiz qa i sqvo，求明文 p_3。

解：假定 i 是 a，则 $k = 8$。所以 $p_3 = $ caesar is a king。

实际使用时，需要将明文中的空格去掉后加密生成密文，增加密文破解难度。

(2) 中级解密。

中级解密是指密文中无单个字母单词，需要人工识别正确结果。

因为凯撒密码只有 26 种密钥，所以无密钥凯撒密码是可以破解的，最直接的方法就是将这 26 种可能性逐个检测一下，这就是我们所说的暴力破解法。

【例 2-7】　凯撒密码加密的密文 $c_3 = $ yt gj tw sty yt gj，ymfy nx ymj vzjxynts，求明文 p_3。

解：因为密钥未知。

所以使用暴力破解方法(穷举法)破解密文。

依次查找 $k = 1, 2, \cdots, 25, 26$ 时对应字符替代表得出对应明文。

$k = 1, p_3 = $ xs fi sv rsx xs fi，xlex mw xli uyiwxmsr；

$k = 2, p_3 = $ wr eh ru qrw wr eh，wkdw lv wkh txhvwlrq；

$k = 3, p_3 = $ vq dg qt pqv vq dg，vjcv kpub vjg swguvkqp；

$k = 4, p_3 = $ up cf ps opu up cf，uibu jt uif rvftujpor；

$k = 5, p_3 = $ to be or not to be，that is the question；

$k = 6, p_3 = $ sn ad nq mns sn ad，sgzs hr sgd ptdrshnm；

$k = 7, p_3 = $ rm zc mp lmr rm zc，rfyr gq rfc oscqrgml；

$k = 8, p_3 = $ ql yb lo klq ql yb，qexq fp qeb nrbpqflk；

$k=9, p_3=$ pk xa kn jkp pk xa,pdwp eo pda mqaopekj;

$k=10, p_3=$ oj wz jm ijo oj wz,ocvo dn ocz lpznodji;

$k=11, p_3=$ ni vy il hin ni vy,nbun cm nby koymncih;

$k=12, p_3=$ mh ux hk ghm mh ux,matm bl max jnxlmbhg;

$k=13, p_3=$ lg tw gj fgl lg tw,lzsl ak lzw imwklagf;

$k=14, p_3=$ kf sv fi efk kf sv,kyrk zj kyv hlvjkzfe;

$k=15, p_3=$ je ru eh dej je ru,jxqj yi jxu gkuijyed;

$k=16, p_3=$ id qt dg cdi id qt,iwpi xh iwt fjthixdc;

$k=17, p_3=$ hc ps cf bch hc ps,hvoh wg hvs eisghwcb;

$k=18, p_3=$ gb or be abg gb or,gung vf gur dhrfgvba;

$k=19, p_3=$ fa nq ad zaf fa nq,ftmf ue ftq cgqefuaz;

$k=20, p_3=$ ez mp zc yze ez mp,esle td esp bfpdetzy;

$k=21, p_3=$ dy lo yb xyd dy lo,drkd sc dro aeocdsyx;

$k=22, p_3=$ cx kn xa wxc cx kn,cqjc rb cqn zdnbcrxw;

$k=23, p_3=$ bw jm wz vwb bw jm,bpib qa bpm ycmabqwv;

$k=24, p_3=$ av il vy uva av il,aoha pz aol xblzapvu;

$k=25, p_3=$ zu hk ux tuz zu hk,zngz oy znk wakyzout;

$k=26, p_3=$ yt gj tw sty yt gj,ymfy nx ymj vzjxynts。

比较以上答案发现:

① $k=5$ 时,$p_3=$ to be or not to be,that is the question,每个字符串都有确切含义(都是单词),p_3 具有确定的含义,所以为正确答案。

② $k=26$ 时,$p_3=c_3$,完成了一轮循环,结果开始重复,暴力破解结束。

③ 26 种 p_3 中任一位置的字符(如第一个字符)会规律性遍历 26 个字母。

从多个可能明文中选择出正确明文的原则是:统计可能明文中出现单词个数的多少,以个数多的明文为正确答案。理想状态下,正确答案是一具有确定含义的句子。

(3) 高级解密。

高级解密是指计算机智能给出唯一正确的明文,无须人工识别正确结果。方法是加入常用词词典或完整词典,通过字符串与词典中单词匹配的个数,最终选中正确的一个结果或缩小正确的结果为 2~3 个句子,减少人工干预,实现计算机智能选择正确结果。

例如,增加常用词词典 dict=["a","i","to","be","am","we","are","you","the"],选取可能明文的前 n 个字符串与 dict 比较,逐步缩小正确明文的范围。

具体操作请同学们在本章最后的实验 1 中尝试实现。

凯撒密码示例程序如图 2-3 所示。

大写字母 A~Z 对应的十进制 ASCII 编码为 65~90,小写字母 a~z 对应的十进制 ASCII 编码为 97~122。

chr()函数用一个范围在 range(256)内的(即 0~255)整数作参数,返回一个对应的字符。返回值是当前整数对应的 ASCII 字符。该函数的返回值为字符串形式,如输入 chr(90),输出为 Z。

ord()函数与 chr()函数对应,输入 ASCII 字符表中字符的字符串形式,返回为其在字

```
def encrypt(str, key):
ciphertext=""
for word in str:
    if word.isupper():
        ciphertext += chr((ord(word) - 65 + key) % 26 + 65)
    elif word.islower():
        ciphertext += chr((ord(word) - 97 + key) % 26 + 97)
    else:
        ciphertext = ciphertext + word
return ciphertext
def decrypt(str, key):
plaintext=""
for word in str:
    if word.isupper():
        plaintext += chr((ord(word) - 65 - key) % 26 + 65)
    elif word.islower():
        plaintext += chr((ord(word) - 97 - key) % 26 + 97)
    else:
        plaintext = plaintext + word
return plaintext
option = int(input("请选择 0（解密）或 1（加密）："))
if option == 1:
        text1=input("请输入明文：")
        s1=int(input("请输入密钥："))
        print("密文为：", encrypt(text1, s1))
else:
        text2=input("请输入密文：")
        s2=int(input("请输入密钥："))
print("明文为：", decrypt(text2, s2))
```

图 2-3　凯撒密码示例程序

符表中的排序位次，如输入 ord('a')，输出为 97。

2.1.2　认识对称密码

对称密码又称单钥密码，使用单一的密钥加密和解密信息，即加密密钥与解密密钥是相同或相似的。

对称加密有两个主要用途：信息加密和消息认证码。对称密码技术的加密用途能够满足保密性的需求。

对称加密算法是为了解密纯文本而设计的，这就要求对于密钥的严格保密，如果攻击者想要解密信息，只要获得密钥即可。对称密码加密和解密处理效率高，密钥长度相对较短，一般情况下加密后密文和明文长度相同。但是为了对密钥进行严格保密，需要安全通道分发密钥，当保密通信的用户数量多时密钥量难于管理、难以解决不可否认性。

1. 消息认证码

消息认证码（message authentication code，MAC）和单向哈希函数相似，能将任意长度的输入数值转换成另一个固定长度数值，通常大家把转换后的数值叫 MAC 值。同样，对输入的任意改动都会导致输出完全不同的 MAC 值。

消息认证码与单向哈希函数的不同之处在于,消息认证码同时需要密钥作为输入。如图 2-4 所示,原始信息和密钥同时作为输入,通过消息认证码转换成固定长度的 MAC 值。

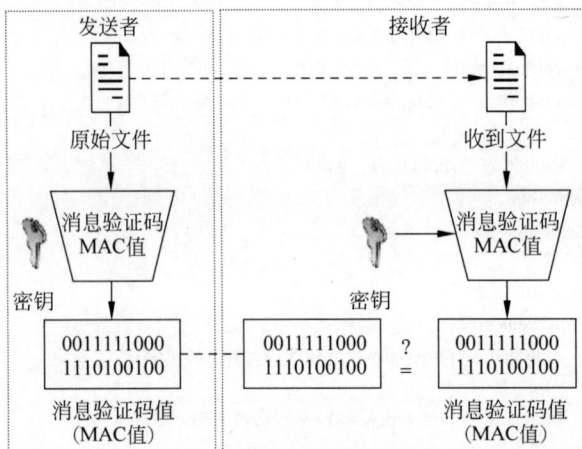

图 2-4　消息认证码的工作机制

和单向哈希函数一样,消息认证码可以用来满足完整性需求。同时由于消息认证码额外需要密钥作为输入,使得其同时具备身份验证的能力。那消息认证码是怎么工作的呢?

如图 2-4 所示,消息发送方和接收方都持有相同的密钥。消息发送方将需要发送的消息和密钥作为输入计算出 MAC 值,然后将消息和 MAC 值一起发送给消息接收方。

消息接收方将接收到的消息和持有的密钥转换成 MAC 值。如果这个 MAC 值和接收到的 MAC 值相等,则说明消息来自持有同样密钥的人(身份验证),且在传输过程中没有被篡改过(完整性)。因此对称密码也可用于保证信息完整性。

2. 如何理解对称

凯撒密码是典型的对称密码,那么如何理解对称密码的对称呢?

对称指用同样的密钥对信息进行加密和解密,加密规则和解密规则除了"方向"相反外,其他相同(本质相同或相似)。

【例 2-8】　$k=5$ 时,凯撒密码加密的密文 $c_2=$ hfjxfw nx ymwjj qjyyjwx gfhp,求 p_2。

解:因为 $k=5$,所以查找表 2-2,可得 $p_2=$ caesar is three letters back。

【例 2-9】　凯撒密码加密的密文 $c_2=$ hfjxfw nx ymwjj qjyyjwx gfhp,求 $k=21$ 时使用凯撒密码加密的结果 p_2。

解:因为 $k=21$,所以查找表 2-3,可得 $p_2=$ caesar is three letters back。

对比例 2-8 和例 2-9 可知,解密密文既可以用解密变换规则实现,也可以用加密变换规则实现,两者结果相同。因此凯撒密码加密和解密是相对的,可以互相替代。

将字符串后移 k 位和将字符串前移 $(26-k)$ 位,都可以实现凯撒密码加密;同理,将字符串前移 k 位和将字符串后移 $(26-k)$ 位,都可以实现凯撒密码解密。

凯撒密码加密变换规则和解密变换规则本质上都是移位,只是移位的方向不同;或者说都是查表,只是查的表不同而已。

【结论】　凯撒密码加密密钥、解密密钥相同,加密、解密规则可以互相推出,不同的只是移位的方向,如图 2-5 所示。这类似图 2-6 所示人照镜子时,人和人像的关系,两者除了左右位置不同外,其余均相同。这就是"对称"。

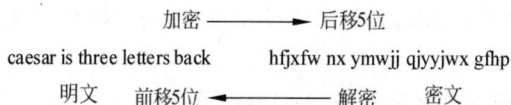

加密 ——————➤ 后移5位

caesar is three letters back   hfjxfw nx ymwjj qjyyjwx gfhp

明文   前移5位 ◀—————— 解密   密文

图 2-5 凯撒密码对称   图 2-6 图像镜像

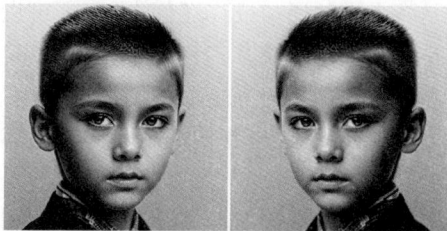

对称密码都具有这一特性,可以不严格区分对称密码的加密规则和解密规则,把它看作同一个函数(黑盒)。从输入端输入明文,输出端输出密文;反之,从输出端输入密文,输入端输出明文。

由于对称密码的加密规则和解密规则相似,因此可以使用相同函数或相同硬件同时实现加解密,这极大减少了对称密码实现成本,促进了对称密码的广泛使用。

3. 对称密钥分发难题

密码学的首要目的是隐藏信息的含义,实现数据通信的保密性。著名的密码学者 Ron Rivest 解释道:"密码学是关于如何在敌人存在的环境中通信"。因此对密码学的理解必须建立在存在未授权第三方(敌手,第三方)的基础上。

加解密算法可分为基于算法保密的算法和基于密钥保密的算法两类。

(1) 基于算法保密的加解密算法。

基于算法保密的加解密算法,如古典凯撒密码加解密算法。这类算法的保密性取决于保持算法的秘密,使用范围有限,也称为受限制的算法,多用于安全性较高的军事、涉密部门,不适合民用。

这类算法不可能进行质量控制或标准化,大的或经常变换的用户组织不能使用这种算法,因为如果有一个用户离开这个组织,其他的用户就必须更换另外不同的算法。如果有人无意暴露了这个秘密,所有人也都必须改变他们的算法。

(2) 基于密钥保密的加解密算法。

基于密钥保密的加解密算法的安全性都基于密钥的安全性,而不是基于算法细节的安全性,如凯撒密码。这就意味着算法可以公开,也可以被分析,可以大量生产使用算法的产品,即使偷窃者知道用户的算法也没有关系。如果他不知道用户使用的具体密钥,他就不可能阅读用户的信息。

这类算法是公开的,因而广泛使用于军民两用领域,其对信息安全传输的保护依赖密钥空间的大小,通过扩大密码空间、增加算法运算量等方法增加解密难度,实现信息保密。

基于密钥保密的加解密算法可进一步分为对称密钥算法和公开密钥算法两类。前者的代表是凯撒密码、栅栏密码、DES、SM4 等,后者的代表是 RSA、SM2 等。

对称密码算法的优点是加解密速度快,因而适合用作大量数据的加解密;缺点是发送者和接收者在安全通信之前必须先协商一个密钥,存在密码分发难题。

对称密码加解密信息时,发送方必须把加密规则或密钥告诉接收方,否则无法解密。在

AB通信模型中,A想给B发送信息,于是用一个密钥加密好了自己的信息,密文就可以放心地用互联网传给B,那么如何把密钥也传给B呢。直接用网络传播的话容易被窃听,如果只是两个人的通信或许还好办,两人可以见面约定今后一段时间内的密钥的生成规则。如果是小范围的交流其实也还好办,可以建一个密钥中心来分发密钥。可是如果是上亿的用户与上万的网站服务器之间的通信,没有一个密钥中心顶得住这样的压力,而且中心化的解决方案风险太高,密钥中心就是天下黑客的靶子。因此保存和传递密钥,就成了密码学最头疼的问题。

对称密钥分发难题指不能在公开信道传输对称密钥。具体内容如下。

① 密钥分发路径问题:线下分发需要当面交付,时效性差;线上分发,第三方能够轻易获得对称密码从而使对称密码加密失去意义,难以大规模普及应用。

② 密钥分发效率问题:一个 n 个人构成的组织,为了保证两两间能够相互保密通信,需要 $n \times (n-1)/2$ 个密钥,即密码空间为 n^2 量级。显然这会导致密码空间爆炸,不利于普遍推广使用。

对称密码不具有不可否认性(抗抵赖性)。表现为 Alice 发送加密信息后,可以诬陷是 Bob 假冒对称密钥加密的密文,而 Bob 无法证明密文是 Alice 加密的。或者说,一旦加密信息泄密后,由于 Alice、Bob 都知道对称密钥,无法确定是谁泄密。因而对称密码不能用于身份认证。

综上所述,对称加密有加密、解密速度快的特点,因此比较适合满足信息传输保密性需求。同时由于加密和解密采用相同密钥的特点,导致密钥分发变得困难,因为如果密钥在分发过程中被复制,那么信息传输就不再安全。另外,由于对称加密会有两人或多人拥有相同的密钥,这导致其无法做到不可抵赖性,因为我们无法判断信息或文档来自哪一个密钥持有者。

为了彻底解决这些缺点,产生了以 RSA 为代表的公钥密码。

2.2　置　换　密　码

置换密码就是根据一定规则重新排列明文排列位置(置换),以便打破明文的结构特性从而实现明文保密性的编码。典型的置换密码有栅栏密码(rail fence cipher)和矩阵置换密码。

2.2.1　栅栏密码

栅栏密码加解密规则为:将明文(去掉空格的字符串)排列为 n 行 m 列的行列式,按列输出则生成密文;将密文(去掉空格的字符串)排列为 m 行 n 列的行列式,按列输出,则生成明文。m 称为栏数,加密时指列数,解密时指行数。

栅栏密码的特点是行列转置,加密列变行,解密行变列,按规则进行位置变换,位置变,字符不变。

【例 2-10】　p_1＝there is a cipher,使用 2 栏栅栏密码加密,求 c_1。

解:(1) 去空格,p_1＝thereisacipher。

（2）明文分为 2 列，th，er，ei，sa，ci，ph，er。

（3）生成行列式：$\begin{pmatrix} th \\ er \\ ei \\ sa \\ ci \\ ph \\ er \end{pmatrix}$，矩阵行列转置，得 $\begin{pmatrix} teescpe \\ hriaihr \end{pmatrix}$。

（4）合并，$c_1 =$ teescpehriaihr。分出空格，$c_1 =$ teesc pe h riaihr。

【例 2-11】　已知使用 2 栏栅栏密码加密的密文 $c_1 =$ teesc pe h riaihr，求明文 p_1。

解：（1）去掉 c_1 中的空格，$c_1 =$ teescpehriaihr。

（2）密文分为两行：$\begin{pmatrix} teescpe \\ hriaihr \end{pmatrix}$，矩阵行列转置，得 $\begin{pmatrix} th \\ er \\ ei \\ sa \\ ci \\ ph \\ er \end{pmatrix}$。

（3）合并，$p_1 =$ thereisacipher。分出空格，$p_1 =$ there is a cipher。

栅栏密码加密、解密首先需要计算字符串（明文或密文）可以分解为几栏，然后分别进行加密、解密。如字符串长度 $L = 14 = 2 \times 7$，说明可分成 2 个字符一栏和 7 个字符一栏两种情况。

【例 2-12】　已知明文 $p_1 =$ there is a cipher，使用栅栏密码加密，求密文 c_1。

解：（1）去空格，$p_1 =$ thereisacipher。

（2）分栏，$L = 14 = 2 \times 7$，说明可分成 2 个字符一栏和 7 个字符一栏两种情况。

（3）明文分为 7 列，thereis，acipher 写成两行：

$\begin{pmatrix} thereis \\ acipher \end{pmatrix}$，矩阵行列转置，得 $\begin{pmatrix} ta \\ hc \\ ei \\ rp \\ eh \\ ie \\ sr \end{pmatrix}$。

合并，$p_1 =$ tahceirpehiesr。分出空格，$p_1 =$ tahce ir p ehiesr。

（4）明文分为 2 列，结果见例 2-10。

【例 2-13】　已知使用栅栏密码加密的密文 $c_1 =$ teesc pe h riaihr，求明文 p_1。

解：（1）去掉 c_1 中的空格，$c_1 =$ teescpehriaihr。

（2）计算 c_1 的长度 L，并分解为 L 为两个自然数的乘积。$L = 14 = 2 \times 7$，说明可分成 2 个字符一栏和 7 个字符一栏两种情况。

(3) 7 个字符 1 栏：

变为两列：$\begin{pmatrix} th \\ er \\ ei \\ sa \\ ci \\ ph \\ er \end{pmatrix}$，矩阵行列转置，得 $\begin{pmatrix} teescpe \\ hriaihr \end{pmatrix}$。

合并，p_1＝thereisacipher。分出空格，p_1＝there is a cipher。

(4) 2 个字符一栏，结果见例 2-11。答案没有明确含义，不符合题意，舍去。

【例 2-14】 解密困在栅栏中的凯撒 c_1＝ kakpii qmmzxz，求 p_1，并分析解密难度。

解：因为依题意可知密文使用了凯撒密码和栅栏密码加密技术。

所以首先进行栅栏密码解密。

因为 c_1 长度为 12＝3×4＝2×6，

所以需要分 2 栏、3 栏、4 栏、6 栏 4 种情况分别讨论。

(1) 2 栏解密时，c_1＝$\begin{pmatrix} kakpii \\ qmmzxz \end{pmatrix}$，$p_1$＝kqamkm pzixiz；

然后进行凯撒密码暴力破解，结果不符合题意，舍去。

(2) 3 栏解密时，c_1＝$\begin{pmatrix} kakp \\ iiqm \\ mzxz \end{pmatrix}$，$p_1$＝kimaiz kqxpmz；

然后进行凯撒密码暴力破解：

k＝1，p_1＝jhlzhy jpwoly；

k＝2，p_1＝igkygx iovnkx；

k＝3，p_1＝hfjxfw hnumjw；

k＝4，p_1＝geiwev gmtliv；

k＝5，p_1＝fdhvdu flskhu；

k＝6，p_1＝ecguct ekrjgt；

k＝7，p_1＝dbftbs djqifs；

k＝8，p_1＝caesar cipher，答案正确。

(3) 4 栏解密时，c_1＝$\begin{pmatrix} kak \\ pii \\ qmm \\ zxz \end{pmatrix}$，$p_1$＝kpqzai mxkimz；

然后进行凯撒密码暴力破解，结果不符合题意，舍去。

(4) 6 栏解密时，c_1＝$\begin{pmatrix} ka \\ kp \\ ii \\ qm \\ mz \\ xz \end{pmatrix}$，$p_1$＝kkiqmx apimzz；

然后进行凯撒密码暴力破解,结果不符合题意,舍去。

【例 2-15】　解密困在栅栏中的凯撒 $c_1 = $ av\EnZZpZ)ZgbZpo/ai++x,求 p_1。

解:因为依题意可知密文使用了凯撒密码和栅栏密码加密技术。

所以首先进行栅栏密码解密。

因为 c_1 长度为 22=2×11,

所以需要分 2 栏和 11 栏两种情况分别讨论。

(1) 2 栏解密时,密文由中心分开为每栏 11 个字符,上下两栏: $\begin{pmatrix} \text{av\EnZZpZ)Z} \\ \text{gbZpo/ai++x} \end{pmatrix}$。

先上后下逐一合并得:agvb\ZEpnoZ/ZapiZ+)+Zx。

然后进行凯撒密码暴力破解:

$k=1, p_1 = $ bhwc⋯;

$k=2, p_1 = $ cixd⋯;

$k=3, p_1 = $ djye⋯;

$k=4, p_1 = $ ekzf⋯;

$k=5, p_1 = $ flag{_Just_4_fun_0.0_},解密结束。

(2) 11 栏解密时分析同上,结果不符合题意。

【**结论**】　置换密码位置变,字符不变;替代密码字符变,位置不变。组合置换密码和替代密码就可实现位置、字符同时改变,增加密码解密难度。

一次置换和一次替代的组合称为一轮加密/解密。一轮加密后明文中字符和字符的位置均发生了变化,因而其解密难度增加。所以多轮加密是增强密码系统保密性的方法之一,解密运算量的增加,导致需要引入计算机进行计算。

一轮解密难度:25×4=50,数量级:百,一次成功概率:1/100;二轮解密难度:100×100=10 000,数量级:万,一次成功概率:1/10 000;三轮解密难度:10 000×10 000=100 000 000,数量级:亿,一次成功概率:1/100 000 000;……。

2.2.2　矩阵置换密码

栅栏密码是矩阵置换密码的特例,一般意义的矩阵置换密码通过置换矩阵控制其输出方向和输出顺序来获得密文。例如,置换矩阵 $\begin{bmatrix} 12345 \\ 24512 \end{bmatrix}$ 表示将明文矩阵的第 1 列置换为输出矩阵的第 2 列,明文矩阵的第 2 列置换为输出矩阵的第 4 列……。

加密变换规则如下。

(1) 首先计算置换矩阵列数 n,将明文分成 n 个字符一行构成明文矩阵;

(2) 将明文行列式按置换矩阵生成输出矩阵;

(3) 输出矩阵按行次序顺序排列生成密文。

【例 2-16】　加密置换矩阵 $E = \begin{bmatrix} 12345 \\ 24513 \end{bmatrix}$,$p_1 = $ now we are having a test,求 c_1。

解:(1) 由 E 可知 $n=5$,明文矩阵为 $\begin{bmatrix} \text{nowwe} \\ \text{areha} \\ \text{vinga} \\ \text{testx} \end{bmatrix}$。

（最后一行不足长度 5，加原文中未使用的任一字符，如 x。）

（2）置换，得输出矩阵 $\begin{bmatrix} wneow \\ haare \\ gvain \\ ttxes \end{bmatrix}$。置换过程为 $\begin{bmatrix} 12345 \\ nowwe \\ areha \\ vinga \\ testx \end{bmatrix} \begin{bmatrix} 12345 \\ 24513 \end{bmatrix} \begin{bmatrix} 12345 \\ wneow \\ haare \\ gvain \\ ttxes \end{bmatrix}$。

（3）输出密文，$c_1 =$ wne ow haa regvai n ttxe。

解密变换规则如下。

（1）首先计算置换矩阵列数 n，将密文分成 n 个字符一行构成密文矩阵；

（2）将密文矩阵按置换矩阵生成输出矩阵；

（3）输出矩阵按行次序顺序排列生成明文。

【例 2-17】　解密置换矩阵 $D = \begin{bmatrix} 12345 \\ 41523 \end{bmatrix}$，$c_1 =$ wne ow haa regvai n ttze，求 p_1。

解：（1）由 D 可知 $n = 5$，密文矩阵为 $\begin{bmatrix} wneow \\ haare \\ gvain \\ ttzex \end{bmatrix}$。

（最后一行不足长度 5，加原文中未使用的任一字符，如 x。）

（2）置换，得输出矩阵 $\begin{bmatrix} nowwe \\ areha \\ vinga \\ zestx \end{bmatrix}$。置换过程为 $\begin{bmatrix} 12345 \\ wneow \\ haare \\ gvain \\ ttzez \end{bmatrix} \begin{bmatrix} 12345 \\ 41523 \end{bmatrix} \begin{bmatrix} 12345 \\ nowwe \\ areha \\ vinga \\ testx \end{bmatrix}$。

（3）输出明文，$p_1 =$ now we are having a test。

比较以上两例，可得加密矩阵 E 和解密矩阵 D 可相互转换：将 E 两行互换，再从小到大排列，即得 D；反之亦然。

$$E = \begin{bmatrix} 12345 \\ 24513 \end{bmatrix} \quad \Leftrightarrow \quad D = \begin{bmatrix} 12345 \\ 41523 \end{bmatrix}$$

【例 2-18】　$n = 5$，$c_1 =$ wynoo reuha inagv esatt，求 p_1。

解：（1）$n = 5$，密文矩阵为 $\begin{bmatrix} wynoo \\ reuha \\ inagv \\ esatt \end{bmatrix}$。

（2）置换，得输出矩阵 $\begin{bmatrix} nowyo \\ uareh \\ aving \\ atest \end{bmatrix}$。置换过程为 $\begin{bmatrix} wynoo \\ reuha \\ inagv \\ esatt \end{bmatrix} \begin{bmatrix} 12345 \\ ????? \end{bmatrix} \begin{bmatrix} ????? \\ ????? \\ ????? \\ ????? \end{bmatrix}$。

在本题解题过程中，不知道具体的解密矩阵，因此需要尝试各种排列找到正确的解密矩阵。$n = 5$ 时可能的解密矩阵总数为 $5! = 120$，从中找出正确的解密矩阵对人脑而言已具有

一定难度,需要使用计算机辅助选择。正确结果为

$$\begin{bmatrix} wynoo \\ reuha \\ inagv \\ esatt \end{bmatrix} \quad \begin{bmatrix} 12345 \\ 34152 \\ D \end{bmatrix} \quad \begin{bmatrix} nowyo \\ uareh \\ aving \\ atest \end{bmatrix}$$

【例 2-19】　p_1 = now we are having a test,分析三轮加密后的解密难度。

解: 因为一次矩阵置换后为:wne ow haa regvai n ttxe,

一次凯撒替代后为:zqh rz kdd uhjydl q wwah,

所以一轮解密难度:$25 \times 120 = 3000$,数量级:千,一次成功概率:1/3000。

二轮解密难度:$3000 \times 3000 = 9\,000\,000$,数量级:百万,一次成功概率:1/9 000 000。

三轮解密难度:$9\,000\,000 \times 600 = 5\,400\,000\,000$,数量级:十亿,一次成功概率:1/5 400 000 000。

综上所述,置换密码的特点是按规则进行位置变换,位置变,字符不变。加密、解密规则相似度非常高,加密矩阵和解密矩阵可以相互推出。

2.2.3　密码学语言

密码学的发展经历了古典密码、近代密码、现代密码 3 个发展阶段。

(1)古典密码:从古代到 19 世纪末,长达几千年。密码体制为纸、笔或简单器械实现的简单替代及置换,通信手段为信使,如凯撒密码、栅栏密码等。

(2)对称密码:从 20 世纪初到 20 世纪 50 年代,即“一战”及“二战”时期。密码体制为手工或电动机械实现的复杂的替代及置换,通信手段为电报通信,如 DES 密码。这一阶段密码只在很小范围内使用,如军事、外交、情报等部门。

对称密码算法的特点是加解密算法使用的密钥相同(如凯撒密码)或加密密钥能够从解密密钥中推算出来,反过来也成立(如矩阵置换密码)。

(3)公钥密码:从 20 世纪 50 年代至今,有坚实的数学理论基础。通信手段包括无线通信、有线通信、计算机网络等。

1949 年 Shannon 发表题为“保密通信的信息理论”的文章,将数学(概率论)引入了密码学,为密码系统建立了理论基础,从此密码学成了一门科学,实现了第一次飞跃。

1976 年后,美国数据加密标准(DES)的公布使密码学的研究公开,标志着密码学从军用转向军民两用,扩大了密码学应用范围。密码学得到了迅速发展。

1976 年,Diffie 和 Hellman 在文章“密码学新方向”(New Direction in Cryptography)中首次提出了公开密钥密码体制的思想,1977 年,Rivest、Shamir 和 Adleman 三个人实现了公开密钥密码体制(RSA 公开密钥体制,RSA 为三人名字首字母的缩写,三人共同获得 2015 年图灵奖),解决了密钥分配、身份认证问题,实现了密码学的第二次飞跃。

公钥密码体制算法以数学难题为基础,要求进行复杂的计算,使得必须将计算机引入密码学。

经过发展,密码学不仅是编码与破译的学问,而且包括安全管理、安全设计、秘密分存、哈希函数等内容,已被有效地、系统地用于保证信息的保密性、完整性和真实性。保密性是对信息进行加密,使非法用户无法读懂数据信息。完整性是对信息的完整性的鉴别,以确定

信息是否被非法篡改,保证合法用户得到正确完整的信息。真实性是信息来源的真实性、信息本身真实性的鉴别,可以保证合法用户不被欺骗。

密码学广泛应用于日常生活,包括自动柜员机的芯片卡、电脑使用者存取密码、电子商务等。

一个密码系统(crypto system)由算法及所有可能的明文、密文和密钥组成,定义为一个五元组(P,C,E,D,K),对应的加密方案称为密码体制。

明文(plain text)是密码系统可以处理的输入数据,用小写 p 表示。明文的有限集合构成明文空间 P,$p \in P$。如 $P = \{$"this is a book","i am a student"$\}$,$p_1 =$ this is a book,$p_2 =$ i am a student。

严格来讲,明文是一串二进制数,代表字符串、文本文件、图形图像、数字化的语音流或数字化的视频图像。本书中明文多以字符串形式出现,以方便读者直接识别其明确含义。实际的明文具有多种形式,如图 2-7(a)所示为图像形式的明文,对应的密文如图 2-7(b)所示。

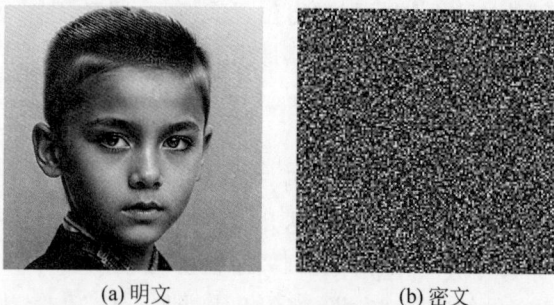

(a) 明文　　　　　(b) 密文

图 2-7　图像加密

密文(cipher text)是明文被加密处理后的形式,特征是没有明确含义或其含义具有二义性,用小写 c 表示。密文的有限集合构成密文空间 C,$c \in C$。如 $C = \{$"wklv lv d errn","xlmw mw e fsso","k co c uvwfgpv","m eq e wxyhirx"$\}$,$c_1 =$ wklv lv d errn,$c_2 =$ xlmw mw e fsso,$c_3 =$ k co c uvwfgpv,$c_4 =$ m eq e wxyhirx。

将明文变换为密文的变换规则(函数),称为加密算法 E(encrypt)。相应的变换过程称为加密,用数学公式表示为 $c = E(p)$,表示 E 作用于 p 得到 c。例如,规定古典凯撒加密算法 $E = \{$将当前字符用字母表中向后顺序的第 3 个字符替代,x、y、z 依次用 a、b、c 替代$\}$,则加密 p_1 为 c_1 表示为

$$c_1 = \text{wklv lv d errn} = E(\text{this is a book}) = E(p_1)$$

将密文恢复为明文的变换规则(函数),称为解密算法 D(deciphering)。相应的变换过程称为解密,用公式表示 $p = D(c)$,表示 D 作用于 c 产生 p。例如,规定古典凯撒解密算法 $D = \{$将当前字符用字母表中向前顺序的第 3 个字符替代$\}$,则解密 c_1 为 p_1 表示为

$$p_1 = \text{this is a book} = D(\text{wklv lv d errn}) = D(c_1)$$

加密、解密互为逆过程,对于有实用意义的密码系统而言,总是要求它满足:$D(E(p)) = p$,即用加密算法得到的密文总是能用对应的解密算法恢复出原始的明文。例如,

$$D(E(p_1)) = D(E(\text{this is a book})) = D(c_1) = D(\text{wklv lv d errn}) = \text{this is a book} = p_1$$

密钥(key)是参与数据变换的参数,用小写 k 表示。一切可能的密钥构成的有限集,称为密钥空间 K,$k \in K$。例如古典凯撒密码的密钥空间 $K = \{3\}$,$k = 3$。

综上所述,可定义古典凯撒密码系统为

({"this is a book","i am a student"},{"wklv lv d errn","xlmw mw e fsso","k co c uvwfgpv","m eq e wxyhirx","o　gs g yzajktz"},{将当前字符用字母表中向后顺序的第 3 个字符替代,x、y、z 依次用 a、b、c 替代},{将当前字符用字母表中向前顺序的第 3 个字符替代,a、b、c 依次用 x、y、z 替代},{3})

从数学的角度来讲,一个密码系统就是一组映射,它在密钥的控制下将明文空间中的每一个元素映射到密文空间上的某个元素。这组映射由密码方案确定,具体使用哪一个映射由密钥决定。如图 2-8 所示为凯撒密码系统的映射关系。

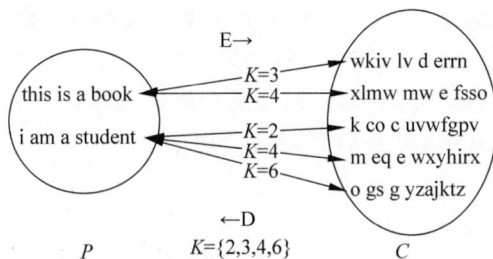

图 2-8　凯撒密码系统的映射关系

定义字母和自然数存在如表 2-5 所示的一一对应关系,则凯撒加密算法可表示为函数形式：$c=f(p,k)=(p+k) \bmod 26$。凯撒解密算法可表示为函数形式：$c=f(p,k)=(p-k) \bmod 26$。

表 2-5　字母数字对照表

英文字母	a	b	c	d	e	f	g	h	i	j	k	l	m	n	o	…	v	w	x	y	z
数　字	0	1	2	3	4	5	6	7	8	9	10	11	12	13	14	…	21	22	23	24	25

【例 2-20】　已知 c_1＝xlmw mw e fsso,求 p_1。

解：因为英文句子中单个字符是 a 的可能性最大。

所以假定 e 为 a,e 为第 5 个字母,a 为第 1 个字符,$k=e-a=4-0=4$,$k=4$。

所以 p_1＝this is a book。

2.3　DES 和 SM4

根据一次能处理数据的位数,对称密码可分为两类。

(1) 流密码

流密码(stream cyphers),也称序列密码,一次加密明文中的一个位,是将明文按字符(具体是按二进制位)逐位地加密的一种密码学算法,如凯撒密码、祖冲之密码等。

(2) 分组密码

分组密码,也称块加密(block cyphers),一次加密明文中的一个块。分组密码将明文数据按固定长度进行分组,然后在同一密钥控制下逐组进行加密,从而将各个明文分组变换成一个等长的密文分组的密码。其中二进制明文分组的长度称为该分组密码的分组规模。明文组经过加密运算得到密文组,密文组经过解密运算(加密运算的逆运算)还原成明文组。

分组密码只能加密固定长度的分组,实际的明文可能远超过密码分组的长度,因此需要对分组密码算法进行迭代,才能将明文全部加密,而迭代的方法就是分组密码的加密模式。

加密模式有以下 5 种:电码本模式(electronic codebook,ECB)、密文分组链接模式(ciper block chaining,CBC)、密文反馈模式(ciper feedback,CFB)、输出反馈模式(output-feedback,OFB)、计数器模式(counter,CTR),其中 CFB、OFB、CTR 三种模式属于流密码。

对明文进行分组,最后一组的数据长度往往小于分组的固定长度,此时最后一组需要填充若干 0,使得数据长度等于规定长度。

现代密码的典型分组长度为 64 位。这个长度既考虑到分析破译密码的难度,又考虑到使用的方便性。后来,随着破译能力的提高,分组长度又增加到 128 位或更长。

目前使用的对称密码都是分组密码,以提高加解密速度;采用多轮加解密同时实现字符变、位置变,提高解密难度。典型的有国际通用的 DES、3DES、AES 等,国产商用密码 SM1、SM4 等。

分组密码的实现原则如下。

① 必须实现比较简单,知道密钥时加密和解密都十分容易,适合硬件和(或)软件实现。

② 加解密速度和所消耗的资源和成本较低,能满足具体应用范围的需要。

分组密码的设计基本遵循混淆原则和扩散原则。

① 混淆原则就是将密文、明文、密钥三者之间的统计关系和代数关系变得尽可能复杂,使得敌手即使获得了密文和明文,也无法求出密钥的任何信息;即使获得了密文和明文的统计规律,也无法求出明文的任何信息。

② 扩散原则就是将明文的统计规律和结构规律散射到相当长的一段统计中去,也就是说让明文中的每一位影响密文中的尽可能多的位,或者说让密文中的每一位都受到明文中的尽可能多位的影响。

对称密码具体的实现方法是进行多轮替代和置换组合变换。

分组密码主要的应用场景:防止明文传输过程被窃取;数据量大、加解密速度要求快等场景。

2.3.1 DES

数据加密标准(data encryption standard,DES)算法是在美国 NSA 资助下由 IBM 公司开发的一种对称密码算法,其初衷是为政府非机密的敏感信息提供较强的加密保护。它是美国政府担保的第一种加密算法,并在 1977 年被正式作为美国联邦信息处理标准,迅速成为名声最大、使用最广的商用密码算法。

DES 满足以下要求。

① 提供高质量的数据保护,防止数据未经授权的泄露和未被察觉的修改;

② 具有相当高的复杂性,使得破译的开销超过可能获得的利益,同时又要便于理解和掌握;

③ DES 密码体制的安全性应该不依赖算法的保密,其安全性仅以加密密钥的保密为基础;

④ 实现经济,运行有效,并且适用于多种完全不同的应用;

⑤ 实现算法的电子器件必须经济、运行有效;

⑥ 必须能够验证,允许出口。

DES 是一个分组加密算法,以 64 位为分组对数据加密,加密和解密使用相同算法。它的密钥长度是 56 位(因为每个字节的第 8 位都被用作奇偶校验以保证密钥本身正确,不会在密钥分发过程中出错),密钥可以是任意的 56 位数,而且可以在任意时候改变。其中有极少数被认为是易破解的弱密钥,但是很容易避开它们不用。所以 DES 算法保密性依赖密钥。

DES 组建分组是混乱和扩散的组合(先代替后置换),它基于密钥作用于明文,这就是众所周知的轮(round)。DES 有 16 轮,这意味着要在明文分组上实施 16 次相同的组合技术。此算法只使用了标准的算术和逻辑运算,而其作用的数也最多只有 64 位,因而易于实现、运算速度非常快。

在通信网络的两端,双方约定一致的 Key,在通信的源点用 Key 对核心数据进行 DES 加密,然后以密码形式在公共通信网(如电话网)中传输到通信网络的终点,数据到达目的地后,用同样的 Key 对密码数据进行解密,便再现了明码形式的核心数据。这样,便保证了核心数据在公共通信网中传输的安全性和可靠性。通过定期在通信网络的源端和目的端同时更换用新的 Key,便能进一步提高数据的保密性,这是现在金融交易网络的流行做法。

DES 算法的入口参数有三个: Key、Data、Mode。其中 Key 为 8 字节共 64 位,是 DES 算法的工作密钥;Data 也为 8 字节 64 位,是要被加密或被解密的数据;Mode 为 DES 的工作方式,有两种:加密或解密。

DES 算法是这样工作的:如 Mode 为加密,则用 Key 把数据 Data 进行加密,生成 Data 的密码形式(64 位)作为 DES 的输出结果;如 Mode 为解密,则用 Key 把密码形式的数据 Data 解密,还原为 Data 的明码形式(64 位)作为 DES 的输出结果。

DES 算法实现加密需要三个步骤。

(1) 变换明文。

对给定的 64 位比特的明文 x,首先通过一个置换表 IP 表来重新排列 x,从而构造出 64 位比特的 x_0,$x_0 = \mathrm{IP}(x) = L_0 R_0$,其中 L_0 表示 x_0 的前 32 比特,R_0 表示 x_0 的后 32 位。

(2) 按照规则迭代。

规则为 $L_i = R_{i-1}, R_i = L_i \oplus f(R_{i-1}, K_i)$　$(i = 1, 2, \cdots, 16)$。

经过第(1)步变换已经得到 L_0 和 R_0 的值,其中符号 $\oplus$ 表示的数学运算是异或,f 表示一种置换,由 S 盒置换构成,K_i 是一些由密钥编排函数产生的比特块。f 和 K_i 将在后面介绍。

(3) 对 $L_{16} R_{16}$ 利用 IP^{-1} 作逆置换,就得到了密文 y。

加密过程如图 2-9 所示。

1. DES 加密 4 个关键点

从图 2-9 中可以看出,DES 加密需要 4 个关键点: IP 置换表和 IP^{-1} 逆置换表、函数 f、子密钥 K_i 和 S 盒的工作原理。

(1) IP 置换表和 IP^{-1} 逆置换表。

输入的 64 位数据按 IP 置换表进行重新组合,并把输出分为 L_0、R_0 两部分,每部分各

输入64位明文

↓

IP置换表

↓

| L_0 | R_0 |

迭代16次

$L_i=R_{i-1}$
$R_i=L_i\oplus f(R_{i-1},K_i)(i=1,2,\cdots,16)$

↓

IP逆置换表

↓

输出64位密文

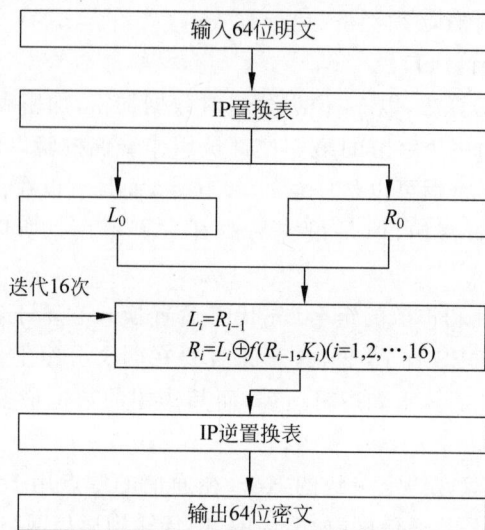

图 2-9　DES 加密系统

长 32 位,其 IP 置换表如表 2-6 所示。

表 2-6　IP 置换表

58	50	12	34	26	18	10	2
60	52	44	36	28	20	12	4
62	54	46	38	30	22	14	6
64	56	48	40	32	24	16	8
57	49	41	33	25	17	9	**1**
59	51	43	35	27	19	11	3
61	53	45	37	29	21	13	5
63	55	47	39	31	23	35	7

注意：表中的数字表示的是比特的位置(地址),不是比特的值。表的含义是将输入 64 位比特的第 58 位换到第 1 位,第 50 位换到第 2 位,以此类推,最后一位是原来的第 7 位。L_0、R_0 则是换位输出后的两部分,L_0 是输出的左 32 位,R_0 是右 32 位。例如,置换前的输入值为 $D_1D_2D_3\cdots D_{64}$,则经过初始置换后的结果为：$L_0=D_{58}D_{50}\cdots D_8$,$R_0=D_{57}D_{49}\cdots D_7$。

$$例如,M = \begin{matrix} 10010010 \\ 00111010 \\ 10010010 \\ 10100101 \\ 10101101 \\ 00001110 \\ 10101110 \\ 10010011 \end{matrix} \quad IP\ 置换得\ C = \begin{matrix} 00000000 \\ 10000111 \\ 01111000 \\ 10011000 \\ 11011101 \\ 01011010 \\ 01110010 \\ 11100111 \end{matrix},$$

其中,M 位置 1 的数据 1 被置换为 C 位置 58(第 6 行第 8 列)。

经过 16 次迭代运算的结果 L_{16}、R_{16} 作为输入,进行逆置换,即得到密文输出。其逆置换 IP^{-1} 规则如表 2-7 所示,逆置换正好是初始置换的逆运算。例如第 1 位经过初始置换后,处于第 40 位,而通过逆置换 IP^{-1},又将第 40 位换回到第 1 位。

表 2-7　IP^{-1} 逆置换表

40	8	48	16	56	24	64	32
39	7	47	15	55	23	63	31
38	6	46	14	54	22	62	30
37	5	45	13	53	21	61	29
36	4	44	12	52	20	60	28
35	3	43	11	51	19	59	27
34	2	42	10	50	18	58	26
33	1	41	9	49	17	57	25

（2）函数 f。

函数 f 有两个输入:32 位的 R_{i-1} 和 48 位的 K_i,函数 f 的处理流程如图 2-10 所示。

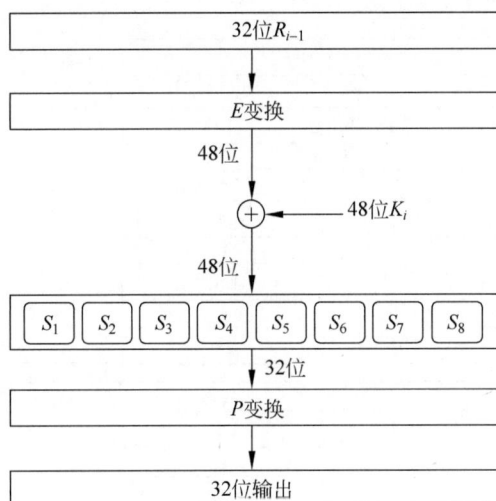

图 2-10　函数 f 的处理流程

E 变换的算法是从 R_{i-1} 的 32 位中选取某些位,构成 48 位。即 E 将 32 比特扩展变换为 48 位,变换规则根据 E 位选择表,如表 2-8 所示。

具体扩展方式为:把输入的 32 比特从左至右编码,并把其写成 8×4 的形式,如表 2-8 所示。然后把表 2-8 的第 $i-1$ 行的最右比特和第 $i+1$ 行的最左比特分别添加至第 i 行的最左边和最右边,生成表 2-9。这样一来,就将 32 比特的输入扩展成 48 比特的输出了。

例如,表 2-9 第 2 行第 1 列数据为表 2-8 第 1 行最左边的数据,表 2-9 第 2 行最后 1 列数据为表 2-8 第 3 行最右边的数据。

表 2-8　E 位选择表

1	2	3	**4**
5	6	7	8
9	10	11	12
13	14	15	16
17	18	19	20
21	22	23	24
25	26	27	28
29	30	31	32

表 2-9　E 位选择表

32	1	2	3	4	5
4	5	6	7	8	**9**
8	9	10	11	12	13
12	13	14	15	16	17
16	17	18	19	20	21
20	21	22	23	24	25
24	25	26	27	28	29
28	29	30	31	32	1

K_i 是由密钥产生的 48 位比特串,具体的算法下面介绍。将 E 的选位结果与 K_i 作异或操作,得到一个 48 位输出。分成 8 组,每组 6 位,作为 8 个 S 盒的输入。

每个 S 盒输出 4 位,共 32 位,S 盒的工作原理将在第(4)步介绍。S 盒的输出作为 P 变换的输入,P 的功能是对输入进行置换,P 换位表如表 2-10 所示。

表 2-10　P 换位表

16	7	20	21	29	12	28	17	1	15	23	26	5	18	31	10
2	8	24	14	32	27	3	9	19	13	30	6	22	11	4	25

（3）子密钥 K_i。

假设密钥为 K,长度为 64 位,但是其中第 8、16、24、32、40、48、64 用作奇偶校验位,实际上密钥长度为 56 位。K 的下标 i 的取值范围是 1~16,用 16 轮来构造。构造过程如图 2-11 所示。

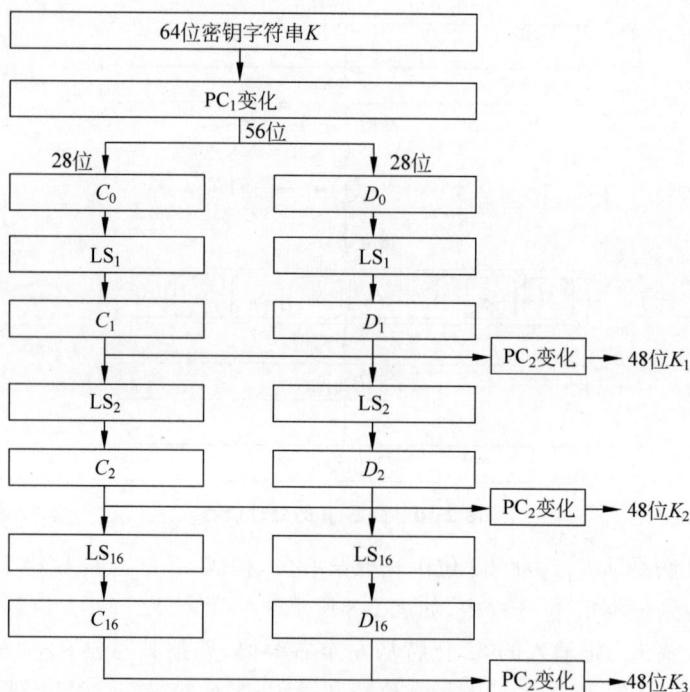

图 2-11　子密钥生成

首先,对于给定的密钥 K,应用 PC_1 变换进行选位,选定后的结果是 56 位,设其前 28 位为 C_0,后 28 位为 D_0。PC_1 选位如表 2-11 所示。

表 2-11　PC₁ 选位表

57	49	41	33	25	17	9	1	58	50	42	34	26	18
10	2	59	51	43	35	27	19	11	3	60	52	44	36
63	55	47	39	31	23	15	7	62	54	46	38	30	22
14	6	61	53	45	37	29	21	13	5	28	20	12	4

第一轮:对 C_0 作左移 LS_1 得到 C_1,对 D_0 作左移 LS_1 得到 D_1,对 C_1D_1 应用 PC_2 进行选位,得到 K_1。其中 LS_1 是左移的位数,如表 2-12 所示。

表 2-12 LS 移位表

1	1	2	2	2	2	2	2	1	2	2	2	2	2	2	1

表 2-12 中的第一列是 LS_1，第二列是 LS_2，以此类推。左移的原理是所有二进位向左移动，原来最右边的比特位移动到最左边。其中 PC_2 如表 2-13 所示。

表 2-13 PC_2 选位表

14	17	11	24	1	5	3	28	15	6	21	10
23	19	12	4	26	8	16	7	27	20	13	2
41	52	31	37	47	55	30	40	51	45	33	48
44	49	39	56	34	53	46	42	50	36	29	32

第二轮：对 C_1, D_1 作左移 LS_2 得到 C_2 和 D_2，进一步对 $C_2 D_2$ 应用 PC_2 进行选位，得到 K_2。如此继续，分别得到 $K_3, K_4, \cdots, K_{16}$。

(4) S 盒的工作原理。

S 盒以 6 位作为输入，而以 4 位作为输出，现在以 S_1 为例说明其过程。假设输入为 $a = a_1 a_2 a_3 a_4 a_5 a_6$，则 $a_2 a_3 a_4 a_5$ 所代表的数是 0~15 的一个数，记为：$k = a_2 a_3 a_4 a_5$；由 $a_1 a_6$ 所代表的数是 0~3 的一个数，记为 $h = a_1 a_6$。在 S_1 的 h 行，k 列找到一个数 B，B 在 0~15，它可以用 4 位二进制表示，为 $B = b_1 b_2 b_3 b_4$，这就是 S_1 的输出。S 盒是由 8 张数据表组成的（这里不详细给出）。

例如，$a = 110\,011$，$h = a_1 a_6 = (11)_2 = (3)_{10}$ 对应第三行，$k = a_2 a_3 a_4 a_5 = (1001)_2 = (9)_{10}$ 对应第 9 列，S 盒的第 3 行第 9 列的数是 14（记住行、列的记数从 0 开始而不是从 1 开始），则值 $b = b_1 b_2 b_3 b_4 = 1110$，1110 将代替 110 011。

2. DES 加密具有雪崩效应

在密码学中，雪崩效应（avalanche effect）指当输入发生最微小的改变（如反转一个二进制位）时，也会导致输出的剧变（如输出中一半的二进制位发生反转）。在高品质的块密码中，无论密钥或明文的任何细微变化都应当引起密文的剧烈改变；否则，如果变化太小，就可能找到一种方法减小有待搜索的明文和密文的空间的大小。

严格雪崩准则（strict avalanche criterion，SAC）是雪崩效应的形式化。它指出，当任何一个输入位被反转时，输出中的每一位均有 50% 的概率发生变化。严格雪崩准则建立于密码学的完全性概念上，由 Webster 和 Tavares 在 1985 年提出。

DES 加密具有雪崩效应。

① 用同样密钥加密只差一位的两个明文

例如，Key="11111111"，p_1=hellodes，p_2=hellodet。

c_1=0101110110011011000100111100110110100110001011110110100000101110

c_2=0010000010011000010101000011000000110001100110110100011110101000

两者的汉明距离为 36，说明 64 位中有 36 位不同。也就是说用同样密钥加密只差一位的两个明文，密文相差 36 位，变化比率为 56%。

② 用只差一比特的两个密钥加密同样明文

例如，Key_1=12345678，Key_2=12345677，p_1=hellodes。

c_1=0011001011001010110010100111100110010000100101010100110111111101110

$c_2 = 0110000011011001111110000000000101111001011011000010011001000011$

两者的汉明距离为 31,说明用只差一比特的两个密钥加密同样明文,密文相差 31 位,变化比率为 48%。

3. DES 解密

DES 的算法是对称的,既可用于加密又可用于解密,具有一个非常有用的性质——加密和解密可使用相同的算法。

DES 使得能够用相同的函数来加密或解密每个分组,二者唯一不同之处是密钥的次序相反,算法本身并没有任何变化。这就是说,如果各轮的加密密钥分别是 $K_1, K_2, K_3, \cdots,$ K_{16},那么解密密钥就是 $K_{16}, K_{15}, K_{14}, \cdots, K_1$。为各轮产生密钥的算法也是循环的。密钥向右移动,每次移动的个数为 0,1,2,2,2,2,2,2,1,2,2,2,2,2,2,1。这使得 DES 硬件加密、解密可以使用同一硬件设备,极大地减少了硬件制造成本。

DES 的优点是加解密速度快,算法具有比较高的安全性,目前还没有发现这种算法在设计上的破绽,在理论上 DES 算法仍然是不可解的。实践中,对于 DES 算法都是通过穷举密钥的方式破解的,56 位长的密钥的穷举空间为 2^{56},这意味着如果一台计算机的速度是每一秒钟检测一百万个密钥,则它搜索完全部密钥就需要将近 2285 年的时间,可见这是难以实现的。但随着计算能力的增强,DES 解密所需时间越来越短,安全性日益受到挑战。

1997 年,美国 RSA 数据安全公司悬赏 10 000 美元破解一段 DES 密文,美国一个公司职员历时 96 天成功地找到了密钥,解密出了明文:Strong cryptography makes the world a safer place(高强度的密码技术使世界更安全)。此次破解说明 DES 算法绝非坚不可摧。1998 年电子前线基金会(Electronic Frontier Foundation,EFF)花费了 25 万美元制造了一台专用于暴力破解 DES 算法的计算机,破解一段 DES 密文需花费 56h。1999 年,EFF 完成一段 DES 密文的破解工作需用时 22h 15min。

DES 的缺点如下。

① DES 算法中只用到 64 位密钥中的 56 位,而第 8,16,24,$\cdots$,64 位 8 个位并未参与 DES 算法。因此,在实际应用中,应避开使用第 8,16,24,$\cdots$,64 位作为有效数据位,而使用其他的 56 位作为有效数据位,才能保证 DES 算法安全可靠地发挥作用。

② DES 的唯一密码学缺点就是密钥长度较短。解决办法之一是采用三重 DES。三重 DES(triple-DES)是为了增加 DES 的强度,将 DES 重复 3 次得到的一种密码算法,通常缩写为 3DES。

如图 2-12 所示,3DES 方法需要执行三次常规的 DES 加解密步骤,但最常用的 3DES 算法中仅用两个 56 位 DES 密钥。设这两个密钥为 K_1 和 K_2,其算法的步骤如下。

① 用密钥 K_1 进行 DES 加密;

② 对上面的结果使用密钥 K_2 进行 DES 解密;

③ 对上一步的结果使用 K_1 进行 DES 加密。

这个过程称为 EDE,因为它是由加密—解密—加密步骤组成的。

在 EDE 中,中间步骤是解密,所以,可以使用两

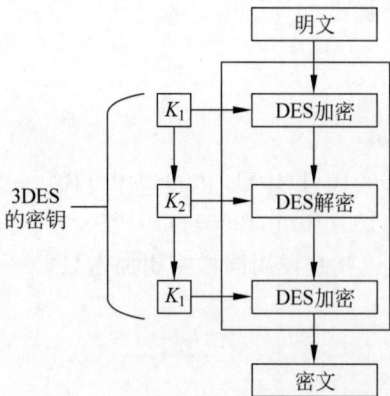

图 2-12 3DES

个密钥 K_1 和 K_2 执行常规的 DES 加密、解密实现 3DES。

3DES 的缺点是时间开销较大,3DES 的时间是 DES 算法的 3 倍。

3DES 目前还被银行等机构使用,但其在安全性方面也逐渐显现出了一些问题,处于淘汰边缘。

国际通用的对称加密算法包括 DES、3DES、RC4、RC5、IDEA 和 Blowfish。

DES 是最常用的加密算法,其特点是采用 56 位的密钥,处理 64 位的输入,加密解密使用同一个密钥。DES 把数据分成长度为 64 位的数据块,其中 8 位作为奇偶校验,有效码长为 56 位。由于计算机性能的提高,采用多台高性能服务器可以攻破 56 位 DES,所以 3DES 出现了,它采用 128 位密钥提高了安全性。

IDEA 算法采用 128 位密钥,每次加密一个 64 位的数据块。RC5 算法中数据块的大小、密钥的大小和循环次数都是可变的,密钥甚至可以扩充到 2048 位,具有极高的安全性。Blowfish 算法使用变长的密钥,长度可达 448 位,运行速度很快。

以上算法均要使用一个由通信各方共享的密钥,被称作对称密码算法。接收方只有使用发送方用来加密数据的密钥才能解密,所以其安全性依赖密钥的安全。

2.3.2 SM4

国密算法 SM4 是我国自主设计的分组对称密码算法,用于实现数据的加密/解密运算,以保证信息保密性。SM4 与 DES 原理、结构类似,对标 DES 的升级版 AES。

SM4 有安全高效的特点,在设计与实现方面有以下优势。

① 分组长度为 128 比特,密钥长度为 128 比特,明文和密钥等长。要保证一个对称密码算法的安全性的基本条件是具备足够的密钥长度。在同为分组算法中,SM4 算法具有 128 位密钥长度和分组长度(密钥数量有 2^{128} 个),而国际算法 DES 算法只有 56 位的密钥长度,不足以抵御穷举式攻击(密钥数量只有 2^{56} 个),因此 SM4 算法在安全性上高于 DES 算法。

② 加密算法与密钥扩展算法都采用 32 轮非线性迭代结构,在设计上做到资源重用。SM4 算法采用的是非线性迭代结构,每次迭代由一个轮函数给出,其中轮函数由一个非线性变换和线性变换复合而成,非线性变换由 S 盒所给出。

③ 数据解密和数据加密的算法结构相同,只是轮密钥的使用顺序相反,解密轮密钥是加密轮密钥的逆序(对合运算)。

SM4 将 128 位的明文、密钥通过 32 次循环的非线性迭代运算得到最终结果。SM4 算法主要包括异或、移位及盒变换操作。其中密钥扩展和加/解密为两个主要模块,其流程大同小异。其中,移位变换是指循环左移;盒变换将 8 比特输入映射到 8 比特输出的变换,是一个固定的变换。

设明文输入为 (X_0, X_1, X_2, X_3),X_i 为 32 比特的数据,密文输出为 (Y_0, Y_1, Y_2, Y_3),轮密钥为 rk_i。SM4 整体流程如图 2-13 所示。

① 将 128 比特密钥 MK 按照 4B 一组分成 4 组 MK_0, MK_1, MK_2, MK_3,再根据密钥扩展算法,生成 32 组 4B 轮密钥(即在某一轮运算中得到的密钥 rk):$rk_0, rk_1, \cdots, rk_{31}$。

② 将输入的数据 X 也按照 4B 一组分成 4 组 X_0, X_1, X_2, X_3,进行 32 轮循环迭代运算 F(即按照指定的公式重复执行运算)。

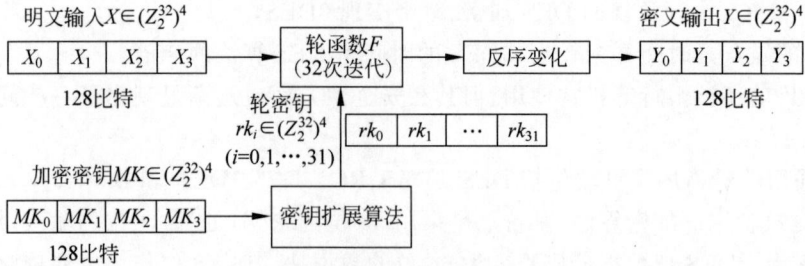

图 2-13　SM4 整体流程

③ 32 轮循环迭代运算后,选取最后四次迭代生成的结果 X_{32},X_{33},X_{34},X_{35} 进行反序变换 R 并组合起来,最终得到密文 Y_0,Y_1,Y_2,Y_3。

综上所述,SM4 先将 128 比特密钥 MK 扩展为 32 个轮密钥 rk,再将该轮密钥与 128 比特明文 X 经过轮函数进行 32 次迭代后,选取最后 4 次迭代生成的结果 X_{32},X_{33},X_{34},X_{35} 进行反序变换,该变换结果作为最终的密文 Y 输出。

本算法的解密变换与加密变换结构相同,不同的仅是轮密钥的使用顺序。解密时,使用轮密钥序 rk_{31},rk_{30},$\cdots$,rk_0。

1. 加/解密模块

SM4 算法的加/解密模块由 32 轮非线性迭代运算和 1 次反序变换组成。如图 2-14 所示,每一轮分别将各组数据与轮密钥进行异或操作,再将结果进行 S 盒变换。

32 次迭代轮函数 F 生成方法:

$X_{i+4} = F(X_i, X_{i+1}, X_{i+2}, X_{i+3}, rk_i) = X_i \oplus \mathrm{T}(X_{i+1} \oplus X_{i+2} \oplus X_{i+3} \oplus rk_i)$,

$i = 0, 1, \cdots, 31$

合成置换 T: $Z_{322} \rightarrow Z_{322}$ 是一个可逆变换,由非线性变换 τ 和线性变换 L 复合而成,即 $\mathrm{T}(\cdot) = \mathrm{L}(\tau(\cdot))$。

线性变换 L: $\mathrm{L}(B) = B \oplus (B <<< 2) \oplus (B <<< 10) \oplus (B <<< 18) \oplus (B <<< 24)$。

非线性变换 τ: $\tau(B)$,τ 由 4 个并行的 S 盒构成。具体步骤如下。

① $i = 0$,表示第一次轮变换。

② 将 X_{i+1},X_{i+2},X_{i+3} 和轮密钥 rk_i 异或得到一个 32 比特的数据,作为 S 盒变换的输入,即 $\mathrm{Sbox}_{\mathrm{input}} = X_{i+1} \oplus X_{i+2} \oplus X_{i+3} \oplus rk_i$,$\oplus$ 符号代表异或运算。

③ 将 $\mathrm{Sbox}_{\mathrm{input}}$ 拆分成 4 个 8 比特数据,分别进行 S 盒变换,之后再将 4 个 8 比特输出合并成一个 32 比特的 $\mathrm{Sbox}_{\mathrm{output}}$。

④ 将 $\mathrm{Sbox}_{\mathrm{output}}$ 分别循环左移 2 位,10 位,18 位,24 位,得到 4 个 32 比特的结果,记移位结果为 y_2,y_{10},y_{18},y_{24}。与盒变换输出 $\mathrm{Sbox}_{\mathrm{output}}$ 和 X_i 异或,得到 X_{i+4}。即 $X_{i+4} = \mathrm{Sbox}_{\mathrm{output}} \oplus y_2 \oplus y_{10} \oplus y_{18} \oplus y_{24} \oplus X_i$。至此完成了一轮的加/解密运算。

⑤ i 加 1,返回②一直运行到 $i = 31$ 结束。

⑥ 将最后一轮生成的 4 个 32 比特数据 X_{25},X_{24},X_{23},X_{22} 合并成一个 128b 作为最后的密文(Y_0, Y_1, Y_2, Y_3)。

对应伪代码如图 2-15 所示。

输入 EF,则经 S 盒后的值为表中第 E 行和第 F 列,如表 2-14 所示。

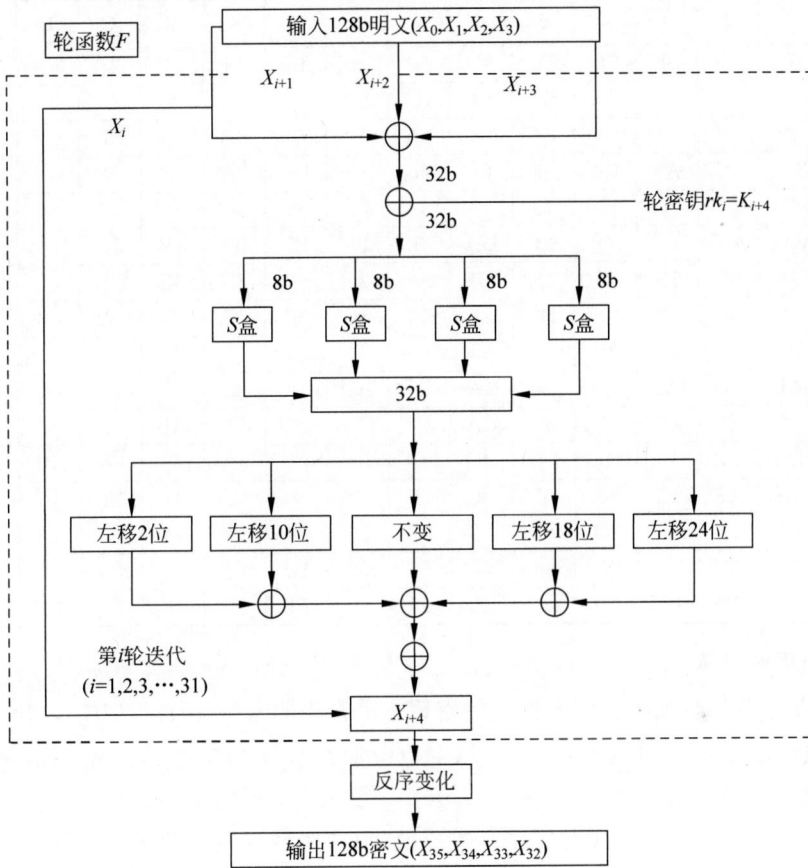

图 2-14　加/解密模块

```python
def _do(self, text: bytes, key_r: list):
    text_ = [0 for _ in range(4)]  # 将 128b 转换成 4×32b
    for i in range(4):
        text_[i] = int.from_bytes(text[4 * i:4 * i + 4], 'big')
    for i in range(32):
        box_in = text_[1] ^ text_[2] ^ text_[3] ^ key_r[i]
        box_out = self._s_box(box_in)
        temp = text_[0] ^ box_out ^ self._rot_left(box_out, 2) ^
self._rot_left(box_out, 10)
        temp = temp ^ self._rot_left(box_out, 18) ^ self._rot_left(box_out, 24)
        text_ = text_[1:] + [temp]
        text_ = text_[::-1]
    # 结果逆序，将4×32b 合并成128b
    result = bytearray()
    for i in range(4):
        result.extend(text_[i].to_bytes(4, 'big'))
    return bytes(result)
```

图 2-15　SM4 伪代码

表 2-14　S 盒

	0	1	2	3	4	5	6	7	8	9	A	B	C	D	E	F
0	D6	90	E9	FE	CC	E1	3D	B7	16	B6	14	C2	28	FB	2C	05
1	2B	67	9A	76	2A	BE	04	C3	AA	44	13	26	49	86	06	99
2	9C	42	50	F4	91	EF	98	7A	33	54	0B	43	ED	CF	AC	62
3	E4	B3	1C	A9	C9	08	E8	95	80	DF	94	FA	75	8F	3F	A6
4	47	07	A7	FC	F3	73	17	BA	83	59	3C	19	E6	85	4F	A8
5	68	6B	81	B2	71	64	DA	8B	F8	EB	0F	4B	70	56	9D	35
6	1E	24	0E	5E	63	58	D1	A2	25	22	7C	3B	01	21	78	87
7	D4	00	46	57	9F	D3	27	52	4C	36	02	E7	A0	C4	C8	9E
8	EA	BF	8A	D2	40	C7	38	B5	A3	F7	F2	CE	F9	61	15	A1
9	E0	AE	5D	A4	9B	34	1A	55	AD	93	32	30	F5	8C	B1	E3
A	1D	F6	E2	2E	82	66	CA	60	CO	29	23	AB	0D	53	4E	6F
B	D5	DB	37	45	DE	FD	8E	2F	03	FF	6A	72	6D	6C	5B	51
C	8D	1B	AF	92	BB	DD	BC	7F	11	D9	5C	41	EF	10	5A	D8
D	0A	C1	31	88	A5	CD	7B	BD	2D	74	D0	E2	B8	E5	B4	B0
E	89	69	97	4A	0C	96	77	7E	65	B9	F1	09	C5	6E	C6	84
F	18	F0	7D	EC	3A	DC	4D	20	79	EE	5F	3E	D7	CB	39	48

2. 密钥扩展模块

密钥扩展模块：将加密密钥变换为轮密钥。设密钥输入为 (MK_0, MK_1, MK_2, MK_3)，轮密钥输出为 $K_i, i \in \{0, 1, 2, \cdots, 31\}$。轮密钥由加密密钥 MK 生成。轮密钥 rk_i 生成方法为 $rk_i = K_{i+4} = K_i \oplus \mathrm{T}'(K_{i+1} \oplus K_{i+2} \oplus K_{i+3} \oplus CK_i), i = 0, 1, \cdots, 31$。

合成置换 T'：$Z_{322} \rightarrow Z_{322}$，是一个可逆变换，由非线性变换 τ 和线性变换 L' 复合而成，即 $\mathrm{T}'(\cdot) = \mathrm{L}'(\tau(\cdot))$。非线性变换 τ 如图 2-16 所示。

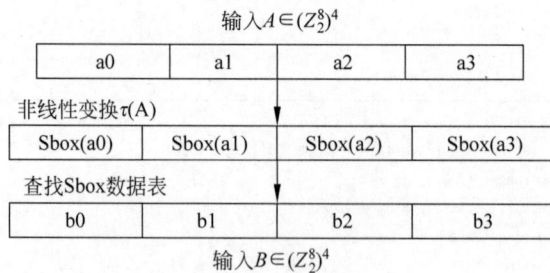

图 2-16　非线性变换 τ

线性变换 L'：$\mathrm{L}'(B) = B \oplus (B <<< 13) \oplus (B <<< 23)$，其中 $<<< i$ 表示 32 位循环左移 i 位。

$FK = (FK_0, FK_1, FK_2, FK_3)$ 为系统参数，$CK = (CK_0, CK_1, \cdots, CK_{31})$ 为固定参数，用于密钥扩展算法，其中 $FK_i (i = 0, 1, \cdots, 3)$、$CK_i (i = 0, 1, \cdots, 31)$ 为字(32 位二进制)。

密钥扩展模块与加/解密模块实现过程大同小异，具体实现过程如图 2-17 所示。

① 将初始密钥 (MK_0, MK_1, MK_2, MK_3) 分别异或固定参数 (FK_0, FK_1, FK_2, FK_3) 得到用于循环的密钥 (K_0, K_1, K_2, K_3)，即 $K_0 = MK_0 \oplus FK_0, K_1 = MK_1 \oplus FK_1, K_2 = MK_2 \oplus FK_2, K_3 = MK_3 \oplus FK_3$。

② 进入轮密钥 K_i 的生成,当 $i=0$ 时为第一轮密钥扩展,一直进行到 $i=31$ 结束。

③ 将 K_{i+1},K_{i+2},K_{i+3} 和固定参数 CK_i 异或得到一个 32 比特的数据,作为 S 盒变换的输入,即 $\text{Sbox}_{\text{input}} = K_{i+1} \oplus K_{i+2} \oplus K_{i+3} \oplus CK_i$。

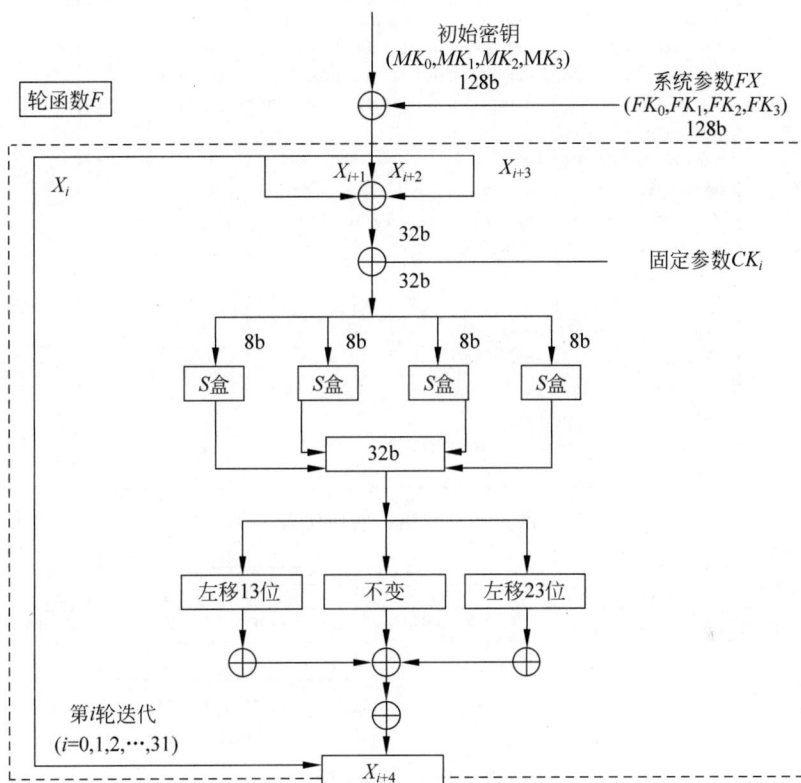

图 2-17　密钥扩展模块

④ 将 $\text{Sbox}_{\text{input}}$ 拆分成 4 个 8 比特数据,分别进行盒变换,之后再将 4 个 8 比特输出合并成一个 32 比特的 $\text{Sbox}_{\text{output}}$。

⑤ 将上一步获得的 $\text{Sbox}_{\text{output}}$ 分别循环左移 13 位,23 位,得到 2 个 32 比特的结果,记移位结果为 y_{13},y_{23} 与盒变换输出 $\text{Sbox}_{\text{output}}$ 和 K_i 异或,得到 K_{i+4},即 $K_{i+4} = \text{Sbox}_{\text{output}} \oplus y_{13} \oplus y_{23} \oplus K_i$,其中每一个 K_i 即为产生的轮密钥。

固定参数 CK 的取值方法为:设 $ck_{i,j}$ 为 CK_i 的第 j 字节($i=0,1,\cdots,31$; $j=0,1,2,3$),即 $CK_i = (ck_{i,0},ck_{i,1},ck_{i,2},ck_{i,3})$,则 $ck_{i,j} = (4i+j) \times 7(\bmod\ 256)$。伪代码如图 2-18 所示。

反序变换如图 2-19 所示。

3. 解密算法

本算法的解密变换与加密变换结构相同,不同的仅是轮密钥的使用顺序。解密时,使用轮密钥序 rk_{31},rk_{30},$\cdots$,rk_0。

4. SM4 算法性能及可靠性分析

分组密码算法最主要的是要保证传输信息的保密性及完整性,才能保证信息在传输过程中不被敌手窥探到。随着大数据的到来,越来越多的信息在网上传播,因此算法的性能,

```
def _generate_key(self, key: bytes):
key_r, key_temp = [0 for _ in range(32)], [0 for _ in range(4)]
FK = [0xa3b1bac6, 0x56aa3350, 0x677d9197, 0xb27022dc]
CK = [0x00070e15, 0x1c232a31, 0x383f464d, 0x545b6269, 0x70777e85, 0x8c939aa1,
0xa8afb6bd, 0xc4cbd2d9, 0xe0e7eef5, 0xfc030a11, 0x181f262d, 0x343b4249,
0x50575e65, 0x6c737a81, 0x888f969d, 0xa4abb2b9, 0xc0c7ced5, 0xdce3eaf1,
0xf8ff060d, 0x141b2229, 0x30373e45, 0x4c535a61, 0x686f767d, 0x848b9299,
0xa0a7aeb5, 0xbcc3cad1, 0xd8dfe6ed, 0xf4fb0209, 0x10171e25, 0x2c333a41,
0x484f565d, 0x646b7279]
# 将128b 拆分成4×32b
for i in range(4):
    temp = int.from_bytes(key[4 * i:4 * i + 4], 'big')
    key_temp[i] = temp ^ FK[i]
# 循环生成轮密钥
for i in range(32):
  box_in = key_temp[1] ^ key_temp[2] ^ key_temp[3] ^ CK[i]
  box_out = self._s_box(box_in)
  key_r[i] = key_temp[0] ^ box_out ^ self._rot_left(box_out, 13) ^
self._rot_left(box_out, 23)
    key_temp = key_temp[1:] + [key_r[i]]
return key r
```

图 2-18　密钥扩展伪代码

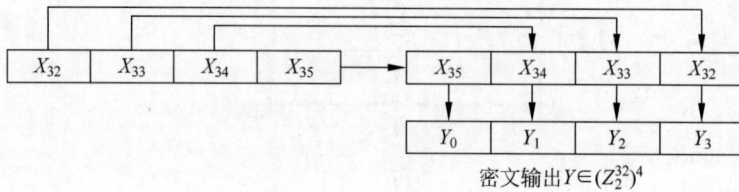

密文输出 $Y \in (Z_2^{32})^4$

图 2-19　反序变换

即执行效率显得尤为重要。国际的 DES 算法和国产的 SM4 算法的目的都是加密保护静态储存和传输信道中的数据,主要特性对比如表 2-15 所示。

表 2-15　SM4、DES、AES 算法比较

项　　目	AES 算法	DES 算法	SM4 算法
算法结构	平衡 Feistel Substitution-Permutation	使用标准的算术和逻辑运算,先替代后置换,不含非线性变换	基本轮函数加迭代,含非线性变换
加解密算法是否相同	是	是	是
计算轮数	10/12/14 轮	16 轮(3DES 为 16 轮×3)	32 轮
分组长度	64 位	64 位	128 位
密钥长度	128/192/256 位	64 位(3DES 为 128 位)	128 位
有效密钥长度	128/192/256	56 位(3DES 为 112 位)	128 位
实现难度	易于实现	易于实现	易于实现
实现性能	软件和硬件实现都快	软件实现慢、硬件实现快	软件和硬件实现都快
安全性	高	较低(3DES 较高)	未发现安全问题

5. 算法复杂性分析

（1）空间复杂度。

DES 算法需要存储 2 个 IP 置换矩阵，$2 \times 16 \times 4$；扩展置换，6×8；S 盒代换，$16 \times 4 \times 8$；置换选择 PC_1 7×8；置换选择 PC_2 8×6。SM4 算法需要存储 S 盒，大小为 $2^4 \times 2^4$。AES 算法需要存储 2 个 S 盒，大小 $2 \times 2^4 \times 2^4$。

其他代码运行过程中存储的变量可忽略不计，从以上比较来看，SM4 分组密码算法所需的内存空间最少，AES 次之，DES 则最多。

（2）时间复杂度。

时间复杂度可以简单从计算轮数进行简单的比较，AES 的计算轮数最少为 10/12/14 轮，DES 次之，为 16 轮，SM4 算法计算轮数最多，达 32 轮。

6. 安全性分析

首先，从密钥空间上考虑，密钥空间越大，敌手可通过穷举的方法爆破密钥的可能性就越低。DES 的密钥长度为 64b，AES 的密钥长度为 128/192/256b，SM4 的密钥长度为 128b。其中密钥长度越长，则代表密钥空间越大。AES 最安全，SM4 次之，最后是 DES。

要保证一个对称密码算法安全性的基本条件是其具备足够的密钥长度，SM1、SM4 算法与 AES 算法具有相同的密钥长度分组长度——128 位，因此在安全性上高于 112 位的 3DES 算法。

其次，从算法特性上分析，SM4 和 AES 均包含非线性变化，得到的密文统计特性更差，则更安全。从算法上看，国产 SM4 算法在计算过程中增加非线性变换，理论上能大大提高其算法的安全性，并且由专业机构进行了密码分析，非专业机构也对 21 轮 SM4 进行了差分密码分析，结论均为安全性较高。

最后，从攻击的角度分析。公开的评估结果表明，SM4 分组密码能够抵抗目前已知的所有攻击，如差分密码分析、线性密码分析、不可能差分析等。

综上所述，对称密码如图 2-20 所示。

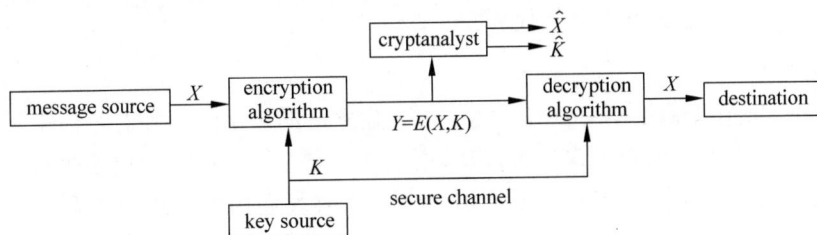

图 2-20　对称密码

初始化：双方共享一个保密随机数 K（对称密钥）或使用相同的设备生成相同的随机数 K。

加密：发送方使用密钥 K，对消息 M，计算

$$Y = M \oplus K$$

发送密文 C。

解密：接收方接收密文 C，使用密钥 K，计算

$$M = C \oplus K$$

获得消息 M。

2.4　豪密和祖冲之算法

豪密和祖冲之密码都属于对称密码的流密码。

2.4.1　豪密

豪密是中国共产党和中国工农红军第一本无线电通信密码的简称,由中国共产党初期领导人之一周总理亲自编制,以周总理党内化名"伍豪"命名。其先进程度超越了当时国民党的密码编码技术(当时国民党密码属于世界先进密码之一),后被广泛用于党和军队的密码通信,直到 1949 年国民党垮台,都没有被破译出来。

豪密的发明使得中国共产党的情报工作有了质的飞跃,它完全不给予对手以分析的机会,改变了一直以来被动的情报传递局面,为党的战略布局赢得先机。

相关人员回忆表明,豪密由数字与文字构成,"同字不同码,同码不同字",是"无线密",是那个时代最先进、最安全的密码体制。

豪密具有以下 5 个特点。

① 用于高层领导机关的通信。

② 好记好用,简单却难以破译。

③ 密码由数字与文字构成。

④ 所用的密码从不重复。

⑤ 密码的性质是没有规律的无线密。

电报码(莫尔斯码)就是一串数字。如 4321,如果有相应的密码本就能找到对应的字;如果没有密码本你看见的只能是一串数字。但是无线电是大家都能收到的,虽然我们没有敌人的密码本,但是这不妨碍我们能收到敌人的代码。根据敌人的用词习惯、中文的特点等,收集大量的数据以后就能逐步猜测出每个代码是什么意思,如 4321 这个代码每一次都出现在电报的第一个那么就有可能代表"我"。

1. 豪密 1.0

1929 年末,党在上海的第一部秘密地下电台建立。同年 12 月,香港电台建立。1930 年 1 月,上海与香港电台之间第一次通报成功,这是党历史上第一次无线电通报成功。据中央特科负责无线电台运维的工作人员张沈川回忆,"当时我们用的两种密码都是我自己编造的。一种是用汉字明码颠倒更换;另一种是用英文字母换阿拉伯字母再变成汉字密码使用。"

刚开始时,豪密也只是一种简单的密码,是任弼时携带到中央苏区后使用的密码。它是一种"底本"+"乱数"的密码,就是在原有的密码底本基础上,添加了一串随机的乱码。例如,第一份豪密电文"弼时安全到达了"。以电报明码为"底本",电报明码(初次加密)为"1732 2514 1344 0356 0451 6671 0055"。在此基础上,如加上一组随机乱数码"6378 5596 6766 7754 7659 1439 7055",则最后发送时电码为"7000 7000 7000 7000 7000 7000 7000"。在没有特有的随机乱数码下,敌人若截获这样一组电码,也很难破译出明文。

"底本"就是单表代替式密码本,如电报码本;"乱数"是随机生成的表,由若干随机编排的数字,再加上"加减法"一样的"算法"进行加密后得到,想要解密就更困难了。

在豪密之前的电报码都是同码同字,如 4321 在密码本上代表的是"我",在电报发出前就给它加密。加密是完全的数学运算。如 4321 对每个数字乘 2 再减 1,那么 4321 就变成了 7531。乘的这个 2 和减的这个 1 就是密钥。

因此,我们猜测的一种豪密 1.0 变换规则如下。

以发报日期(mm,dd)为密钥,密文为明文电报码的每个数字乘 mm 再减 dd,计算时不考虑进位、借位。

密钥掌握在第三个人手里,每天(甚至每次)都不一样。密钥有自己的规律,这个规律只有掌握密钥的人知道。假定 2 月 1 日的电报密钥就是(2,1);经过这么一运算,发出去的数字每天甚至每次都不一样,这一次 4321 代表我,下一次 7531 代表的是我,所以就完全没有规律可言,不怕研究。

这样即使敌人千辛万苦能破获"底本",破解不了乱码,或者即使破解了乱码,也不清楚算法,到底是做加法还是做减法,这都是随时变换的,下一次"乱码"也会随机更换了,根本就不给你查到"4321"的机会。简单来说豪密根本就不给对手以分析的机会,所以说豪密是永远不会重复的。

豪密 1.0 采用二重密码体制,优点是能够在电报中实现"同字不同码,同码不同字"。在保密性方面,因为乱数码是随机的数字,即使底本中出现的汉字会有重复,但在加随机的乱数码后,就会实现同码不同字、同字不同码。如上文加上一组随机乱数码"7378 6596 7766 8754 8659 2439 8055",则最后发送是电码为"8000 8000 8000 8000 8000 8000 8000"。

按照这种方法,实际上每次电报都等于启用了一个全新的无重复的密码,因此符合"一次一密"密码体制的要求。只要乱数足够长,报文分析的密码破译方法对此就完全无效,所以直到解放战争胜利结束,国民党方面也始终未能攻破豪密。

这种"一次一密"密码理念放到今天也不过时,例如,在登录很多网站时,除了需要输入用户名和密码外,还要输入网站提供的一组随机验证码,这个验证码就相当于豪密中的随机乱数,只有密码和验证码都输入正确,才能正常登录。

【例 2-21】 已知 $c=1339\ 1535\ 9335\ 1173$,发报日期 key 为 2 月 1 日,求明文 c。

解:1339 1535 9335 1173 每位加 1 得:2440 2646 0446 2284;

2440 2646 0446 2284 每位除 2,可得多个答案:

$c_1=1225\ 1323\ 0223\ 1142$;$c_2=6275\ 1378\ 0278\ 1142$; …

对这多个答案,通过查电报码本,选择有意义的答案就是正确的答案,你知道正确的答案是什么了吗?

由计算过程可知,豪密的解密是不唯一的,存在多种可能,这是豪密安全性的体现之一。

【例 2-22】 已知密文 $c=7777$,求明文 m。

解:以 r 表示随机数,根据豪密有 $c=m+r$。

所以已知 c 求 m,就是分解与 1 个自然数为 2 个自然数之和。

不考虑重复,有 4096($8^4=4096=2^{12}$)种可能;考虑重复,有 625($5^4=625$)种可能。

所以 m 可以是其中任意一个数对应的汉字。没有确定解。这说明破解豪密既要根据上下文,也需要一定时间,在当时短时间内难以破解(计算不可行)。

2. 豪密 2.0

长期跟踪分析豪密 1.0,就有可能发现豪密加解密的规则。为了增加保密性,豪密发展出了 2.0 版。

在 1994 年《党的文献》所刊登的文章中,有一封周恩来和林育英于 1936 年 5 月 18 日联名致张国焘的电报,其中提出:"关于二、六军团方面的情报,可否你方担任供给,请将与其通报密码之书名第几本与报首及页行字数加注告我,以便联络通电,免误时间。"【杨瑞广:《任弼时力促三军大会师》,《党的文献》1994 年第 2 期,第 29 页】

这份电报的背景是中共中央当时与贺龙、任弼时领导的二方面军失去了联络,因此周恩来就向张国焘索要与二方面军的电台联系密码。

电报清楚表明豪密密码由两部分组成:书名与册码;页码、行数与列数。这就是说通信双方各持一本相同的书,发报内容只要注明某页、某行与第几个字,收报方就能按图索骥找出书中单个的字组成电报内容。这样的密码无从破译,因为电报本身就是个密码,其内容只是简单的数字索引。以本页为例,"0207 0603"就表示"豪密"。

如果你看过谍战片就很容易理解对称加密。两个情报人员分别拥有一本相同书。情报发送人员会在书中找到原始情报中的每一个字,这样就可以把情报中的每一个字转换成页码、行数、行中第几个字,例如,1001015 可以表示第 100 页第 10 行的第 15 个字。这样整份情报就被加密成只有数字的信息。

情报接收人员就会根据这些数字和那本书,将加密后的情报解密成原始情报。这就是典型的对称加密,而两个情报人员都拥有的那本相同的书就是密钥。

根据上面的线索,豪密 2.0 分为 3 部分:密码本、运算方式、密钥,主要依靠工作流程来保证绝对的安全。

豪密工作流程推测是这样的:密码本由一个人掌握,运算方式由另外一个人掌握,密钥由第三个人掌握。党内同时掌握这 3 部分的估计只有周总理本人。

"豪密"的另一个优点是即使报务员掌握第一层密码机制,只要党中央领导掌握关键的那本书,那本书就是"无线密"的钥匙,假设极端情况下有报务员叛变,依然无法破解密文。如此双重加密,确实既安全、又高明。

这样分工保证了 3 部分中的任何一个人甚至任何两个人被捕或叛变,密码依然安全。因为只掌握密码本,不知道怎么运算会发现和密码本完全对不上;只掌握密钥规律,那么每天只有一个数字,完全没办法破解;只掌握运算规律依然,面对一堆数字毫无办法。

上述加密机制与北宋时期曾公亮的《武经总要》中所描述的北宋时期的军事情报密码类型。唯一不同的是,古人用诗,总理用书。

在这个基础上再结合豪密 1.0,偶尔更换密码本和运算方式 就能保证密码的绝对安全。

如式(2-1)所示,本书可将豪密密码简化为:页码、行数与列数。

$$\frac{aa \quad bb \quad cc}{页码 \ 行数 \ 列数} \tag{2-1}$$

【例 2-23】 已知 $c = 680709\ 682814\ 682721\ 683317$,求明文 p。

解:"680709"表示本书第 68 页第 7 行第 9 列,对应汉字为"大"。以此类推,可得 $p = $ 大道至简。

约定计数时,段首空 2 格不计算在内,但标点符号计算在内。

2.4.2　祖冲之算法

祖冲之加密算法(ZUC 算法)的名字源于我国古代数学家祖冲之,它包括加密算法 128-EEA3 和完整性保护算法 128-EIA3,主要用于移动通信系统空中传输信道的信息加密和身份认证,以确保用户通信安全。祖冲之加密算法被批准成为无线数据通信技术标准(long term evolution,LTE),是我国商用密码算法首次走出国门参与国际标准制定取得的重大突破。

祖冲之加密算法原理:祖冲之加密算法是一个面向字的流密码,它采用 128 位的初始密钥作为输入和一个 128 位的初始向量(**IV**),并输出关于字的密钥流(从而每 32 位被称为一个密钥字)。密钥流可用于对信息进行加密/解密。

祖冲之加密算法的执行分为两个阶段:初始化阶段和工作阶段。在第一阶段,密钥和初始向量进行初始化,不产生输出。第二个阶段是工作阶段,在这个阶段,每一个时钟脉冲产生一个 32 比特的密钥输出。

1. 算法原理

如图 2-21 所示,算法整体结构分为上中下三层。上层为线性反馈移位寄存器(linear feedback shift register,LFSR),中层为比特重组(BR),下层为非线性函数(F)。

经过这三层结构的综合运用,ZUC 算法具有非常高的安全强度,能够抵抗目前常见的各种流密码攻击方法。

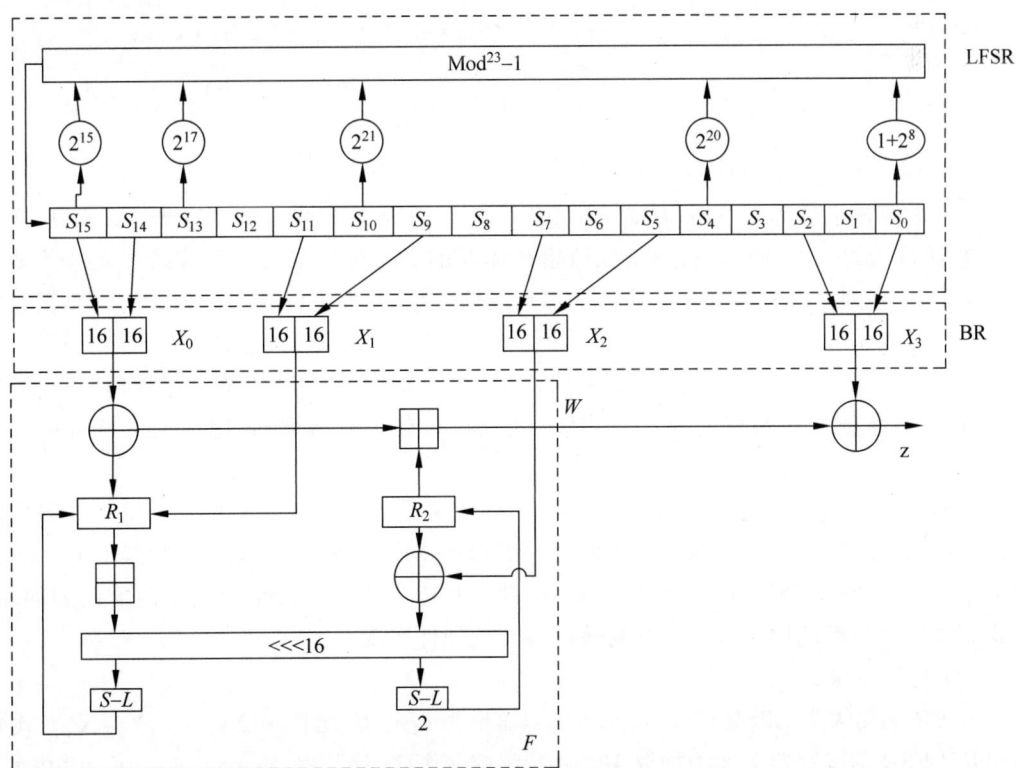

图 2-21　算法整体结构

(1) 线性反馈移位寄存器。

LFSR 由 16 个 31 比特寄存器单元 $S_0, S_1, \cdots, S_{15}$ 组成,每个单元在集合$\{1, 2, 3, \cdots, 2^{31}-1\}$中取值。

线性反馈移位寄存器的特征多项式是有限域 $GF(2^{31}-1)$ 上的 16 次本原多项式:

$$p(x) = x^{16} - 2^{15} x^{15} - 2^{17} x^{13} - 2^{21} x^{10} - 2^{20} x^4 - (2^8 + 1)$$

其输出为有限域 $GF(2^{31}-1)$ 上的 m 序列,具有良好的随机性。其反馈多项式为:

$$S_{16+t} = 2^{15} S_{15+t} + 2^{17} S_{13+t} + 2^{21} S_{10+t} + 2^{20} S_{4+t} + (2^8 + 1) S_t \bmod (2^{31} - 1)$$

LFSR 的运行模式有两种:初始化模式和工作模式。

① 初始化模式下,LFSR 接收一个 31 比特的字节 u,u 来自下层非线性函数 F 的 32 比特输出 W 通过舍弃了最低位得到,即 $u = W \gg 1$。

```
LFSRWithInitialisationMode(u)
{ v = (2^15) * s[15] + (2^17) * s[13] + (2^21) * s[10] + (2^20) * s[4] + (1 + 2^8) * s[0] mod
(2^31 - 1);
    s[16] = (v + u) mod (2^31 - 1);
    if (s[16] == 0)
        s[16] = 2^31 - 1;
    (s[1],s[2],...,s[16]→(s[0],s[1],…,s[15]);}
```

② 工作模式下 LFSR 无输入:

```
LFSRWithWorkMode()
{s[16] = (2^15) * s[15] + (2^17) * s[13] + (2^21) * s[10] + (2^20) * s[4] + (1 + 2^8) * s[0] mod
(2^31 - 1);
    if (s[16] == 0)
        s[16] = 2^31 - 1;
    (s[1],s[2],…,s[16]→(s[0],s[1],…,s[15]);}
```

祖冲之算法上层为定义在素域 $GF(2^{31}-1)$ 上的线性反馈移位寄存器(LFSR),这是 ZUC 算法设计的一大创新。目前常见流密码体制的 LFSR 均采用二元域或二元域的某个扩域上的 m 序列。这种序列具有明显的多重线性关系,这使得以其为序列源的密码算法容易受到相关攻击。

而祖冲之算法的 LFSR 设计首次采用素域$(2^{31}-1)$的 m 序列。该类序列周期长、统计特性好,且在特征为 2 的有限域上是非线性的,其具有线性结构弱、比特关系符合率低等优点。

因而采用$(2^{31}-1)$上的 LFSR 设计的 ZUC 算法具有天然的强抵抗二元域上密码攻击方法的能力,如二元域上的代数攻击、区分分析和相关攻击等。此外,由于素域 $GF(2^{31}-1)$ 上的乘法可以快速实现,ZUC 算法 LFSR 在设计时充分考虑到安全和效率两方面的问题,在达到高安全目标的同时可以非常高效地进行软硬件实现。

(2) 比特重组。

设 BR 的输入为 LFSR 的 $s[0] \sim s[15]$,输出为 4 个 32 比特字 X_0, X_1, X_2, X_3。比特重组从 LFSR 的寄存器单元中抽取 128 比特组成 4 个 32 比特字 X_0、X_1, X_2, X_3,其中前 3 个字用于下层的非线性函数 F,第 4 个字参与密钥流计算。

BitReconstruction() //H 表示截取高 16 位,L 表示截取低 16 位,‖ 表示连接

$\{X_0 = (s[15]_H) \parallel (s[14]_L); \ X_1 = (s[11]_L) \parallel (s[9]_H); \ X_2 = (s[7]_L) \parallel (s[5]_H);$
$X_3 = (s[2]_L) \parallel (s[0]_H);\}$

祖冲之算法的中间层为比特重组,比特重组采用取半合并技术,实现 LFSR 数据单元到非线性函数 F 和密钥输出的数据转换,其主要目的是破坏 LFSR 在素域上 $GF(2^{31}-1)$ 上的线性结构。

结合下层的非线性函数 F,比特重组可使得一些在素域 $GF(2^{31}-1)$ 上的密码攻击方法变得非常困难。

(3)非线性函数。

非线性函数 F 有 2 个 32 比特长的存储单元 R_1 和 R_2,其输入来自上一层比特重组的 3 个 32 比特字 X_0,X_1,X_2,输出为一个 32 比特字 W。计算过程如下。

```
F(X₀,X₁,X₂)
{    W = (X₀^R₁) + R₂; W₁ = R₁ + X₁; W₂ = R₂^X₂;
     R₁ = S(L₁((W1L) ∥ (W2H))); R₂ = S(L₂((W2L) ∥ (W1H)));}
// <<<表示循环左移
L₁(x) = x^(x <<< 2)^(x <<< 10)^(x <<< 18)^(x <<< 24);
L₂(x) = x^(x <<< 8)^(x <<< 14)^(x <<< 22)^(x <<< 30);
```

下层非线性函数 F 的 S 盒采用结构化设计方法,在具有好的密码学性质的同时降低了硬件实现代价,具有实现面积小、功耗低等特点。

(4)S 盒。

32×32(即输入长和输出长都为 32 比特)的 S 盒由 4 个并置的 8×8 的 S 盒构成,即 $S = (S_0, S_1, S_2, S_3)$。其中 $S_2 = S_0$,$S_3 = S_1$,于是有 $S = (S_0, S_1, S_0, S_1)$。

设 x 是 S_0 的 8 比特长输入,将 x 写成 2 个十六进制数 $x = h \parallel l$,那么其输出是 S_0 盒的第 h 行和第 l 列交叉位置的十六进制数。例如,输入 10100110,即 a_6;则输出 A_3,即 10100011。S_0 盒取值如表 2-16 所示。

表 2-16　S_0 盒

	0	1	2	3	4	5	6	7	8	9	A	B	C	D	E	F
0	3E	72	5B	47	CA	E0	00	33	04	D1	54	98	09	B9	6D	CB
1	7B	1B	F9	32	AF	9D	6A	A5	B8	2D	FC	1D	08	53	03	90
2	4D	4E	84	99	E4	CE	D9	91	DD	B6	85	48	8B	29	6E	AC
3	CD	C1	F8	1E	73	43	69	C6	B5	BD	FD	39	63	20	D4	38
4	76	7D	B2	A7	CF	ED	57	C5	F3	2C	BB	14	21	06	55	9B
5	E3	EF	5E	31	4F	7F	5A	A4	0D	82	51	49	5F	BA	58	IC
6	4A	16	D5	17	A8	92	24	1F	8C	FF	D8	AE	2E	01	D3	AD
7	3B	4B	DA	46	EB	C9	DE	9A	8F	87	D7	3A	80	6F	2F	C8
8	B1	B4	37	F7	0A	22	13	28	7C	CC	3C	89	C7	C3	96	56
9	07	BF	7E	F0	0B	2B	97	52	35	41	79	61	A6	4C	10	FE
A	BC	26	95	88	8A	B0	A3	FB	C0	18	94	F2	E1	E5	E9	5D
B	D0	DC	11	66	64	5C	EC	59	42	75	12	F5	74	9C	AA	23
C	0E	86	AB	BE	2A	02	E7	67	E6	44	A2	6C	C2	93	9F	F1
D	F6	FA	36	D2	50	68	9E	62	71	15	3D	D6	40	C4	E2	0F
E	8E	83	77	6B	25	05	3F	0C	30	EA	70	B7	A1	E8	A9	65
F	8D	27	1A	DB	81	B3	A0	F4	45	7A	19	DF	5E	78	34	50

(5) 密钥装入。

该过程将 128 比特的初始密钥 k 和 128 比特的初始向量 **IV** 扩展为 16 个 31 比特长的整数,作为 LFSR 寄存器单元 $S_0,S_1,\cdots,S_{15}$ 的初始状态。

设 $k=k_0\parallel\cdots\parallel k_{15},iv=iv_0\parallel\cdots\parallel iv_{15}$($k_i$ 与 iv_i 都是 8 比特)。规定 $D=d_0\parallel\cdots\parallel d_{15}$ 为 240 比特常量。有如下关系:$S_i=k_i\parallel d_i\parallel iv_i$。$S_1$ 盒取值如表 2-17 所示。

表 2-17　S_1 盒

	0	1	2	3	4	5	6	7	8	9	A	B	C	D	E	F
0	55	C2	63	71	3B	C8	47	86	9F	3C	DA	5B	29	AA	FD	77
1	8C	C5	94	0C	A6	1A	13	00	E3	A8	16	72	40	F9	F8	42
2	44	26	68	96	81	D9	45	3E	10	76	C6	A7	8B	39	43	E1
3	3A	B5	56	2A	CO	6D	B3	05	22	66	BF	DC	0B	FA	62	48
4	DD	20	11	6	36	C9	C1	CF	22	27	52	BB	69	F5	D4	87
5	7F	84	4C	D2	9C	57	A4	BC	F6	9A	DF	FE	D6	8D	7A	EB
6	2B	53	D8	5C	A1	14	17	FB	4F	D5	7D	30	67	73	08	09
7	EE	B7	70	3F	61	B2	1	8E	23	E5	4B	93	8F	5D	DB	A9
8	AD	F1	AE	2E	CB	0D	10	F4	4E	46	6E	JD	97	E8	D1	E9
9	4D	37	A5	75	5E	83	19	AB	2D	9D	B9	1C	E0	CD	49	89
A	01	B6	BD	58	24	A2	FC	38	82	99	15	90	50	B8	95	E4
B	DO	91	C7	CE	ED	OF	9E	6F	78	CC	F0	02	4A	79	C3	DE
C	A3	EF	EA	51	E6	6B	5F	EC	A0	2C	80	F7	74	E7	FF	DE
D	5A	6A	54	1E	41	31	B4	35	1B	33	07	0A	BA	7E	OE	21
E	88	B1	98	7C	F3	3D	18	6C	C4	CA	D3	1F	32	65	04	34
F	64	BE	85	9B	2F	59	92	D7	7B	25	AC	AF	02	03	F2	F2

2. 算法流程

祖冲之算法的运行分为两个阶段:初始化阶段和工作阶段。

初始化阶段调用密钥装入过程,置非线性函数 F 中的 32 比特存储单元 R_1 和 R_2 全为 0。然后重复执行以下过程 32 次。

```
Init(k,iv)
{    k_iv_load(k,iv);    R₁ = R₂ = 0;
        do following 32 times:
        { BitReconstruction();W = F(X₀,X₁,X₂);LFSRWithInitialisationMode(W>>1); } }
```

然后进入工作阶段。工作阶段产生密钥流。具体流程如下。

```
Work()
{    BitReconstruction();       W = F(X₀,X₁,X₂);       LFSRWithWorkMode();
        while(true)
        { BitReconstruction();    Z = F(X₀,X₁,X₂)^X₃;
            output Z;    LFSRWithMode();  } }
```

祖冲之算法输入参数如表 2-18 所示。

表 2-18　祖冲之算法输入参数

输 入 参 数	比 特 长 度	备　　　注
COUNT	32	计数器
BEARER	5	承载层标识
DIRECTION	1	传输方向标识
CK	128	机密性密钥
LENGTH	32	明文消息的比特长度

如图 2-22 所示,128-EEA3 密钥流的产生为:设消息长为 LENGTH 比特,由初始化算法得到的初始密钥 k 和初始向量 **IV**,调用 ZUC 密码产生 L 个字(每个 32 比特长)的密钥,其中 $L=[\text{LENGTH}/32]$。

将生成的密钥流用比特串表示为 $z[0],z[1],\cdots,z[32\times L-1]$,其中 $z[0]$ 为祖冲之算法生成的第一个密钥字的最高位比特,$z[31]$ 为最低位比特,其他以此类推。

加解密:设长度为 LENGTH 的输入消息的比特流为 $M=M[0]\,\|\,M[1]\,\|\,M[2]\,\|\cdots\|\,M[\text{LENGTH}-1]$,则输出的密文比特流为 $C=C[0]\,\|\,C[1]\,\|\,C[2]\,\|\cdots\|\,C[\text{LENGTH}-1]$。

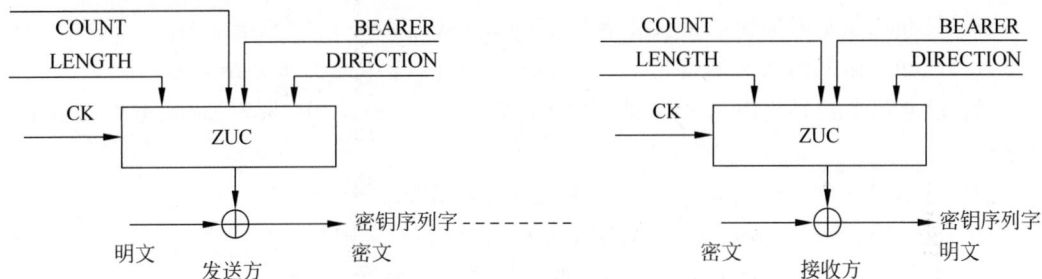

图 2-22　基于祖冲之密码的机密性算法 128-EEA3

习　题　2

1. 置换密码的特点是(　　　)变,(　　　)不变;替代密码的特点(　　　)变,(　　　)不变。

2. 密码系统的 5 个要素是(　　　　　　)、(　　　　　　)、(　　　　　　)、(　　　　　　)、(　　　　　　)。

3. 密码学的目的是(　　　)。

　　A. 研究数据加密　　　　　　　　　　B. 研究数据解密

　　C. 研究数据保密　　　　　　　　　　D. 研究信息安全

4. 假设使用一种加密算法,它的加密方法很简单:将每一个字母加 5,即 a 加密成 f。这种算法的密钥就是 5,那么它属于(　　　)。

　　A. 对称加密技术　　　　　　　　　　B. 分组密码技术

　　C. 公钥加密技术　　　　　　　　　　D. 单向函数密码技术

5. 古典密码包括(　　　)和(　　　)两种。对称密码体制和非对称密码体制都属于现代密码体制,对称密码体制主要存在两个缺点:一是(　　　　　　　　　);二是(　　　　　　　　)。在实际应用中,对称密码算法与非对称密码算法总是结合起来的,对称密码算法用于加密,而非对称算法用于保护对称算法的密钥。

6. 对称密码算法的特点是(　　　　　　　)。

7. 对称密码算法的安全性依赖(　　　　　　)。

8. DES 算法的入口参数有 3 个(　　)、(　　　)、(　　　)。DES 算法实现加密需要 3 个步骤(　　)、(　　　)、(　　　)。

9. DES 算法密钥是 64 位,其中密钥有效位是(　　　　　)位。

10. DES 的密码组件之一是 S 盒。根据 S 盒表计算 S_3(　　　)的值,并说明 S 函数在 DES 算法中的作用。假定 S_3 盒对应行列交叉处的值为 8。

11. 3DES 需要执行三次常规的 DES 加密步骤,但最常用的 3DES 算法中仅用两个(　　)DES 密钥,因此密钥长度为(　　　)位。

12. 已知古典凯撒密码加密密文 c_1 = fdhvdu flskhu,求明文 p_1。

13. 已知凯撒密码加密的密文 c_3 = znoy oy g vkt,求 p_3。

14. 已知经凯撒密码加密密文 c_2 = hfjxfw hnumjw nx ymwjj qjyyjwx gfhp,使用暴力破解法求 p_2,要求列出所有 25 种可能解密结果。

15. 已知凯撒密码加密的密文 c_4 = bj fwj xyzijsyx,k = 5 时解密结果 p_4。

16. 已知凯撒密码加密的密文 c_5 = bj fwj xyzijsyx,k = 21 时加密结果 p_5。

17. 已知凯撒密码使用 ASCII 码表加密的密文 c_6 = agvb\ZEpnoZ/ZapiZ+)+Zx,求明文 p_6。

18. 已知明文 p_1 = you are a student,使用栅栏密码加密,求密文 c_1。

19. 已知明文 p_2 = this is a pen,使用栅栏密码加密,求密文 c_2。

20. 已知明文 p_3 = rail fence cipher,使用栅栏密码加密,求密文 c_3。

21. 用置换矩阵 $E_k = \begin{bmatrix} 0 & 1 & 2 & 3 & 4 \\ 1 & 4 & 3 & 2 & 0 \end{bmatrix}$ 对明文 now we are having a test 加密,并给出其解密矩阵及求出可能的解密矩阵总数。

22. 对称密码算法。

① 已知 c = m eq e fsc,计算 p。

② 已知 c = vq dg gt pqv vg dg,计算 p。

③ 分析①、②使用了何种加解密算法? 该算法的特点是什么?

④ 已知 c = waeilergvs,计算 p。

⑤ 分析④使用何种加解密算法? 该算法的特点是什么?

23. 已知困在栅栏中的凯撒大帝 c = zjhlduuohv,计算 p。

24. 对称密码算法。

① 已知 c_1 = av il vy uva av il,求 p_1。

② 已知 p_2 = this is a mouse,求 c_2。

③ 根据①、②分析对称密码方案对实现数据传输机密性的潜在影响。

实验 1　对称密码解密进阶

【实验目的】

（1）编程实现对称密码（凯撒密码、栅栏密码）加密、解密算法，加深理解对称密码的对称性，初步建立密码学思维方式。

（2）通过不断增加凯撒解密难度，理解唯密文解密，提高解密性能和实验挑战度。

【实验内容】

（1）在输入密钥条件下，编程实现字母表密钥空间的凯撒密码加密解密，要求如下。

① 从一文本文件读入英文文章（明文或密文）。

② 对读入内容加密或解密后写入另一文本文件。

保存测试结果截图。

（2）请设计步骤使用凯撒加密算法实现凯撒解密，保存测试结果截图，分析结论正确的理论依据。

（3）在不允许输入密钥条件下，编程实现字母表密钥空间的凯撒密文解密。要求绘制 3 种情况下的解密程序流程图，说明不同解密程序存在的不足，保存测试结果截图。程序需要计算、显示解密使用时间（单位：ms）。

① 已知 $c_1 =$ wklv lv d errn，求 p_1。（初级解密）

② 已知 $c_1 =$ go kbo cdenoxdc，或 $c_1 =$ zh duh vwxghqwv，求 p_1。（中级解密）

③ 已知 $c_1 =$ rxwvlgh wkh eleoh，wkhvh vla zrugv duh wkh prvw idprxv lq doo wkh olwhudwxuh ri wkh zruog. wkhb zhuh vsrnhq eb kdpohw zkhq kh zdv wklqnlqj dorxg，dqg wkhb duh wkh prvw idprxv zrugv lq vkdnhvshduh ehfdxvh kdpohw zdv vshdnlqj qrw rqob iru klpvhoi exw dovr iru hyhub wklqnlqj pdq dqg zrpdq. wr eh ru qrw wr eh，wr olyh ru qrw wr olyh，wr olyh ulfkob dqg dexqgdqwob dqg hdjhuob，ru wr olyh gxoob dqg phdqob dqg vfdufhob. d sklorvrskhu rqfh zdqwhg wr nqrz zkhwkhu kh zdv dolyh ru qrw，zklfk lv d jrrg txhvwlrq iru hyhurqh wr sxw wr klpvhoi rffdvlrqdoob. kh dqvzhuhg lw eb vdblqj："l wklqn，wkhuhiruh dp. "，求 p_1。（高级解密）

（4）对给定较长字母表密钥空间的密文文件（不少于 1000 个英文单词）进行解密测试，测试结果填入表 1。

正确率＝正确单词数/单词总数，智能程度（解密结果正确与否需要人工判断）：是/否。

表 1　凯撒密码解密结果

学　　号	姓　　名	时　　间	正　确　率	智 能 程 度

（5）选择测试结果前 3 名同学进行解密算法演讲和程序演示，学习交流不同解决算法。

（6）编程实现栅栏密码加密解密，要求如下。

① 从一文本文件读入英文文章（明文或密文）。

② 对读入内容加密或解密后写入另一文本文件。

【实验扩展】

(1) 凯撒密码密钥空间从 26 位的字母表扩展为的 ASCII 码表,加解密算法应如何修改? 举例验证算法的正确性,保存测试结果截图。

(2) 如何使用凯撒密码算法对中文进行加解密? 请设计步骤验证结论,保存测试结果截图,分析结论正确的理论依据。

第3章　公钥密码

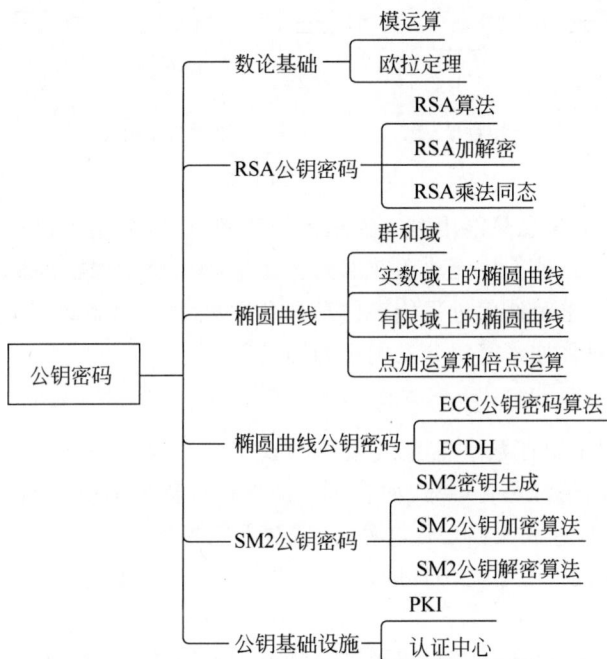

```
                                    ┌─ 模运算
                        数论基础 ────┤
                                    └─ 欧拉定理
                                    ┌─ RSA算法
                        RSA公钥密码 ─┤─ RSA加解密
                                    └─ RSA乘法同态
                                    ┌─ 群和域
                                    │─ 实数域上的椭圆曲线
                        椭圆曲线 ────┤─ 有限域上的椭圆曲线
                                    └─ 点加运算和倍点运算
    公钥密码 ───────────┤            ┌─ ECC公钥密码算法
                        椭圆曲线公钥密码┤
                                    └─ ECDH
                                    ┌─ SM2密钥生成
                        SM2公钥密码 ─┤─ SM2公钥加密算法
                                    └─ SM2公钥解密算法
                                    ┌─ PKI
                        公钥基础设施 ─┤
                                    └─ 认证中心
```

对称密码使用一对一安全通信模式,存在密钥分发问题,制约了密码的应用普及发展。

1976 年,Diffie 和 Hellman 在"密码学的新方向"一文中提出了公钥密码,奠定了现代公钥密码学基础,形成现代通信网络一对多的安全通信模式。从此人们认识到,加密和解密可以使用不同的规则,只要这两种规则之间存在某种对应关系即可。

公钥密码由一个密钥进行加密的信息内容,只能由与之配对的另一个密钥才能进行解密。规定加密密钥称为公开密钥(public key),解密密钥称为私人密钥(private key)。

公钥加密的特点是:用公钥加密的数据只能用对应的私钥解密,用私钥加密的数据只能用对应的公钥解密。

那私钥到底是什么呢? 私钥其实是一个极其大且很随机的数,它只能被所有者持有且需要妥善保管不能泄露,因此称为私钥。私钥不允许告诉任何人,即具有唯一性。计算机产生私钥后只需存储于本地,不能也不需要在网上传输,从而保证了其唯一保密性。

公钥也是一个很大的数,公钥是从私钥推算出来的。推算是单向的,因此无法从公钥推算出私钥。公钥可以公开地分发给其他人,故称为公钥。

公钥可以广泛地发给与自己有关的通信者,私钥则需要十分安全地存放起来。

公钥加密有两个主要用途:数据加密和数字签名。

1. 数据加密

如图 3-1 所示。公钥密码加密时,信息发送者首先向接收方索要接收方公钥,然后用接收方的公钥对明文信息进行加密,发送密文;公钥密码解密时,信息接收者用自己私钥解密密文得到对应明文。私钥保存在接收者本机,避免了直接传递私钥,不存在泄露风险,因此接收方可以在不直接传递私钥的情况下完成解密。该方法有效回避了密钥分发问题,不需要收发双方进行密钥传输,就能实现信息加解密。

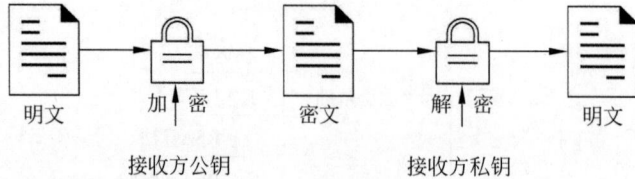

明文　　　加 ↑ 密　　　密文　　　解 ↑ 密　　　明文

接收方公钥　　　　　接收方私钥

图 3-1　公钥加密

由于用公钥加密的信息只能用对应的私钥来解密,所以公钥可以随意公开地分发。公钥即便落入坏人的手中,他们也无法用获取的公钥解密用公钥加密的信息。而私钥不进行通信传输,这就保证了整个通信过程传输信息具有机密性,未授权第三方无法获得传输信息的真实意义,克服了对称加密密钥分发困难的问题。

2. 数字签名

数字签名可以用于验证数字信息或文档的真实性。这里的真实性包含两层意思:第一,数字信息或文档的来源是否可靠,如它是不是来自宣称的那个人或组织(身份验证和不可抵赖);第二,数字信息或文档是否被篡改过(数据完整性)。

会发现这和在合同上签字是一样的效果。数字签名可以用来满足完整性、身份验证及不可抵赖性的需求。

公钥密码问世以来,密码学家提出了许多种公钥密码算法,它们的安全性大都基于复杂的数学难题。根据所基于的数学难题来分类,只有大数因子分解系统(代表算法 RSA)、离散对数系统(代表算法 ElGamal)、椭圆曲线密码系统(elliptic curve cryptography,ECC)三类系统目前被认为是安全和有效的。常用公钥密码算法如表 3-1 所示。

表 3-1　常用公钥密码算法

公钥算法名称	数字签名	加解密	密钥协商	密钥封装分发	国产
RSA	支持	支持	支持	支持	否
SM2	支持	支持	支持	支持	是
SM9	支持	支持	支持	支持	是
ElGamal	支持	支持	支持	支持	否
Diffie-Hellman	否	否	支持	否	否
DSS	支持	否	否	否	否

数学是公钥密码的关键基础理论,因此为了深入理解公钥密码,读者需要学习椭圆曲线、欧拉定理、模运算等相关数学知识。密码应用推动了多个基础数学问题研究取得突破,极大地推动了密码产业的高速发展。

公钥密码优点如下。

(1)满足身份验证需求。

(2)满足不可抵赖性需求。

(3)满足完整性需求。

（4）公钥可以公开地分发。

公钥密码缺点如下。

（1）加密、解密速度慢。

（2）存在公钥认证问题（中间人攻击问题）。

公钥密码算法主要应用场景包括数据签名验签、数据加解密、密钥协商/交换、密钥封装分发。

3.1　数论基础

3.1.1　模运算

在自然数范围内，两数相除，要么除尽，要么有余数。前者就是整除问题，后者则是余数问题。

定义：给定一个正整数 p，任意一个整数 n，一定存在等式 $n=k \times p+r$，其中 k，r 是整数，且 $0 \leqslant r < p$，称 k 为 n 除以 p 的商，r 为 n 除以 p 的余数。

p 对于整数 a，正整数 b，定义运算如下。

（1）模运算：$a \bmod p$，表示 a 除以 p 的余数。

模运算是整数运算，有一个整数 a，以 p 为模做模运算，即 $a \bmod p$。运算是让 a 去被 p 整除，只取所得的余数作为结果。如 $10 \bmod 3=1$；$26 \bmod 6=2$ 等。

模运算可用数学函数表示为 $y=x \bmod p$，对于同一个 y，x 的取值范围是同余数集合，因此 y 与 x 的对应关系是 1 对 n 的关系，由 x 计算 y 是唯一确定的，而由 y 推断 x 是不确定的，不具有唯一性。这正是密码学中大量使用模运算的原因所在。

如对 $p=9$ 而言：

余数为 0 的同余数为：$\{\cdots-27,-18,-9,0,9,18,27\cdots\}$；

余数为 1 的同余数为：$\{\cdots-26,-17,-8,1,10,19,28\cdots\}$；

余数为 2 的同余数为：$\{\cdots-25,-16,-7,2,11,20,29\cdots\}$；

余数为 3 的同余数为：$\{\cdots-24,-15,-6,3,12,21,30\cdots\}$；

……

余数为 8 的同余数为：$\{\cdots-19,-10,-1,8,17,26,35\cdots\}$。

模运算是一种哈希函数，余数不具有唯一性。对每个给定的模数 p 和整数 a，可能同时存在无限多个相同的余数，这些整数的集合称为同余（congruence）数。

同余在日常生活中很常见。例如，钟表对于小时是模 12 或 24 的，对于分钟和秒是模 60 的；日历对于星期是模 7 的，对于月份是模 12 的；水表电表通常是模 1000 的。

同余数的特征是它们同时除以同一个整数后得到的余数相同。

同余运算：两个整数 a，b，若它们除以正整数 p 所得的余数相等，则称 a，b 对于模 p 同余（相等），用 $a \equiv b \bmod p$ 表示。同余运算也称时钟运算。

例如，$4 \bmod 2 \equiv 6 \bmod 2 \equiv 8 \bmod 2 \equiv \cdots$

模相等严格意义上，应该用"$\equiv$"，但人们进行模运算时，仍然习惯用"$=$"，因此本书不严格区分两者。

　　同余的概念和符号适用于所有整数,无论是正的还是负的整数,但不能推广到分数。例如,－9 和＋16 对模 5 同余;－7 和＋15 对模 11 同余。这里显而易见,由于 0 可以被任何数整除,所以对于任意的模来说,每个数都和 0 同余。

　　(2) 模 p 加法:$(a+b) \bmod p$,其结果是 $a+b$ 算术和除以 p 的余数,也就是说,$(a+b)=k \times p+r$,则 $(a+b) \bmod p=r$。

　　(3) 模 p 减法:$(a-b) \bmod p$,其结果是 $a-b$ 算术差除以 p 的余数。

　　(4) 模 p 乘法:$(a \times b) \bmod p$,其结果是 $a \times b$ 算术乘法除以 p 的余数。

　　(5) 模指数运算先做指数运算,取其结果再做模运算。如 $5^3 (\bmod 7)=125 \bmod 7=6$。

【注意】

① 模运算没有除法运算。

② $a \bmod p$ 得到结果的正负由被除数 a 决定,与 p 无关。例如,$7 \bmod 4=3$,$-7 \bmod 4=-3$(商为－1)。

③ $a \bmod p$ 的结果为 $[0, p-1]$ 的整数。当 $k=-m$(m 为正数)时,可以依据 $-m \bmod p=(p-m) \bmod p=(p+k)$ 转换为正数。例如,$-3 \bmod 7=7-3=4 \bmod 7$。

基本性质

① 反身性:若 a 是整数,则 $a \equiv a (\bmod m)$;

② 对称性:若 a 和 b 是整数,且 $a \equiv b (\bmod m)$,则 $b \equiv a (\bmod m)$;

③ 传递性:若 a、b 和 c 是整数,且 $a \equiv b (\bmod m)$ 和 $b \equiv c (\bmod m)$,则 $a \equiv c (\bmod m)$。

④ 对称性:$a \equiv b (\bmod p)$ 等价于 $b \equiv a (\bmod p)$。

⑤ 传递性:若 $a \equiv b (\bmod p)$ 且 $b \equiv c (\bmod p)$,则 $a \equiv c (\bmod p)$。

运算规则

模运算与基本四则运算有些相似,但是除法例外。其规则如下。

$(a+b) \bmod p=(a \bmod p+b \bmod p) \bmod p$

$(a-b) \bmod p=(a \bmod p-b \bmod p) \bmod p$

$(a \times b) \bmod p=(a \bmod p \times b \bmod p) \bmod p$

$(a^b) \bmod p=((a \bmod p)^b) \bmod p$

结合律

$((a+b) \bmod p+c) \bmod p=(a+(b+c) \bmod p) \bmod p$

$((a \times b) \bmod p \times c) \bmod p=(a \times b \times c) \bmod p // (a \bmod p \times b) \bmod p=(a \times b) \bmod p$

交换律

$(a+b) \bmod p=(b+a) \bmod p$

$(a \times b) \bmod p=(b \times a) \bmod p$

分配律

$((a+b) \bmod p \times c) \bmod p=((a \times c) \bmod p+(b \times c) \bmod p) \bmod p$

重要定理

若 $a \equiv b (\bmod p)$,则对于任意的 c,都有 $(a+c) \equiv (b+c) (\bmod p)$;

若 $a \equiv b (\bmod p)$,则对于任意的 c,都有 $(a \times c) \equiv (b \times c) (\bmod p)$;

若 $a \equiv b (\bmod p)$,$c \equiv d (\bmod p)$,则 $(a+c) \equiv (b+d) (\bmod p)$,$(a-c) \equiv (b-d) (\bmod p)$,$(a \times c) \equiv (b \times d) (\bmod p)$;

若 $p \mid (a-b)$，则 $a \equiv b(\bmod\, p)$。例如，$11 \equiv 4(\bmod\, 7)$，$18 \equiv 4(\bmod\, 7)$。

模运算在密码学中的应用是简化运算。

同余数中所有成员的行为等价：对于一个给定模数 m，选择同余数中任何一个元素用于计算的结果都是一样的。因此在固定模数的计算中（这是密码学中最常见的情况），可以选择同余数中最易于计算的一个元素。这样就可以不使用计算器，计算较大的数。

通用规则是应该尽早使用模约简，使计算的数值尽可能小，这样做总是极具计算优势。当然，不管在同余数中怎么切换，任何模数计算的最终结果都是相同的。

【例 3-1】 求 2^{90} 除以 11 的余数。

解：2^{10} 等于 1024，2^{90} 会是一个很庞大的数字，计算复杂。可以通过刚刚学过的模运算将 2^{90} 进行简化，即

$2^{90} \equiv 4^{45} \equiv 4 \times 4^{44} \equiv 4 \times 16^{22} \equiv 4 \times 5^{22}(16\bmod 11 \equiv 5) \equiv 4 \times 25^{11} \equiv 4 \times 3^{11}(25\bmod 11 \equiv 3) \equiv 12 \times 3^{10} \equiv 9^5 (12\bmod 11 \equiv 1) \equiv 9 \times 9^4 \equiv 9 \times 81^2 \equiv 9 \times 4^2(81\bmod 11 \equiv 4) \equiv 9 \times 5(16\bmod 11 \equiv 5) \equiv 45 \equiv 1(\bmod 11)m$ 或因为 $1024\bmod 11 \equiv 1$

所以 $2^{90} \equiv 2^{10} \times 2^{10} \times 2^{10} \times 2^{10} \times 2^{10} \times 2^{10} \times 2^{10} \times 2^{10} \times 2^{10} \equiv 1 \times 1 \times 1 \times 1 \times 1 \times 1 \times 1 \times 1 \times 1 \equiv 1$

【例 3-2】 求证：对于任意正整数 n，$3^{2n+1} + 2^{n+2}$ 必为 7 的倍数。

解：这道题很多人的第一反应是数学归纳法，但在这里，通过同余式可以很快得到证明。

$3^{2n+1} + 2^{n+2} \equiv 3(3^2)^n + 4 \times 2^n \equiv 3 \times 2^n(9\bmod 7 \equiv 2) + 4 \times 2^n \equiv (3+4) \times 2^n \equiv 7 \times 2^n \equiv 0(\bmod 7)$

【例 3-3】 求所有使得 $2^n + 1$ 是 3 的倍数的正整数 n。

解：由于 $2^n + 1 \equiv 0(\bmod 3)$，则 $2^n \equiv -1(\bmod 3)$，进而得到 $(-1)^n \equiv -1(\bmod 3)$。

因此，当且仅当 n 为正奇数时，$2^n + 1$ 是 3 的倍数。一般而言，对于任意正整数 m 及正奇数 n，$(m-1)^n + 1$ 必定是 3 的倍数。

【例 3-4】 求 $2^n + 7 = x^2$ 的所有正整数解。

解：由于 n 不可能是负数或 0，因此 $2^n + 7$ 一定是奇数，可知 x 也一定是奇数。又由于任何奇数的平方除以 4 一定余 1，因此可以推出：$2^n + 7 \equiv 1(\bmod 4)$，$2^n \equiv (1-7)(\bmod 4) \equiv (-6)\bmod 4 \equiv 2\bmod 4$，$2^n \equiv 2(\bmod 4)$。要使该式成立，$n$ 显然只可能是 1，此时 $x = \pm 3$。

【例 3-5】 ISBN 是国际标准书号的英文缩写，它是应图书出版、管理的需要，并便于国际间出版品的交流与统计所发展的一套国际统一的编号制度，用以识别出版品所属国别地区或语言、出版机构、书名、版本及装订方式等。

如图 3-2 所示，国际标准化组织规定，国际标准书号升级为 13 位。1～3 位为前缀"978"或"979"，4～13 位分成 4 段，用半字线隔开，第一段是国家代码，第二段是出版社代码，第三段是书的代码，最后一段是校验码。国家代码以 1 位数居多，如 7 是中国大陆出版物。小语种的国家号码一般是多位。校验码是由前 9 位数字的加权和模 10 确定。之所以规定新 ISBN 为 13 位，是为了与国际条形码编码 EAN-UCC 系统接轨，因为商品条形码都为 13 位。

ISBN 978-0-1234-5678-6

9 780123 456786

图 3-2 ISBN

设 $a_i(i=1,2,\cdots,13)$ 表示 13 位 ISBN 的各个数码,校验码 a_{13} 的计算分如下两步进行。

(1) 计算 $s_{12}\equiv[(a_1+a_3+\cdots+a_{11})+3(a_2+a_4+\cdots+a_{12})](\bmod 10)$。

(2) 若 $s_{12}=0$,则规定 $a_{13}=0$;若 $s_{12}\neq 0$,则规定 $a_{13}=10-s_{12}$。

例如,高斯的《算术探索》(哈尔滨工业大学出版社,2011)的 ISBN 是 978-7-5603-3409-7。

$$s_{12}\equiv[(9+8+5+0+3+0)+3(7+7+6+3+4+9)]\equiv133\equiv3(\bmod 10)$$
$$a_{13}=10-3=7$$

3.1.2 欧拉定理

1. 质数

一个大于 1 的正整数,如果只能被 1 和它本身整除,那么这个数就叫素数或质数(prime),通常用 p 表示,否则称为合数。2 是唯一的偶质数,其余的质数都是奇数。

规定 1 既不是质数也不是合数。

质数具有许多独特的性质。

(1) 质数 p 的约数只有两个:1 和 p。所有大于 10 的质数中,个位数只有 1,3,7,9。

(2) 质数的数量是无限的,目前为止,人们未找到一个公式可求出所有质数。

(3) 初等数学基本定理:任一大于 1 的自然数,要么本身是质数,要么可以分解为几个质数之积,且这种分解是唯一的。

人们之所以研究质数是质数有个十分重要的特点——不可分割性。换言之,质数可以看作是数字中的“基本元素”,用质数进行组合就可以创造出任何你想要的数字,这一点才是质数最根本的特性。算术世界中的一切定理和知识都是由这些基本元素构成的,所有的算术问题,如果不断地追根溯源,最终都会指向质数。

高效判断质数一直是算法界的一大难题。大家已经学过多种算法求质数,如试除法和埃氏筛法,它们的时间复杂度都高于线性;欧拉筛与简易欧拉筛,它们的时间复杂度等于线性。

哥德巴赫猜想:每个大于或等于 6 的偶数,都可以表示为两个奇质数之和;每个大于或等于 9 的奇数,都可以表示为 3 个奇质数之和。

其实后一个命题就是前一个命题的推论。直接证明哥德巴赫猜想不行,人们采取了迂回战术,就是先考虑把偶数表示为两数之和,而每一个数又是若干质数之和,如果把命题“每一个大偶数可以表示为一个素因子个数不超过 a 个的数与另一个素因子不超过 b 个的数之和”记作“$a+b$”,哥德巴赫猜想就是要证明“$1+1$”成立。从 20 世纪 20 年代起,国内外的一些数学家先后证明了“$9+1$”“$2+3$”“$1+5$”“$1+4$”等命题。

1973 年,我国数学家陈景润,在经过多年潜心研究之后,成功地证明了“$1+2$”,也就是“任何一个大偶数都可以表示成一个质数与另一个素因子不超过 2 个的数之和”,这被誉为陈氏定理。这是迄今为止,这一研究领域最佳的成果,在世界数学界引起了轰动。我们要学习劳模陈景润身上潜心学习,勇攀科学高峰的科学精神,以劳模为学习榜样,积极投身到中国特色社会主义事业的建设中。

密码学中广泛使用质数,解密的过程其实就是寻找质数的过程。所谓的公钥就是将想要传递的信息在编码时加入质数,编码之后传送给收信人,任何人收到此信息后,若没有此收信人所拥有的密钥,则解密的过程中(实为寻找质数的过程)将会因为找质数的过程(分解质因数)时间过久,从而使得解密信息失去意义。

2. 互质关系

两个正整数 Z 之间除了 1 以外,再无其他公因子,就称这两个数是互质关系。互质关系具有如下性质。

(1) 任意两个质数构成互质关系,如 13 和 61。

(2) 1 和任意一个正整数都是互质关系,如 1 和 99。

(3) 一个数是质数,另一个数只要不是前者的倍数,两者就构成互质关系,如 3 和 10。

(4) 如果两个数之中,较大的那个数是质数,则两者构成互质关系,如 97 和 57。

(5) p 是大于 1 的正整数,则 p 和 $p-1$ 构成互质关系,如 57 和 56。

(6) p 是大于 1 的奇数,则 p 和 $p-2$ 构成互质关系,如 17 和 15。

特别强调:两个数不都是质数也能构成互质关系,如 1 和 4。

【思考题】 任意给定正整数 n,请问在小于或等于 n 的正整数之中,有多少个与 n 构成互质关系?

对正整数 n,欧拉函数(Euler's totient function)是小于 n 的正整数中与 n 互质的正整数的个数,用 $\phi(n)$ 表示。$\phi(n)$ 的值被称为 n 的欧拉数。规定 $\phi(1)=1$。注:当年欧拉认可 1 是质数,所以在欧拉函数中 1 也被加了上去。

如 $n=7$,小于或等于 7 的正整数中和 7 互质的数有 1,2,3,4,5,6 一共 6 个数,即 $\phi(7)=6$;$n=10$,小于或等于 10 的正整数中和 10 互质的数有 1,3,7,9 一共 4 个数,即 $\phi(10)=4$。

欧拉函数的性质如下。

(1) 如果 $n=1$,则 $\phi(1)=1$。因为 1 与任何数(包括自身)都构成互质关系。

(2) 如果 n 是质数,则 $\phi(n)=n-1$。因为质数与小于它的每一个数,都构成互质关系。如 5 与 1,2,3,4 都构成互质关系。

(3) 如果 n 是质数的某次方,即 $n=p^k$(p 为质数,k 为大于或等于 1 的整数),则 $\phi(p^k)=p^k-p^{k-1}$。如 $\phi(8)=\phi(2^3)=2^3-2^2=8-4=4$。

这是因为只有当一个数不包含质数 p,才可能与 n 互质。而包含质数 p 的数一共有 $p(k-1)$ 个,即 $1\times p,2\times p,3\times p,\cdots,p(k-1)\times p$,把它们去除,剩下的就是与 n 互质的数。可以看出,(2)是 $k=1$ 时的特例。

(4) 如果 n 可以分解为两个互质正整数 p 和 q 的乘积,那么 n 的欧拉函数就是 p 和 q 的欧拉函数的乘积:$\phi(n)=\phi(pq)=\phi(p)\phi(q)$。即积的欧拉函数等于各个因子的欧拉函数之积。如 $\phi(56)=\phi(8\times7)=\phi(8)\times\phi(7)=4\times6=24$。

证明这一条要用到"中国剩余定理",这里就不展开了,只简单说一下思路:如果 a 与 p_1 互质($a<p_1$),b 与 p_2 互质($b<p_2$),c 与 p_1p_2 互质($c<p_1p_2$),则 c 与数对 (a,b) 是一一对应关系。由于 a 的值有 $\phi(p_1)$ 种可能,b 的值有 $\phi(p_2)$ 种可能,则数对 (a,b) 有 $\phi(p_1)\phi(p_2)$ 种可能,而 c 的值有 $\phi(p_1p_2)$ 种可能,所以 $\phi(p_1p_2)$ 就等于 $\phi(p_1)\phi(p_2)$。

进一步,p 和 q 是质数,则 $\phi(n)=\phi(pq)=\phi(p)\phi(q)=(p-1)(q-1)$。

【例 3-6】 求 $\phi(12)$。

解：小于 12 的正整数中与 12 互质的有 1,5,7,11,所以 $\phi(12)=4$。

错误解法：12 可以分解为两个互质的数 3 和 4 的乘积,因此

$$\phi(12)=\phi(3\times4)=\phi(3)\phi(4)=(3-1)\phi(4)$$

这时也许会产生一个冲动,把 $\phi(4)$ 继续写成 $\phi(4)=4-1$,这是错误的,$\phi(n)=n-1$ 的前提是 n 是质数,4 不是质数,因此 $\phi(4)\neq4-1$。另一个冲动是写成 $\phi(4)=\phi(2)\phi(2)$,这也是错误的,两个数互质的前提是它们的最大公约数是 1,$\gcd(2,2)=2$,因此 2 和 2 并不互质。

3. 欧拉定理

对于任何两个互质的正整数 $a,n(n>2)$ 有：$a^{\phi(n)}=1\bmod n$。

如 $a=3,n=7$,因为 $\phi(7)=6$ 所以 $3^{\phi(7)}=3^6=729,729\bmod7=1$,和欧拉定理描述的一致；$a=7,n=10$,因为 $\phi(10)=4$ 所以 $7^{\phi(10)}=7^4=2401,2401\bmod10=1$,也符合欧拉定理。

证明：

(1) 令 $Z(n)=\{X(1),X(2),\cdots,X(\phi(n))\}$ $S=\{aX(1)\bmod n,aX(2)\bmod n,\cdots,$ $aX(\phi(n))\bmod n\}$,则 $Z(n)=S$。

① 因为 a 与 n 互质(即 $\gcd(a,n)=1$),$X(i)(1\leqslant i\leqslant\phi(n))$ 与 n 互质(即 $\gcd(X(i),n)=1$)；所以 $aX(i)$ 与 n 互质(即 $\gcd(aX(i),n)=1$),故 $aX(i)\bmod n\in Z(n)$。

② 若 $i\neq j$,那么 $X(i)\neq X(j)$,又有 a 与 n 互质(即 $\gcd(a,n)==1$),则可得出 $a(X(i)\bmod n\neq aX(j)\bmod n$(消去定律)。

(2) $a(\phi(n))X(1)X(2)X(3)\cdots X(\phi(n))\bmod n$

$=(aX(1))(aX(2))(aX(3))\cdots(aX(\phi(n)))\bmod n$

$=(aX(1)\bmod n)(aX(2)\bmod n)(aX(3)\bmod n)\cdots(aX(\phi(n))\bmod n)\bmod n$

$=X(1)X(2)X(3)\cdots X(\phi(n))\bmod n$。

对比等式左右两端,因为 $X(i)(1\leqslant i\leqslant\phi(n))$ 与 n 互质(即 $\gcd(X(i),n)==1$),故 $a^{\phi(n)}=1\bmod n$(恒等于)成立。

欧拉定理可以用来简化幂的模运算。

【例 3-7】 计算 7^{222} 的个位数,实际上是求 7^{222} 被 10 除的余数。

解：因为 7 与 10 互质,$\phi(10)=4$,所以由欧拉定理知 $7^4=1\bmod10$

所以 $7^{222}=(7^4)^{55}\times(7)^2=(1)^{55}\times(7)^2=49=>9\bmod10$。

4. 费马定理

若 p 是质数,a 是正整数且不能被 p 整除,则 $a^{(p-1)}\bmod p=1\bmod p$。

【证明】 因为正整数 a 与质数 p 互质,所以 $a^{\phi(p)}=1\bmod p$(欧拉定理)

因为 p 是质数,所以 $\phi(p)=p-1$,所以 $a^{(p-1)}=1\bmod p$ 成立。

推论：若 p 是质数,a 是正整数且不能被 p 整除,则 $a^p\bmod p=a\bmod p$。

5. 逆元

贝祖定理：若整数 a,b 互质,则存在整数解 x,y,满足 $ax+by=1$。

逆元：对于两个数 a,p,若 $\gcd(a,p)=1$ 则一定存在另一个数 b,使得 $ab\equiv1\pmod p$,并称此时的 b 为 a 关于模 p 的逆元(模反元素)。记此时的 b 为 $\mathrm{inv}(a)$ 或 a^{-1}。

如果两个正整数 a 和 p 互质,那么由贝祖定理易知,一定可以找到整数 d,使得 $ad-1$ 被 p 整除,或者说 ad 被 p 除的余数是 1。那么 d 就是 a 相对于 p 的模反元素(逆元)。

表示为 $(ad-1) \bmod p = 0$ 或 $ad \bmod p = 1$。

因此 ad 一定是 p 的倍数加 1。所以 $ad \bmod p = kp+1, p \in N^*$。

求逆元方法一:乘法逆元有如下的性质 $a \times a^{-1} = 1 \bmod p$。

例如,模 7 乘法中,1 的逆元为 1:$(1 \times 1)\%7 = 1$,2 的逆元为 4:$(2 \times 4)\%7 = 1$,3 的逆元为 5:$(3 \times 5)\%7 = 1$,4 的逆元为 2:$(4 \times 2)\%7 = 1$,5 的逆元为 3:$(5 \times 3)\%7 = 1$,6 的逆元为 6:$(6 \times 6)\%7 = 1$。

求逆元方法二:要求 $a/c \bmod p$,当 c 与 p 互质时,使用费马定理可得

$$a/c \bmod p = a/c \bmod p \times 1 = a/c \bmod p \times c^{(p-1)} \bmod p = a \times c^{(p-2)} \bmod p$$

所以 $1/c \bmod p = c^{(p-2)} \bmod p$,$1/c$ 为 c 的逆元。

因此可以应用费马小定理求乘法逆元,使用快速幂求出 a^{p-2},即求出 a 的逆元。

注意:只有 $\gcd(a,p)=1$ 且 p 是质数时才可以求逆元。

在模 7 乘法中,1 的逆元为 $1^5 \bmod 7 = 1$,2 的逆元为 $2^5 \bmod 7 = 4$,3 的逆元为 $3^5 \bmod 7 = 5$,4 的逆元为 $4^5 \bmod 7 = 2$,5 的逆元为 $5^5 \bmod 7 = 3$,6 的逆元为 $6^5 \bmod 7 = 6$。

通过求逆元,把模除法运算转变为模乘法运算,解决了模运算没有除法的问题。

求逆元方法三:扩展欧几里得算法也可以用来求逆元。

欧几里得算法又叫作辗转相除法,用来求两个数的最大公约数。通过辗转相除,每次将除数作为下一个式子的被除数,将余数作为下一个式子的除数。当余数为 0 的时候,最后的除数就是两个数的最大公约数。可表示为 $\gcd(a,b) = \gcd(b, a\%b)$,这样,就可以在几乎是 log 的时间复杂度里求解出来 a 和 b 的最大公约数了。

【例 3-8】 求 20 和 11 的最大公约数。

解:$20 \div 11 = 1 \cdots\cdots 9$;$11 \div 9 = 1 \cdots\cdots 2$;$9 \div 2 = 4 \cdots\cdots 1$;$2 \div 1 = 2 \cdots\cdots 0$

所以最大公约数为最后一个式子的除数 1,即 $\gcd(20,11) = 1$

【例 3-9】 求 $\gcd(27\ 216, 15\ 750)$。

解:$\gcd(27\ 216, 15\ 750) = \gcd(15\ 750, 11\ 466) = \gcd(11\ 466, 4284) = \gcd(4284, 2898) = \gcd(2898, 1386) = \gcd(1386, 126) = \gcd(126, 0) = 126$

扩展欧几里得算法:对整数 a 与 b 来说,必存在整数 x 与 y 使得 $ax+by = \gcd(a,b)$。

根据逆元定义可知满足 $ax\%p = 1$,因此 a 与 b 互为逆元时,加上 k 倍的 p 也不影响,毕竟 kp 对 p 取余之后为 0,所以可以将求逆元的过程转换成 $ax+kp = 1$,此时 a 与 p 已知,这就成功转换成扩展欧几里得算法求解的形式,可以求出 x 和 k,x 即为 a 对应的逆元。

【例 3-10】 求 11 mod 20 的逆元。

解:例 3-8 中求得:$\gcd(20,11) = 1$,代入扩展欧几里得式子 $11x+20y = 1$

因为

$$20 = 11 \times 1 + 9 \qquad\qquad ①$$
$$11 = 9 \times 1 + 2 \qquad\qquad ②$$
$$9 = 2 \times 4 + 1 \qquad\qquad ③$$

由式子①,②(移项)可得:

$$20 - 11 \times 1 = 9 \qquad\qquad ④$$

$$11-9\times 1=2 \qquad\qquad ⑤$$

④带入⑤（目的是消去 9，当求解过程中有很多式子时，就是这样一步步消去中间项）

$$11-(20-11\times 1)\times 1=2 \qquad\qquad ⑥$$

再将④和⑥代入③消去中间值 9 和 2，可得

$20-11\times 1=(11-(20-11\times 1)\times 1)\times 4+1$，合并同类项可得：$5\times 20-9\times 11=1$

也就解出了最开始的式子 $11x+20y=1$，得到 $x=-9,y=5$。11 mod 20 的逆元是 -9 或 11。

总结：对式子 $ax=1(\bmod p)$ 已知 a 和 p，先求 $p=a\times x_1+p_1$（此时的 p_1 实际上时 p 与 a 运算的余数），然后将 $p=a,a=p_1$ 代入式子不断进行迭代，直到计算出余数为 1 时，$p_i=a\times x_i+1$，就可以不断移向消去中间项，最后计算出对应的逆元。

3.2　RSA 公钥密码

1976 年，Diffie 和 Hellman 在"密码学的新方向"一文中提出了公钥密码的思想：密码系统中的加密密钥和解密密钥可以不同。用某用户加密密钥加密后得到的信息，只能用该用户的解密密钥才能解密。由于不能容易地通过加密密钥和密文来求得解密密钥或明文，所以可以公开这种系统的加密算法和加密密钥，此时，用户只要保管好自己的解密密钥即可。

公钥密码的公钥、私钥不同，因此也称为非对称密码。与对称密码算法相比，非对称密码算法一般比较复杂，加/解密速度慢。公钥密码拥有一对密钥，分别称为公钥和私钥，因此称双密钥体制。当然这对公钥和私钥与数学相关，从私钥可推导出公钥，从公钥推导出私钥在计算上是不可行的（注意这里只是基于当前的计算机计算水平来说计算上是不可行的）。

1977 年，三位数学家 Rivest、Shamir 和 Adleman 设计了一种算法，首次实现非对称加密。这种算法由他们三个人的名字命名，称为 RSA 算法。该算法是迄今为止最容易理解和实现的公开密钥算法（public key algorithm），是第一个实用的公钥加密方案，同时也是历史上最成功的，直到现在仍在广泛应用的公钥加密体制，已经经受住了多年深入的攻击，目前许多国家标准仍采用 RSA 算法或它的变型，并被许多标准化组织接纳。

RSA 成功的主要原因：首先 RSA 是灵活的，它首次在一个方案中同时实现了数字签名和数据加密两大功能，还具有乘法同态性，可用于同态加密。其次理论上，人们普遍认为 RSA 加密在分解大整数困难条件下是可证明安全的，是一种可证明安全的密码系统；实践中它已经经受住了多年深入的攻击，还没规律性被破解的成功案例，证明它是安全的。再次，它原理简单，易于理解，可以用计算器计算简单的加密。最后，RSA 目前没有专利限制，可以免费使用。

RSA 的理论基础是一种特殊的可逆模幂运算，其安全性基于分解大整数的困难性，但安全性一直未能得到理论上的证明。

RSA 算法非常可靠，密钥越长，它就越难破解。根据已经披露的文献，目前被破解的最长 RSA 密钥是 768 个二进制位。也就是说，长度超过 768 位的密钥，还无法破解（至少没人公开宣布）。因此可以认为，1024 位的 RSA 密钥基本安全，2048 位的密钥极其安全。

3.2.1 RSA 算法

RSA 算法的基本原理是：找两个很大的质数，一个公开给所有人，称为公钥，另一个不告诉任何人，称为私钥。两把密钥互补——用公钥加密的密文可以用私钥解密，反过来也一样。

如图 3-3 所示，RSA 算法可以进一步分为 3 个子算法。

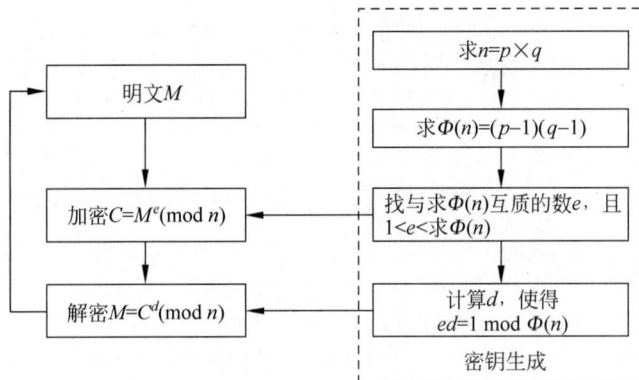

图 3-3 RSA 算法

1. 密钥生成算法（key generate algorithm）

(1) 选择一对不同的、足够大的质数 p 和 q（目前两个数的长度都接近 512b，被认为是安全的）。

(2) 计算 $n = p \times q$。

(3) 计算欧拉函数 $\phi(n) = (p-1)(q-1)$，同时对 p,q 严加保密，不让任何人知道。

(4) 找一个与 $\phi(n)$ 互质的数 e，且 $1 < e < \phi(n)$。即 $\gcd(e, \phi(n)) = 1$。

(5) 计算 d，使得 $d \times e \equiv 1 \bmod \phi(n)$，即 ed 与 $\phi(n)$ 互质，$\gcd(ed, \phi(n)) = 1$。这个公式也可以表达为 $d \equiv e^{-1} \bmod \phi(n)$，$d,e$ 互为模反元素。

显而易见，不管 $\phi(n)$ 取什么值，符号右边 $1 \bmod \phi(n)$ 的结果都等于 1；符号左边 d 与 e 的乘积做模运算后的结果也必须等于 1。这就需要计算出 d 的值，让这个同余等式能够成立。

(6) 公钥 $k_{pub} = (e, n)$，私钥 $k_{pri} = (d, n)$。

【例 3-11】 已知 $p = 3, q = 11$，生成公私密钥 (e, n) 和 (d, n)。

解：因为 $p = 3, q = 11$ 所以 $n = p \times q = 3 \times 11 = 33$；$\phi(n) = (p-1)(q-1) = 2 \times 10 = 20$；

取 $e = 3$（3 与 20 互质），则 $e \times d \equiv 1 \bmod \phi(n)$，即 $3 \times d \equiv 1 \bmod 20$。$d$ 怎样取值呢？可以用试算的办法或扩展欧几里得算法（辗转相除法）来寻找，结果如表 3-2 所示。

通过试算找到，当 $d = 7$ 时，$e \times d \equiv 1 \bmod \phi(n)$ 同余等式成立。因此，可令 $d = 7$。从而可以设计出一对公私密钥。

加密密钥（公钥）$k_{pub} = (e, n) = (3, 33)$；解密密钥（私钥）$k_{pri} = (d, n) = (7, 33)$。

【思考】 公私钥对是否唯一？

表 3-2　3×d≡1 mod 20 试算结果

d	$e \times d = 3 \times d$	$(e \times d) \bmod (p-1)(q-1) = (3 \times d) \bmod 20$
1	3	3
2	6	6
3	9	9
4	12	12
5	15	15
6	18	18
7	21	1
8	24	4
9	27	7

【扩展】　公私钥对不唯一。本题共有：$((3,33),(7,33))$，$((7,33),(3,33))$，$((9,33),(9,33))$，$((11,33),(11,33))$，$((13,33),(17,33))$，$((17,33),(13,33))$，$((19,33),(19,33))$7 对。

① 为方便计算，取 e 最小的一对：$((3,33),(7,33))$。

② 存在公钥、私钥相同的公私钥对，其安全性不好，应避免选择此类公私钥对。

【注意】　公私钥对是不唯一的，可以任意选取其中一对使用。本书中一般取最小的正整数，实际使用时则应取较大的正整数以保证公私钥的安全性。

2. 加密算法(encryption algorithm)

计算 $C = M^e \pmod{n}$(M 为待加密的明文)。实际就是明文 M 自乘 e 次或明文 M 的 e 次方模以 n 为密文。

加密时，先将明文变换成 $0 \sim (n-1)$ 的一个整数 M。若明文较长，可先分割成适当的组，然后再进行加密。

3. 解密算法(decryption algorithm)

计算 $M = C^d \pmod{n} = (M^e)^d \bmod n = M^{ed} \bmod n$($C$ 为待解密的密文)。实际就是密文 C 自乘 d 次或密文 C 的 d 次方模以 n 为明文 M。

RSA 算法的正确性证明 $M = C^d \pmod{n} = (M^e)^d \bmod n = M^{ed} \bmod n$，$M < n$

分两种情况证明如下。

(1) 明文 M 与 n 互质。

根据欧拉定理，有 $M^{\phi(n)} = 1 \bmod n$；

根据 $ed = 1 \bmod \phi(n)$ 有 $ed = (k\phi(n)+1) \bmod \phi(n)$，$k \in \mathbf{N}^*$。

所以 $M^{ed} \bmod n = M^{k\phi(n)+1} \bmod n = (M(M^{k\phi(n)} \bmod n)) \bmod n$
$$= (M(M^{\phi(n)} \bmod n)^k) \bmod n = (M \times 1) \bmod n = M \bmod n = M$$

(2) 明文 M 与 n 不互质。

因为明文 M 与 n 不互质，所以 M 与 n 必定有除 1 以外的公因子

因为 $n = pq$，p 和 q 为质数，所以 M 中一定有因子 p 或 q，可表示为 $M = cp$ 或 $M = cq$

以 $M = cp$ 为例：

因为 $\gcd(p, q) = 0$，所以 $\gcd(cp, q) = 0$，cp 与质数 q 必然互质，根据欧拉定理和欧拉函数(第二种：当 q 为质数，则 $\phi(q) = q - 1$)

$(cp)^{\phi(q)} = 1 \bmod q \Rightarrow (cp)^{(q-1)} = 1 \bmod q$

$ed=(k\phi(n)+1) \bmod \phi(n) \Rightarrow ed=(k(p-1)(q-1)+1) \bmod \phi(n)$

所以 $(cp)^{ed} \bmod q=(cp)^{(k(p-1)(q-1)+1)} \bmod q=(cp)((cp)^{(q-1)})^{(k(p-1))} \bmod q=(cp) \bmod q$

所以 $(cp)^{ed} \bmod q=cp+tq, t\in \mathbf{N}^*$

因为 $(cp)^{ed} \bmod p=0$

所以 $(cp+tq) \bmod p=0 \Rightarrow cp \bmod p+tq \bmod p=0 \Rightarrow tq \bmod p=0$

因为 $\gcd(p,q)=0$ 所以 $t=rp, r\in \mathbf{N}^*$

所以 $(cp)^{ed}=cp+tq=cp+rpq=cp+rn$

所以 $(cp)^{ed} \bmod n=(cp+rn) \bmod n=(cp) \bmod n+(rn) \bmod n=(cp) \bmod n$

所以 $(M)^{ed} \bmod n=M \bmod n=M$

当 $M=cq$ 时,同理可证。

4. RSA 算法的安全性分析

有无可能在已知 n 和 e 的情况下,推导出 d? 因为 $ed\equiv 1(\bmod \phi(n))$,只有知道 e 和 $\phi(n)$,才能算出 d;$\phi(n)=(p-1)(q-1)$,只有知道 p 和 q,才能算出 $\phi(n)$;$n=pq$。只有将 n 因数分解,才能算出 p 和 q。所以如果 n 可以被因数分解,d 就可以算出,也就意味着私钥被破解。因此密码分析者攻击 RSA 算法的关键点在于如何分解 n。所以说 RSA 算法的安全性基于分解整数。

看起来破解 RSA 算法的方法是简单可行的,但事实上大整数分解是一著名数论难题:将两个大质数相乘十分容易,但要将乘积结果分解为两个大质数因子却极为困难。

例如,将两个质数 11 927 和 20 903 相乘,可以很容易地得出其结果 249 310 081。但是要想将 249 310 081 分解因子得到相应的两个质数却极为困难。

Rivest、Shamir、Adleman 提出,两个质数的乘积如果长度达到了 130 位,则将该乘积分解为两个质数需要花费近百万年的时间。为了证明这一点,他们找到 1 个 129 位数,向世界挑战找出它的两个因子,这个 129 位的数被称为 RSA129,其值为 114 381 625 757 888 867 669 235 779 976 146 612 010 218 296 721 242 362 562 561 842 935 706 935 245 733 897 830 597 123 563 958 705 058 989 075 147 599 290 026 879 543 541。世界各地 600 多名研究人员通过因特网协调各自的工作向这个 129 位数发起进攻。花费了 9 个月的时间,终于分解出了 RSA129 的两个质数因子。两个质数因子一个长为 64 位,另一个长为 65 位。64 位的质数是 3 490 529 510 847 650 949 147 849 619 903 898 133 417 764 638 493 387 843 990 820 577,65 位的质数是 32 769 132 993 266 709 549 961 988 190 834 461 413 177 642 967 992 942 539 798 288 533。

RSA129 虽然没有如 RSA 三位专家预计的那样花费极长的时间破解,但它的破解足以说明两方面的问题:一是大整数的因子分解问题需要高昂的计算开销,计算不可行;二是通过因特网让大量的普通计算机协同工作可以获得强大的计算能力。

1999 年,RSA155(512b)被成功分解,花了 5 个月时间(约 8000 MIPS 年)和 224 CPU hours 在一台有 3.2GB 内存的 Cray C916 计算机上完成。

2009 年 12 月 12 日,编号为 RSA768(768b,232 digits)的数也被成功分解。这一事件威胁了现在通行的 1024b 密钥的安全性,普遍认为用户应尽快升级到 2048b 或以上。

RSA 算法的安全性基于大数分解的困难性,对于较小的数,分解可能是可行的,但随着数的增大,所需的计算资源和时间呈指数级增长。因此在当前的计算能力下,将一个大整数分解为其质因数是一项极其困难的任务。RSA 除了暴力破解,还没有发现别的有效方法。所以限制人类分解大整数的是计算机的计算能力。

量子计算机利用量子比特进行计算,这使它们在处理某些特定类型的问题时比经典计算机更有效率。尤其是量子计算机潜在地可以运行像 Shor 算法这样的算法,这种算法在理论上可以在多项式时间内分解大数。如果能够实现足够强大的量子计算机,RSA 算法的安全性将会受到严重威胁。

RSA 的安全性依赖大整数分解,但是否等同于大整数分解一直未能得到理论上的证明,因为没有证明破解 RSA 就一定需要作大整数分解。假设存在一种无须分解大数的算法,那它肯定可以修改成为大整数分解算法。目前,RSA 的一些变种算法已被证明等价于大整数分解。

那么什么是理论安全(无条件安全)? 什么是实际安全(计算上安全、计算不可行)?

理论安全是攻击者无论截获多少密文,都无法得到足够的信息来唯一地决定明文。香农用理论证明:欲达理论安全,加密密钥长度必须大于或等于明文长度,密钥只用一次,用完即丢,即一次一密(one-time pad),不具有实用价值。

实际安全是指如果攻击者拥有无限资源,任何密码系统都是可以被破译的,但在有限的资源范围内,攻击者都不能通过系统的分析方法来破解系统,则称这个系统是计算上安全的,或者破译这个系统是计算上不可行(computationally infeasible)。

公钥密码使用的数学难题都是可解的,因此不具有理论安全性,但破解公钥密码计算量巨大,相对于现有的计算机计算能力而言,计算时间都以年为单位,不具有计算可行性,而且可以随着计算能力的提高不断增加密钥的长度来进一步提高破解难点,因此公钥密码是计算不可行的。

由于进行的都是大数计算,使得 RSA 最快的情况也比 DES 慢很多,无论是用软件还是硬件实现。速度一直是 RSA 的缺陷。一般来说只适用于少量数据加密。

RSA 遭受攻击的很多情况是算法实现的一些细节上的漏洞所导致的,所以在使用 RSA 算法构造密码系统时,为保证安全,在生成大质数的基础上,还必须认真仔细选择参数,防止漏洞的形成。根据 RSA 加解密过程,其主要参数有 3 个:模数 n、加密密钥 e、解密密钥 d。

(1) 模数 n 的确定。

① p 和 q 之差要大。(当 p 和 q 相差很小时,在已知 n 的情况下,可假定二者的平均值为 n,然后利用等式右边开方则得到 n,即 n 被分解。)

② $p-1$ 和 $q-1$ 的最大公因子应很小。

③ p 和 q 必须为强质数。

(2) 参数 e 的选取原则。

在 RSA 算法中,e 和欧拉函数值互质的条件容易满足,如果选择较小的 e,则加解密的速度加快,也便于存储,但会导致安全问题。

一般地,e 的选取有如下原则。

① e 不能够太小。一般选择 e 为 16 位的质数。

② e 应选择使其在 mod $\phi(n)$ 的阶为最大。即存在 i,使得 $e^i \equiv 1 \bmod \phi(n)$,$i \geqslant (p-1) \times (q-1)/2$ 可以有效抗击攻击。

（3）d 选取原则。

一般地，私密密钥 d 要大于 $n^{1/4}$。在许多应用场合，常希望使用位数较短的密钥以降低解密或签名时间。如 IC 卡应用中，IC 卡 CPU 的计算能力远低于计算机主机。长度较短的 d 可以减少 IC 卡的解密或签名时间，而让较复杂的加密或验证预算（e 长度较长）由快速的计算机主机运行。一个直接的问题就是：解密密钥 d 的长度减少是否会造成安全性的降低？很明显地，若 d 的长度太小，则可以利用已知明文 M 加密后得 $C = M^e \bmod n$，再直接猜测 d，求出 $C^d \bmod n$ 是否等于 M。若是，则猜测正确，否则继续猜测。若 d 的长度过小，则猜测的空间变小，猜中的可能性加大，已有证明当 $d < n^{1/4}$ 时，可以由连分式算法在多项式时间内求出 d 值。因此其长度不能过小。

在 RSA 密钥体制中，当 A 用户发文件给 B 用户时，A 用户用 B 用户公开的密钥加密明文，B 用户则用解密密钥解读密文，其特点如下。

① 密钥配发十分方便，用户的公用密钥可以像电话号码簿那样公开，使用方便，相对网络环境下众多用户的系统，密钥管理更加简便，每个用户只需持有一对密钥就可实现与网络中任何一个用户的保密通信。

② RSA 加密原理基于单向函数，非法接收者利用公用密钥不可能在有限时间内推算出秘密密钥，这种算法的保密性能较好。

5. 总结

密钥生成过程模 $\phi(n)$；加解密过程模 n。加密是把明文自乘 e 次，结果为密文；解密是把密文自乘 d 次，结果为明文；明文自乘 ed 次的结果是明文自身。因此 RSA 加解密就是进行数据模 n 自乘运算。

综上所述，可得以下结论。

① 公钥密码学与其他密码学完全不同，使用这种方法的加密系统，不仅公开加、解密算法本身，也公开了加密用的密钥。

② 公钥密码系统与只使用一个密钥的对称传统密码不同，算法是基于数学函数而不是基于替换和置换。

③ 公钥密码学是非对称的，它使用两个独立的密钥，即密钥分为公钥和私钥，因此称双密钥体制。双钥体制的公钥可以公开，因此称为公钥算法。算法加密密钥能够公开，即陌生者能用加密密钥加密信息，但只有用相应的解密密钥才能解密信息。规定加密密钥称为公开密钥，解密密钥称为私人密钥。公钥加密时发送方用接收方的公钥加密，接收方用自己的私钥解密。由于算法的加密与解密由不同的密钥完成，并且从加密密钥得到解密密钥计算不可行，所以算法也称为非对称加密算法。

④ 公钥算法的出现，给密码的发展开辟了新的方向。公钥算法虽然已经历了 40 多年的发展，但仍具有强劲的发展势头，在鉴别系统和密钥交换等安全技术领域起着关键作用。

3.2.2　RSA 加解密

RSA 算法是第一个既能用于数据加密也能用于数字签名的算法。每个用户拥有一个仅为本人所掌握的私钥，用它进行解密和签名；同时拥有一个公钥用于文件发送时加密。

1. RSA 数据加密用法

如图 3-4 所示，A 向 B 发信息，A 需要 B 的公钥。A 用 B 的公钥加密信息发出，B 收到后用自己的私钥解密还原出原文,这样就保证了信息传输的安全性。

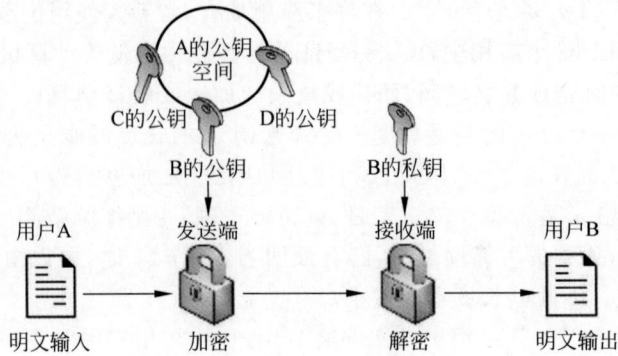

图 3-4　RSA 加密用法

密文在传输过程中,任何人都可以获得,但由于密文是用 B 的公钥加密的,只有 B 的私钥能够解密,其他人无法解密密文,因而实现了信息传输的保密性。

RSA 数据加密的特征是先公后私(发送方先用接收方公钥加密信息发送,接收方接收加密信息后用接收方私钥解密)。

错误的使用方法是用发送方公钥加密。因为接收方没有发送方的私钥,无法解密使用发送方公钥加密的信息,将导致接收的加密信息无法使用。

使用 RSA 对通信的双方进行信息加密保护时,其实际步骤如下。

(1) 每个用户产生一对密钥用于加密和解密信息。

(2) 每个用户将其中的一个密钥放入公共寄存器或其他可访问的文件中,这个密钥就是公钥。该用户把另一个密钥自己保存,这个密钥就是私钥。如图 3-5 所示,用户 A 拥有从其他人那里获得的公钥的集合。

(3) 如果 A 希望向 B 发送一条私人信息,那么 A 使用 B 的公钥加密信息。

(4) 当 B 收到该信息的时候,B 使用 B 的私钥解密信息。没有其他的接收者能够解密信息,因为只有 B 知道私钥。

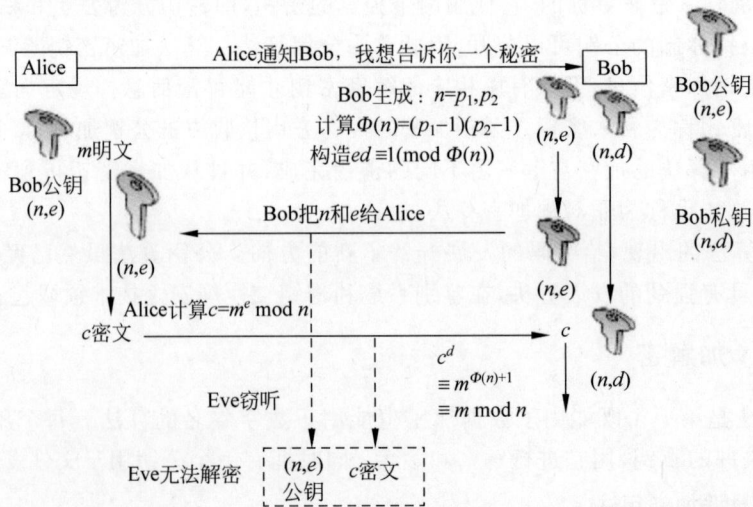

图 3-5　RSA 加密用法

　　在这种方法中,所有的参与者都能够访问公钥,而私钥是由每个参与者在本地产生的,因此不需要分配。只要用户保护好私钥,接收的通信信息就是安全的。在任何时候,用户都能够改变私钥,并公布相应的公钥值以替换旧的公钥值。

　　【例 3-12】　使用 RSA 算法,加密密钥(公钥)$k_{pub}=(e,n)=(3,33)$,解密密钥(私钥)$k_{pri}=(d,n)=(7,33)$,实现用户 A 将明文 key 加密后传递给用户 B。

　　解:(1) 英文数字化。如表 3-3 所示,将明文信息数字化,并将每块两个数字分组。则得到分组后的 key 的明文信息为:11,05,25。

表 3-3　英文数字化

字母	a	b	c	d	e	f	g	h	i	j	k	l	m
码值	01	02	03	04	**05**	06	07	08	09	10	**11**	12	13
字母	n	o	p	q	r	s	t	u	v	w	x	y	z
码值	14	15	16	17	18	19	20	21	22	23	24	**25**	26

　　(2) 明文加密。用户加密密钥(3,33)将数字化明文分组信息加密成密文。由 $C\equiv M^e(\bmod\ n)$ 得:$C_1\equiv(M_1)^e(\bmod\ n)\equiv11^3(\bmod\ 33)\equiv11,C_2\equiv(M_2)^e(\bmod\ n)\equiv5^3(\bmod\ 33)\equiv26,C_3\equiv(M_3)^e(\bmod\ n)\equiv25^3(\bmod\ 33)\equiv16$

　　因此,得到相应的密文信息为:11,26,16;对应字符串为 kzp。

　　(3) 密文解密。用户 B 收到密文,若将其解密,只需要计算 $M\equiv C^d(\bmod\ n)$,即

$$M_1\equiv(C_1)^d(\bmod\ n)=11^7(\bmod\ 33)=11,M_2\equiv(C_2)^d(\bmod\ n)=26^7(\bmod\ 33)=05,$$

$$M_3\equiv(C_3)^d(\bmod\ n)=16^7(\bmod\ 33)=25$$

　　用户 B 得到明文信息为:11,05,25。根据上面的编码表将其转换为英文,又得到了恢复后的原文 key。

　　【例 3-13】　使用 RSA 算法实现用户 A 将明文 rsa 加密后传递给用户 B。

　　解:(1) 计算公私密钥 (e,n) 和 (d,n)。加密密钥(公钥)$k_{pub}=(e,n)=(3,33)$;解密密钥(私钥)$k_{pri}=(d,n)=(7,33)$。

　　(2) 英文数字化。rsa 的明文信息为:18,19,01。

　　(3) 明文加密。用户加密密钥(3,33)将数字化明文分组信息加密成密文。由 $C\equiv M^e(\bmod\ n)$ 得:

$$C_1\equiv(M_1)^e(\bmod\ n)\equiv18^3(\bmod\ 33)\equiv24,C_2\equiv(M_2)^e(\bmod\ n)\equiv19^3(\bmod\ 33)\equiv28,$$

$$C_3\equiv(M_3)^e(\bmod\ n)\equiv1^3(\bmod\ 33)\equiv1$$

　　因此,得到相应的密文信息为:24,28,01;对应字符串为 $x\sharp a$。(28>26,无对应字母,以"♯"代替。)

　　(4) 密文解密。用户 B 收到密文,若将其解密,只需要计算 $M\equiv C^d(\bmod\ n)$,即

$$M_1\equiv(C_1)^d(\bmod\ n)=24^7(\bmod\ 33)=18,M_2\equiv(C_2)^d(\bmod\ n)=28^7(\bmod\ 33)=19,$$

$$M_3\equiv(C_3)^d(\bmod\ n)=1^7(\bmod\ 33)=1$$

　　用户 B 得到明文信息为:18,19,01。根据上面的编码表将其转换为英文,又得到了恢复后的原文 rsa。

　　加解密过程如图 3-6 所示。当然,实际运算要比这复杂得多,由于 RSA 算法的公钥私钥的长度(模长度)要到 1024 位甚至 2048 位才能保证安全,因此,p,q,e 的选取、公钥私钥的生成、加密解密模指数运算都有一定的计算程序,需要使用计算机才能高速完成。

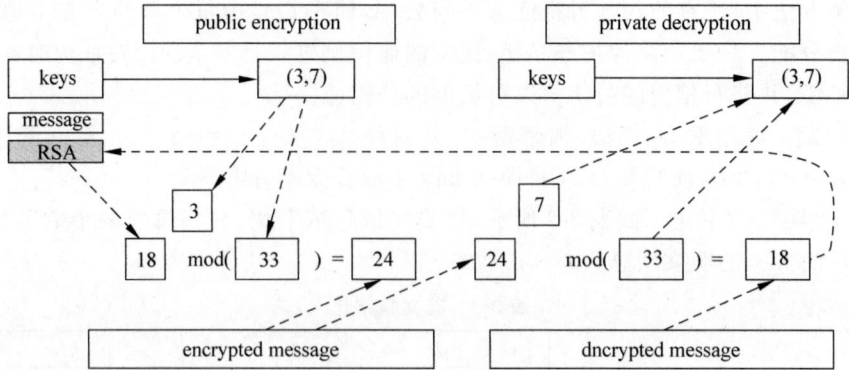

图 3-6　RSA 加解密

2. 对称密钥分发

解决"密钥分发"问题就是 RSA 这类"非对称加密"的最大价值所在之一。由于公钥加密系统效率较低,几乎不会用于大量数据的直接加密,而是经常用在少量数据的加密上,其最重要的应用之一就是用于对称密钥分发。

如图 3-7 所示 A 想给 B 发信息,已经把信息用 AES 加密完成了(现在 A 手上有 AES 的密钥和加密好的密文),A 用因特网对 B 说:"我要发信息给你。"B 心领神会,用一种非对称加密算法(如 RSA 算法)生成一对钥匙对,将其中公钥(以下简称 B-公钥)用因特网传递给 A,A 用传递过来的公钥对自己手上的 AES 密钥进行加密(为什么不直接用 B-公钥加密全文? RSA 太慢了),将加密好的密钥连同密文一同发给 B。

因特网上的窃听者听到了什么呢? 首先听到了 A 对 B 说"我要发信息给你。"这是无用信息,又听到了 B-公钥,再然后听到了 A 传给 B 的信息,其中有 B-公钥加密后的 AES 密钥及 AES 密钥加密的密文。没有 AES 密钥他们就破解不了密文。但是 AES 密钥被 B-公钥加密过了,就目前来说,窃听者很难用手上的 B-公钥来破解 B-公钥加密的内容。B-公钥加密的内容不能用 B-公钥进行解密,这正是"非对称"名称的由来。

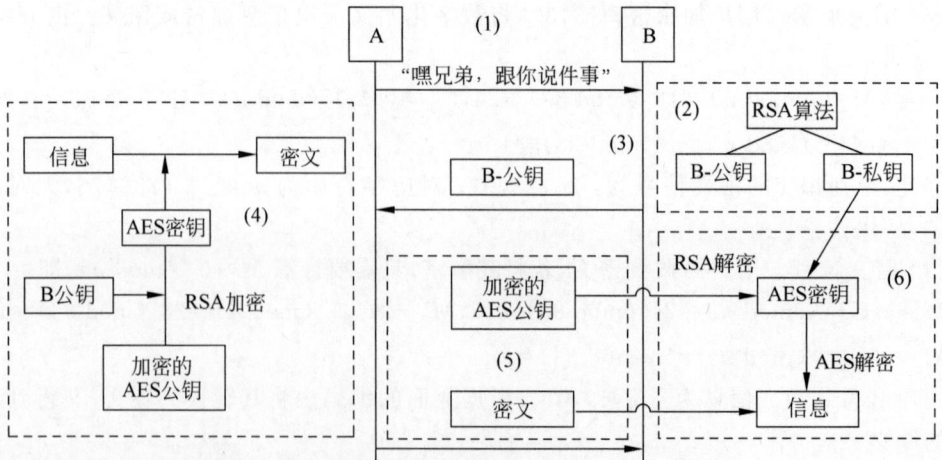

图 3-7　AES＋RSA 混合加密法加密的会话流程示意

这种分发对称密钥的方法同时使用了对称密码(AES)和公钥密码(RSA),称为混合加密。

混合加密：先用 AES 对明文进行加密，再用 RSA 公钥对 AES 密钥进行加密，返回密文和 RSA 加密后密钥。它结合了 AES 和 RSA 的优点，较好地规避了 AES 和 RSA 的缺点。这样做既利用了 RSA 的灵活性，可以随时改动 AES 的密钥，又利用了 AES 的高效性，可以高效传输数据。

实验表明如下结论。

（1）相同的时间条件下，AES 解密的文件是 M 级，而 RSA 解密只有 KB 级，两者解密速度差异相当明显；

（2）AES 加密时间是解密时间的一半，而加密前的文件大小也刚好是加密后文件的一半；

（3）对于同一个文件来说，RSA 的加密时间相对解密时间来讲，完全可以忽略不计。

相比 AES，RSA 不适合对大的数据进行解密操作，虽然它的安全级别更高。

单纯使用 RSA 方式，RSA 公钥算法生成公钥、私钥，公钥加密，私钥解密。缺点是加解密效率低（因为公私钥长度较长且为模运算），只适合加解密数据量小的内容，效率会很低，因为非对称加密解密方式虽然很保险，但是过程复杂，需要时间长；优点在于数据传输安全，且对于几字节的数据，加密和解密时间基本可以忽略，所以用它加密 AES 密钥（一般 16 字节）再合适不过了，且具备认证功能。

单纯使用 AES 方式，AES 对称加密生成对称密钥进行加解密，加密密钥和解密密钥为同一把。这种方式使用的密钥是一个固定的密钥，客户端和服务端是一样的，一旦密钥被人获取，那么，所发的每一条数据都会被对方破解，传输安全性不高，无法认证；但是，AES 有个很大的优点，即加解密效率高，适合加解密数据量大的内容，而传输正文数据时，正好需要这种加解密效率高的，所以这种方式适合用于传输量大的数据内容。

混合加密是实际项目常用的方法，流程如图 3-8 所示。

前提：Alice 生成一对 RSA 公私钥，自己保留私钥，将公钥由因特网交给 Bob。

从 Bob 向 Alice 方向看：

（1）Bob 使用 AES 密钥对要传送的报文数据（明文）Data 进行加密，生成密文 EncryData；

（2）Bob 使用 RSA 公钥对 AES 密钥加密，生成 EncryKey；

（3）Bob 将加密后的 AES 密钥 EncryKey 和加密后的报文 EncryData 通过网络传输给服务器端；

（4）Alice 通过网络拿到上述步骤（3）中的 EncryKey 和 EncryData；

（5）Alice 用 RSA 私钥对 EncryKey（加密的 AES 密钥）进行解密操作，得到 AesKey；

（6）Alice 用 AesKey 解密传入过来的加密报文 EncryData，得到报文数据（明文）Data，流程结束。

从 Alice 向 Bob 的原理与上述一致。

必须解释清楚一点，图中描述的只是"Bob 向 Alice 发送加密数据，Alice 解密"的过程，不要误以为是双向；如果是 Alice 向 Bob 请求，上面的流程需要反过来，并且，必须要由 Bob 生成一对 RSA 密钥，自己保留私钥，公钥提供给 Alice 才可以。

调用双方，坚决不可使用一对密钥既加密又解密，这样就失去了 RSA 的意义，没有安全可言。

【扩展】　实际业务场景下,为了保证请求的合法性,Bob 还会用 RSA 算法对请求中的部分数据(到底是哪部分数据,双方提前在文档中约定好)进行"加签"处理,对应的 Alice 需要"验签"。"验签"通过即为请求合法,解密数据没有问题可以使用,否则不可以使用。

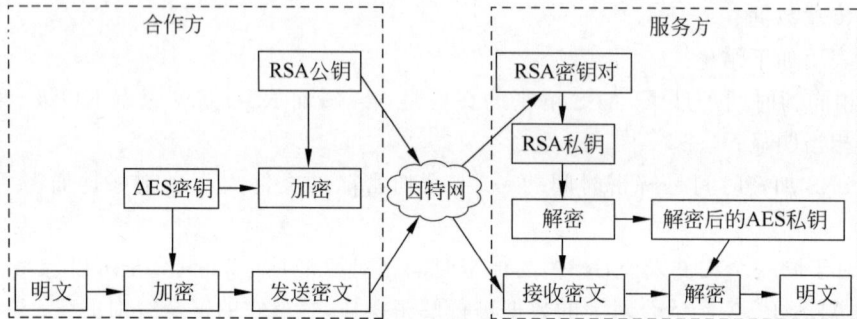

图 3-8　AES＋RSA 混合加密法应用场景

3.2.3　RSA 乘法同态

同态加密(homomorphic encryption,HE)是指满足密文同态运算性质的加密算法,即数据经过同态加密之后,对密文进行特定的计算,得到的密文计算结果在进行对应的同态解密后的明文等同于对明文数据直接进行相同的计算,实现数据的"可算不可见"。

如图 3-9 所示,同态加密密文运算结果状态和密文运算结果状态相同。

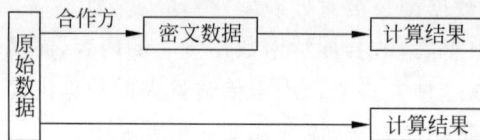

图 3-9　同态加密原理

如果一种同态加密算法支持对密文进行任意形式的计算,则称其为全同态加密(fully homomorphic encryption,FHE);如果支持对密文进行部分形式的计算,例如仅支持加法、仅支持乘法或支持有限次加法和乘法,则称其为半同态加密(somewhat homomorphic encryption,SWHE)或部分同态加密(partially homomorphic encryption,PHE)。一般而言,由于任意计算均可通过加法和乘法构造,若加密算法同时满足加法同态性和乘法同态性,则称其满足全同态性。

目前,同态加密算法已在云计算、区块链、联邦学习等存在数据隐私计算需求的场景实现了应用。由于全同态加密仍处于方案探索阶段,现有算法存在运行效率低、密钥过大和密文爆炸等性能问题,在性能方面距离可行工程应用还存在一定的距离。因此,实际应用中的同态加密算法多选取半同态加密(如加法同态),用于在特定应用场景中实现有限的同态计算功能。

同态加密算法主要分为半同态加密和全同态加密两大类。

1. 半同态加密算法

满足有限运算同态性而不满足任意运算同态性的加密算法称为半同态加密。典型半同态加密主要包括以 RSA 算法和 ElGamal 算法为代表的乘法同态加密、以 Paillier 算法为代表的加法同态加密,以及以 Boneh-Goh-Nissim 方案为代表的有限次数全同态加密。

(1) RSA 算法。

RSA 算法是最为经典的公钥加密算法,至今已有 40 余年的历史,其安全性基于大整数分解困难问题。在实际应用中,RSA 算法可采用 RSA_PKCS1_PADDING、RSA_PKCS1_OAEP_PADDING 等填充模式,根据密钥长度(常用 1024 位或 2048 位)对明文分组进行填充,而只有不对明文进行填充的原始 RSA 算法才能满足乘法同态特性。由于原始的 RSA 不是随机化加密算法,即加密过程中没有使用随机因子,每次用相同密钥加密相同明文的结果是固定的。因此,利用 RSA 的乘法同态性实现同态加密运算会存在安全弱点,攻击者可能通过选择明文攻击得到原始数据。

RSA 乘法同态性意味着对加密的消息进行乘法运算,然后加密结果,等同于对原始消息进行乘法运算。用公式表示为 $D(E(m_1) \times E(m_2)) = m_1 \times m_2$。

证明:因为 $E(m_1) = m_1^e \bmod n, E(m_2) = m_2^e \bmod n$,

所以 $E(m_1) \times E(m_2) = (m_1^e \bmod n)(m_2^e \bmod n) = (m_1^e \times m_2^e) \bmod n = (m_1 \times m_2)^e \bmod n$

所以 $D(E(m_1) \times E(m_2)) = D((m_1 \times m_2)^e \bmod n) = m_1 \times m_2$

这种同态特性可在零知识证明中发挥作用,即无须暴露 x 和 y 的具体值,prover(证明者)仅通过发送加密的信息 $a = E(x)$、$b = E(y)$ 和 $c = E(xy)$,verifier(验证者)仅需验证确认 $(a*b)\%n \equiv c\%n$ 成立,即可说明 prover 发送的是两个数值及其相应乘积。

【例 3-14】　RSA 算法加密密钥(公钥)$k_{\mathrm{pub}} = (e, n) = (3, 33)$,解密密钥(私钥)$k_{\mathrm{pri}} = (d, n) = (7, 33)$,已知 $m_1 = 2, m_2 = 7$,验证 $D(E(m_1) \times E(m_2)) = m_1 \times m_2$。

解:因为 $E(m_1) = m_1^e \bmod n = 2^3 \bmod 33 = 8, E(m_2) = m_2^e = 7^3 \bmod 33 = 13$,

所以 $E(m_1) \times E(m_1) = 8 \times 13 = 104$

所以 $D(E(m_1) \times E(m_2)) = D(104) = 104^7 \bmod 33 = (8 \times 13)^7 \bmod 33$

$= (8^7 \bmod 33) \times (13^7 \bmod 33) = (25 \times 10) \bmod 33 = 19 \bmod 33 = 14 \bmod 33 = m_1 \times m_2$

(2) ElGamal 算法。

ElGamal 算法是一种基于 Diffie-Hellman 离散对数困难问题的公钥密码算法,可实现公钥加密和数字签名功能,同时满足乘法同态特性。ElGamal 是一种随机化加密算法,即使每次用相同密钥加密相同明文得到的密文结果也不相同,因此不存在与 RSA 算法类似的选择明文攻击问题,是国际标准化组织(ISO)同态加密国际标准中唯一指定的乘法同态加密算法。

(3) Paillier 算法。

Paillier 算法是 1999 年提出的一种基于合数剩余类问题的公钥加密算法,也是目前最为常用且最具实用性的加法同态加密算法,已在众多具有同态加密需求的应用场景中实现了应用,同时也是 ISO 同态加密国际标准中唯一指定的加法同态加密算法。此外,由于支持加法同态,所以 Paillier 算法还可支持数乘同态,即支持密文与明文相乘。

2. 全同态加密算法

满足任意运算同态性的加密算法称为全同态加密。由于任何计算都可以通过加法和乘法门电路构造,所以加密算法只要同时满足乘法同态和加法同态特性就称其满足全同态特性。

1978 年,Rivest、Adleman 和 Dertouzos 提出了全同态加密的构想。全同态加密算法主要包括以 Gentry 方案为代表的第一代方案、以 BGV 方案和 BFV 方案为代表的第二代方案、以 GSW 方案为代表的第三代方案,以及支持浮点数近似计算的 CKKS 方案等。

同态加密的概念最初提出用于解决云计算等外包计算中的数据机密性保护问题,防止云计算服务提供商获取敏感明文数据,实现"先计算后解密"等价于传统的"先解密后计算"。

随着区块链、隐私计算等新兴领域的发展及其对隐私保护的更高要求,同态加密的应用边界拓展到了更为丰富的领域。

目前,全同态加密算法仍处于以学术界研究为主的发展阶段,现有方案均存在计算和存储开销大等无法规避的性能问题,距离高效的工程应用还有着难以跨越的鸿沟,同时面临国际和国内相关标准的缺失。因此,在尝试同态加密落地应用时,可考虑利用 Paillier 加法同态加密算法等较为成熟且性能较好的半同态加密算法,解决只存在加法或数乘同态运算需求的应用场景,或者通过将复杂计算需求转换为只存在加法或数乘运算的形式实现全同态场景的近似替代。同态加密主要有以下应用场景。

(1) 经典应用场景——云计算。

在云计算或外包计算中,用户为了节约自身的软硬件成本,可将计算和存储需求外包给云服务提供商,利用云服务提供商强大的算力资源实现数据的托管存储和处理。但是,将明文数据直接交给云服务器具有一定的安全风险,而传统的加密存储方式则无法实现对密文数据的直接计算,因此如何同时实现数据的机密性和可计算性成为学术界的一个难题。同态加密的出现为这一场景的实现提供了可能性。

在传统的云存储与计算解决方案中,用户需要信任云服务提供商不会窃取甚至泄露用户数据,而基于同态加密的云计算模型可在根本上解决这一矛盾。用户使用同态加密算法和加密密钥对数据进行加密,并将密文发送给云服务器;云服务器在无法获知数据明文的情况下按照用户给定的程序对密文进行计算,并将密文计算结果返回给用户;用户使用同态加密算法和解密密钥对密文计算结果进行解密,所得结果与直接对明文进行相同计算的结果等价。

(2) 在区块链中的应用。

区块链应用的基本逻辑是将需要存证的信息上链,并通过众多区块链节点的验证和存储,确保上链数据的有效性和不可篡改性。但是,无论是公有链还是联盟链,直接基于明文信息进行区块链发布通常会泄露一定的敏感数据。

基于同态加密的区块链应用理论模型如图 3-10 所示。为了保护链上信息的隐私性,同时又能实现区块链节点对相关信息的可计算性,可对数据进行同态加密,并将计算过程转换为同态运算过程,节点即可在无须获知明文数据的情况下实现密文计算。

区块链底层应用平台特别是公有链平台大多基于交易模型,可考虑采用加法同态加密进行支持隐私保护的交易金额计算等操作。

在一般的区块链隐私保护应用需求中,通常需要同时实现链上数据的保密性和可验证性,而同态加密仅能解决链上的密文计算问题。由于私钥不能公开,且随机化加密使得密文之间无法比较对应明文值是否相等,单独依靠同态加密技术难以在链上实现明文计算结果的验证。例如,加法同态加密虽然可以在保护交易金额和账户余额隐私的情况下实现金额

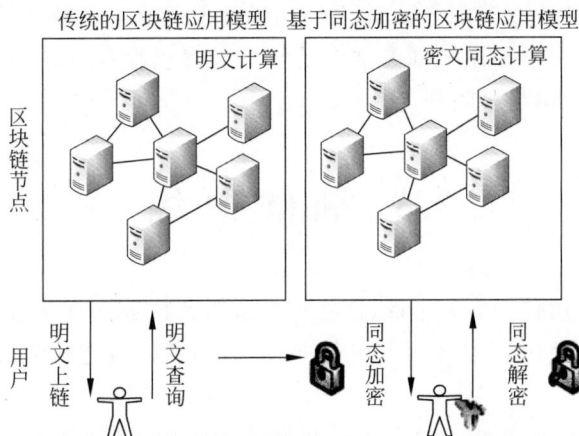

图 3-10　基于同态加密的区块链应用理论模型

的密文计算,但区块链节点无法对相关金额的有效性进行验证。因此,同态加密在区块链场景中的应用需求和应用能力有限,理论上更适合云计算等算力外包场景,以及存在多个参与方之间交互计算需求的隐私计算应用。

（3）在联邦学习中的应用。

联邦学习的概念最早由谷歌提出,多个参与方可在保证各自数据隐私的同时实现联合机器学习建模,即在不获取对方原始数据的情况下利用对方数据提升自身模型的效果。

根据数据融合维度的不同,联邦学习主要可分为横向联邦学习和纵向联邦学习,分别对应样本维度的融合和特征维度的融合。目前,联邦学习方案可采用同态加密、秘密分享、不经意传输等密码学手段解决不同阶段的安全计算问题。其中,同态加密主要用于联合建模过程中的参数交互计算过程,实现预测模型的联合确立。目前,在联邦学习场景中使用较多同态加密算法为 Paillier 加法半同态加密算法。

在该类方案中,一般包含参与方 A、参与方 B、协作方 C 三种角色,参与方 A 和参与方 B 为数据提供方,而参与方 C 负责进行密钥分发和汇总计算,有时协作方 C 也可由两个参与方之一扮演。由于加法同态加密无法实现任意形式的计算,在进行联合建模时需要事先将拟联合计算的计算式近似转换为加法形式,并确定协议的具体流程。例如,通过泰勒展开将乘法运算转换为多项式相加的形式。联合模型的加密训练过程一般包含以下步骤。

① 协作方 C 生成同态加密公私钥对,并向参与方 A 和 B 分发公钥;

② A 和 B 以同态密文的形式交互用于计算的中间结果;

③ A 和 B 将各自的计算结果汇总给 C,C 进行汇总计算,并对结果进行解密;

④ C 将解密后的结果返回给 A 和 B,双方根据结果更新各自的模型参数。

在一些基于半同态加密的联邦学习特定方案中,也可无须协作方 C 进行模型汇总,参与双方各自形成一个子模型,在后续的联合预测的过程中需要进行参数交互。

除以上使用单一密钥的方法外,目前还存在无须协作者 C 的联合建模方案,参与计算的两方各掌握一对公私钥,但该方案的复杂度较大,在性能方面不如上述方案。此外,学术界还提出了多密钥全同态加密方案,支持在多方使用不同密钥加密的密文之间进行同态计算,但该类方法目前还处于理论阶段。

目前,同态加密在联邦学习场景中的应用大多用于联合建模过程中的参数交互过程,避免泄露原始数据和直接传输明文参数,可在一定程度上同时解决数据融合计算和数据隐私保护问题。但是,目前基于加法半同态加密的解决方案仍存在一定的局限性,包括精度损失、交互开销大、公平性不足等问题。

3.3　椭圆曲线

为了保证 RSA 算法使用的安全性,这些年来密钥的位数一直在增加,伴随而来的是运算负担越来越大,这对使用 RSA 算法的应用是很重的负担,对进行大量安全交易的电子商务更是如此。

1985 年,Neal Koblitz 和 Victor Miller 将椭圆曲线引入密码学,提出了椭圆曲线密码(Elliptic Curves Cryptography,ECC)。

椭圆曲线的性质如下。

(1) 有限域上椭圆曲线在点加运算下构成有限交换群,且其阶与基域规模相近;

(2) 类似有限域乘法群中的乘幂运算,椭圆曲线多倍点运算构成一个单向函数。

在多倍点运算中,已知多倍点与基点,求解倍数的问题称为椭圆曲线离散对数问题。对于一般椭圆曲线的离散对数问题,目前只存在指数级计算复杂度的求解方法。与大数分解问题及有限域上离散对数问题相比,椭圆曲线离散对数问题的求解难度要大得多。因此,在相同安全程度要求下,椭圆曲线密码较其他公钥密码所需的密钥规模要小得多。

ECC 算法的优点如下。

(1) 安全性高。安全性基于椭圆曲线上的离散对数问题的困难性。目前还没找到解决椭圆曲线上离散对数问题的亚指数时间算法。而大数因子分解和离散对数的求解都存在亚指数时间算法。

(2) 短密钥。随着密钥长度的增加,求解椭圆曲线上离散对数问题的难度,比同等长度大数因子分解和求解离散对数问题的难度要大得多。如表 3-4 所示,椭圆曲线密码算法仅需要更小的密钥长度就可以提供 RSA 相当的安全性,因此可以减少处理负荷。

表 3-4　ECC 和 RSA 对比

ECC 密钥尺寸(b)	106	132	160	220	600
RSA 密钥尺寸(b)	512	768	1024	2048	21 000
破解时间(MIPS 年)	104	108	1011	1020	1078
ECC/RSA 密钥尺寸比例	1∶5	1∶6	1∶7	1∶10	1∶35

(3) 灵活性好。可以改变曲线的参数得到不同的曲线,形成不同的循环群,构造密码算法具有多选择性。

因此 ECC 和 RSA 相比,在许多方面都有绝对的优势,主要体现在以下方面。

(1) 抗攻击性强。相同的密钥长度,其抗攻击性要强很多倍。

(2) 计算量小,处理速度快。ECC 总的速度比 RSA、DSA 要快得多。

(3) 存储空间占用小。ECC 的密钥尺寸和系统参数与 RSA、DSA 相比要小得多,意味着它所占的存储空间要小得多。这对于加密算法在 IC 卡上的应用具有特别重要的意义。

(4) 带宽要求低。当对长信息进行加解密时,两类密码系统有相同的带宽要求,但应用于短信息时 ECC 带宽要求却低得多。带宽要求低使 ECC 在无线网络领域具有广泛的应用前景。

ECC 应用方面已被 IEEE 公钥密码标准采用。它既可以加密又可以实现数字签名,便于软硬件实现,密钥生成速度快,特别适合于对计算能力要求不高的系统,如智能卡、手机等。ECC 已经在密钥交换(如 ECDHE)和数字签名(ECDSA)中得到广泛应用,如比特币就在其数字签名算法中用到了椭圆曲线。

3.3.1　群和域

1. 群

群定义:一个集合 G,满足以下 6 个条件,则称为群(group)。

(1) 非空集:集合中至少有一个元素。

(2) 二元运算:集合中的元素能够进行一种运算,如加法运算或乘法运算。

(3) 封闭性:集合中的元素进行运算后,得到的结果仍然是集合中的元素。

(4) 结合律:任意 a,b,c 属于 G,则 $(a+b)+c=a+(b+c)$。

(5) 存在单位元 e:加法情况下 $a+e=e+a=a$,乘法情况下:$a \times e=e \times a=a$。

(6) 每个元素 a 都有逆元,记为 a^{-1}:加法情况下 $a+a^{-1}=a^{-1}+a=e$,乘法情况下 $a \times a^{-1}=a^{-1} \times a=e$。

可以简单理解为具有封闭二元运算的集合称为群。群有 6 个性质,主要用到二元运算、封闭性、单位元、逆元这 4 个性质。而非空集和结合律很容易满足。例如,$\{0,1\}$ 集合,除法不满足封闭性。1 除以 0 等于无穷大,超出集合范围。

具体定义为:假设 G 是一个非空集合,$+$ 是它的一个二元运算,如果满足以下 4 个条件,则 G 和 $+$ 构成一个群,表示为 $(G,+)$。

(1) 封闭性(closure):若 a 和 b 是集合 G 的成员,则存在唯一确定的 $c \in G$,使得等式 $c=a+b$ 成立。说明 G 中任意两个元素 a,b 运算的结果仍然属于集合 G。

(2) 结合律(associativity):即对 G 中任意元素 a,b,c,都有等式 $(a+b)+c=a+(b+c)$ 成立。

(3) 单位元(identify element):存在 G 中的一个元素 e,对任意所有的 G 中的元素 a,总有等式 $e+a=a+e=a$ 成立,则将 e 称为单位元,也称么元。

(4) 逆元(inverse):对于 G 中任意一个 a,存在 G 中的一个元素 b,使得总有等式 $a+b=b+a=e$(e 为单位元),则称 a 与 b 互为逆元素,简称逆元。b 记作 a^{-1}。

群的奇妙之处在于如果能够满足上述 4 个性质,那么可以获得一些其他有趣的性质。例如,单位元是独一无二的,逆元也是独一无二的。对于任何一个 a,有且仅有一个 b 满足 $a+b=0$。

群运算的次序很重要,把元素 a 与元素 b 结合,所得到的结果不一定与把元素 b 与元素 a 结合相同;亦即 $a+b=b+a$(交换律)不一定恒成立。进一步,如果该群还满足第 5 个要求(交换律),则该群称为交换群(阿贝尔群),不满足交换律的群则称为非交换群(非阿贝尔群)。

(5) 交换律(switch)。对于 G 中的任意元素 a,b,等式 $a+b=b+a$ 成立。

如果将加法作为集合的二元运算,那么加上整数集合 Z 将得到一个群 $(Z,+)$,且是一个阿贝尔群。因为它满足群的定义:整数加法的封闭性、结合律、交换律都成立。整数加法运算中单位元是 0。所有整数 n 都有加法逆元 $-n$。而自然数集合 N 因为不满足逆元,则无法与加法构成一个群$(N,+)$。

【注意】　$+$ 表示二元运算,可以是加法,也可以是乘法或其他二元运算。和通常的加号有相同的地方,也有不同的地方。

有限群:如果一个群里的元素是有限的,则称该群为有限群,群中元素数目称为群的阶。群$(G,+)$的阶用记号 $|G|$ 表示。

概念 1:如果群元素 g 能够通过有限次本身运算,表达群内其他元素,则称为群的生成元。

概念 2:群内元素个数称为群的阶。

【例 3-15】　集合$\{0,1,2,3,4,5,6\}$模系数为 7,该集合是一个加法交换群 Z_7。

解:(1) 非空集:群内有 7 个元素。

(2) 二元运算:加法运算。

(3) 封闭性:群内任意两个元素相加后模 7 后仍然是群中的元素,如$(5+6) \bmod 7=4$。

(4) 结合律:$((3+4)+5) \bmod 7=(3+(4+5)) \bmod 7=5$,结果相同。

(5) 单位元 $e=0$:$3+0=0+3=3$。

(6) 每个元素都有逆元:

因为 $0+0=e=0$　　　　　　所以 0 的逆元是 0;

因为$(1+6) \bmod 7=e=0$　　所以 1 的逆元为 6,6 的逆元为 1;

因为$(2+5) \bmod 7=e=0$　　所以 2 的逆元为 5,5 的逆元为 2;

因为$(3+4) \bmod 7=e=0$　　所以 3 的逆元为 4。

(7) 交换律:因为$(3+4) \bmod 7=(4+3) \bmod 7=0$,结果相同。所以集合$\{0,1,2,3,4,5,6\}$模系数为 7 就是一个加法交换群。

【例 3-16】　7 是素数,这个加法群的性质特别好。因为素数 7 与群元素 i 是互质的,所以每个非零元素都是群的生成元。

解:(1) 群元素 1 能够通过有限次本身运算,表达其他元素。

(2) 群元素 2 能够通过有限次运算,表达其他所有元素:

$(2+2) \bmod 7=4$ 则表达群元素 4,$(2+2+2) \bmod 7=6$ 则表达群元素 6,$(2+2+2+2) \bmod 7=1$ 则表达群元素 1,$(2+2+2+2+2) \bmod 7=3$ 则表达群元素 3,$(2+2+2+2+2+2) \bmod 7=5$ 则表达群元素 5,$(2+2+2+2+2+2+2) \bmod 7=0$ 则表达群元素 0。

(3) 群元素 3 能够通过有限次运算,表达其他所有元素:

$(3) \bmod 7=3$,$(3+3) \bmod 7=6$,$(3+3+3) \bmod 7=2$,$(3+3+3+3) \bmod 7=5$,$(3+3+3+3+3) \bmod 7=1$,$(3+3+3+3+3+3) \bmod 7=4$,$(3+3+3+3+3+3+3) \bmod 7=0$

(4) 群元素 4 能够通过有限次运算,表达其他所有元素:

$(4) \bmod 7=4$,$(4+4) \bmod 7=1$,$(4+4+4) \bmod 7=5$,$(4+4+4+4) \bmod 7=2$,$(4+4+4+4+4) \bmod 7=6$,$(4+4+4+4+4+4) \bmod 7=3$,$(4+4+4+4+4+4+4) \bmod 7=0$

(5) 群元素 5 能够通过有限次运算,表达其他所有元素:

$(5) \bmod 7=5$,$(5+5) \bmod 7=3$,$(5+5+5) \bmod 7=1$,$(5+5+5+5) \bmod 7=6$,$(5+5+5+5+5) \bmod 7=4$,$(5+5+5+5+5+5) \bmod 7=2$,$(5+5+5+5+5+5+5) \bmod 7=0$

(6) 群元素 6 能够通过有限次运算,表达其他所有元素:

(6) mod 7＝6,(6＋6) mod 7＝5,(6＋6＋6) mod 7＝4,(6＋6＋6＋6) mod 7＝3,(6＋6＋6＋6＋6) mod 7＝2,(6＋6＋6＋6＋6＋6) mod 7＝1,(6＋6＋6＋6＋6＋6＋6) mod 7＝0

群元素 1,2,3,4,5,6 均可以通过有限次运算表达其他群元素,

所以这个加法交换群中,任意非零元素均为生成元。

【例 3-17】 集合 $\{1,2,3,4,5,6\}$ 模系数为 7,记为 $Z\times$,判断 $Z\times$ 是否为一个乘法交换群。

解:(1) 非空集:群内有 6 个元素。

(2) 二元运算:乘法运算。

(3) 封闭性:群内任意两个元素相乘后模 7 后仍然是群中的元素,如 (5×6) mod 7＝2。

(4) 结合律:$((3\times4)\times5)$ mod 7＝$(3\times(4\times5))$ mod 7＝4,结果相同。

(5) 单位元为 1:1 乘以任意元素等于任意元素;$3\times1＝1\times3＝3$。

(6) 每个元素都有逆元:

因为 (1×1) mod 7＝1 所以 1 的逆元为 1;

因为 (2×4) mod 7＝1 所以 2 的逆元为 4,2 的逆元为 4;

因为 (3×5) mod 7＝1 所以 3 的逆元为 5,3 的逆元为 5;

因为 (6×6) mod 7＝1 所以 6 的逆元为 6。

(7) 交换律:(3×5) mod 7＝(5×3) mod 7＝1,结果相同。

所以集合 $\{1,2,3,4,5,6\}$ 模系数为 7 就是一个乘法交换群。

【例 3-18】 求 $Z\times$ 的生成元。

解:(1) 检测:群元素 2 是否为生成元?

(2) mod 7＝2,(2×2) mod 7＝4,$(2\times2\times2)$ mod 7＝1,$(2\times2\times2\times2)$ mod 7＝2,$(2\times2\times2\times2\times2)$ mod 7＝4,$(2\times2\times2\times2\times2\times2)$ mod 7＝1,$(2\times2\times2\times2\times2\times2\times2)$ mod 7＝2

只能表达 1、2、4,所以 2 不是生成元。

(2) 检测:群元素 3 是否为生成元?

(3) mod 7＝3,记为 3^1 mod 7 ＝ 3;(3×3) mod 7＝2,记为 3^2 mod 7＝2;$(3\times3\times3)$ mod 7＝6,记为 3^3 mod 7＝6;$(3\times3\times3\times3)$ mod 7＝4,记为 3^4 mod 7＝4;$(3\times3\times3\times3\times3)$ mod 7＝5,记为 3^5 mod 7＝5;$(3\times3\times3\times3\times3\times3)$ mod 7＝1,记为 3^6 mod 7＝1。

能表达所有元素。所以 3 是生成元。

【结论】 不是所有群的群元素都是生成元,需要选择生成元。

问题 1:在乘法质数群 Z_7 上,已知 $sk＝5$ 和生成元 $g＝3$,则能够快速计算 $PK＝3^5$ mod 7。

计算方法:$PK＝g^{sk}$ mod n。

如果 n 很大,则 3^n:$3,3^2,3^4,3^8,3^{16}$…以指数方式快速计算。

问题 2:在乘法质数群 Z_7 上,已知任意一个群元素 PK(如 $PK＝1$),生成元是 $g＝3$。g 通过 n 次运算得到群元素 $PK＝1$。求 n。

无法对 1 开 n 次根号。只能正向搜索。

解决方案:需要暴力搜索,遍历群元素。因此,需要指数时间。

这里的群元素 $PK＝1$ 是公开的,称为公钥 PK;sk 称为私钥,是运算次数 $n＝sk$。已

知公钥 PK 和生成元 g,计算私钥 sk,需要指数时间,暴力搜索。

如果私钥 sk 的空间是 256b,则暴力搜索空间为 2^{256},有限时间内不可行。

离散对数困难问题(DL):已知生成元 g 和公钥 PK,使得 $PK = g^{sk} \bmod n$,不能在多项式时间内求私钥 sk,只能使用指数时间暴力搜索。

2. 域

为了使一个结构同时支持 4 种基本算术(即加减乘除),我们需要一个包含加法群和乘法群的集合,这就是域(field)。

当一个集合为域的时候,就能在其中进行基本算术运算了。域 F 是具有下面特性的元素集合。

(1) F 中所有元素形成一个加法群,对应群的运算是+,单位元为 0,对于元素 a,加法逆元表示为$-a$。

(2) F 中除 0 外的所有元素构成一个乘法群,对应群的运算是×,单位元是 1。对于元素 a,乘法逆元表示为 a^{-1}。

(3) 对 F 中的元素混合使用这两种群操作时,分配律始终成立。即对所有的元素 a,b,$c \in F$,都有 $a \times (b+c) = a \times b + a \times c$。

所以域中元素只要形成加法群和乘法群并满足分配律就行,因为群中元素都有逆元,减法/除法可以转换为加/乘元素的逆元实现。

实数集合 **R** 是一个域,加法群中单位元是 0,每个实数 a 都有加法逆元$-a$,乘法群中单位元是 1,每个非零实数都有乘法逆元 a^{-1}。而整数集合就不是域,因为大部分元素没有乘法逆元,不能构成一个乘法群。

在密码学中,通常只对有限元素的域感兴趣,这种域称为有限域(finite field),用 F 表示。如果域 F 只包含有限个元素,则称其为有限域。有限域中元素的个数称为有限域的阶。

有限域中经常用到的是质数域。所谓质数域,就是阶为质数的有限域。如当 p 为质数时,整数环 Z_p 就是一个质数域,可以记作 F_p。在质数域 F_p 中进行算术运算,需要遵守整数环的规则,即加法是模 p 加法,而乘法是模 p 乘法。

整数环 Z 由下面两部分构成。

(1) 集合 $Z_p = \{0,1,2,\cdots,p-1\}$,共 p 个元素。

(2) 集合中两种操作模加法和模乘法,即对于所有的元素满足:

$$a+b=c,c \in Z_p; a \times b = c, d \in Z_p$$

例如,对于 F_{23} 有:

加法:$(18+9) \bmod 23 = 4$

乘法:$(4 \times 7) \bmod 23 = 5$

加法逆元:$-5 \bmod 23 = 18$,因为 $(5+(-5)) \bmod 23 = (5+18) \bmod 23 = 0$

乘法逆元:$(9^{-1}) \bmod 23 = 18$,因为 $(9 \times (9^{-1})) \bmod 23 = (9 \times 18) \bmod 23 = 1$

每个有限域的阶必为质数的幂,即有限域的阶可表示为 p^n(p 是质数、n 是正整数),有限域通常称为伽罗瓦域(Galois fields),记为 $GF(p^n)$。密码学中,最常用的域是 $GF(2^n)$。

有限域在四则运算需要保证的特性是封闭性,即四则运算得到的值必须是域中元素或域中元素的组合,往往对计算结果进行 mod 运算来保证。有限域可以用多项式表示,如

0001 0101 可以用 x^4+x^2+x 进行表示。有限域的加法和减法就是异或运算。如在 $\mathrm{GF}(2^4)$ 中, 0001 0101＋1000 0110＝1001 0011。

椭圆曲线密码所使用的椭圆曲线定义在有限域内。

3.3.2 实数域上的椭圆曲线

密码学中的椭圆曲线绘出的图像并非椭圆, 之所以取名叫椭圆曲线, 是因为该曲线方程跟求椭圆弧长的积分公式相似, 也是用三次方程来表示的。一般形式的椭圆曲线三次方程是一个具有两个变量 x 和 y 的魏尔斯特拉斯方程。

$y^2+axy+by=x^3+cx^2+dx+e$, 其中 a,b,c,d,e 是实数, x 和 y 在实数集上取值。

密码学中普遍采用实数域上的椭圆曲线, 实数域上的椭圆曲线是指曲线方程定义中, 所有系数都是某一实数域 $\mathrm{GF}(p)$ 中的元素 (其中 p 为大于 3 的质数)。

19 世纪挪威青年尼尔斯·阿贝尔从普通的代数运算中, 抽象出了加群 (也叫阿贝尔群或交换群), 使得在加群中, 实数的算法和椭圆曲线的算法得到了统一。也就是说在实数中, 使用的加减乘除, 同样可以用在椭圆曲线中。

密码学中常用椭圆曲线形式为

$$E=\{(x,y)\in R^2 \mid y^2=x^3+ax+b(a,b\in \mathrm{GF}(p), 4a^3+27b^2\neq 0)\}$$

给定 a 和 b, 常用椭圆曲线用集合 $E(a,b)$ 表示, 由上述方程确定的所有点 (x,y) 的集合, 加一个无穷远点 O (认为其 y 坐标无穷大) 构成对应集合。

对 x 的每一个值, $y=\pm\sqrt{x^3+ax+b}$, 即 y 都有一个正值和负值, 这样每一曲线都关于 x 轴对称。椭圆曲线判定式不等于零是为了椭圆曲线不存在奇异点, 即处处光滑可导, 这样才能进行椭圆曲线上的加法运算。

注意: 一般椭圆曲线不一定关于 x 轴对称, 例如, $y^2-xy=x^3+1$ 对应的图像椭圆曲线就不关于 x 轴对称。

实数域上椭圆曲线的加法运算 (点加法)

椭圆曲线上的点经过一种特定的加法运算可以让椭圆曲线在实数域构成一个群。因为椭圆曲线方程存在 y^2 项, 因此椭圆曲线必然关于 x 轴对称。

定义无穷远点是加法零元 O。定义无穷远点 O 是经过椭圆上任意一点的与 x 轴垂直的直线都经过该点。可能有人疑惑垂直于 x 轴的直线是平行线, 为什么可以定义为都经过 O 点? 因为在非欧几何中, 可认为平行线在无穷远处会交于一点。

椭圆曲线的参数 a 和 b, 如果满足条件: $4a^3+27b^2\neq 0$, 则可基于集合 $E(a,b)$ 定义一个群。该群按以下加法运算规则构成阿贝尔群: 如果椭圆曲线上的三个点 A、B、C 在同一直线上, 则它们的和等于零元 O, 即 $A+B+C=O$。

椭圆曲线加法＋叫作点加法。其弦切法定义为: 任意取椭圆曲线上两点 P,Q (若 P,Q 两点重合, 则做 P 点的切线), 过两点做直线交于椭圆曲线的另一点 R', 过 R' 做 y 轴的平行线交于 R, 规定 $P+Q=R$。

由弦切法可以定义椭圆曲线加法的运算规则如下。

(1) O 为加法零元 (单位元), 即对椭圆曲线上任一点 P, 有 $P+O=P$。

(2) 设 $P_1=(x,y)$ 是椭圆曲线上的一点, 其加法逆元 $P_2=-P_1=(x,-y)$。

(3) 设 Q、P 是椭圆曲线上的两点, 它们相加后的点是 Q 和 P 的连线与椭圆曲线的交点的加法逆元。设交点是 R,由 $Q+P+R=O$ 得 $Q+P=-R$。

（4）P 的倍点是 P 点所做的椭圆曲线的切线与椭圆曲线的交点的加法逆元。设交点是 S,定义 $2P=P+P=-S$。类似地,可定义 $3P=2P+P$ 等。

（5）若存在最小正整数 n,使得 $nP=O(P\in E(a,b))$,则 n 为椭圆曲线 E 上点 P 的阶。

如图 3-11 所示,以上运算规则的几何意义如下。

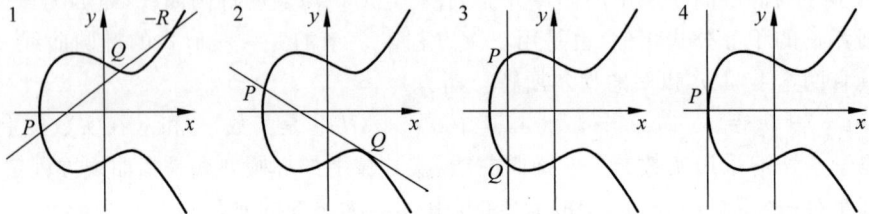

图 3-11　椭圆曲线加法

（1）无穷远点 O 的坐标无穷大,为一虚拟的点,在图像上无法显示。

（2）一条与 x 轴垂直的直线和曲线相交于两个点 P_1,P_2,这两个点的 x 坐标相同,即 $P_1=(x,y)$ 和 $P_2=(x,-y)$,同时它也与曲线相交于无穷远点 O,因此 $P_2=-P_1$。故 P 与其逆元 $-P$ 成对出现在椭圆曲线上；求一点的逆元方法是过该点做 y 轴的平行线,其与椭圆曲线的另一交点即为逆元。

（3）横坐标不同的两个点 Q 和 P 相加,先在两点之间画一条直线并求直线与椭圆曲线的第三个交点 R',然后过 R' 做 y 轴的平行线交于 R,则 R 为两个点 Q 和 P 的和,即 $P+Q=R$。

点加法定义：在椭圆曲线上有不重合且不对称的 A,B 两点,两点与曲线相交于 X 点,X 与 x 轴的对称点为 R,R 即为 $A+B$ 的结果。

所以,最终加法只需要计算交点 R 的逆元 $-R$ 即可。几种特殊情况说明如下。

① 如果 P,Q 不是切点且不是互为逆元,则有第三个交点 R,故 $P+Q=-R$。

② 如果 P 或 Q 是切点,则 PQ 就是椭圆曲线的一条切线。假如 Q 是切点,则有 $Q+Q=-P$。

③ 如果 P 和 Q 连线垂直于 x 轴,即 $P=-Q$,则跟曲线没有第三个交点,可以认为是交于无穷远点 O,故而 $P+Q=O$。

④ 如果 $P=Q$,则过它们的直线就是椭圆曲线过点 P 的切线,该直线一般来说跟椭圆曲线有另一个交点 R。如果曲线如图 3-12 这样没有其他交点,则可以认为交点为 O,即此时 $P+P=O$。

（4）两个相同的点 P 相加,通过该点画一条切线,切线与椭圆曲线相交于另一点 R',然后过 R' 做 y 轴的平行线交于 R,则 R 为 $2P$ 点,即 $2P=R$。

倍点运算：当两点重合时候,无法画出过两点的直线,在这种情况下,过 A 点做椭圆曲线的切线,交于 X 点,X 点关于 x 轴的对称点即为 $2A$,这样的计算称为椭圆曲线上的二倍点运算。

【例 3-19】 求椭圆曲线 $E(-10,15)$： $y^2=x^3-10x+15$ 上点 $P(-3.23,3.70)$ 和 $Q(3.45,4.66)$ 的和。

（1）如图 3-13 所示,选择点 $P(-3.23,3.70)$ 和点 $Q(3.45,4.66)$。

（2）根据加法规则，设通过点 P 和 Q 的直线与椭圆曲线相交于点 $-R$，$-R$ 是点 R 关于 x 轴的镜像。R 就是点 P 和 Q 的和，如图 3-13 所示点 $R = (-0.21, -4.13)$。

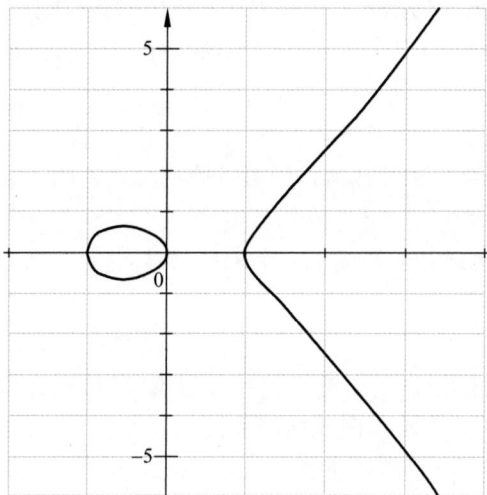

图 3-12　$y^2 \equiv x^3 - x$

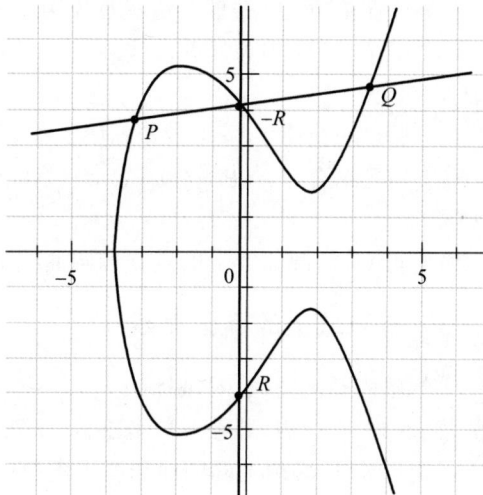

图 3-13　$y^2 = x^3 - 10x + 15$　$P + Q = R$

【例 3-20】　求椭圆曲线 $E(-10, 15)$：$y^2 = x^3 - 10x + 15$ 上点 $P(-1.27, 5.07)$ 的 2 倍点和 3 倍点。

（1）如图 3-14 所示，选定椭圆曲线上一点 $P(-1.27, 5.07)$。

（2）根据加法规则，设点 P 的切线与椭圆曲线交于点 $-R$，$-R$ 是点 R 关于 x 轴的镜像。R 点就是点 P 的 2 倍。如图 3-14 所示 2 倍点 $R = 2P = (2.80, -3.00)$。

（3）根据加法规则，设点 $2P$ 的切线与椭圆曲线交于点 $-R$，$-R$ 是点 R 关于 x 轴的镜像。R 点就是点 P 的 3 倍。如图 3-15 所示 3 倍点 $R = 2P + P = (2.39, 2.17)$。

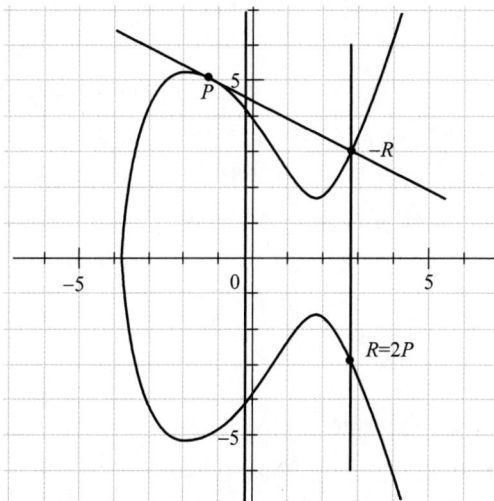

图 3-14　2 倍点

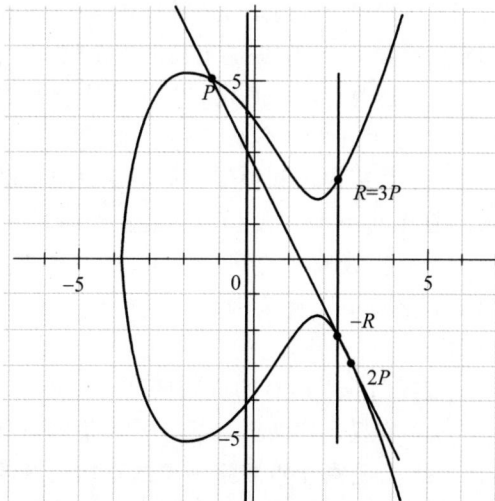

图 3-15　3 倍点

椭圆曲线群定义为椭圆曲线在实数域上的点集及点加法 $(E, +)$。

（1）满足封闭性：元素是椭圆曲线上的点，且根据加法定义，加法运算得到的点都在椭圆曲线上，满足封闭性。

（2）存在单位元：选取无穷远点作为单位元，记为 O，易证得 $O+P=P+O=P$。

（3）存在逆元：因为椭圆曲线关于 x 轴对称，$P(x,y)$ 关于 x 轴对称的点 $P'(x,-y)$ 就是 P 的逆元。

（4）满足交换律：$P+Q=Q+P$。

（5）满足结合律：$(P+Q)+R=P+(Q+R)$，通过几何作图可以验证得到的两个点确实相同。

由此可知，椭圆曲线上的点在椭圆曲线加法运算上构成了一个阿贝尔群。

3.3.3 有限域上的椭圆曲线

实数域的椭圆曲线，对坐标 (x,y) 没有任何限制，只要符合曲线方程就可以，坐标可以是整数、负数、有理数，即在实数范围内，实数用 R 表示。因此椭圆曲线是连续的，并不适合用于加密；所以，必须把椭圆曲线变成离散的点，要把椭圆曲线定义在有限域上。

定义：质数域 F_p 上的椭圆曲线 E 定义为 $E_p(a,b)$

$$y^2=x^3+ax+b \bmod p$$

其中，$p>3$，$x,y,a,b\in F_p$，并满足条件 $4a^3+27b^2 \bmod p \not\equiv 0$。椭圆曲线群 $E(E_p)$ 由满足椭圆曲线 $E_p(a,b)$ 和无穷远点 Q_∞ 的所有点 (x,y) 组成。

模数 p 在椭圆曲线密码学中扮演着重要的角色，具有以下几个作用。

（1）定义域限制：模数 p 确定了椭圆曲线方程中的坐标值的范围。椭圆曲线的点坐标通常是模 p 的同余类（residue class），即在 $0\sim p-1$ 的整数。这样，模数 p 限制了椭圆曲线上的点在有限域上运算。

（2）安全性：选择适当的模数 p 对椭圆曲线密码学的安全性至关重要。模数 p 的大小应根据安全要求来确定，通常应该是一个大质数。较大的模数可以增加椭圆曲线离散对数问题的计算复杂度，提供更高的安全性。

（3）运算性能：模数 p 的大小也会影响椭圆曲线的计算性能。较小的模数可以加快计算速度，但可能会降低安全性。选择合适的模数需要在安全性和性能之间进行权衡。

（4）数字表示和存储：模数 p 决定了椭圆曲线上的点在计算机系统中的表示和存储方式。通常，点坐标需要使用固定长度的二进制表示，模数 p 决定了这个长度。

类似实数域上的椭圆曲线，有限域 F_p 上的椭圆曲线关于 $y=p/2$ 对称。图 3-16 给出了有限域 F_{19} 椭圆曲线 $E_{19}(-7,10)$ 可视化结果，可以看出椭圆曲线关于 $y=9.5$ 对称。

椭圆曲线上所有的点满足以下性质。

（1）在椭圆曲线上寻找 n 个离散的点（满足性质（1）：非空集合）；

（2）任意两个点规定抽象的点加运算（满足性质（2）：二元运算）；

（3）椭圆曲线点相加后仍然在集合中（满足性质（3）：封闭性）；

（4）椭圆曲线点先后相加的结果一样（满足性质（4）：结合律）；

（5）某个坐标为零或无穷大，则为零点，记为单位元（满足性质（5）：单位元）；

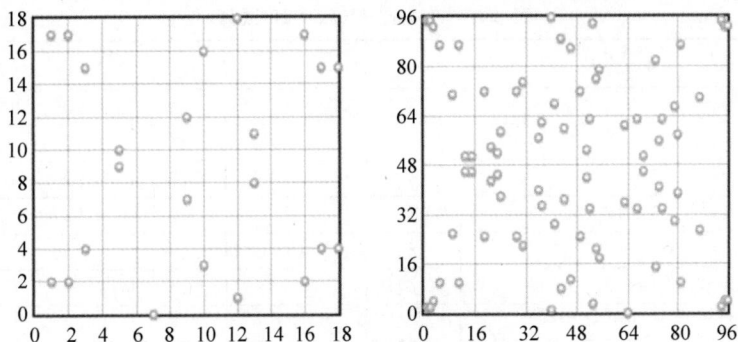

图 3-16　有限域椭圆曲线

（6）每个椭圆曲线点都有一个对应的对称点，也称为逆元点（满足性质（6）：逆元存在）；

（7）点加运算与运算次序无关（满足性质（7）：交换律）。

因此，椭圆曲线上的离散点是具有封闭运算的集合，是一个交换群。

1. 椭圆曲线群的阶

在有限域下，椭圆曲线加法群的元素是有限的，元素数目就是群的阶。如椭圆曲线 $y^2 = (x^3 - 7x + 10) \bmod 19$ 在质数域 F_{19} 中元素有 $(1,2),(1,17),(2,2)\cdots$，阶为 24（23 个质数域中的点 + 1 个无穷远点）。

如图 3-16 所示，对比椭圆曲线 $y^2 = (x^3 - 7x + 10) \bmod 19$ 和 $y^2 = (x^3 - 7x + 10) \bmod 97$ 的图像可知，随着 p 增大，点的集合增大。

如果 p 很大的话，则通过蛮力计算阶是很难的，好在使用 Schoof 算法可以在多项式时间内计算出群的阶。Schoof 算法运用了 Hasses 定理。Hasses 定理给出了椭圆曲线在 F_p 的阶的范围，可以看出，当 p 很大时，阶跟 p 的值是比较接近的。

【例 3-21】　求有限域 F_{23} 上椭圆曲线 $E_{23}(11,20)$：$y^2 \equiv x^3 + 11x + 20$ 点的集合。

解：因为 $x = 0$，所以 $(x^3 + 11x + 20) \bmod 23 = 20$　所以 $y^2 \bmod 23 \equiv 20$

所以 y 依次取正整数 $1, 2, 3, \cdots, 23$ 试算：

$y = 1, y^2 \bmod 23 \equiv 1$；$y = 2, y^2 \bmod 23 \equiv 4$；$y = 3, y^2 \bmod 23 \equiv 9$；

$y = 4, y^2 \bmod 23 \equiv 16$；$y = 5, y^2 \bmod 23 \equiv 25 \bmod 23 \equiv 2$；$\cdots$；

$y = 22, y^2 \bmod 23 \equiv 484 \bmod 23 \equiv 1$；$y = 23$ 时，$y = p$，本次试算结束。

所以无满足条件的解。

因为 $x = 1$，所以 $(x^3 + 11x + 20) \bmod 23 = 9$　所以 $y^2 \bmod 23 \equiv 9$

所以 y 依次取正整数 $1, 2, 3, \cdots, 23$ 试算：

$y = 1, y^2 \bmod 23 \equiv 1$；$y = 2, y^2 \bmod 23 \equiv 4$；$y = 3, y^2 \bmod 23 \equiv 9$；

$y = 4, y^2 \bmod 23 \equiv 16$；$y = 5, y^2 \bmod 23 \equiv 25 \bmod 23 \equiv 2$；$\cdots$；

$y = 22, y^2 \bmod 23 \equiv 484 \bmod 23 \equiv 1$；$y = 23$ 时，$y = p$，本次试算结束。

所以 $y_1 = 3, y_2 = 20$。

类似地使用表 3-5 可得其他运算结果。当 $x = 23$ 时，$x = p$，本题运算结束。

所以方程在第一象限整数点的集合为表 3-6 中的 27 个点加上无穷点 O，共 28 个点。

表 3-5　　$y^2 \equiv x^3 + 11x + 20$ 试算

x	x^3+x+1	y_1	$(y_1)^2$	y_2	$(y_2)^2$
1	$32=23+9$	3	9	20	$400=391+9$
2	$50=23\times2+4$	2	4	21	$441=437+4$
4	$128=23\times5+13$	6	$36=23+13$	17	$289=23\times12+13$
5	$200=23\times8+16$	4	16	19	$361=345+16$
6	$302=23\times13+3$	7	$49=46+3$	16	$256=23\times11+3$
7	$440=23\times19+3$	7		16	
10	$1130=23\times49+3$	7		16	
11	$1472=23\times64$	0	0		
15	$3560=23\times154+18$	8	$64=46+18$	15	$225=23\times9+18$
18	$6050=23\times263+1$	1	1	22	$484=23\times21+1$
19	$7088=23\times308+4$	2		21	
20	$8240=23\times358+6$	11	$121=115+6$	12	$144=23\times6+6$
21	$9512=23\times413+13$	6		17	
22	$10\,910=23\times474+8$	10	$100=92+8$	13	$169=23\times7+8$

表 3-6　　(x,y)值

第一象限点集

(1,3)	(1,20)
(2,2)	(2,21)
(4,6)	(4,17)
(5,4)	(5,19)
(6,7)	(6,16)
(7,7)	(7,16)
(10,7)	(10,16)
(11,0)	
(15,8)	(15,15)
(18,1)	(18,22)
(19,2)	(19,21)
(20,11)	(20,12)
(21,6)	(21,17)
(22,10)	(22,13)

　　根据计算结果可知,椭圆曲线中 $y \rightarrow x$ 的对应关系是 1 对 n 的关系,如 $y=16$,$x=6$,7, 10,因此根据 y 不能具体确定 x,这就是椭圆曲线能够用于密码学的原因。

2. 有限域 F_p 上椭圆曲线的点加法(代数加法)

　　3.3.2 节定义了实数域上椭圆曲线几何上意义的点加法,有限域上点加法需要转换为代数加法以方便计算。要注意的是,这并不是两个点的坐标简单相加。

　　椭圆曲线的参数 a 和 b,如果满足条件:$4a^3+27b^2 (\bmod\ p) \neq 0$,则可基于集合 $E_p(a, b)$ 定义一个有限阿贝尔群。$E_p(a,b)$ 上的加法运算构造与定义在实数域上的椭圆曲线中描述的代数方法是一致的。

　　用 $E_p(a,b)$ 表示方程所定义的椭圆曲线上的整数点集,由点集合 $\{(x,y):0 \leqslant x < p,$ $0 \leqslant y < p$,x、y 为正整数$\}$ 并上无穷点 O 所得。

对任何点 $P,Q \in F_p$,加法运算的代数描述如下。

① O 为加法单位元,$P+O=P$。

② 若 $P=(x,y)$,$(x,-y)$ 是 P 的加法逆元,表示为 $-P$。$-P$ 也是 $E_p(a,b)$ 中的点。

③ 若 $P=(x_1,y_1)$,$Q=(x_2,y_2)$,$P \neq Q$,则 $P+Q=R(x_3,y_3)$,R 位于同一曲线 $E_p(a,b)$ 上。按以下规则确定。

假设直线 PQ 的斜率 λ,然后将直线方程 $y=\lambda x+c$ 代入曲线可以得到:$(\lambda x+c)^2 = x^3+ax+b$,转换成标准式,根据韦达定理 $xP+xQ+xR=\lambda^2$,既而可求得 $R(x_3,y_3)$。

$$x_3 \equiv (\lambda^2-x_1-x_2) \bmod p, \quad y_3 \equiv (\lambda(x_1-x_3)-y_1) \bmod p,$$

$$\lambda = \begin{cases} \dfrac{y_2-y_1}{x_2-x_1} \bmod p \, (P \neq Q) \\ \dfrac{3x_1^2+a}{2y_1} \bmod p \, (P=Q) \end{cases}$$

斜率 λ 计算需要区分两种情况,当 $P=Q$ 时求椭圆曲线在 P 点的切线斜率(求导)即可。运算称为点加运算的代数加法。$P=Q$ 时称为二倍点(点加倍)运算。

点加法

假设 $P=(x_1,y)$ 和 $Q=(x_2,y)$,且 $P_1 \neq P_2$,两点均处于同一个椭圆曲线 $E_p(a,b)$。将两点 P 和 Q 相加,得到第三点 $R=(x_3,y_3)$,即 $x_3=(\lambda^2-x_1-x_2) \bmod p$,$y_3 \equiv (\lambda(x_1-x_3)-y_1)) \bmod p$,且 $\lambda = \dfrac{y_2-y_1}{x_2-x_1} \bmod p$。$R$ 位于同一曲线 $E_p(a,b)$ 上。

点加倍

$P=(x_1,y_1)$ 是椭圆曲线 $E_p(a,b)$ 上的一个点,点 $R=2P=(x_2,y_2)$,点 P 倍点运算的结果为

$$x_2 \equiv (\lambda^2-2 \times 1) \bmod p, \quad y_2 \equiv (\lambda(x_1-x_2)-y_1) \bmod p, \quad \lambda = \frac{3x_1^2+a}{2y_1} \bmod p。$$

R 是椭圆曲线 $E_p(a,b)$ 上的点。

如图 3-17 所示,P,Q,R 在直线 $x-y+1=0 \bmod 19$ 上,$P=(1,2)$,$Q=(3,4)$,则有 $P+Q=R=(16,2)$,且 R 和 $-R$ 都在椭圆曲线上。

$$\lambda = ((4-2)(3-1)^{-1}) \bmod 19 = 1$$

$$x_R = (1^2-1-3) \bmod 19 = -3 \bmod 19 = 16,$$

$$y_R = (1(1-16)-2) \bmod 19 = -17 \bmod 19 = 2$$

椭圆曲线在质数域 F_p 上的点加法依然构成阿贝尔群。单位元依旧是无穷远点,元素 $R=(x_R,y_R)$ 的逆元变成 $-R=(x_R,-y_R \bmod p)$。而交换律、结合律、封闭性则可以通过素域上的模加法、模乘法来证明。

在实际加密算法中,通常需要多次通过椭圆曲线加法来实现一次加密,定义对一个点 P 进行 k 次加法得到 kP,即 k 个 P 点的和,称为标量乘法,也称 k 倍点运算。

k 个相同的点 P 相加,记作 kP,称为 k 倍点,表示为 $kP = \underbrace{P+P+\cdots+P}_{k \text{ times}}$。

也可表示为 $Q=kP$,Q,P 为 $E_p(a,b)$ 上的点,k 为小于 n(n 是点 P 的阶)的整数,说明

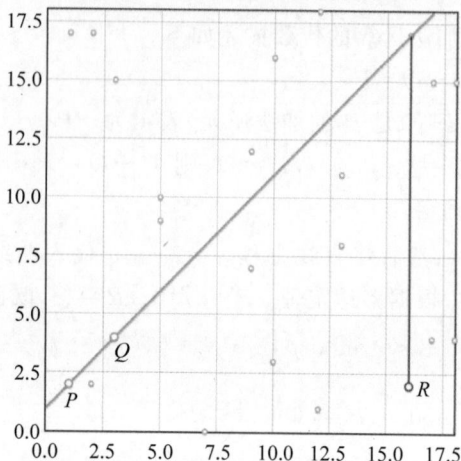

图 3-17   有限域点加法

kP 仍然是椭圆曲线上的一点。

椭圆曲线标量乘法是椭圆曲线上的主要运算,涉及两个操作:点加法和点加倍。当 k 很大时,执行 k 次加法需要 $O(k)$ 时间,效率低。因为椭圆曲线点加法在实数域构成阿贝尔群,满足交换律和结合律,于是可以通过"翻倍累加法"进行优化。如求 $151P$,其二进制表示为:10010111,于是 $151P = 2^7 P + 2^4 P + 2^2 P + 2^1 P + P$,因此通过优化只要 7 次倍乘和 4 次加法计算即可,时间复杂度降到 $O(\log k)$。这是一个很好的单向函数,正向计算容易,而反向和蛮力计算复杂。

【结论】 椭圆曲线的二倍点运算和标量乘法运算,本质上都是点加运算。

3. 离散对数难题

不难发现,给定 k 和 P,根据加法法则,计算 Q 很容易;但给定 P 和 Q,求 k 就相对困难了。在实际应用中常将椭圆曲线限制到一个有限域内,将曲线变成离散的点,这样既方便了计算也加大了破解难度。这就是椭圆曲线加密算法采用的数学难题——椭圆曲线离散对数(elliptic curve discrete logarithm problem,ECDLP)问题。

如果对于一个整数 b 和质数 p 的一个原根 a,可以找到一个唯一的指数 i,使得 $b = a^i (\bmod p)$,其中 $0 \leqslant i \leqslant p-1$ 成立,那么指数 i 称为 b 的以 a 为基数的模 p 的离散对数。

离散对数难题是指 $i \bmod p = \log_a^b$。当已知一个大质数 p 和它的一个原根 a,如果给定一个 b,要计算 i 的值是相当困难的。

椭圆曲线上的离散对数问题表示为:给定点 P 和 kP,计算整数 k。椭圆曲线密码体制的安全性便是建立在椭圆曲线离散对数问题之上。

把点 P 称为基点(base point),$k(k < n,n$ 为基点 P 的阶)称为私有密钥,K 称为公开密钥。

【例 3-22】 求椭圆曲线 $E_{23}(11,20)$:$y^2 = x^3 + 11x + 20$ 上点 $P(7,16)$ 和点 $Q(15,8)$ 之和。

解: 因为 $P(7,16)$,$Q(15,8)$,$P \neq Q$

所以 $\lambda = \dfrac{8-16}{15-7} = \dfrac{-8}{8} \equiv -1 \bmod 23 = 22$,$x_3 = (22)^2 - 7 - 15 = 462 \bmod 23 \equiv 2$,$y_3 = 22(7-2) - 16 = 94 \bmod 23 \equiv 2$,$P+Q = (2,2)$,如图 3-18 所示。

$y^2=x^3+11x+20$ 在 F_{23} 上有28个点。

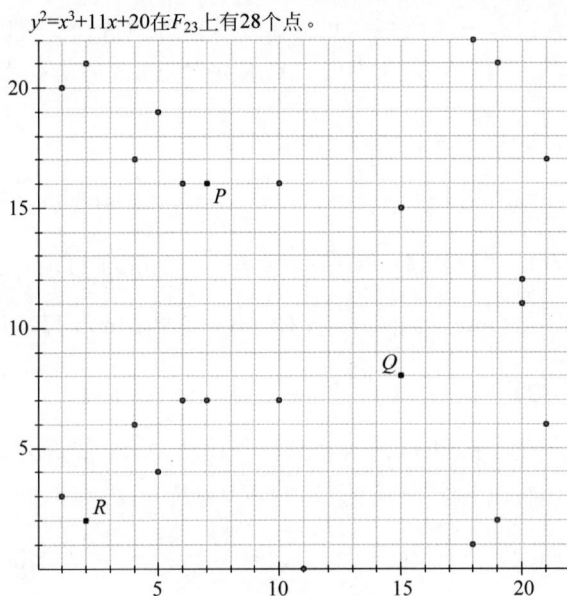

图 3-18 点 P 和 Q 求和

【例 3-23】 求椭圆曲线 $E_{23}(11,20)$：$y^2=x^3+11x+20$ 上点 $P(7,16)$ 的 2 倍点。

解：因为 $P(7,16),P=Q$

所以 $\lambda=\dfrac{3\times 7^2+11}{2\times 16}=\dfrac{158}{32}$ mod $23=15$，$x_3=(15)^2-7-7=211$ mod $23\equiv 4$，$y_3=15(7-4)-16=29$ mod $23\equiv 6$，$2P=(4,6)$，如图 3-19 所示。

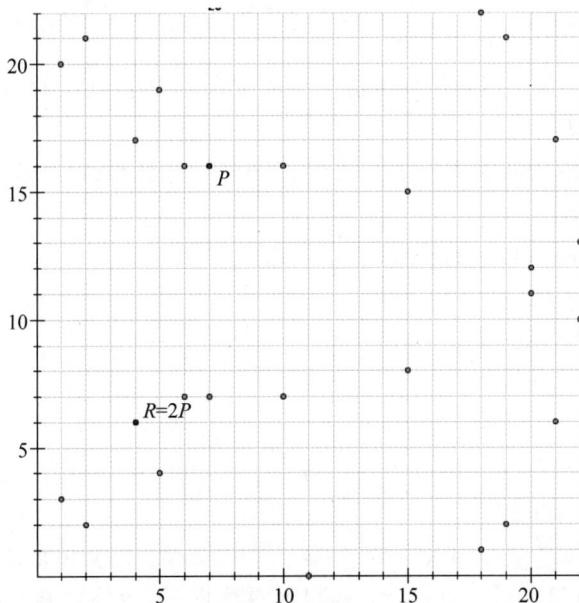

图 3-19 计算 2P

【解题指导】 分数(除法)取模运算需要转换为乘法取模运算。

难点是如何求 $\lambda=\dfrac{158}{32}$ mod 23。因为 $\lambda=\dfrac{79}{16}$ mod 23，所以 79 mod $23=16\lambda$ mod 23，

$10 = 16\lambda$ mod 23,取 $\lambda = 1, 2, \cdots, 23$ 试算,可得 $\lambda = 15$ 时等式成立。所以 $\lambda = 15$。

【例 3-24】 已知 $E_{11}(1,6)$ 上一点 $P(2,7)$,求 n 倍点 nP 的所有值。

解:$2P = (x_3, y_3), \lambda = \dfrac{3x_1^2 + a}{2y_1} = \dfrac{13}{14} = 8$ mod 11,

$x_3 = 64 - 2 - 2 = 60 \equiv 5$ mod $11, y_3 = 8 \times (2 - 5) - 7 \equiv 2$ mod $11, 2P = (5,2)$

$3P = P + 2P = (2,7) + (5,2), \lambda = \dfrac{y_2 - y_1}{x_2 - x_1} = -\dfrac{5}{3} = 2$ mod 11,

$x_3 = 4 - 2 - 5 = -3 \equiv 8$ mod $11, y_3 = 2 \times (2 - 8) - 7 \equiv 3$ mod $11, 3P = (8,3)$

$4P = 2P + 2P = (5,2) + (5,2), \lambda = \dfrac{3x_1^2 + a}{2y_1} = 19 = 8$ mod 11

$x_3 = 64 - 5 - 5 = 54 \equiv 10$ mod $11, y_3 = 8 \times (5 - 10) - 2 \equiv 2$ mod $11, 4P = (10,2)$

$5P = P + 4P = (3,6), 6P = P + 5P = (7,9), 7P = P + 6P = (7,2)$

$8P = 4P + 4P = (10,2) + (10,2) = (3,5), \lambda = \dfrac{3x_1^2 + a}{2y_1} = \dfrac{301}{4} \equiv 1$ mod 11,

$x_3 = 1 - 10 - 10 = -19 \equiv 3$ mod $11, y_3 = 1 \times (10 - 3) - 2 \equiv 5$ mod $11, 8P = (3,5)$

$9P = P + 8P = (10,9), 10P = P + 9P = (8,8), 11P = P + 10P = (5,9)$,

$12P = 8P + 4P = (3,5) + (10,2), \lambda = \dfrac{y_2 - y_1}{x_2 - x_1} = -\dfrac{3}{7} = 9$ mod 11,

$x_3 = 81 - 3 - 10 = 68 \equiv 2$ mod $11, y_3 = 9 \times (3 - 2) - 5 = 4 \equiv 4$ mod $11, 12P = (2,4)$

$13P = P + 12P = (2,7) + (2,4) = (0,0)$,此时 $\lambda = \dfrac{4 - 7}{2 - 2} = \dfrac{-3}{0}$ 趋向于 ∞,表示无穷远点。

根据定义,该点为零元,计算到此结束。

【结论】 求 nP 点常采用翻倍累加法。如题中求 $13P$ 可依次翻倍求出 $2P, 4P, 8P$ 然后求 $4P + 8P, 12P + P$。

【例 3-25】 已知椭圆曲线 $E_{23}(1,0)$ 和基点 $P(9,5)$、点 $Q(11,10)$。

(1) 求点的集合 S。

(2) 求椭圆曲线 $E_{23}(1,0)$ 的阶数。

(3) 求 $P + Q, Q + P$。

(4) 私钥 $k = 5$,求公钥 kP。

(5) 说明 S 构成阿贝尔群。

解:(1) 由 $E_{23}(1,0)$ 可知 $y^2 = (x^3 + x)$ mod 23;$0 \leqslant x \leqslant 22$

当 $x = 0$ 时,所以 $(x^3 + x)$ mod $23 = 0$,使 y^2 mod $23 = 0, y$ 可依次取 $0, 1, 2, 3, \cdots, 22$, $y = 0$ 时成立,即点 $(0,0)$;

当 $x = 1$ 时,所以 $(x^3 + x)$ mod $23 = 2$,使 y^2 mod $23 = 2, y$ 可依次取 $0, 1, 2, 3, \cdots, 22$, $y = 5, 18$ 时成立,即点 $(1,5), (1,18) \cdots$;或根据对称性(纵坐标之和 $= 23$),由 $y_1 = 5$,可知 $y_2 = 23 - z = 18$。

同理可以求得满足条件的点集合 $S = \{(0,0), (1,5), (1,18), (9,5), (9,18), (11,10),$ $(11,13), (13,5), (13,18), (15,3), (15,20), (16,8), (16,15), (17,10), (17,13), (18,10),$ $(18,13), (19,1), (19,22), (20,4), (20,19), (21,6), (21,17)\}$。或如表 3-7 所示。

表 3-7　x 的点集合 S

x	0	1	2	⋯	9	⋯	18	19	20	21
$y^2 \bmod 23$	0	2	10		2		8	1	16	13
y_1	0	5			5		10	1	4	6
y_2		18			18		13	22	19	17

① 不是所有的 x，都有对应解 y。

② 点的集合需要加无穷远点。

③ 对于每个有解的 x，都对应有两个 y 值 y_1、y_2，这两个值关于 $p/2$ 对称（$y_1+y_2=p$），具有对称性。根据对称性（纵坐标之和＝23），可简化运算，由 $y_1=4$，可得 $y_2=23-4=19$。也可验证计算是否正确（$y_1+y_2=5+18=23=p$）。

（2）曲线上有 23 个点，加一个无穷远点，椭圆曲线 $E_{23}(1,0)$ 的阶数为 24。

（3）$P(9,5)$　$Q(11,10)$　$\lambda=\dfrac{10-5}{11-9}=\dfrac{5}{2} \bmod 23=14$

　　$x_3=\lambda^2-9-11=176 \bmod 23=15$，　$y_3=14(9-15)-5=-89 \bmod 23=3$

　　$P+Q=(15,3)$，$Q+P=(15,3)$

（4）私钥 $k=5$，公钥 kP：$2P=(18,10)$，$3P=(0,0)$，$4P=(18,13)$，$5P=(9,18)$。

$2P$：$\lambda=(3X_1^2+a)/(2y_1)=122/5 \bmod 23=6$，$x_3=(\lambda^2-x_1-x_2) \bmod 23=18 \bmod 23=18$，$y_3=\lambda(x_1-x_3)-y_1 \bmod 23=\bmod 23=10$

（5）由于阿贝尔群具有如下性质。

① 封闭性 $a+b=c$ 属于 S；

② 组合性 $(a+b)+c=a+(b+c)$；

③ 交换性 $a+b=b+a$；

④ 每个元素都存在逆元；

⑤ 单位元。

任取 S 上的点集 $P_1=(9,5)$、$P_2=(11,10)$、$P_3=(19,1)$，经过运算可知：

$P_1+P_2=(15,20)\in S$，满足封闭性；

$(P_1+P_2)+P_3=P_1+(P_2+P_3)$ 满足组合性；

$P_1+P_2=P_2+P_1=(15,20)$，满足交换性；

逆元：$p=(9,5)$，$-p=(9,-5)$，$-5 \bmod 23=18$，所以 $-p=(9,18)$ 也在 $E_{23}(1,0)$ 上；

单位元：$p+0=p$；

综上，集合 S 构成阿贝尔群。

4. 循环子群

跟实数域一样，在质数域里面也是选取一个点 P，然后计算倍乘 nP 作为公钥。以示例曲线 $y^2=(x^3-7x+10) \bmod 19$ 为例，选择 $P=(1,2)$，计算 nP 的值如下。

　　　　$0P=O$，　$1P=(1,2)$，　$2P=(18,15)$，　$3P=(9,12)$⋯

　　　　$8P=O$，　$9P=(1,2)$，　$10P=(18,15)$，　$11P=(9,12)$⋯

可以发现 $kP=(k \bmod 8)P$，即 P 的标量乘法得到的点集是原椭圆曲线群的一个子群，而且是循环子群。

子群中元素个数称为子群的阶，点 P 称为该子群的基点或生成元。

循环子群是椭圆曲线密码体系的基础，我们期望子群中元素越多越好，而如何找到一个合适的子群尤为重要。

根据拉格朗日的群论定理,子群的阶 n 是父群的阶 N 的约数:即有 $h=N/n$,h 是一个整数,称为子群的余因子(cofactor),如果 $h=1$,意味着子群的阶等于父群的阶,常用椭圆曲线都是 $h=1$。

求解曲线上点 P 生成的子群的阶可以用下面方法。

(1) 使用 Schoof 算法求得椭圆曲线群的阶 N。

(2) 找到 N 所有的约数。

(3) 对 N 所有的约数 n,计算 nP。

(4) 其中 $nP=O$ 中最小的 n 就是子群的阶。

以示例曲线为例,父群的阶是 24,则以曲线上的点生成的子群的阶只能是 1,2,3,4,6,8,12,24。对于点 $P=(1,2)$,$P\neq O$,$2P\neq O$,$\cdots$,$8P=O$,故其生成的子群的阶就是 8,而点 $Q=(3,4)$ 生成的子群的阶则正好等于父群的阶 24。因此同一椭圆曲线上不同点生成的子群阶不一定相同。

P 的标量乘法得到的点集 nP 是原椭圆曲线群的一个子集,则它是原椭圆曲线群的一个子群,而且是循环子群。

如果 $h=1$,意味着子群的阶等于父群的阶,常用椭圆曲线都是 $h=1$。

相比于直接用父群,用到了循环子群的特点,即增加了一个生成元 G 用来更好的刻画这个群的特征。

1) 寻找基点

一个模数 p 和一个椭圆曲线方程可以唯一确定一个基点 G。每个椭圆曲线都有一个对应的基点 G(一对一的),这个基点是特定椭圆曲线上的一个固定点。

通常,在设计椭圆曲线时,会选择一个合适的质数域模数 p 和相应的椭圆曲线方程。然后,根据特定的算法和安全要求,计算出一个合适的基点 G,并确保它满足一些数学性质,如阶(order)和循环性。

基点 G(也称生成点、基点或基础点)是椭圆曲线密码学中非常重要的组成部分,它定义了椭圆曲线上的加法运算和密钥生成过程。

① 密钥生成:基点 G 可以用作生成密钥对的基础。通过在椭圆曲线上对基点 G 进行重复的点运算,可以生成一系列相关的点,其中的某些点可用作公钥。

② 密钥交换:基点 G 还可以用于执行密钥交换协议。参与者可以利用基点 G 和一些算法,通过交换计算的中间结果,最终协商出共享的密钥。

基点 G 是曲线上的一个特殊点,它需要满足一些附加条件才能成为合适的基点。这些条件包括如下。

(1) 在椭圆曲线上:基点 G 必须位于椭圆曲线上,即满足椭圆曲线方程。

(2) 有合适的阶(order):基点 G 的阶是指它与自身的倍数相加的结果的个数。一个好的基点应该有一个适当大的阶,以提供足够的安全性。

(3) 循环性:基点 G 的倍数相加应该能够遍历曲线上的所有点,不会出现重复的点。这种循环性是基于基点 G 的阶。

例如,对于椭圆曲线方程 $E:y^2=x^3+ax+b$,首先需要根据选择的模数 p 和系数 a,b,计算出满足椭圆曲线方程的所有点的集合。然后计算椭圆曲线的阶,阶是指基点 G 与自身的倍数相加所能生成的点的个数。

实现方法为从曲线上选择一个点 P 作为候选的基点。对于点 P,进行倍点运算,即将点 P 与自身相加,得到 $2P,3P,4P$,以此类推,直到计算得到一个循环的效果,即 $nP=O$,其中 O 表示无穷远点(曲线上不存在的特殊点)。如果满足循环,那么点 P 就可以作为基点 G。

【总结】 通过椭圆曲线的方程,可以计算出满足方程的所有点的集合。然后,在这些点中选择一个候选的基点,并进行倍点运算,验证是否满足循环。如果满足循环,那么该点就可以作为椭圆曲线的基点 G。

2)寻找子群

在加密算法中,期望找到一个阶高的子群。不过,通常不是先去找一个基点,然后计算子群的阶,因为这样过于不确定,算法上不好实现。相反地,先选择一个大的子群阶,然后再找生成该子群的一个基点就容易多了。

前面提到,子群的阶 n 是父群的阶 N 的约数,即有 $N=nh$,$h=N/n$,h 是一个整数,称为子群的余因子(cofactor)。

因为 $nP=O$ 所以 $NP=n(hP)=O$

通常会选择一个质数作为子群的阶,即 n 是质数。可以发现,点 $G=hP$ 生成了阶为 n 的子群($G=hP=O$ 除外,因为这个子群的阶为 1),不等于 O 的点 G 就是我们寻找的基点。具体步骤如下。

(1)计算椭圆曲线的阶 N。

(2)选择子群的阶 n。n 是 N 的约数,且要选择质数。通常是越大越好,如 $n=N$。

(3)计算余因子 $h=N/n$。

(4)从椭圆曲线随机选取一个点 P,计算 $G=hP$。

(5)如果 $G=O$,则返回第(4)步重新选一个点计算。

需要注意,上面算法里的 n 必须是质数,否则计算的基点 G 生成的子群的阶可能是 n 的约数而不是 n,不符合要求。以曲线 $y^2=(x^3-x+1) \bmod 29$ 为例,$N=37$,选择 $n=37$,则 $h=1$,随机选取一个点 $P=(3,5)$,计算 $G=hP=P=(3,5)$,恰好满足要求。

3)域参数

如前所述,椭圆曲线加密算法工作在质数域下的椭圆曲线循环子群中,需要的域参数(domain parameter)包括 (p,a,b,G,n,h)。

p:质数域的大小;a,b:椭圆曲线 $y^2=x^3+ax+b$ 的系数;G:生成子群的基点。

n:子群的阶;h:子群的余因子,$h=1$ 时,通常省略该参数。

因此常用域参数为:(p,a,b,G,n)。

例如,比特币用来做数字签名中采用的椭圆曲线 secp256k1 的域参数如下。

p = 0xFFFFFFFF FFFFFFFF FFFFFFFF FFFFFFFF FFFFFFFF FFFFFFFF FFFFFFFE FFFFFC2F$=2^{256}-2^{32}-2^9-2^8-2^7-2^6-2^4-1$,a=0,b=7,即曲线方程是 $y^2=x^3+7$。

G=(0x79BE667E F9DCBBAC 55A06295 CE870B07 029BFCDB 2DCE28D9 59F2815B 16F81798, 0x483ADA77 26A3C465 5DA4FBFC 0E1108A8 FD17B448 A6855419 9C47D08F FB10D4B8)。

n = 0xFFFFFFFF FFFFFFFF FFFFFFFF FFFFFFFE BAAEDCE6 AF48A03B BFD25E8C D0364141。

h=1(常省略)

3.3.4　点加运算和倍点运算

在 ECC 算法中,关键算法为椭圆曲线上的点加法和点加倍运算模块,这两个模块在 ECC 算法中无处不在,但在具体实现时,值得注意的一点是,编程语言无法对分式进行分解,但从式(3-1)中可以看出,在求解参数 s 时无法避免对分式的求解。

$$\begin{cases} x_3 \equiv (s^2 - x_1 - x_2) \bmod p, s = \dfrac{3x_1^2 + a}{2y_1} \bmod p \\ y_3 \equiv (s(x_1 - x_3) - y_1)) \bmod p, s = \dfrac{3x_1^2 + a}{2y_1} \bmod p \end{cases} \tag{3-1}$$

在乘法中,任意一个数 a 的逆元可以表示为 a^{-1} 或者 $\dfrac{1}{a}$ 的形式,故此可将求解分母的逆元与分子进行乘积,得到的结果与原式无异。点加法模块的程序流程如图 3-20 所示,在求解分母逆元之前,求解得到分母与分子的最大公约数 gcd_value,根据 gcd_value 求解最简

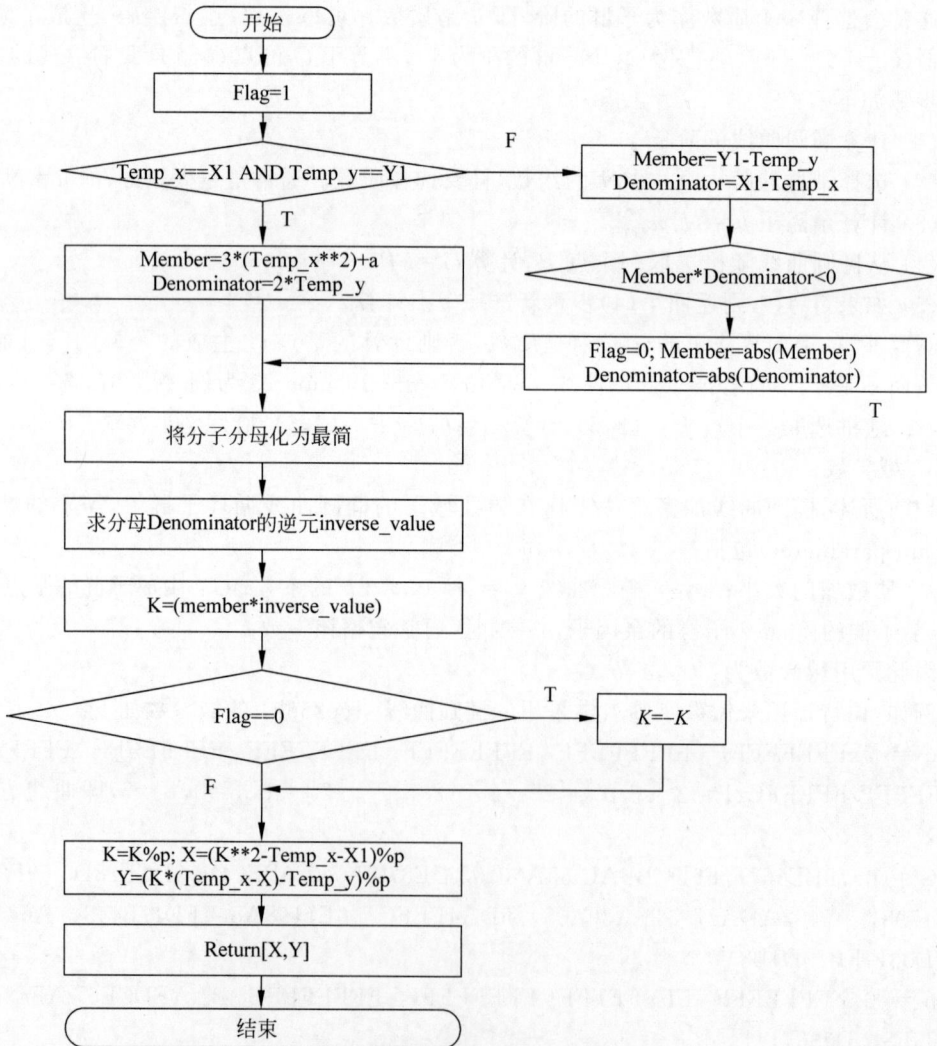

图 3-20　椭圆曲线上的加法运算流程

分母与最简分子,最终求解最简分母在质数域 p 上的逆元与最简分子的乘积得到参数 s,这样求解两点相加的结果变得极为简单且快速。

对于椭圆曲线中的点加倍运算的实现流程如图 3-21 所示,由于椭圆曲线上的点加倍运算为点的重复相加,因此在函数定义时,传入参数为进行点相加运算的点 G 的 x 坐标、y 坐标、重复相加次数 k、椭圆曲线的参数 a 和质数域 p 这 5 个参数,在函数中,会将点 G 放入一个临时点 temp,反复求解 temp=temp+G,当次数达到 k 次后,便会停止运算,此时,点 temp 的值就是点 G 相加 k 次后的值。

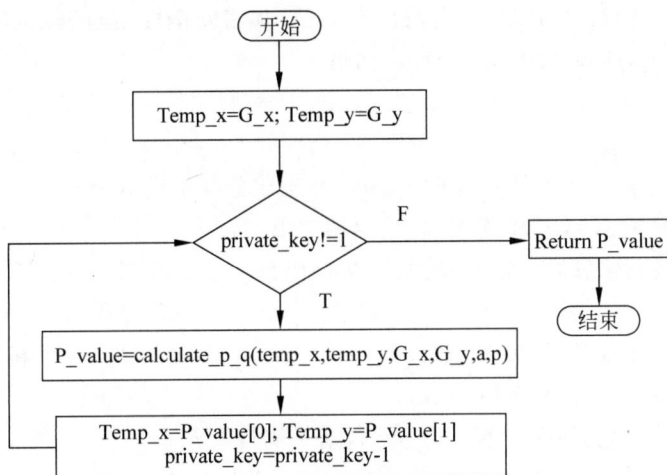

图 3-21　椭圆曲线的倍点运算

3.4　椭圆曲线公钥密码

椭圆曲线公钥密码原理:通过定义有限域下面椭圆曲线的一种点加法,并证明该椭圆曲线在实数域和质数域下该点加法都构成阿贝尔群。由此定义了标量乘法,$Q=kP$,通过随机数生成算法随机选择一个正整数 k 作为私钥,从而得到公钥 Q 和私钥 k。

椭圆曲线的构建和选择需要注意如下几点。

(1) 质数域 p 和子群的阶 n 不能太小,否则会有破解风险,建议在 256 位以上。

(2) 质数域大小 p 和 n 需要满足 $p=hn$,否则会有风险。

已知 P 和 n,能在多项式时间内计算 nP。因为与椭圆曲线相切于第 3 个点,找对称点。如果 $n=2^a$,则需要 a 次切线计算;如果 $n=2a+2b+\cdots+2x$,则需要 $a+b+\cdots+x$ 次切线计算和少量点加计算。

反之,已知 P 和 nP,需要指数时间计算 n。

思考:如何反向运算?

$Q=nP$,$n=2^a$ 找对称点 Q',Q' 与椭圆曲线相切于 1 个或 2 个点 Q_1/Q_2,Q_1/Q_2 找对称点,与椭圆曲线相切于 2/4 个点 A1/A2/A3/A4,以此类推,$n=2^{256}$,计算复杂度和存储空间呈指数增加。找到 2^{256} 个点,检测是否为 P 点。如果是 P 点,则找到;否则继续找。

对于任意点:$Y=nP=(2^a+2^b+\cdots+2^x)P$,$2^aP$,$2^bP$,$\cdots$,$2^xP$

椭圆曲线群上的离散对数困难问题：已知 G,aGE^G，求 a 是困难的。

素数群和椭圆曲线群都是群，仅内部计算细节不一样，效率不一样。椭圆曲线群效率更高，需要的随机数空间更小，仅需要 256b。

3.4.1　ECC 公钥密码算法

椭圆曲线密码(elliptic curve cryptography，ECC)是一种基于椭圆曲线数学的公开密钥加密算法。ECC 的主要优势是相同加密安全性条件下，加密使用更小的密钥：160 位 ECC 加密安全性相当于 1024 位 RSA 加密，210 位 ECC 加密安全性相当于 2048 位 RSA 加密。

如图 3-22 所示，椭圆曲线加解密算法如下。

(1) 用户 A 选定一条椭圆曲线 $E_p(a,b)$，选取椭圆曲线上一点作为基点 G，计算 G 点的阶 n。

(2) 用户 A 选择一个私有密钥 $k(k<n)$，并生成公开密钥 $K=kG$。

(3) 用户 A 将 $E_p(a,b)$ 和点 K、G 传给用户 B。

(4) 用户 B 接到信息后，将待传输的明文编码到 $E_p(a,b)$ 上一点 M，并产生一个随机整数 $r(r<n)$。

(5) 用户 B 计算点 $C_1=M+rK$；$C_2=rG$。若 C_2 为 O，返回(4)重新选择 r。

(6) 用户 B 将 C_1、C_2 传给用户 A。

(7) 用户 A 接到信息后，计算 C_1-kC_2，结果就是点 M。

因为 $C_1-kC_2=M+rK-k(rG)=M+rK-r(kG)=M+rK-rK=M$，再对点 M 进行解码就可以得到明文。

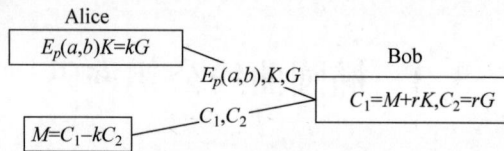

图 3-22　椭圆曲线加解密

在这个加密通信中，如果有一个偷窥者 H，他只能看到 $E_p(a,b)$、K、P、C_1、C_2，而通过 K、P 求 k 或通过 C_2、P 求 r 都是计算不可行的。因此，H 无法得到 A、B 间传送的明文信息。

该算法可细分为 3 个算法。

(1) 密钥生成算法：秘密选择整数 k，计算 $K=kG$，然后公开 (p,a,b,G,K)，K 为公钥，保密 k，k 为私钥。

(2) 加密算法：先把数据 m 变换成为 $E_p(a,b)$ 中一个点 P_m，然后选择随机数 r，计算密文 $C_m=\{rG,P_m+rP\}$，如果 r 使得 rG 或 rP 为 O，则要重新选择 r。

(3) 解密算法：$(P_m+rP)-k(rG)=P_m+rkG-krG=P_m$。

1. 如何将明文信息镶嵌到椭圆曲线上

在使用椭圆曲线构造密码前，需要将明文信息镶嵌到椭圆曲线上，作为椭圆曲线上的点。

设明文信息是 $m(0\leqslant m)$，给一个足够大的整数(私钥)k，依次增加 j 的值计算 $x=$

$\{mk+j, j=0,1,2,\cdots,k-1\}$ 直到 $y^2=x^3+ax+b \pmod p$ 成立，y 是平方根，可得到椭圆曲线上的一点 $M(x,\sqrt{x^3+ax+b})$。

反过来，为了从椭圆曲线上的点 (x,y) 得到明文信息 m，只需要计算 $m=\lfloor x/k \rfloor$。

因为对特定信息 m，x 必须在区间 $[mk, mk+k-1]$ 取值，不满足条件则需要重新选择 k，直至满足条件。

所以 $\left\lfloor \dfrac{x}{k} \right\rfloor = \left\lfloor \dfrac{mk, mk+k-1}{k} \right\rfloor = \left\lfloor m, m+\left(1-\dfrac{1}{k}\right) \right\rfloor = m$ 显然 $\left(1-\dfrac{1}{k}\right)<1$，$m\left(1-\dfrac{1}{k}\right)<m$。

实际做法：取点集合 S 中满足 $x=(mk+j)$ 的 j 最小值对应点为 M，j 不断变大，找到满足条件的点即可，可能能有多个点 (x,y) 满足条件。

【例 3-26】 求 m 在该椭圆曲线上对应的点，$m=2174$，$R=30$，$P=4177$。

解： 计算 $x=\{30\times2174+j, j=0,1,2\cdots\}$。当 $j=15$ 时，$x=30\times2174+15=65\,235$，$x^3+3x=65\,235^3+3\times65\,235=1444 \bmod 4177=38^2$，所以得到椭圆曲线上的点为 $(65\,235,38)$。

由椭圆曲线上的点 $(65\,235,38)$，则可求得明文信息 m。$m=\lfloor 65\,235/30 \rfloor=\lfloor 2174.5 \rfloor=2174$。

【例 3-27】 已知椭圆曲线 $E_{11}(1,6)$ 和基点 $P(2,7)$、点 $Q(3,6)$，选用的哈希函数 $hash(m)=m \bmod 26$。字母数字化：A$=1,2,\cdots,$Z$=26$。

(1) 求点的集合 S。

(2) 求椭圆曲线 $E_{11}(1,6)$ 的阶数。

(3) 求 $P+Q$，$Q+P$。

(4) 私钥 $k=$（学号）$\bmod 3+3$，求公钥 kP。

(5) 说明 S 构成阿贝尔群。

(6) 使用上述公私钥对，对 ECC 加密和解密。（不区分大小写）

解： (1) 由 $E_{11}(1,6)$ 可知 $y^2=(x^3+x+6) \bmod 11,0\leqslant x\leqslant10$；

$x=0$ 时，因为 $(x^3+x+6) \bmod 23=6$，所以 $y^2 \bmod 11=6$，y 依次取 $0,1,2,3,\cdots,10$，等式不成立，y 无解；

类似可求 $x=1,4,6,9$ 时，y 无解；

$x=2$ 时，$y^2=5 \pmod{11}$，可得 $y=4$ 或 7，对应点为 $(2,4)$，$(2,7)$；

$x=3$ 时，$y^2=3 \pmod{11}$，可得 $y=5$ 或 6，对应点为 $(3,5)$，$(3,6)$；

类似可求 $x=5,7,10$ 时，$y^2=4 \pmod{11}$，$y=2$ 或 9；$x=8$ 时，$y^2=9 \pmod{11}$，$y=3$ 或 8；

所以 $E_{11}(1,6)$ 上所有点的集合 $S=\{(2,4),(2,7),(3,5),(3,6),(5,2),(5,9),(7,2),(7,9),(8,3),(8,8),(10,2),(10,9),(0,0)\}$，$(0,0)$ 表示无穷远点。

(2) $E_{11}(1,6)$ 上包含的点数目定义为阶，故阶数为 13。

(3) 私钥 $k=12\,221\,828 \bmod 3+3=5$，$P(2,7)$，$Q(3,6)$，

求 $P+Q$：

$\lambda=(6-7)/(3-2)=-1$，$x_3=(-1)^2-2-3=1-5=7 \bmod 11$，$y_3=-1(2-7)-7=-2=9 \bmod 11$，$P+Q=(7,9)$。

求 $Q+P$：

$\lambda=(7-6)/(2-3)=-1$，$x_3=(-1)^2-2-3=7 \bmod 11$，$y_3=-1(7-2)+7=-2=9 \bmod 11$，$Q+P=(7,9)$。

$(7,9)$在 $E_{11}(1,6)$。

所以 $P+Q=Q+P$，运算满足交换律。

(4) $k=(12\ 221\ 915) \bmod 3+3=5$，对于椭圆曲线 $E_{11}(1,6)$，生成元 $P(2,7)$，$kP=5P=(3,6)$，公钥是$(3,6)$。

求 $2P(x_3,y_3)$：

$\lambda=(3x_1^2+a)/2y_1 \bmod 11=(13)/(14) \bmod 11$，$14\lambda=13 \bmod 11=2$，$\lambda=8$。

$x_3=(8)^2-2-2=60 \bmod 11=5$，$y_3=8(2-5)-7=-31 \bmod 11=2$，$2P=(5,2)$。模取正整数。

类似可计算得：$4P=(10,2)$，$5P=(3,6)$。

注意：① $p-q=p+(-q)$，减点=加点的逆元。$-2 \bmod 11$，$11+(-2)=9$。

② 无穷远点(O)运算。$O+P=P$。

(5) S 构成阿贝尔群需要满足封闭性，存在单位元、逆元，满足交互律、结合律。

前述计算表明，S 满足如下条件。

① 满足封闭性：由(3)、(4)计算可知 $P+Q=(7,9)$、$2P=(5,2)$也在椭圆曲线上。

② 存在单位元：$a+O=O+a=a$。

③ 存在逆元：$-P=(2,7) \bmod 11=(2,4)$在曲线上。

④ 满足交换律：$P+Q=Q+P$。

⑤ 满足结合律：$(P+Q)+S=P+(Q+S)$。

所以 S 构成阿贝尔群。

(6) 选择私钥 $k=2$，公钥 $K=kP=2P=(5,2)$

① 字母 E 数字化 $m_1=5$。计算 $x=m_1\times z+j$，取 $z=2,j=0,x=10$，$y^2=(10^3+10+6) \bmod 11=4 \bmod 11$，$y=9$，得 $M=(10,9)$。选取随机数 $r=4$，得密文：$C_1=M+rkp=(10,9)+4(5,2)=(10,9)+(3,5)=(10,2)$，$C_2=rP=4P=(10,2)$。

密文(c_1,c_2)解密：$C_1-kC_2=(10,2)-2(10,2)=(10,2)+(3,6)=(10,9)=M$，$m_1=\lfloor M/z \rfloor=\lfloor 10/2 \rfloor=5$，5 对应字母 E，解密成功。

② 字母 C 数字化 $m_2=3$。计算 $x=m_2\times z+j$，取 $z=1,j=0,x=3$，$y^2=(3^3+3+6) \bmod 11=3 \bmod 11$，$y=6$，得 $M=(3,6)$。选取随机数 $r=2$，得密文：$C_1=M+rkp=(3,6)+2(5,2)=(3,6)+(10,2)=(10,9)$，$C_2=rP=4P=(10,2)$。

密文(c_1,c_2)解密：$C_1-kC_2=(10,9)-2(10,2)=(8,3)+(3,6)=(3,5)=M$，$m_2=\lfloor M/1 \rfloor=\lfloor 3/1 \rfloor=3$，3 对应字母 C，解密成功。

【注意】

(1) m 中不同字符计算时，可以不同字符取相同的随机数，并不需要不同字符取不同的随机数。这样计算时 C_2 相同，C_1 不同，可以减少计算量。

(2) 为方便计算，对 m 中不同字符计算时，私钥可以相同。

(3) x 的取值应从点的集合 S 中选取。

2. ElGamal 算法特点及原理

ElGamal 密码体制是 1985 年 Taher Elgamal 利用单向陷门函数构造的公钥密码体制。本节通过 Alice 和 Bob 利用 ElGamal 密码体制通信的过程，详细描述 ElGamal 密码体制。通信过程中 Alice 作为消息接收方，Bob 作为消息发送方。

ElGamal 密码体制由密钥生成、加密消息、解密消息 3 部分组成。

（1）Alice 生成密钥

① 随机生成大素数 p，且要求 p 至少有一个大素数因子。

② 生成模 p 的乘法群 G，选取乘法群 G 的一个生成元 g。

③ 随机选择 $x \in Z_{p-1}$ 作为私钥。

④ 计算公钥 $y = g^x \bmod p$。

⑤ 公开公钥：p, g, y，保存私钥 x。

（2）Bob 对消息进行加密

① 选取随机数 d 满足 $1 < d < p$。

② 生成明文消息 m 的密文对 $c_1 = g^d$，$c_2 = mg^{dx} \bmod p$。

③ 将密文对发送给 Alice。

（3）Alice 解密得到消息

Alice 解密密文对，得到明文 $m = c_2 / c_1^x \bmod p$。

ElGamal 密码体制基于 DDH 困难问题具有选择明文攻击下的不区分性（indistinguishability under chosen-plaintext attack，IND-CPA）。DDH 困难问题为已知大素数 p、生成元 g、g^a 和 g^b 情况下，以不可忽略概率区分 g_n 的准确值是困难的，其中 $n \in \{0, 1\}$，$g_1 = g^{ab}$，$g_2 = g^c$。

假设 Alice 和 Bob 使用 ElGamal 密码体制对通信消息进行加密。通信过程中攻击者可以从信道中截获到所有公钥信息：大素数 p、乘法群 G 的生成元 g、公钥 y 及密文对 c_1、c_2。目前不存在以不可忽略概率解决 DDH 困难问题的预言机，所以攻击者根据截获信息无法以不可忽略概率计算出解密必需参数 g^{xd}，进而解密密文 c_2 得到明文消息。

同态加密是一种特殊的加密方式，允许在密文上进行某些特定的计算操作，而无须解密密文。这样可以保护数据的隐私性。

对两个明文 m_1、m_2，对其分别进行加密，得到 $E(m_1) = (g^{r1} \bmod p, m_1 y_1^{r1} \bmod p)$，$E(m_2) = (g^{r2} \bmod p, m_2 y_1^{r2} \bmod p)$，则 $E(m_1)E(m_2) = (g^{r1+r2} \bmod p, m_1 m_2 y_1^{r1+r2} \bmod p)$，$D(E(m_1)E(m_2)) = m_1 m_2 [(g^{r_1+r_2})^x]^{-1} (\bmod p) = m_1 m_2$。因此，ElGamal 密码体制具有乘法同态特性。

3.4.2　ECDH

椭圆曲线迪菲-赫尔曼密钥交换（elliptic curve Diffie-Hellman key exchange，ECDH）是一种匿名的密钥合意协议（key-agreement protocol）。在这个协定下，双方通过迪菲-赫尔曼密钥交换（Diffie-Hellman key exchange）算法，利用由椭圆曲线加密建立的公钥与私钥对，在一个不安全的通道中，建立起安全的共有加密资料。

这是迪菲-赫尔曼密钥交换的变种，只是不再通过简单的模幂运算，而是通过质数域下的椭圆曲线的标量乘法来实现,采用椭圆曲线加密来加强安全性。

算法具体如下。

(1) 双方协商两个公开的参数,椭圆曲线 E 和基点 G。n 为基点 G 的阶。它们使用同一个基点 G、同一个整数有限域、同一条椭圆曲线。

(2) A 选择一个保密的随机数 x,并计算出 $x \in [1, n-1]$,$R_1 = x \times G$。

(3) B 选择一个保密的随机数 y,并计算出 $y \in [1, n-1]$,$R_2 = y \times G$。

(4) A 将 R_1 发送给 B；B 将 R_2 发送给 A。

(5) A 计算出 $K = x \times R_2$；B 计算出 $K = y \times R_1$,K 即为双方协商的密钥。

因为 $K = x \times R_2 = x \times (y \times G) = y \times (x \times G) = y \times R_1 = K$。

ECC 中 x 是 A 的私钥,R_1 是 A 的公钥；y 是 B 的私钥,R_2 是 B 的公钥,ECDH 算法的本质就是双方各自生成自己的私钥和公钥,私钥仅对自己可见,然后根据自己的私钥和对方的公钥,生成最终的密钥 K。ECDH 算法通过数学定律保证了双方各自计算出的 K 是相同的。对称加密算法 AES 或 3DES 只用 K 的一个坐标如 x 坐标作为密钥即可。

要想破解密钥就好比"已知 G、aG、bG 求 a 和 b?",当 a 和 b 很大的时候,破解是很困难的,这也被称为椭圆曲线离散对数问题(elliptic curve discrete logarithm problem,ECDLP)。

因此 ECDH 算法是一个密钥协商算法,双方最终协商出一个共同的密钥,而这个密钥不会通过网络传输。但是 ECDH 算法并未解决中间人攻击,即甲乙双方并不能确保与自己通信的是否真的是对方。消除中间人攻击需要其他方法。也就是说,它虽然可以对抗"偷窥",却无法对抗"篡改",自然也就无法对抗"中间人攻击"(man-in-the middleattacle,MITM),缺乏身份认证,必定会遭到"中间人攻击"。

短暂椭圆曲线迪菲-赫尔曼(ephemeral elliptic cure Diffie-Hellmam,ECDHE)与 ECDH 的不同之处在于,它的公私钥并不固定,而是每次会话临时生成,这样就能具有前向安全性,实际项目中也用得更多。

【例 3-28】 已知曲线 $E_{13}(1,6)$ 和基点 $G(2,9)$,求 A、B 协商的公钥 K。

解：取 A 的随机数 x 为 1,B 的随机数 y 为 7,则

$$R_1 = x \times G = 1 \times (2,9) = (2,9), \quad R_2 = y \times G = 7 \times (2,9) = (4,3)$$

$$K_1 = x \times R_2 = 1 \times (4,3) = (4,3), \quad K_2 = y \times R_1 = 7 \times (2,9) = (4,3)$$

所以 $K_1 = K_2$ 所以 A、B 所协商的公钥 $K = K_1 = K_2 = (4,3)$

该题存在的问题是协商出的公钥和 R_2 相同,保密性不好。因此随机数应取较大值。

【例 3-29】 已知曲线 $E_{13}(1,6)$ 和基点 $G(2,7)$,A、B 协商公钥 K。以 K 的 x 坐标为凯撒密码的对称密钥,设计方案实现明文 p_1 = elliptic curve cryptosystem,的保密通信,分析方案的可行性。

解：取 A 的随机数 x 为 2,B 的随机数 y 为 3,则

$$R_1 = x \times G = 2 \times (2,9) = (9,4), \quad R_2 = y \times G = 3 \times (2,9) = (11,3)$$

$$K_1 = x \times R_2 = 2 \times (11,3) = (4,10), \quad K_2 = y \times R_1 = 3 \times (9,4) = (4,10)$$

所以 $K_1 = K_2$,A、B 所协商的公钥 $K = K_1 = K_2 = (4,10)$,凯撒密码的对称密钥为 4。

所以 c_1 = ippmtxmg gyvzi gvctxswcwxiq

方案可行性分析：该方案中第三方 eve 可以获得 R_1、R_2、c_1，但没有私钥 x 或 y，无法计算出 K，也就无法计算 p_1，无法读懂通信的信息，实现了传输内容对未授权第三方 eve 的保密性；授权接收方 B 可以获得 R_1、c_1，根据私钥 y 可以计算出 K，进而解密 p_1，保证了 B 可以读懂接收的信息内容。因而方案具有可行性。

【结论】 ECDH 算法是一种密钥交换协议，通信双方通过不安全的信道协商对称密钥（secretkey 的 x 坐标），然后进行对称加密传输。

3.5 SM2 公钥密码

SM2 是国家密码管理局于 2010 年 12 月 17 日发布的椭圆曲线公钥密码算法，其中包含 5 部分，总则、数字签名算法、密钥交换协议、公钥加密算法、参数定义。

SM2 椭圆曲线公钥密码算法包括 SM2-1 椭圆曲线数字签名算法、SM2-2 椭圆曲线密钥交换协议、SM2-3 椭圆曲线公钥加密算法，分别用于实现数字签名、密钥协商、数据加密功能。该算法已公开，用于国产化替代 RSA 算法。

SM2 算法的安全性基于一个数学难题"离散对数问题 ECDLP"实现，即考虑等式 $Q = kP$，其中 Q，P 属于 $E_p(a,b)$，$k < p$，则可证明由 k 和 P 计算 Q 比较容易，而由 Q 和 P 计算 k 则比较困难。由于目前所知求解 ECDLP 的最好方法是指数级的，这使得选用 SM2 算法作加解密及数字签名时，所要求的密钥长度比 RSA 要短得多。

SM2 算法与 RSA 算法不同的是，SM2 基于椭圆曲线离散对数问题，通过椭圆曲线上的点运算来实现加密和解密操作。ECC 256 位（SM2 采用的就是 ECC 256 位的一种）安全强度比 RSA 2048 位高，但运算速度快于 RSA，故其加解密速度、签名速度、密钥生成速度都快于 RSA。

SM2 算法的主要特点如下。

（1）非对称加密：SM2 使用非对称密钥加密体制，包括公钥和私钥。公钥用于加密数据和验证数字签名，私钥用于解密数据和生成数字签名。

（2）安全性：SM2 具有较高的安全性。它使用的椭圆曲线离散对数问题被认为是难以解决的数学难题，可以提供强大的安全性保障。同时，SM2 还采用了一系列安全性增强措施，如密钥派生函数、随机数生成算法，以防止各种攻击。

（3）数字签名：SM2 算法可以用于生成和验证数字签名。发送方可以使用私钥对数据进行签名，接收方使用相应的公钥来验证签名的有效性。数字签名可以确保数据的完整性和身份认证，防止数据被篡改或冒充。

（4）密钥交换：SM2 算法还可以用于密钥交换，双方可以使用各自的私钥和对方的公钥来生成一个共享密钥，用于后续的对称加密通信。

SM2 作为中国密码学标准的一部分，被广泛应用于各种信息安全领域，包括电子商务、移动支付、互联网金融等。它具有较高的安全性和性能表现，并得到了国际密码学界的认可和关注。

国际的 RSA 算法和国产的 SM2 算法的主要特性对比如表 3-8 所示。

表 3-8 RSA 算法与 SM2 算法比较

项　　目	RSA 算法	SM2 算法
计算结构	基于特殊的可逆模幂运算	基于椭圆曲线
计算复杂度	亚指数级	完全指数级
相同的安全性能下所需公钥位数	较多	较少(160 位的 SM2 算法与 1024 位的 RSA 算法具有相同的安全等级)
密钥生成速度	慢	较 RSA 算法快百倍以上
解密加密速度	一般	较快
安全性难度	基于分解大整数的难度	基于离散对数问题、ECDLP 数学难题

3.5.1 SM2 密钥生成

在 SM2 算法中,加密和解密是绑定在一起的,需要使用一对密钥,即公钥和私钥。发送方使用接收方的公钥进行加密,接收方使用自己的私钥进行解密。因此,加解密是作为一个整体功能进行使用的。

SM2 采用的是质数域上的椭圆曲线,具体是由国家密码管理局指定的一条 256 位的椭圆曲线。

密钥生成是 SM2 算法的前置步骤,它用于生成一对公钥和私钥。这对密钥可以用于后续的加解密和数字签名操作。因此,密钥生成是一个单独的功能,它为之后的加解密和数字签名提供了必要的密钥。

SM2 算法的密钥生成过程如下。

(1) 定义椭圆曲线参数:选择一个适当的椭圆曲线作为密码学基础,SM2 标准中规定了一条 256 位的椭圆曲线 SM2 p256v1,对应方程为 $E_p(a,b): y^2 = (x^3 + ax + b) \bmod p$。

$a = 0x\mathrm{FFFFFFFEFFFFFFFFFFFFFFFFFFFFFFFFFFFFFFFF00000000FFFFFFFFFFFFFFFC}$

$b = 0x28E9FA9E9D9F5E344D5A9E4BCF6509A7F39789F515AB8F92DDBCBD414D940E93$

$p = 0x\mathrm{FFFFFFFEFFFFFFFFFFFFFFFFFFFFFFFFFFFFFFFF00000000FFFFFFFFFFFFFFFF}$

$n = 0x\mathrm{FFFFFFFEFFFFFFFFFFFFFFFFFFFFFFFFFFFF7203DF6B21C6052B53BBF40939D54123}$

$Gx = 0x32C4AE2C1F1981195F9904466A39C9948FE30BBFF2660BE1715A4589334C74C7$

$Gy = 0x\mathrm{BC3736A2F4F6779C59BDCEE36B692153D0A9877CC62A474002DF32E52139F0A0}$

要求选择 $E_p(a,b)$ 的元素 G 为基点 (Gx, Gy),使得 G 的阶 n 是一个大质数;G 的阶是指满足 $nG = O$ 的最小 n 值。

(2) 生成私钥:随机选择一个私钥 d,通常是一个 256 位的随机数。

(3) 计算公钥:使用椭圆曲线上的点运算,将基点 G(椭圆曲线上的固定点)与私钥 d 相乘,得到公钥 Q,具体计算公式为 $Q = d \times G$。需要对公钥 Q 的坐标 (x, y) 进行编码,常用的编码方式为压缩编码或非压缩编码。

例如,压缩编码方式下,公钥的编码形式为:公钥$=02 \parallel x\_Q$(其中 02 表示 y 坐标为偶数)。

这样就完成了 SM2 算法的密钥生成过程。通过随机选择私钥,再经过椭圆曲线上的点运算,可以得到一对公钥和私钥,用于后续的加解密和数字签名操作。

对公钥进行编码是为了在实际应用中更方便地传输和存储公钥信息。

在椭圆曲线密码学中,公钥通常由椭圆曲线上的一个点表示,该点的坐标是一个有限域中的元素。公钥的坐标可以是 (x, y) 形式的非压缩表示,也可以是压缩表示,只包含其中一个坐标和一个标志位。

在 SM2 算法中,为了减少公钥的传输大小和存储空间,通常使用压缩编码或非压缩编码方式对公钥进行表示。压缩编码只包含一个坐标和一个标志位,而非压缩编码则包含两个坐标。通过编码,公钥的表示形式变得更紧凑,占用的空间更小,有助于提高效率和降低资源消耗。在实际使用中,编码后的公钥可以更方便地传输、存储和处理。

需要注意的是,在使用公钥进行加密、数字签名验证等操作时,需要根据编码方式对公钥进行解码,以恢复到椭圆曲线上的点形式进行运算。

3.5.2　SM2 公钥加密算法

1. 加密原理

① 随机选择一个临时私钥(临时随机数),通常是一个 256 位的随机数。

② 使用临时私钥与基点相乘,得到临时公钥。

③ 将明文数据转换为椭圆曲线上的点(编码)。

④ 生成一个随机数 k,与临时公钥进行点运算,得到 C_1 点(随机数生成算法)。

⑤ 用接收方的公钥进行点运算,将 C_1 点与明文数据进行异或运算,得到 C_2 点。

⑥ 使用临时私钥与 C_1 点相乘,得到一个数值。

⑦ 对 C_2 点和该数值进行哈希运算,得到 C_3 点。

⑧ 将 C_1、C_2 和 C_3 点组成密文。

步骤①、②的功能是生成一次性子密钥(临时公私钥),可以看作是密钥派生函数。

2. 加密流程

加密流程如图 3-23 所示,发送者 Alice 对明文比特串 M 进行加密。

① 选择随机数 $k \leftarrow R\{1,2,\cdots,n-1\}$,$k$ 称为临时私钥。

② 计算椭圆曲线点 $C_1 = kG = (x_1, y_1)$,将 (x_1, y_1) 表示为比特串。流程图使用 $[k]G$ 表示将 $(C_1 = kG)$ 数据类型转换为比特串。C_1 称为临时公钥。

③ 计算椭圆曲线点 $S = hP_B$。若 S 是无穷远点,则报错并退出。

④ 计算椭圆曲线点 $kP_B = (x_2, y_2)$,将 (x_2, y_2) 表示为比特串。

⑤ 计算加密密钥 $t = \text{KDF}(x_2 \parallel y_2, \text{klen})$,若 t 为全 0 的比特串,则返回①。

⑥ 计算 $C_2 = M \oplus t$。

⑦ 计算 $C_3 = \text{hash}(x_2 \parallel M \parallel y_2)$。

⑧ 输出密文 $C = (C_1, C_2, C_3)$。

其中,M 的长度为 klen,P_B 为接收方 Bob 的公钥,第⑤步 KDF($\cdot$)是密钥派生函数。其本质上就是一个伪随机数产生函数,用来产生密钥,取为密码哈希函数 SM3。第⑦步的哈希函数也取为 SM3。

在 SM2 算法中,加密后的密文 C 由 3 部分组成:

C_1:这是一个椭圆曲线上的点,表示加密过程中生成的临时公钥 kG。这个点的坐标可以用压缩或非压缩编码表示。

C_2:这是一个椭圆曲线上的点,表示密文。$C_2 = M \oplus t$,由明文 M 与临时私钥、接收方公钥进行异或运算后得到。这样加密数据就与发送方、接收方都有关系,且每次加密数据不

用户A的原始数据
（椭圆曲线系统参数、长度为klen比特的消息M，
公钥P_B）

产生随机数$k \in [1, n-1]$

计算椭圆曲线点
$C_1 = [k]G = (x_1, y_1)$

计算椭圆曲线点$S = [h]P_B$

$S = O$?　　　是

否

计算$[k]P_B = (x_2, y_2)$

计算$t = KDF(x_2 \| y_2, klen)$

t是否全0

否

计算$C_2 = M \oplus t$

计算$C_3 = hash(x_2 \| M \| y_2)$

输出密文$C = (C_1, C_2, C_3)$　　　报错并退出

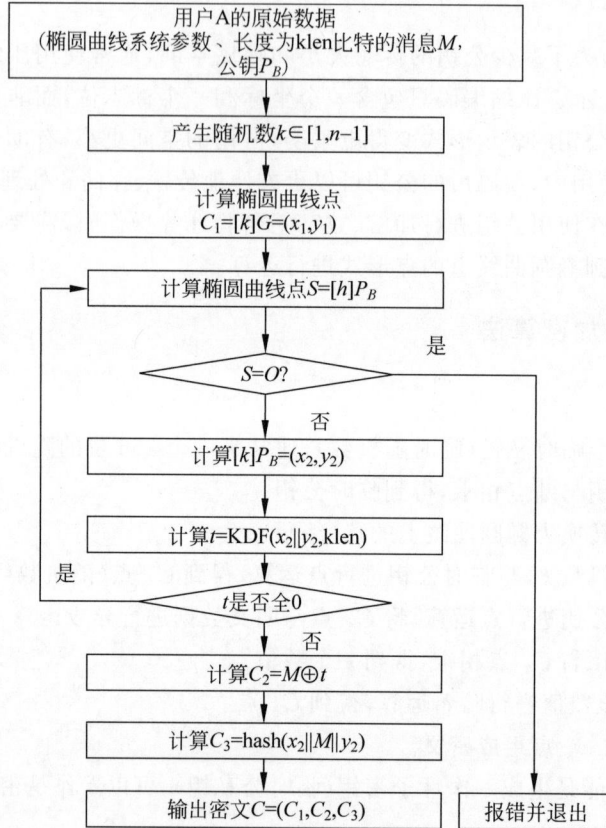

图 3-23　加密流程

同(每次临时私钥不同)。

C_3：这是完整性哈希值。H 是对密文 C_2 点和加密密钥进行哈希运算得到的，用于验证 C 的完整性。

3. 算法理解

(1) 步骤①和步骤②生成临时公钥 C_1。已知一个基点 G，还有基点 G 的阶 n（即 $nG = O$，O 为无穷远点）。选择一个随机数 k，$1 \leqslant k \leqslant (n-1)$，$C_1 = kG$，又因为 kG 肯定不为 O，所以 kG 对应着椭圆曲线中的一个点 (x_1, y_1)，将 (x_1, y_1) 表示为比特串，这个比特串就是 C_1。

因为临时私钥 k，发送方是不会发送给接收方的，但是没有 k 又无法解密，C_1 的作用是可以在不需要 k 的情况下进行解密。我们可以理解为是进行密钥交换。

(2) 步骤③生成验证 S，验证 P_B 可用。它的作用是验证 P_B 是该椭圆曲线上的一点，是合格公钥。

(3) 步骤④和步骤⑤生成 t、kP_B，其实它们都可以认为是加密密钥，只是形式不同。计算出 t 与明文 M 异或就可以得到密文，t 实现了一次一密。

(4) 步骤⑥生成密文 C_2，可以理解为是用异或实现对称加密。$C_2 \oplus t = (M \oplus t) \oplus t = M$。

(5) 步骤⑦生成数字摘要 C_3，保证加密密钥 (x_2, y_2) 和明文 M 在传输过程中没有被篡改，具有完整性。(详见第 4 章)

3.5.3　SM2 公钥解密算法

解密流程如图 3-24 所示。

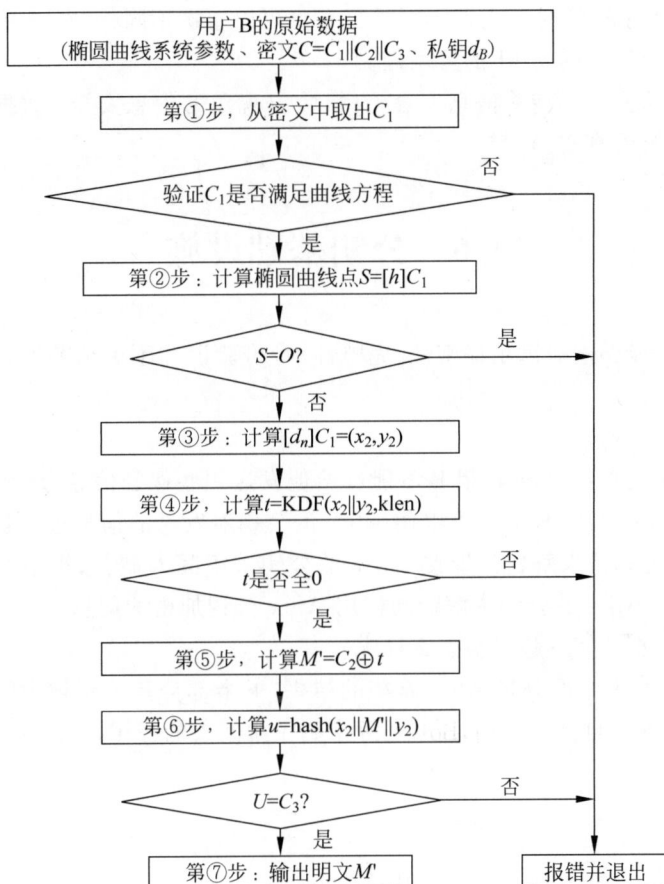

图 3-24　解密流程

如何验证 C_1 是否在曲线上？

因为 $P_B = d_B G$，$C_1 = kG = (x_1, y_1)$，由解密算法的第③步可得

$$d_B C_1 = d_B kG = k(d_B G) = k P_B = (x_2, y_2)$$

所以解密算法第④步得到的 t 与加密算法第⑤步得到的 t 相等，由 $C_2 \oplus t$，便得到明文。

由此可以看出 C_1 的作用，可以避免传输临时私钥 k，又可以进行解密。发送端用临时私钥 k 和接收端公钥 P_B 计算加密密钥 t，接收端用自己的私钥 d_B 和临时公钥 C_1 计算加密密钥 t，不需要临时私钥 k。收发双方不需要交换(传输)临时私钥 k，但确能保证获得相同的加密密钥 t，数据传输具有安全性。充分体现了 ECDH 思想。

分析 SM2 椭圆曲线加解密可以得到如下结论。

(1) 攻击者能够看到 C_2，C_3，但 C_3 是哈希值，具有单向性，攻击者无法计算出明文 M 和 (x_2, y_2)；C_2 为异或值，不知道加密密钥 t，也无法获得明文 M；因此保证了明文 M 传输的机密性。

（2）接收者可以用 C_3 验证接收后解密得到的明文 M' 与明文 M 是否一致,保证了明文 M 传输的完整性。

（3）C_1 保证了数据来自发送者,认证发送方身份。因为解密需要使用 C_1,C_1 必须使用发送方的临时私钥 k,临时私钥 k 不对外公布且可以每次不同(一次一密),发送方无法否认发送过该数据,保证了明文 M 的可用性。

综上所述,算法实现了传输信息安全。(接收方视角的信息安全:数据传输机密,接收数据完整,发送方身份真实。)

3.6　公钥基础设施

公钥加密技术能够同时满足保密性、完整性、身份验证和不可抵赖性,但其存在中间人攻击的问题。

中间人攻击

设想这么一个场景:Alice 希望 Bob 能够给他发送一些保密信息,那么 Alice 可以把自己的公钥发送给 Bob,然后 Bob 就可以用 Alice 的公钥对发送的信息进行加密,这样就只有 Alice 能通过其持有私钥来解密。即便 Alice 的公钥被中间人截获,也不会导致信息泄露。因为中间人无法用 Alice 的公钥去解密同样用 Alice 公钥加密的信息。

但如果中间人把公钥调包了会怎么样呢?

如图 3-25 所示,上半部分是 Alice 希望的结果,下半部分是公钥被中间人调包的情况。Alice 以为 Bob 拿到了自己的公钥,Bob 实际拿到了中间人的公钥,却以为自己拿到了 Alice 的公钥。

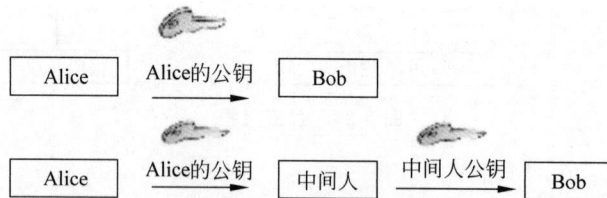

图 3-25　调包公钥

公钥被调包后会有什么问题呢? 如图 3-26 所示,中间人可以看到所有 Bob 发出的信息,而 Alice 和 Bob 都不会察觉到问题。

那怎么解决中间人攻击呢? 如果 Bob 能够判别拿到的公钥是属于谁的,是不是问题就解决了呢? 于是大家想了个办法,就是把公钥所有人的个人信息和公钥绑定在一起,如图 3-27 所示。

但这真的能解决问题吗? 这阻止不了中间人把自己的公钥和 Alice 的个人信息绑定在一起,如图 3-28 所示。

有什么办法能阻止中间人将其公钥和 Alice 的个人信息绑定呢? 公钥和所有人的个人信息其实本身也是信息,那么问题就变成了 Bob 要对收到的信息(公钥和所有人信息)的来源做身份验证(是不是来自可靠的人)。

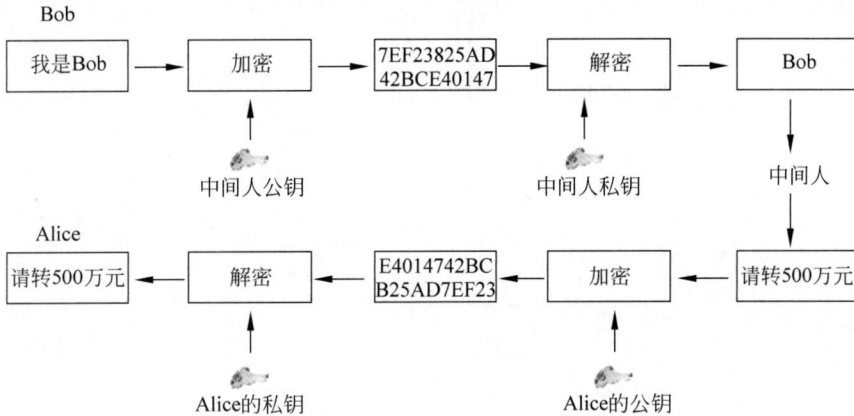

图 3-26 中间人攻击

图 3-27 绑定公钥和公钥所有人信息

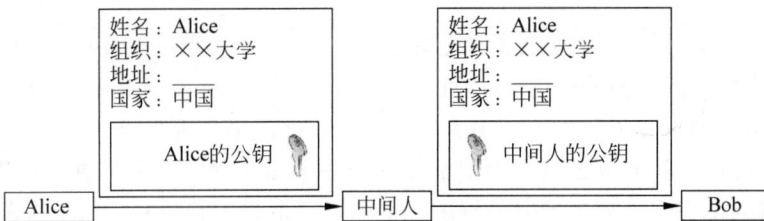

图 3-28 绑定中间人公钥和 Alice 的个人信息

于是就出现了一个第三方,Alice 和 Bob 都信任这个第三方。Alice 把自己的公钥和自己的个人信息一起递交给第三方,由第三方把 Alice 的公钥和 Alice 的个人信息绑定在一起,并用第三方的私钥对绑定后的信息进行数字签名。当 Bob 收到带有数字签名的公钥和所有人信息时,就可以通过第三方的公钥来验证这些信息的真实性和完整性。图 3-29 展示了整个过程。

将公钥和所有人的信息绑定,并由可信任的第三方进行数字签名,就产生了数字证书。

数字证书是一种电子文档,用于将公钥和某一个主体绑定,这里的主体可以是人、组织及网站等。

那数字证书具体包含哪些信息呢?数字证书具体包含的信息由 X.509 标准决定。下面列出了数字证书中包含的主要信息。

(1)公钥。

(2)公钥所有人(或主体)信息。

(3)证书签发人信息(可信第三方)。

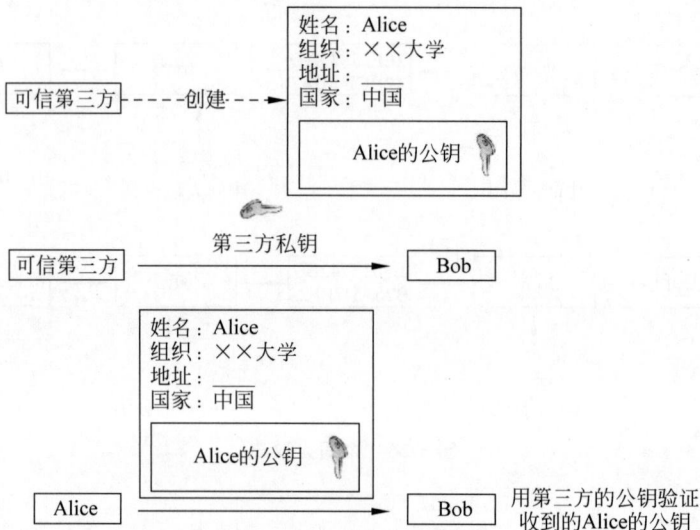

图 3-29　采用数字签名

（4）签发人数字签名(可信第三方数字签名)。

（5）证书有效期。

（6）数字签名所用算法。

（7）X.509 版本号。

（8）其他信息。

综上所述,解决公钥中间人攻击的方案是引入了可信的第三方,由第三方创建数字证书。Alice 就不再是将公钥发送给 Bob,而是将包含公钥和自己个人信息的数字证书发送给Bob。Bob 就可以通过第三方的公钥来验证收到的数字证书是否来自 Alice。

本节通过讨论中间人攻击问题及其解决方案的演化过程,引出了数字证书这个工具。但数字证书真的是中间人攻击的完美解决方案吗? 这中间还有没有其他什么漏洞? 期待您的思考,答案将在稍后揭晓。

3.6.1　PKI

我们曾经提出过一个问题: 通过数字证书来解决中间人攻击问题有漏洞吗?

可信第三方的公钥是怎么发送给 Bob 的呢? 如果可信第三方的公钥也被中间人调包了呢? 这是很有可能的,毕竟中间人是个有文化的坏人。

如图 3-30 所示,中间人可以调包可信第三方的公钥(用于验证数字证书),这样 Bob 就收到了中间人的用于验证数字签名的公钥,同时中间人再将自己的另外一把公钥和 Alice的个人信息绑定并签上数字签名。Bob 收到中间人伪造的数字证书后,用中间人用于验证数字签名的公钥对数字证书进行验证,发现数字证书通过了验证,Bob 就会深信自己收到的是来自 Alice 的公钥。

读到这里你可能会说:"等等,我们一开始不就是想解决公钥被调包的问题吗? 怎么绕了一大圈我们又回到了起点?"

如果可信第三方传递的不是其公钥,而是包含其公钥的数字证书呢? 我想你可能立马会发现这解决不了问题。因为这样的话我们就需要一个可信第四方,由它来给可信第三方

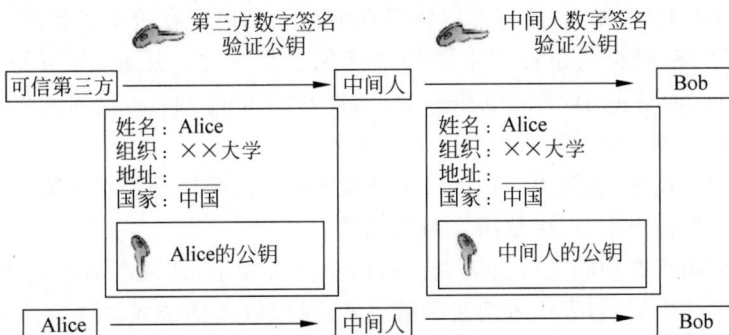

图 3-30 调包可信第三方公钥

颁发数字证书,然后可信第四方的公钥又有可能会被掉包。好像陷入了一个无限循环,看起来单凭数字证书并不能解决中间人攻击问题,那这里还缺什么呢?

于是人们提出了公钥基础设施(public key infrastructure,PKI)的概念。什么是公钥基础设施呢? 公钥基础设施是由一些角色、策略、硬件、软件及用于创建、管理、分发、使用、存储和撤销数字证书相关的流程等组成的系统。

用户使用公钥密码时需要解决的关键问题是公钥密码如何高效、安全分发公钥。

对于构建密码服务系统的核心内容是如何实现密钥管理,公钥体制涉及一对密钥(即私钥和公钥),私钥只由用户独立掌握,无须在网上传输,而公钥则是公开的,需要在网上传送,故公钥体制的密钥管理主要是针对公钥的管理问题,目前较好的解决方案是数字证书机制。

网络安全中身份验证和密钥协商要求的前提是合法的服务器掌握着对应的私钥。但服务器公钥并不包含服务器的信息,RSA 算法无法确保服务器身份的合法性,存在中间人攻击和信息抵赖的安全隐患,如图 3-31 所示,其过程如下。

(1) 客户端 C 和服务器 S 进行通信,中间节点 M 截获了二者的通信;

(2) 中间节点 M 自己计算产生一对公钥 pub_M 和私钥 pri_M;

(3) C 向 S 请求公钥时,M 把自己的公钥 pub_M 发给了 C;

(4) C 使用公钥 pub_M 加密的数据能够被 M 解密,因为 M 掌握对应的私钥 pri_M,而 C 无法根据公钥信息判断服务器的身份,从而 C 和 M 之间建立了虚假的"可信"加密连接;

(5) 中间节点 M 和服务器 S 之间再建立合法的连接,因此 C 和 S 间通信被 M 完全掌握,M 可以进行信息的窃听、篡改等操作。

另外,服务器也可以对自己发出的信息进行否认,不承认相关信息是自己发出的。

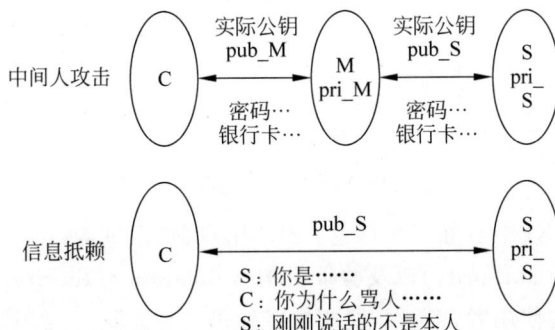

图 3-31 中间人攻击和信息抵赖

　　这种攻击不仅针对 RSA,而是可以针对任何公钥密码。在这个过程中,公钥密码并没有被破译,所有的密码算法也都正常工作并确保了保密性。然而,所谓的保密性并非在 Alice 和 Bob 之间,而是在 Alice 和 Mallory 之间,以及 Mallory 和 Bob 之间成立的,如图 3-32 所示。仅靠公钥密码本身是无法防御中间人攻击的。

　　要防御中间人攻击,还需要一种手段来确认所收到的公钥是否真的属于 Bob,这种手段称为认证。在这种情况下,可以使用公钥的证书。

　　用户获取公钥存在中间人攻击问题。所谓中间人攻击,就是主动攻击者 Mallory 混入发送者和接收者的中间,对发送者伪装成接收者,对接收者伪装成发送者的攻击方式,在这里,Mallory 就是"中间人"。中间人攻击虽然不能破译 RSA,但却是一种针对保密性的有效攻击。

　　解决上述身份验证问题的关键是确保获取的公钥途径是合法的,能够验证服务器的身份信息,为此需要引入权威的第三方机构——认证中心(certificate authority,CA)。CA 负责核实公钥的拥有者的信息,并颁发认证证书,同时能够为使用者提供证书验证服务,即 PKI 体系,建立相互之间的信任关系,以及如何保证信息的真实性、完整性、保密性和不可否认性。

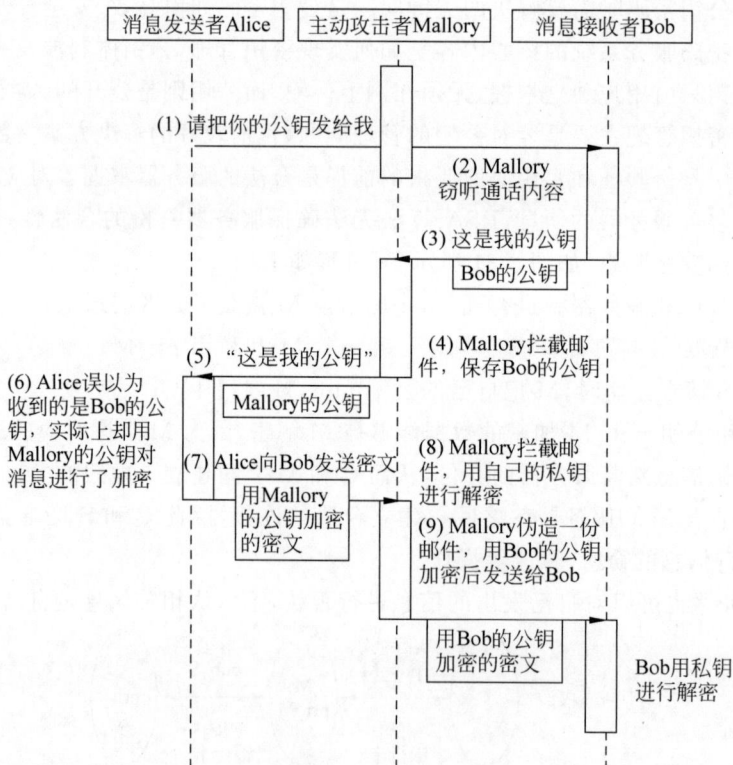

图 3-32　中间人攻击

　　如图 3-33 所示,PKI 中有好多个角色:PKI 用户、登记机构(registration authority)、证书颁发机构(certificate authority)以及验证机构(validation authority)。

　　PKI 用户:PKI 的使用者,申请并使用数字证书。

　　PKI 登记机构(RA):接受 PKI 用户的证书签名请求(certificate signing request),并对

申请人身份进行验证。

PKI 证书颁发机构（CA）：创建、颁发、撤销证书以及更新证书撤销清单（certificate revoke list）等证书管理工作。

PKI 验证机构（VA）：管理证书撤销清单（CRL）并提供查询下载 CRL 的服务。

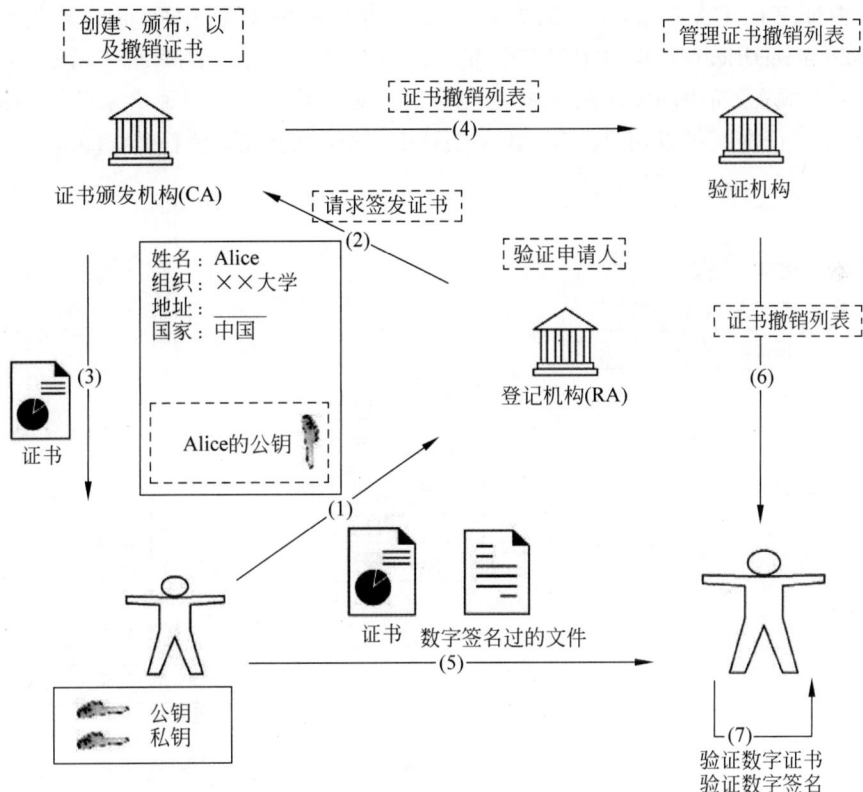

图 3-33　PKI

如图 3-33 所示，PKI 的主要流程如下。

（1）PKI 用户创建私钥、公钥密钥对。

（2）PKI 用户创建证书签名请求（CSR）并提交给 PKI 登记机构（RA）。

（3）PKI 登记机构（RA）对申请人身份进行验证。申请人身份验证通过后，PKI 登记机构（RA）向 PKI 证书颁发机构（CA）请求颁发证书。

（4）PKI 证书颁发机构（CA）创建数字证书，并将数字证书发送给 PKI 用户。

（5）PKI 证书颁发机构（CA）定期向 PKI 验证机构（VA）发送更新后证书撤销清单（CRL）。

（6）PKI 用户用数字证书对传送的文件（或信息）进行数字签名，并将数字证书和签名后的文件一起发送给接收方。文件（或信息）接收方从 PKI 验证机构（VA）下载 CRL，然后对接收到的数字证书进行验证。

（7）数字证书验证通过后，文件接收方用数字证书对数字签名进行验证。

PKI 的核心是 CA，CA 承担了创建和颁发数字证书的职责，那 CA 是怎么创建数字证书的呢？

　　首先 CA 会创建自己的公钥、私钥密码对,然后将自己的信息和公钥绑定,再用对应的私钥进行数字签名,这相当于 CA 给自己颁发了数字证书,这就产生了 CA 的根证书。和根证书相对应的私钥(暂且叫根私钥)是 CA 最重要、最核心的保密信息,一旦泄露危害非常大,所以 CA 通常不会用根私钥来为 PKI 用户创建数字证书。

　　拥有根证书的 CA 叫根 CA,通常根 CA 会为其他的 CA(中间 CA)颁发中间证书(intermediate certificate),再由中间 CA 为 PKI 用户颁发证书。如图 3-34 所示,Alice 的证书由中间 CA 颁发,而中间 CA 的证书由根 CA 颁发。可以通过根证书来验证中间 CA 证书,而中间 CA 证书又可以用来验证 Alice 的证书,这样就形成了信任链(chain of trust)。

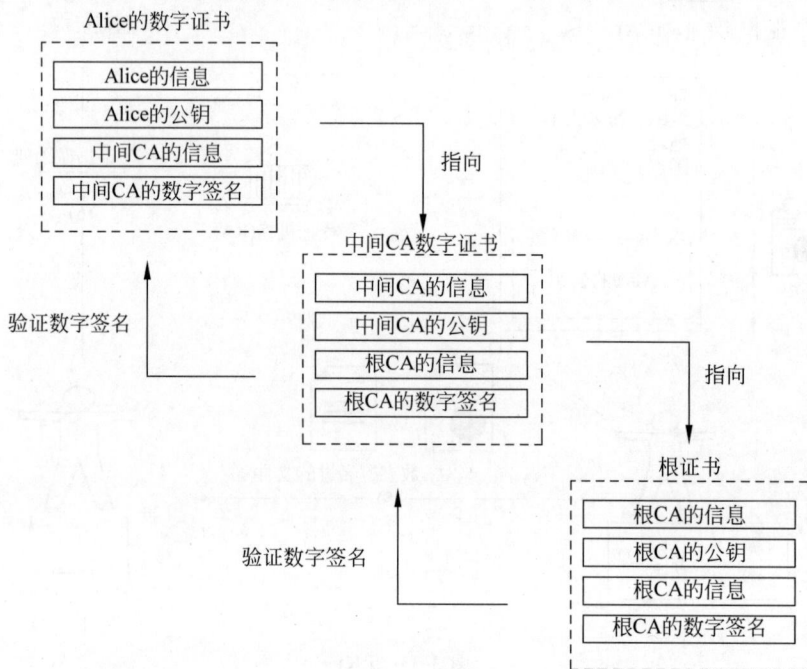

图 3-34　信任链

　　如图 3-35 是信任链的实际例子。图 3-35 的数字证书来自京东网站(www.jd.com),可以看到京东的数字证书由 GlobalSign RSA OV SSL CA 颁发,而 GlobalSign RSA OV SSL CA 的数字证书由 GobalSign Root CA 颁发。

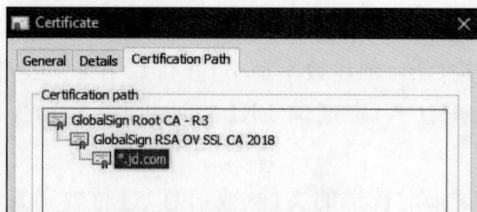

图 3-35　信任链的实际例子

　　到这里你可能还有疑问,根证书是怎么分发的呢? 会不会也被中间人调包呢? 通常根证书会随着操作系统或浏览器一起分发,这样就解决了上面提到的无限循环的问题。有了根证书,就可以根据信任链来验证 Alice 的证书,这样就解决了中间人攻击的问题。

PKI 是一种遵循标准的利用公钥加密技术为电子商务的开展提供一套安全基础平台的技术和规范。它支持公钥管理并提供真实性、保密性、完整性及可追究性安全服务。

PKI 技术是一种遵循既定标准的密钥管理平台,它的基础是加密技术,核心是证书服务,支持集中自动的密钥管理和密钥分配,能够为所有的网络应用提供加密和数字签名等密码服务及所需要的密钥和证书管理体系。

通俗理解,PKI 就是利用公开密钥理论和技术建立提供安全服务的、具有通用性的基础设施,是创建、颁发、管理、注销公钥证书所涉及的所有软件、硬件集合体,PKI 可以用来建立不同实体间的“信任”关系,它是目前网络安全建设的基础与核心。

PKI 的主要任务是在开放环境中为开放性业务提供基于非对称密钥密码技术的一系列安全服务,包括身份证书和密钥管理、机密性、完整性、身份认证和数字签名等。

因此,用户可利用 PKI 平台提供的服务进行电子商务和电子政务应用。

PKI 的核心技术围绕建立在公钥密码算法之上的数字证书的申请、颁发、使用与撤销等整个生命周期进行展开,主要目的就是用来安全、便捷、高效地分发公钥。

PKI 技术采用数字证书管理用户公钥,通过可信第三方(即认证中心 CA)把用户公钥和用户的身份信息(如名称、电子邮件地址等)绑定在一起,产生用户的公钥证书。

从广义上讲,所有提供公钥加密和数字签名服务的系统都可以称为 PKI。

PKI 的主要目的是通过管理公钥证书为用户建立一个安全的网络环境,保证网络上信息的安全传输。IETF 的 PKI 小组制定了一系列的协议,定义了基于 X.509 证书的 PKI 模型框架,即 PKIX。

PKIX 系列协议定义了证书在因特网上的使用方式,包括证书的生成、发布、获取、各种密钥产生和分发的机制,以及实现这些协议的轮廓结构。狭义的 PKI 一般指 PKIX。

一个完整的 PKI 应用系统必须具有权威认证中心(CA)、数字证书库、密钥备份及恢复系统、证书作废系统、应用接口(API)等基本构成部分,如图 3-36 所示。

(1) 认证中心(CA)。

即数字证书的申请及签发机关,CA 必须具备权威性这一特征,它是 PKI 的核心。CA 是数字证书生成、发放的运行实体,一般情况下也是证书撤销列表(certificate revocation lists,CRL)的发布点,在其上常常运行着一个或多个注册机构(RA)。CRL 又称证书黑名单。CA 必须具备权威性的特征。

(2) 数字证书库。

证书库是 CA 颁发证书和撤销证书的集中存放地,用于存储已签发的数字证书及公钥,用户可由此获得所需的其他用户的证书及公钥,可供公众进行开放式查询。

一般来说,查询的目的有两个。一是想得到与之通信实体的公钥;二是要验证通信对方的证书是否已进入“黑名单”。此外,证书库还提供了存取 CRL 的方法。目前广泛使用的是 X.509 证书。

(3) 密钥备份及恢复系统。

如果用户丢失了用于解密数据的密钥,则数据将无法被解密,这将造成合法数据丢失。为避免这种情况,PKI 提供备份与恢复密钥的机制。

但须注意,密钥的备份与恢复必须由可信的机构来完成。并且,密钥备份与恢复只能针对解密密钥,签名私钥为确保其唯一性而不能够作备份。

(4) 证书作废系统。

证书作废处理系统是 PKI 的一个必备的组件。与日常生活中的各种身份证件一样,证书有效期以内也可能需要作废,原因可能是密钥介质丢失或用户身份变更等。

在 PKI 体系中,作废证书一般通过将证书列入 CRL 来完成。通常,系统中由 CA 负责创建并维护一个及时更新的 CRL,而由用户在验证证书时负责检查该证书是否在 CRL 之列。

(5) 应用接口(API)。

PKI 的价值在于使用户能够方便地使用加密、数字签名等安全服务,因此一个完整的 PKI 必须提供良好的应用接口系统,使得各种各样的应用能够以安全、一致、可信的方式与 PKI 交互,确保安全网络环境的完整性和易用性。客户端软件的安装就可使客户方便地使用 PKI 系统。

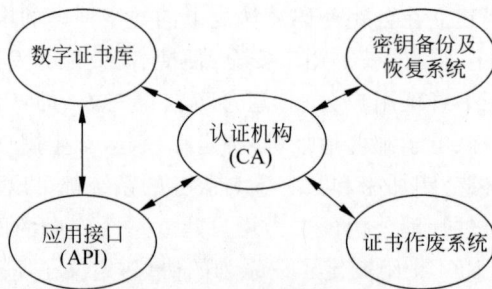

图 3-36　PKI 体系结构

构建 PKI 时将围绕这 5 个关键元素来着手。PKI 的基本原理为:CA 负责审核信息,然后对关键信息利用私钥进行签名,公开对应的公钥,客户端可以利用公钥验证签名。

Bob 拿到数字证书以后再给 Alice 写信,只要在签名的同时,附上数字证书就行了。Alice 收信后,用 CA 的公钥解开数字证书,就可以拿到 Bob 真实的公钥了,然后就能证明数字签名是否真的是 Bob 签的。这是因为 CA 以自己的信誉证明公钥的真实性(公钥持有人身份真实)。

PKI 的实质是利用一对互相匹配的密钥进行加密、解密。PKI 的主要目的是通过自动管理密钥和证书,为用户建立起一个安全的网络运行环境,使用户可以在多种应用环境下方便地使用加密和数字签名技术,从而保证网络通信中数据的保密性、完整性、有效性。

一个有效的 PKI 系统在提供安全性服务的同时,在应用上还应该具有简单性、透明性,即用户在获得加密和数字签名服务时,不需要详细地了解 PKI 内部实现原理和具体操作,如 PKI 怎样管理证书和密钥等。

目前被广泛认可的 PKI 是以 X.509 第三版为基础的结构。PKI 所带来的保密性、完整性、不可否认性的重要意义日益突出。

【案例】　PKI 技术原理实现过程:甲想将一份合同文件通过因特网发给远在国外的乙,此合同文件对双方非常重要,不能有丝毫差错,而且此文件绝对不能被其他人得知其内容。如何才能实现这个合同的安全发送?

问题 1:最自然的想法是,甲必须对文件加密才能保证不被其他人查看其内容,那么,到底应该用什么加密技术,才能使合同传送既安全又快速呢?

　　可以采用一些成熟的对称加密算法,如 DES、3DES、RC5 等对文件加密。对称加密采用了对称密码编码技术,它的特点是文件加密和解密使用相同的密钥,即加密密钥也可以用作解密密钥,这种方法在密码学中叫作对称加密算法。

　　问题 2:如果黑客截获此文件,是否用同一算法就可以解密此文件呢?

　　不可以,因为加密和解密均需要两个组件:加密算法和对称密钥,加密算法需要一个对称密钥来解密,黑客并不知道此密钥。

　　问题 3:既然黑客不知密钥,那么乙怎样才能安全地得到其密钥呢?

　　用电话通知,若电话被窃听,通过因特网发送此密钥给乙,可能被黑客截获,怎么办?

　　方法是用非对称密钥算法加密对称密钥后进行传送。与对称加密算法不同,非对称密码算法需要两个密钥:公开密钥和私有密钥。公开密钥与私有密钥是一对,如果公开密钥对数据进行加密,只有用对应的私有密钥才能解密;如果用私有密钥对数据进行加密,只有用对应的公开密钥才能解密。因为加密和解密使用的是两个不同的密钥,所以这种算法叫作非对称加解密算法(公/私钥可由专门软件生成)。甲乙双方各有一对公/私钥,公钥可在因特网上传送,私钥自己保存。这样甲就可以用乙的公钥加密问题 1 中提到的对称加密算法中的对称密钥。即使黑客截获到此密钥,也会因为黑客不知乙的私钥,而解不开对称密钥,因此解不开密文,只有乙才能解开密文。

　　问题 4:既然甲可以用乙的公钥加密其对称密文,为什么不直接用乙的公钥加密其文件呢? 这样不仅简单,而且省去了用对称加密算法加密文件的步骤?

　　不可以这么做。因为非对称密码算法有两个缺点:加密速度慢,是对称加密算法的 $1/100\sim1/10$,因此只可用其加密小数据(如对称密钥),另外加密后会导致得到的密文变长。因此一般采用对称加密算法加密文件,然后用非对称算法加密对称算法所用到的对称密钥。

　　问题 5:如果黑客截获到密文,同样也截获到用公钥加密的对称密钥,由于黑客无乙的私钥,因此它解不开对称密钥,但如果他用对称加密算法加密一份假文件,并用乙的公钥加密一份假文件的对称密钥,并发给乙,乙会以为收到的是甲发送的文件,会用其私钥解密假文件,并高兴地阅读其内容,但不知已经被替换,换句话说,乙并不知道这不是甲发给他的,怎么办?

　　答案是用数字签名证明其身份。数字签名是通过哈希算法,如 MD5、SHA-1 等算法从大块的数据中提取一个摘要。而从这个摘要中不能通过哈希算法恢复出任何一点原文,即得到的摘要不会透露出任何最初明文的消息,但如果原信息受到任何改动,得到的摘要却肯定会有所不同。因此甲可以对文件进行哈希算法得到摘要,并用自己的私钥加密,这样即使黑客截获也无用,黑客不会从摘要内获得任何信息,但乙不一样,他可用甲的公钥解密,得到其摘要(如果公钥能够解开此摘要,说明此摘要肯定是甲发的,因为只有甲的公钥才能解开用甲的私钥加密的信息,而甲的私钥只有甲自己知道),并对收到的文件(解密后的合同文件)也进行同样的哈希算法,通过比较其摘要是否一致,就可得知此文件是否被篡改过(因为若摘要相同,则肯定信息未被改动,这是散列算法的特点)。这样不仅解决了证明发送人身份的问题,同时还解决了文件是否被篡改的问题。

　　问题 6:通过对称加密算法加密其文件,再通过非对称算法加密其对称密钥,又通过哈希算法证明发送者身份和其信息的正确性,这样是否就万无一失了?

　　回答是否定的。问题在于乙并不能肯定他所用的所谓的甲的公钥一定是甲的,解决办法是用数字证书来绑定公钥与公钥所属人。

数字证书是一个经证书授权中心数字签名的包含公开密钥拥有者信息以及公开密钥的文件,是网络通信中标识通信各方身份信息的一系列数据,它提供了一种在因特网上验证身份的方式,其作用类似司机的驾驶执照或日常中的身份证,人们可以在交往中用它来识别对方的身份。

最简单的证书包含一个公开密钥、名称及证书授权中心的数字签名。一般情况下证书还包含密钥的有效时间、发证机关(证书授权中心)名称、该证书的序列号等信息。它是由一个权威机构——CA 机构,又称为证书授权中心发放的。CA 机构作为电子商务交易中受信任的第三方,承担公钥体系中公钥的合法性检验的责任。CA 中心为每个使用公开密钥的用户发放一个数字证书,数字证书的作用是证明证书中列出的用户合法拥有证书中列出的公开密钥。CA 机构的数字签名使得攻击者不能伪造和篡改证书,CA 是 PKI 的核心,负责管理 PKI 结构下的所有用户(包括各种应用程序)的证书,把用户的公钥和用户的其他信息捆绑在一起,在网上验证用户的身份。

因为数字证书是公开的,就像公开的电话簿一样,在实践中,发送者(即甲)会将一份自己的数字证书的复制连同密文、摘要等放在一起发送给接收者(即乙),而乙则通过验证证书上权威机构的签名来检查此证书的有效性(只需用那个可信的权威机构的公钥来验证该证书上的签名就可以了),如果证书检查一切正常,那么就可以相信包含在该证书中的公钥的确属于列在证书中的那个人(即甲)。

问题 7:至此似乎很安全了。但仍存在安全漏洞,例如,甲虽将合同文件发给乙,但甲拒不承认在签名所显示的那一刻签署过此文件(数字签名就相当于书面合同的文字签名),并将此过错归咎于计算机,进而不履行合同,怎么办?

解决办法是采用可信的时钟服务(由权威机构提供),即由可信的时间源和文件的签名者对文件进行联合签名。在书面合同中,文件签署的日期和签名一样均是十分重要的防止文件被伪造和篡改的关键性内容(例如,合同中一般规定在文件签署之日起生效)。在电子文件中,由于用户桌面时间很容易改变(不准确或可人为改变),由该时间产生的时间戳不可信赖,因此需要一个第三方来提供时间戳服务(数字时间戳服务(decode time stamp,DTS)是网上安全服务项目,由专门的机构提供)。此服务能提供电子文件发表时间的安全保护。

时间戳产生的过程为:用户首先将需要加时间戳的文件用哈希编码加密形成摘要。然后将该摘要发送到 DTS,DTS 在加入了收到文件摘要的日期和时间信息后再对该文件加密(数字签名),然后送回用户。因此时间戳(time-stamp)是一个经加密后形成的凭证文档,它包含 3 部分:需加时间戳的文件的摘要、DTS 收到文件的日期和时间、DTS 的数字签名。由于可信的时间源和文件的签名者对文件进行了联合签名,进而阻止了文档签名的那一方(即甲方)在时间上欺诈的可能,因此具有不可否认性。

问题 8:有了数字证书将公/私钥和身份绑定,又有权威机构提供时钟服务使其具有不可否认性,是不是就万无一失了? 不,仍然有问题。乙还是不能证明对方就是甲,因为完全有可能是别人盗用了甲的私钥(如别人趁甲不在使用甲的电脑),然后以甲的身份来和乙传送信息,这怎么解决呢?

解决办法是使用强口令、认证令牌、智能卡和生物特征等技术对使用私钥的用户进行认证,以确定其是私钥的合法使用者。

解决这个问题之前先来看看目前实现的基于 PKI 的认证通常是如何工作的。以浏览器或其他登记申请证书的应用程序为例说明,在第一次生成密钥的时候会创建一个密钥存储,浏览器用户会被提示输入一个口令,该口令将被用于构造保护该密钥存储所需的加密密钥。如果密钥存储只有脆弱的口令保护或根本没有口令保护,那么任何一个能够访问该电脑浏览器的用户都可以访问那些私钥和证书。在这种场景下,又怎么可能信任用 PKI 创建的身份呢? 正因为如此,一个强有力的 PKI 系统必须建立在对私钥拥有者进行强认证的基础之上,现在主要的认证技术有:强口令、认证令牌、智能卡和生物特征(如指纹和眼膜等认证)。

以认证令牌举例,假设用户的私钥被保存在后台服务器的加密容器里,要访问私钥,用户必须先使用认证令牌认证(如用户输入账户名、令牌上显示的通行码和 PIN 等),如果认证成功,该用户的加密容器就下载到用户系统并解密。

通过以上问题的解决,就基本满足了安全发送文件的需求。下面总结一下这个过程,对甲而言整个发送过程如下。

(1) 创建对称密钥(相应软件生成,并且是一次性的),用其加密合同,并用乙的公钥打包对称密钥。

(2) 创建数字签名,对合同进行哈希算法(如 MD5 算法)并产生原始摘要,甲用自己的私钥加密该摘要(公/私钥既可以自己创建也可由 CA 提供)。

(3) 最后甲将加密后的合同、打包后的密钥、加密后的摘要,以及甲的数字证书(由权威机构 CA 签发)一起发给乙。

而乙接收加密文件后,需完成以下动作。

(1) 接收后,用乙的私钥解密得到的对称密钥,并用对称密钥解开加密的合同,得到合同明文。

(2) 通过甲的数字证书获得甲的公钥,并用其解开摘要(称作摘要 1)。

(3) 对解密后的合同使用和发送者同样的哈希算法来创建摘要(称作摘要 2)。

(4) 比较摘要 1 和摘要 2,若相同,则表示信息未被篡改,且来自甲。

甲乙传送信息过程看似并不复杂,但实际上它由许多基本成分组成,如对称/非对称密钥密码技术、数字证书、数字签名、证书发放机构(CA)、公开密钥的安全策略等,其中最重要、最复杂的是证书发放机构(CA)的构建。

3.6.2　认证中心

PKI 系统的关键是实现对公钥密码体制中公钥的管理。在公钥密码体制中,数字证书是存储和管理密钥的文件,主要作用是证明证书中列出的用户名称与证书中的公开密钥相对应,并且所有信息都是合法的。为验证证书的合法性,则必须有一个可信任的主体对用户的证书进行公证,证明证书主体与公钥之间的绑定关系。

认证机构(CA)便是一个能够提供相关证明的机构。CA 是基于 PK1 进行网上安全活动的关键,主要负责生成、分配并管理参与活动的所有实体需要的数字证书,其功能类似办理身份证、护照等证件的权威发证机关。CA 必须是各行业、各部门及公众共同信任并认可的、权威的、不参与交易的第三方网上身份认证机构。

电子商务中如何认证在每次通信或交易中所使用的密钥对实际上就是用户的密钥对呢? 解决这一问题的方法是引入一种叫作证书或凭证的特种签名信息,认证公用密钥和用户之间的关系的对应方法。

数字签名很重要的机制是数字证书(digital certificat 或 digital ID),数字证书又称为数字凭证,是用电子手段来证实一个用户的身份和对网络资源访问的权限。

数字证书是一个经证书授权中心数字签名的包含公开密钥拥有者信息以及公开密钥的文件。人们可以在互联网交往中用它来识别对方的身份。

在网上的电子交易中,如双方出示了各自的数字凭证,并用它来进行交易操作,那么双方都可不必为对方身份的真伪担心。数字凭证可用于电子邮件、电子商务、群件和电子基金转移等各种用途。

在数字证书认证的过程中,CA 作为权威的、公正的、可信赖的第三方,其作用是至关重要的。数字证书由独立的证书发行机构发布。数字证书各不相同,每种证书可提供不同级别的可信度。

CA 为每个使用公开密钥的客户发放数字证书,数字证书的作用是证明证书中列出的客户合法拥有证书中列出的公开密钥。

CA 机构的数字签名使得第三者不能伪造和篡改证书。它负责产生、分配并管理所有参与网上信息交换各方所需的数字证书,因此是安全电子信息交换的核心。

CA 是提供身份验证的第三方机构,通常由一个或多个用户信任的组织实体组成。例如,持卡人要与商家通信,持卡人从公开媒体上获得了公开密钥,但无法确定不是冒充的,于是请求 CA 对商家认证。此时 CA 对商家进行验证,其过程为持卡人→商家→;持卡人→CA;CA→商家。证书一般包含拥有的标识名称和公钥,并且由 CA 进行数字签名。

CA 的功能主要有:接收注册申请、处理、批准/拒绝请求、颁发证书。

在实际动作中,CA 也可由大家都信任的一方担当,例如,在客户、商家、银行三角关系中,客户使用的是由某个银行发的卡,而商家又与此银行有业务关系(有账号)。在此情况下,客户和商家都信任该银行,可由该银行担当 CA 角色,接收和处理客户证书的验证请求。又如,对商家自己发行的购物卡,则可由商家自己担当 CA 角色。

CA 作为电子商务交易中受信任和具有权威性的第三方,承担公钥体系中公钥的合法性检验的责任。它是为了从根本上保障电子商务顺利进行而设立的,主要是解决电子商务活动中参与各方的身份、资质的认定,维护交易活动的安全。

最简单的数字证书包含一个公开密钥、名称以及证书授权中心的数字签名。一般情况下,数字证书还包括密钥的有效时间、发证机关的名称和证书的序列号等信息,证书的格式遵循 ITU-T X.509 国际标准。

(1) 版本号:用于区分 X.509 的不同版本。

(2) 序列号:由同一发行者(CA)发放的每个证书的序列号是唯一的。

(3) 签名算法:签署证书所用的算法及其参数。

(4) 发行者:指建立和签署证书的 CA 的 X.509 名字。

(5) 有效期:包括证书有效期的起始时间和终止时间。

(6) 主体名:指证书持有者的名称及有关信息。

(7) 公钥:有效的公钥以及其使用方法。

(8) 发行者 ID:任选的,名字唯一标识证书的发行者。

(9) 主体 ID:任选的,名字唯一标识证书的持有者。

（10）扩展域：添加的扩充信息。

（11）认证机构的签名：用 CA 私钥对证书的签名。

数字证书有着广泛的现实作用,分为以下 3 种类型。

（1）个人凭证(personal digital ID)。

它仅为某一个用户提供凭证,以帮助个人进行安全交易操作。个人身份的数字凭证通常是安装在客户端的浏览器中的,并通过安全的电子邮件来进行交易操作。

（2）企业凭证(server ID)。

它通常为网上某个 Web 服务器提供凭证,拥有 Web 服务器的企业就可以用具有凭证的 Web 站点来进行安全电子交易。有凭证的 Web 服务器会自动地将其与客户端 Web 浏览器通信的信息加密。

（3）软件(开发者)凭证(developer ID)。

它通常为因特网中被下载的软件提供凭证,该凭证用于微软公司的 Authenticode 技术中,以使用户在下载软件时能获得所需的信息。

数字证书工作过程如下。

用户首先产生自己的密钥对,并将公共密钥及部分个人身份信息传送给 CA。CA 在核实身份后,将执行一些必要的步骤,以确信请求确实由用户发送而来,然后,CA 将发给用户一个数字证书,该证书内包含用户的个人信息和他的公钥信息,同时还附有 CA 的签名信息。用户就可以使用自己的数字证书进行相关的各种活动。

网络的每个用户必须知道 CA 公钥,这就使任何一个想验证证书的人能采用用于验证上述信息和数字证书的相同程序。CA 的公用密钥以证书格式提供,因而它也是可以验证的。

CA 签发并管理正式使用公用密钥与用户相关联的证书。证书只在某一时间内有效,因而 CA 保存一份有效证书及其有效期清单。有时,证书或许要求及早废除,因而 CA 保存一份废除的证书以及有效证书的清单。CA 把其有效证书、废除证书或过期证书的清单提供给任何一个要获得这种清单的人。

如图 3-37 所示,CA 使用流程如下。

（1）申请认证(证书)。

服务器 S 向第三方机构 CA 提交公钥、组织信息、个人信息(域名)等信息并申请认证。

（2）审核信息。

CA 通过线上、线下等多种手段验证申请者提供信息的真实性,如组织是否存在、企业是否合法,是否拥有域名的所有权等。

（3）签发证书。

如信息审核通过,CA 会向申请者签发认证文件——证书。

证书包含以下信息：申请者公钥、申请者的组织信息和个人信息、签发机构 CA 的信息、有效时间、证书序列号等信息的明文,同时包含一个签名。

签名的产生算法：首先使用哈希函数计算公开的明文信息的信息摘要,然后采用 CA 的私钥对信息摘要进行加密,密文即签名。

（4）返回证书。

客户端 C 向 S 发出请求时,S 返回证书文件;

（5）验证证书。

C读取证书中相关的明文信息,采用相同的哈希函数计算得到信息摘要,然后,利用对应 CA 的公钥解密签名数据,对比证书的信息摘要,如果一致,则可以确认证书的合法性,即公钥合法;C 然后验证证书相关的域名信息、有效时间等信息。

客户端会预先内置信任 CA 的证书信息(包含公钥),如果 CA 不被信任,则找不到对应 CA 的证书,证书也会被判定非法。

在这个过程中需要注意以下几点。

① 证书＝公钥＋申请者与颁发者信息＋签名。

② 申请证书不需要提供私钥,确保私钥永远只能服务器掌握。

③ 证书的合法性仍依赖非对称加密算法,证书主要是增加了服务器信息以及签名。

④ 内置 CA 对应的证书称为根证书,颁发者和使用者相同,自己为自己签名,即自签名证书。

（6）密钥协商。

C 和 S 协商对称密钥。

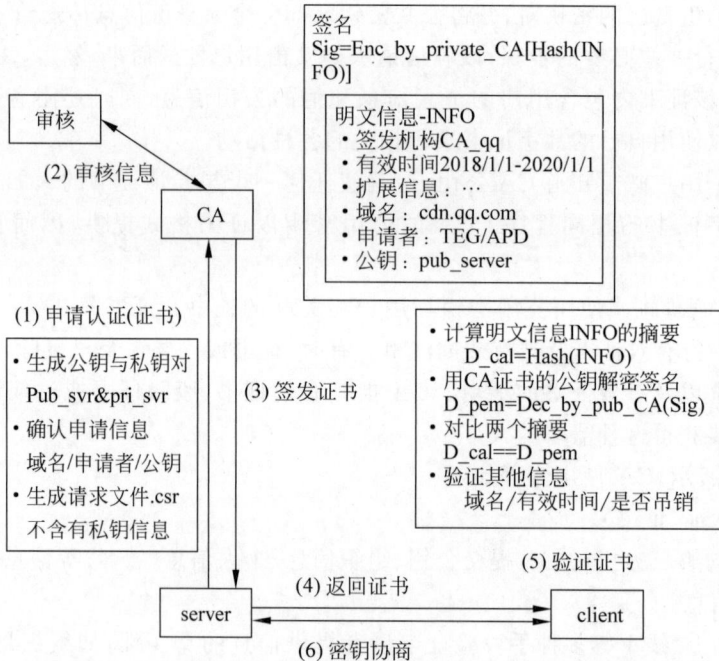

图 3-37　CA 使用流程

1. CA 的主要功能

（1）证书颁发。

申请者在 CA 的注册机构进行注册,申请证书。CA 对申请者进行审核,审核通过则生成证书,颁发证书给申请者。证书的申请可采取在线申请和亲自到注册机构申请两种方式。证书的颁发也可采取两种方式:一种是在线直接从 CA 下载;另一种是 CA 将证书制作成介质如 IC 卡后,由申请者带走。

（2）证书更新。

当证书持有者的证书过期、被窃取或丢失时，可通过更新证书的方式，使其使用新的证书，继续参与网上认证。证书的更新包括证书的更换和证书的延期两种情况。证书的更换实际上是重新颁发证书，因此证书更换的过程和证书的申请流程基本一致。证书的延期只是将证书有效期延长，其签名和加密信息的公钥/私钥没有改变。

（3）证书撤销。

证书持有者可以向 CA 申请撤销证书。CA 通过认证核实可执行撤销证书职责，通知有关组织和个人，并写入 CRL。

2. HTTPS

下面看一个应用数字证书的实例——HTTPS 协议。

超文本传输协议（hypertext transfer protocol，HTTP）被用于在浏览器和网站服务器之间传递信息，HTTP 以明文方式发送内容，不提供任何方式的数据加密，如果攻击者截取了浏览器和网站服务器之间的传输报文，就可以直接读懂其中的信息，因此，HTTP 不适合传输一些敏感信息，如信用卡号、密码等支付信息。

为了解决 HTTP 的这一缺陷，需要使用另一种协议：安全超文本传输协议（secure hypertext transfer protocol，HTTPS），如图 3-38 所示。HTTPS 在 HTTP 的基础上加入了 SSL 协议，SSL 依靠证书来验证服务器的身份，并为浏览器和服务器之间的通信加密，确保数据传输的安全。

HTTPS 能够加密信息，以免敏感信息被第三方获取，所以很多银行网站或电子邮箱等安全级别较高的服务都会采用 HTTPS，百度、谷歌、淘宝等网站都已经使用了 HTTPS 进行保护，特征是浏览器左上角已经全部出现了一把绿色锁。iOS 9 系统默认把所有的 HTTP 请求都改为 HTTPS 请求。现代互联网正在逐渐进入全网 HTTPS 时代。

HTTPS 通过在 HTTP 上建立加密层，使用安全套接字层（SSL）对传输数据进行加密，用于在客户计算机和服务器之间交换信息。主要作用可以分为两种：一种是建立一个信息安全通道，来保证数据传输的安全；另一种就是确认网站的真实性。

简单来说 HTTPS 是 HTTP 的安全版，是使用 TLS/SSL 加密的 HTTP，如图 3-38 所示。HTTP 采用明文传输信息，存在信息窃听、信息篡改、信息劫持的风险；而 HTTPS 具有身份验证、信息加密和完整性校验的功能，采用密文传输信息，可以避免此类问题发生。

安全套接层（secure sockets layer，SSL）及其继任者传输层安全（transport layer security，TLS）是为网络通信提供安全及数据完整性的一种安全协议。TLS 与 SSL 在传输层对网络连接进行加密。

HTTPS 的主要功能基本都依赖 TLS/SSL 协议。TLS/SSL 是介于 TCP 和 HTTP 的一层安全协议，不影响原有的 TCP 和 HTTP，所以使用 HTTPS 基本上不需要对 HTTP 页面进行太多的改造。

如图 3-39 所示，TLS/SSL 的功能实现主要依赖三类基本算法：哈希算法、对称加密算法、非对称加密算法。其利用非对称加密算法实现身份认证和密钥协商，对称加密算法采用协商的密钥对数据加密，基于哈希函数验证信息的完整性。

哈希函数常见的有 MD5、SHA1、SHA256，该类函数特点是函数单向不可逆、对输入非常敏感、输出长度固定，针对数据的任何修改都会改变散列函数的结果，用于防止信息篡改

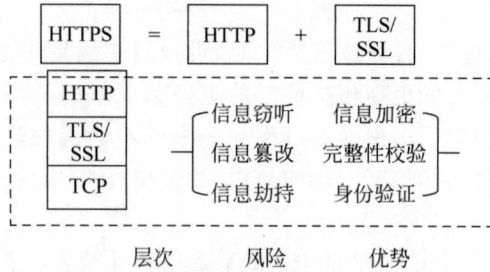

图 3-38　HTTPS 协议

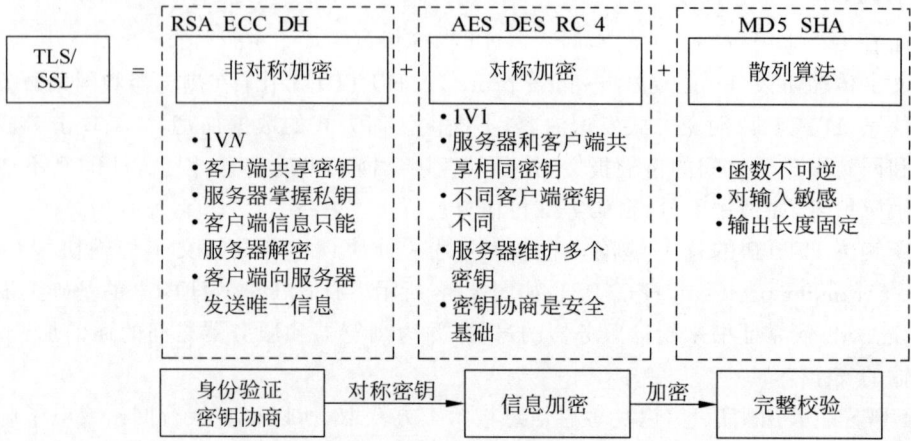

图 3-39　TLS/SSL 的功能实现

并验证数据的完整性；对称加密算法常见的有 AES-CBC、DES、3DES、AES-GCM 等,相同的密钥可以用于信息的加密和解密,掌握密钥才能获取信息,能够防止信息窃听,通信方式是 1V1；非对称加密即常见的 RSA 算法,还包括 ECC、DH 等算法,算法特点是,密钥成对出现,公钥加密的信息只能私钥解开,私钥加密的信息只能公钥解开。因此掌握公钥的不同客户端之间不能互相解密信息,只能和掌握私钥的服务器进行加密通信,服务器可以实现 1VN 的通信,客户端也可以用来验证掌握私钥的服务器身份。

在信息传输过程中,散列函数不能单独实现信息防篡改,因为明文传输,中间人可以修改信息之后重新计算数据摘要,因此需要对传输的信息以及数据摘要进行加密;对称加密的优势是信息传输 1V1,需要共享相同的密码,密码的安全是保证信息安全的基础,服务器和 N 个客户端通信,需要维持 N 个密码记录,且缺少修改密码的机制;非对称加密的特点是信息传输 1VN,服务器只需要维持一个私钥就能够和多个客户端进行加密通信,但服务器发出的信息能够被所有的客户端解密,且该算法的计算复杂,加密速度慢。

结合三类算法的特点,TLS 的基本工作方式是,客户端使用非对称加密与服务器进行通信,实现身份验证并协商对称加密使用的密钥,然后对称加密算法采用协商密钥对信息以及数据摘要进行加密通信,不同的节点之间采用的对称密钥不同,从而可以保证信息只能通信双方获取。

HTTPS 通常只要求 server 有一个证书。主要解决了以下问题。

① 保证 server 就是声称的 server(信任主机的问题)。采用 HTTPS 的 server 必须从

CA 申请一个用于证明服务器用途类型的证书。该证书只有用于对应的 server 时,客户机才信任此主机。客户通过信任该证书,从而信任了该主机。其实这样做效率很低,但是银行更侧重安全。所以目前所有的银行系统网站,关键部分应用都是 HTTPS 的。

② 服务端和客户端之间的所有通信都是加密的,防止通信过程中的数据的泄密和被篡改。具体地讲是客户端产生一个对称密钥,通过 server 的证书来交换对称密钥;接下来所有的信息往来就都是加密的。第三方即使截获,也没有任何意义,因为他没有密钥。当然篡改也就没有什么意义了。

HTTPS 在对客户端有安全要求的情况下,也会要求客户端必须有一个证书。

① 这里的客户端证书,其实就类似表示个人信息的时候,除了用户名/密码,还有一个 CA 认证过的身份。因为个人证书一般来说是别人无法模拟的,只有这样才能够更深地确认自己的身份。

② 目前个人银行的专业版是这种做法,具体证书可以拿 U 盘作为载体(即 U 盾)。大多数网上银行采取的就是这种方式。

HTTPS 的缺点是工作效率不高,原因如下。

① HTTP 只需要简单地一次请求/响应就完成了信息获取,而 HTTPS 需要有密钥和确认加密算法,单握手就需要 6~7 次请求/响应。任何应用中,过多的请求/响应肯定影响性能。

② 接下来具体的 HTTP 每一次响应或者请求,都要求客户端和服务端对会话的内容做加密/解密。尽管对称加密/解密效率比较高,可是仍然要消耗过多的 CPU。如果 CPU 性能比较低的话,肯定会降低性能,从而不能服务更多的请求。

综上所述,HTTPS 实际上就是 SSL over HTTP,它使用默认端口 443,而不是像 HTTP 那样使用端口 80 来和 TCP/IP 进行通信。

HTTPS 使用 SSL 在发送方把原始数据进行加密,然后在接受方进行解密,加密和解密需要发送方和接收方通过交换共知的密钥来实现,因此,所传送的数据不容易被网络黑客截获和解密。然而,加密和解密过程需要耗费系统大量的开销,严重降低机器的性能,相关测试数据表明使用 HTTPS 传输数据的工作效率只有使用 HTTP 传输的十分之一。

假如为了安全保密,将一个网站所有的 Web 应用都启用 SSL 技术来加密,并使用 HTTPS 进行传输,那么该网站的性能和效率将会大大降低,而且没有这个必要,因为一般来说并不是所有数据都要求那么高的安全保密级别,所以,只需对那些涉及机密数据的交互处理使用 HTTPS,这样就能做到鱼与熊掌兼得。

习 题 3

1. RSA 公钥密码系统基于著名数论难题( )。
2. RSA 算法具有( )、( )、( )3 种用法。
3. 计算:

(1) $400 \bmod 23$; (2) $5843 \bmod 23$; (3) $-9 \bmod 4$; (4) $5^{10} \bmod 7$;

(5) $13/14 \bmod 11$; (6) $-1/2 \bmod 11$; (7) $301/4 \bmod 11$; (8) $-7/3 \bmod 11$。

4. 写出 $a=10,m=5$ 的所有同余数,据此说明同余数的作用是( )。

5. 密码学中大量使用模运算的原因是什么?

6. DES 理论上( ),或者说具有( )安全性;RSA 理论上( ),但计算( ),或者说不具有( ),具有( )。

7. 已知 Bob 的公钥$(33,7)$,RSA 加密密文 $c=$fma,求明文 m。

8. RSA 加解密。

(1) 已知 $p=3,q=11$,生成密钥对;

(2) 在保证数据传输过程的机密性的前提下,实现用户 A 将明文 fly 加密后传递给用户 B,用户 B 能够正确得到明文。此过程使用密钥对的所有者是用户 A 还是用户 B?

9. 已知椭圆曲线 $E_{23}(1,4)$ 的三个点 $P(7,3),Q(8,8),R(11,9)$。

(1) 求 $P+Q,Q+P$,分析结果,得出结论。

(2) 求 $(P+Q)+R,P+(Q+R)$,分析结果,得出结论。

(3) 求 $-P$,分析结果,得出结论。

(4) 求椭圆曲线 $E_{23}(1,4)$ 上所有点的集合 S,该曲线的阶 n,分析结果,得出结论。

(5) 求 nP,分析结果,得出结论。

(6) 说明椭圆曲线 $E_{23}(1,4)$ 构成阿贝尔群。

10. 设学号为 $i,m=i \bmod 5+1$。在椭圆曲线 $E_{23}(1,1)$ 上选取一点 $A(3,10)$,以 mA 点为基点 P。

(1) 依次求出 P 点的所有 n 倍点 $nP(n=1,2,\cdots)$。

(2) 写出 P 点到达点 $B(13,7)$ 的路径。据此可以分析出什么结论?

11. 已知椭圆曲线 $E_{23}(1,4)$ 的基点 $P(7,3)$。

(1) 私钥 $k=3$,求公钥 kP。

(2) 对字符串 CBA 进行加密、解密。

(3) 对字符串 CBA 进行签名、验签。

12. 设计应用 RSA 乘法同态加密实现"东数西算"的方案,并分析方案可行性。

第4章　哈希算法和数字签名

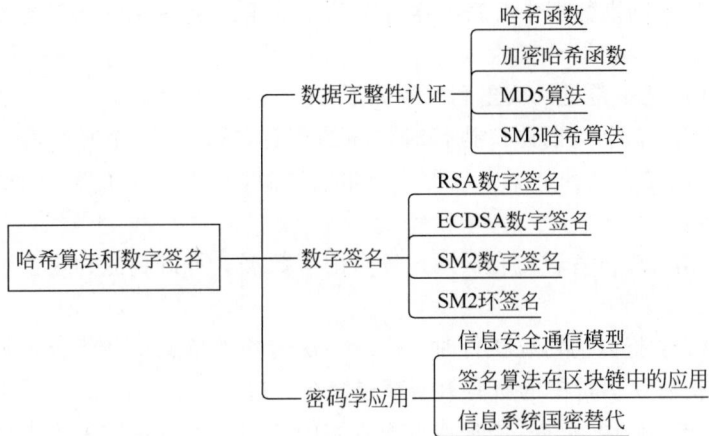

```
                                            哈希函数
                                            加密哈希函数
                            数据完整性认证    MD5算法
                                            SM3哈希算法

                                            RSA数字签名
                                            ECDSA数字签名
哈希算法和数字签名           数字签名          SM2数字签名
                                            SM2环签名

                                            信息安全通信模型
                            密码学应用        签名算法在区块链中的应用
                                            信息系统国密替代
```

　　公钥密码的优点是适用网络的开放性要求,密钥管理相对简单,不仅可以实现信息加密、解密,而且可以实现数字签名功能。信息安全要求信息具有 CIA 基本性质,密码技术不仅要保证信息传输具有保密性,同时还需要保证信息传输具有完整性和可用性。密码学只实现了保密性,还同时要求提供其他方面的功能:身份认证、完整性和抗抵赖性。

　　(1) 身份认证:数据的接收者应该能够确认数据的来源,入侵者无法伪装成他人。

　　(2) 完整性:数据的接收者应该能够验证在传送过程中数据没有被修改,入侵者无法用假数据代替合法数据。

　　(3) 抗抵赖性:发送数据者事后无法否认他发送的数据。

　　认证目的是防止传输和存储的数据被有意无意地篡改,包括数据内容认证(数据完整性认证)、数据来源认证(身份认证)、操作时间认证(时间戳)等。数据完整性认证用数据摘要方法(如 MD5)实现;身份认证是识别通信对象的身份,以防止假冒,用数字签名方法实现。认证在税务的金税系统、银行的支付密码器等票据防伪中具有重要应用。

　　数据完整性认证的数学基础是哈希函数,具有单向性和抗碰撞性,在区块链中广泛应用。使用哈希函数进行数据摘要的算法,国际上常用 MD5,国内常用 SM3;数字签名用于实现身份认证和抗抵赖性,存在 RSA、ECC、SM2 多种数字签名算法。为了满足多样性数字签名要求,出现了环签名、盲签名、门限签名等多种类型的数字签名。

　　要积极进行信息系统国密替代,实现密码国产化,自主保证我国网络信息系统安全。

4.1　数据完整性认证

　　数据完整性认证时,采用数据摘要函数计算数据摘要,将数据摘要用发送方的私钥加密后和原数据一起发送至目的端,目的端通过执行相应操作,就可实现数据完整性认证。

数据完整性认证中,数据源和数据宿的常用认证方法有以下两种。

(1) 通信双方事先约定发送数据的加密密钥,接收者只需要证实发送来的数据是否能用该密钥还原成明文就能鉴别发送者。如果双方使用同一个数据加密密钥,那么只需在数据中嵌入发送者识别符即可。

(2) 通信双方事先约定各自发送数据所使用的通行字,发送数据中含有此通行字并进行加密,接收者只需判别数据中解密的通行字是否等于约定的通行字就能鉴别发送者。为了安全起见,通行字应该是可变的。

数据完整性认证中常见的攻击和对策如下。

(1) 重放攻击:截获以前协议执行时传输的信息,然后在某个时候再次使用。对付这种攻击的一种措施是在认证数据中包含一个非重复值,如序列号、时戳、随机数或嵌入目标身份的标识符等。

(2) 冒充攻击:攻击者冒充合法用户发布虚假数据。为避免这种攻击可采用身份认证技术。

(3) 重组攻击:把以前协议执行时一次或多次传输的信息重新组合进行攻击。为了避免这类攻击,可把协议运行中的所有数据都连接在一起。

(4) 篡改攻击:修改、删除、添加或替换真实的数据。为避免这种攻击可采用数据认证码 MAC 或哈希函数等技术。

4.1.1 哈希函数

哈希函数(hash function)是指能将任意大小的输入(message,key)映射到固定大小的哈希值(hash value)的函数。哈希函数的输入可以是固定长度数据(如 int 类型),也可以是任意长度数据(如字符串),甚至可以是二维或高维的向量。

哈希函数通常用来将较大取值空间的输入值分散均匀排列到较小取值空间的哈希值空间,因此也称为散列函数,如图 4-1 所示。

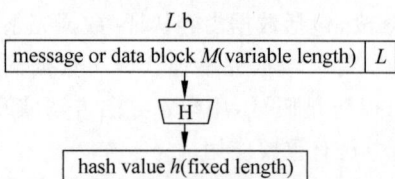

Lb

| message or data block M(variable length) | L |

↓

H

| hash value h(fixed length) |

图 4-1 哈希函数示意图

哈希函数产生哈希值的方法主要有以下两种。

(1) 使用四则运算实现散列。

这种方式通过遍历数据中的元素,然后每次对某个初始值进行四则运算操作,其中四则运算的值和这个数据的一个元素相关,通常某个元素值的计算要乘以一个质数。

例如,加法哈希就是把输入元素一个一个地加起来构成最后的结果,参数 prime 是质数。

```
function addictiveHash(key = '', prime){
    let hash = 0;
    for(let i = 0; i < key.length; ++i){
        hash += key.charCodeAt(i);
    }
    return hash % prime;}
console.log(addictiveHash('test', 31));
console.log(addictiveHash('abc', 31));
console.log(addictiveHash('abb', 31));
```

（2）使用移位实现散列。

类似使用四则运算实现散列，使用移位的散列也要利用字符串数据中的每个元素，但是和四则运算不同，移位的散列是进行位的移位操作。通常是结合了左移和右移，移的位数也是一个质数。每个移位过程的结果只是增加了一些积累计算，最后移位的结果作为最终结果。

该类哈希函数通过利用各种位运算（常见的是移位和异或）来充分地混合输入元素。例如，

```
function rotatingHash(key = '', prime) {
    let hash = 0;
    for(let i = 0; i < key.length; ++i) {
        hash = (hash << 4) (hash >> 28) key.charCodeAt(i);
    }
    return (hash % prime);}
console.log(rotatingHash('test', 31));
console.log(rotatingHash('abc', 31));
console.log(rotatingHash('abb', 31));
```

当然，也可以混合使用四则运算和移位操作实现散列。

① ELFHash 在 UNIX 系统中使用得较多。

```
public long ELFHash(String str)
  {
    long hash = 0;
    long x = 0;
    for(int i = 0; i < str.length(); i++)
    {
        hash = (hash << 4) + str.charAt(i);
        if((x = hash & 0xF0000000L) != 0)
        {
            hash = (x >> 24);
        }
        hash &= ~x;
    }
    return hash;
  }
```

② BKDR 算法来自 *The C Programming Language*，是一个很简单的哈希算法，使用了一系列奇怪的数字，形式如 31,3131,31…31，看上去和 DJB 算法很相似。

```
public long BKDRHash(String str)
  {
    long seed = 131;
    long hash = 0;
    for(int i = 0; i < str.length(); i++)
    {
        hash = (hash × seed) + str.charAt(i);
    }
    return hash;
  }
```

③ DJB。这个算法是目前公布的最有效的哈希函数。

```
public long DJBHash(String str)
  {
    long hash = 5381;
```

```
    for(int i = 0; i < str.length(); i++)
    {
        hash = ((hash << 5) + hash) + str.charAt(i);
    }
    return hash;
}
```

④ DEK。来自《计算机程序设计的艺术卷 3：排序与查找》的第 6 章查找。

```
public long DEKHash(String str)
    {
        long hash = str.length();
        for(int i = 0; i < str.length(); i++)
        {
            hash = ((hash << 5) (hash >> 27)) str.charAt(i);
        }
        return hash;
    }
```

哈希函数 $Y=\text{hash}(X)$ 的关键性质如下。

① 单向性：已知哈希值 Y，无法在多项式时间内计算出哈希原像 X。

② 弱抗碰撞性：已知 (X,Y)，无法在多项式时间找到 X'，使得 $Y=\text{hash}(X')$。

③ 强抗碰撞性：攻击者无法寻找 X,X'，满足 $X\neq X'$，$\text{hash}(X)=\text{hash}(X')$。

④ 压缩性：通常是将 512 位的数据压缩为 256 位；不足 512 位则填充 0。

⑤ 随机性：输出的 Y 是 256 位的 0/1 字符串，是随机的。

⑥ 可重复性：如果输入 $X_1=X_2$，则输出的哈希值 $Y_1=Y_2$。

哈希函数至少具有两个特性：一是最小化碰撞(也就是输出的哈希值尽可能不重复，但 LSH 是个特例)；二是计算要足够快。

算法的关键是碰撞处理，也就是处理两个或多个键的哈希值相同的情况。一种直接的办法是将大小为 L 的数组中的每个元素指向一个链表，链表中的每个节点都存储了哈希值为该元素的索引的键值对。这种方法被称为"拉链法"(separate chaining)，如图 4-2 所示，发生冲突的元素都被存储在一个链表中。

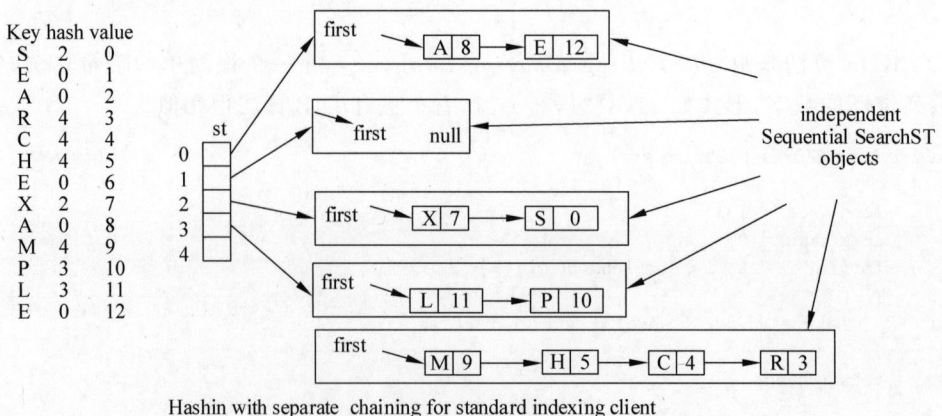

Hashin with separate chaining for standard indexing client

图 4-2　碰撞处理

这种方法的基本思想就是选择足够大的 L，使得所有表都尽可能短以保证高效地查找。查找分两步：首先根据哈希值找到对应的链表，然后沿着链表顺序查找对应的键。

当能够预知所需要的符号表的大小时,该方法能够得到不错的性能。一种更可靠的方案是动态调整链表数组的大小,这样在符号表中无论有多少键值对都能保证链表较短。

按应用领域来划分,哈希函数可分为以下四类。

① 字符串哈希。在数据存储领域,主要是数据的索引和对容器的结构化支持,如哈希表是实现各种索引加速的强有力手段。哈希函数结果定长,易于进行查找,提高查找效率,减少查找时间。

② 加密哈希。加密哈希用于数据/用户核查和验证。一个强大的加密哈希函数很难从结果再得到原始数据。加密哈希函数用于哈希用户的密码,将加密后的哈希值存在某个服务器。加密哈希函数也被视为不可逆的压缩功能,能够代表一个信号标识的大量数据,可以非常有效地判断接收的数据是否已经被篡改(如 MD5),也可以作为一个数据标志使用,以证明通过其他手段加密的文件的真实性。

③ 几何哈希(Geometric Hashing)。几何哈希用于将几何特征与特征数据库进行快速匹配,在计算机视觉中实现物体识别。优点是不依赖特定领域知识,只需几何特征的位置信息,具有通用性;通过哈希表索引几何特征,大大减少了匹配过程中的计算量,具有高效性;在几何对象经过几何变换或部分被遮挡情况下,仍能有效识别物体,具有鲁棒性。

④ 布隆过滤器(Bloom filter)。布隆过滤器允许一个非常大范围内的值被一个小很多的内存锁代表。在计算机科学中,这是众所周知的关联查询。布隆过滤器通常存在于如拼写检查器、字符串匹配算法、网络数据包分析工具和网络应用程序中。

4.1.2　加密哈希函数

密码学中的哈希函数特称为加密哈希函数,输入消息(message),也称为原像(pre-image),输出哈希值(hash value),也称为信息摘要(message digest),记作 $h = H(m)$。通常用于将任意长度的消息(message)映射为一个固定长(256 位)的随机数,这段随机数就是消息摘要。如比特币 SHA256、以太坊 crypto/SHA3。本书约定哈希函数为加密哈希函数。

加密哈希函数由于其对安全的需要,比普通的非加密哈希函数有更多的要求,有以下 5 个主要的特性。

(1) 确定性(唯一性):相同的信息(message)产生相同的信息摘要。特定信息对应的信息摘要是唯一的,均匀分布于信息摘要取值空间。

(2) 快速:能够快速计算给定信息的哈希值。

(3) 抗原像(pre-image resistance):无法通过哈希值还原信息,因此信息摘要可以被公开,它不会透露相应文件的任何内容。

(4) 抗碰撞(collision resistance):无法找到两个哈希值相同的信息,又称抗二次抗原像。

(5) 雪崩效应:对信息的微小修改会导致哈希值的巨大变化。

加密哈希函数强调单向性和抗碰撞性,因此也称为单向散列函数或单向陷门函数,要求将输入值单方向分散均匀排列到哈希值空间,不产生碰撞,正方向计算快速简单,反方向计算不可行。

单向性具体指由 m 正向计算 $H(m)$ 快速简单(确定性),具有唯一性(雪崩效应);由 $H(m)$ 反向计算 m 不可行(抗原像、抗碰撞)。根据信息的单向性,可知信息和信息摘要是

——对应关系,且难以伪造,具有唯一性,是信息的唯一标识符,能够用来代替信息自身,因此信息摘要也称为信息的数字指纹(fingerprint)。

摘要的字面含义是指内容的大概。信息(message)和信息摘要(message digest)的关系类似论文和论文摘要的关系,由论文归纳出论文摘要容易,具有唯一性;由论文摘要一字不差地还原出论文则是困难的,具有单向性。

使用哈希函数可以检测传输信息是否被篡改过,用于保证信息完整性。方法是发送方计算信息 X_1 的哈希值 Y_1,发送信息 X_1 和 Y_1,接收方接收信息 X_2(X_1 重命名)和 Y_1,然后使用相同哈希函数计算 $Y_2 = \text{hash}(X_2)$,检查 $Y_1 = Y_2$ 是否成立,若成立,根据抗碰撞性和可重复性 $X_1 = X_2$,说明信息在传输过程中没有被篡改过,否则信息在传输过程中被篡改过,信息不可用,不具有完整性。

4.1.3 MD5 算法

哈希算法在密码学中具有重要的地位,被广泛应用在数字签名、数据认证、数据完整性验证等领域。经典的哈希算法是信息摘要算法 5(message digest algorithm 5,MD5)。它能够提供数据的完整性保护,确保信息传输完整一致。如果数据在传输途中改变了,则接收者通过对收到数据的新产生的摘要与原摘要比较,就可知数据是否被改变了。因此数据摘要保证了数据的完整性。

MD5 例子:

MD5("") = d41d8cd98f00b204e9800998ecf8427e

MD5("a") = 0cc175b9c0f1b6a831c399e269772661

MD5("abc") = 900150983cd24fb0d6963f7d28e17f72

MD5("message digest") = f96b697d7cb7938d525a2f31aaf161d0

MD5("abcdefghijklmnopqrstuvwxyz") = c3fcd3d76192e4007dfb496cca67e13b

MD5("ABCDEFGHIJKLMNOPQRSTUVWXYZabcdefghijklmnopqrstuvwxyz") = f29939a25efabaef3b87e2cbfe641315

MD5 从 MD2、MD3、MD4 改进而来。

MD5 算法以 512 位为一组作为输入的信息,且每组被划分为 16 个 32 位子分组,经过一系列的处理后,算法的输出结果由 4 个 32 位子分组组成,将这 4 个 32 位子分组级联后将生成一个 128 位的数据摘要。

总体流程如下。

(1) 填充。如果输入信息的长度对 512 求余的结果不等于 448,就需要填充使得对 512 求余的结果等于 448。填充的方法是填充一个 1 和 R 个 0。填充后的信息长度就为 512 位,R 为一个非负整数,可以是零。

(2) 记录信息长度。用 64 位来存储填充前信息长度。这 64 位加在第(1)步结果的后面,这样信息长度就变为 $n \times 512 + 448 + 64 = (n+1) \times 512$ 位。

(3) 装入标准的幻数(4 个整数):$A = (01234567)_{16}$,$B = (89\text{ABCDEF})_{16}$,$C = (\text{FEDCBA98})_{16}$,$D = (76543210)_{16}$。如果在程序中定义,应该是 $A = 0\text{X}67452301\text{L}$,$B = 0\text{XEFCDAB89L}$,$C = 0\text{X98BADCFEL}$,$D = 0\text{X10325476L}$。

(4) 四轮循环运算:循环的次数是分组的个数($n+1$)。

① 将每一 512 字节细分成 16 个小组,每个小组 32 位(4 字节)。

② 先定义四个线性函数(& 表示按位与,| 表示按位或,~ 表示按位非,^ 表示按位异或)。

$F(X,Y,Z)=(X\&Y)|((\sim X)\&Z)$,$F$ 是一个逐位运算的函数。即,如果 X,那么 Y,否则 Z。

$G(X,Y,Z)=(X\&Z)|(Y\&(\sim Z))$。

$H(X,Y,Z)=XYZ$,函数 H 是逐位奇偶操作符。

$I(X,Y,Z)=Y(X|(\sim Z))$。

这四个函数的说明:如果 X、Y、Z 的对应位是独立和均匀的,那么结果的每一位也应是独立和均匀的。

③ 设 M_j 表示数据的第 j 个子分组(从 0~15),$<s$ 表示循环左移 s 位,四种操作为:

$FF(a,b,c,d,M_j,s,t_i)$ 表示 $a=b+((a+F(b,c,d)+M_j+t_i)<s)$

$GG(a,b,c,d,M_j,s,t_i)$ 表示 $a=b+((a+G(b,c,d)+M_j+t_i)<s)$

$HH(a,b,c,d,M_j,s,t_i)$ 表示 $a=b+((a+H(b,c,d)+M_j+t_i)<s)$

$II(a,b,c,d,M_j,s,t_i)$ 表示 $a=b+((a+I(b,c,d)+M_j+t_i)<s)$

假设 M_j 表示数据的第 j 个子分组(从 0~15),常数 t_i 是 $2^{32}\times abs(\sin(i))$ 的整数部分,i 取值从 1~64,单位是弧度。($2^{32}=4\ 294\ 967\ 296$)

第一分组需要将上面四个幻数复制到另外四个变量中:A 到 a,B 到 b,C 到 c,D 到 d。从第二分组开始的变量为上一分组的运算结果。

主循环有四轮,每轮循环都很相似。第一轮进行 16 次操作。每次操作对 a、b、c、d 中的其中三个作一次非线性函数运算,然后将所得结果加上第四个变量,所有这些完成之后,将 A、B、C、D 分别加上 a、b、c、d。然后用下一分组数据继续运行算法,最后的输出是 A、B、C、D 的级联。

MD5 的作用是让大量数据在用于数字签名签署私密钥前被压缩成一种保密的格式(就是把一个任意长度的字节串变换成一定长的十六进制数字符串)。安全方面应用主要体现在完整性验证、安全访问认证、数据内容认证三个方面。

(1) 完整性验证(一致性验证),利用哈希函数的单向性和雪崩效应性质。

典型应用场景是进行文件传输校验。发送一个文件前,先计算其 MD5 的输出结果 a,将 a 附加在文件后面发送;对方收到文件后,重新计算其 MD5 的输出结果 b;如果 a 与 b 相同就代表文件在传输中途未被篡改。

下载软件时,都有一个文件名相同,文件扩展名为.md5 的文件,在这个文件中通常只有一行文本,如 MD5(tanajiya. tar. gz)= 0ca175b9c0f726a831d895e269332461。这就是 tanajiya. tar. gz 文件的数字签名。MD5 将整个文件当作一个大文本信息,通过其不可逆的字符串变换算法,产生了这个唯一的 MD5 数据摘要。它的作用就在于可以在下载该软件后,对下载回来的文件用专门的软件(如 Windows MD5 Check 等)做一次 MD5 校验,以确保获得的文件与该站点提供的文件为同一文件。

网上下载软件时,为了防止不法分子在软件中添加木马,应在网站上公布由软件得到的 MD5 值,供下载用户验证软件的完整性。典型例子见"心脏出血"事件。

显然,一旦这个文件在传输过程中内容被损坏或被修改的话,那么这个文件的 MD5 值就会发生变化,通过对文件 MD5 的验证,可以得知获得的文件是否完整。相对于比较文件内容是否改变,比较 MD5 值效率显然高很多。

每个人的指纹都是独一无二的,这常常成为公安机关鉴别犯罪嫌疑人身份最值得信赖的方法;与之类似,MD5 可以为任何信息(不管其大小、格式、数量)产生一个独一无二的MD5 值,如果有人对信息做了任何改动,其 MD5 值都会发生变化,从而实现数据完整性检测。

在 MD5 算法中,摘要是指将任意长度的原文数据映射成一个 128 位长的摘要信息,并且是不可逆的,即从摘要信息无法反向推演出原文。在运算过程中,不同的明文摘要成密文,其结果总是不同的,输入的微小变化将导致输出的巨大变化(称为雪崩效应),同样的明文其摘要必定一致。这样摘要便可成为验证明文是否是在传输和存储过程中发生改变的"指纹"。

因为 MD5 算法最终生成的是一个 128 位长的数据,从原理上说,有 2^{128} 种可能,这是一个非常大的数,约等于 3.4×10^{38},虽然这是个天文数字,但是世界上可以进行加密的数据原则上说是无限的,因此有可能存在不同的内容经过 MD5 加密后得到同样的摘要信息,但这个概率非常小。

(2) 安全访问认证。

MD5 广泛用于操作系统(UNIX、各类 BSD 系统)的登录认证上,这也是 UNIX 系统比一般操作系统更为安全的一个重要原因。

在 UNIX 系统中,用户的密码是以 MD5(或其他类似的算法)运算后存储在文件系统中。当用户登录时,系统把用户输入的密码进行 MD5 运算,然后再去和保存在文件系统中的 MD5 值进行比较,进而确定输入的密码是否正确。通过这样的步骤,系统在并不知道用户密码明文的情况下就可以确定用户登录系统的合法性。这可以避免用户的密码被具有系统管理员权限的用户知道,而且还在一定程度上增加了密码被破解的难度。

国家要求网站数据库在存储用户密码的时候只能存储密码的 MD5 值,不能存储用户密码自身(明文)。这样就算不法分子得到数据库用户密码的 MD5 值,也无法知道用户密码。

MD5 密码如何破解? 比较有效的办法是使用各个系统中的 md5 函数重新设一个密码,如 admin,把生成的一串密码的哈希值覆盖原来的哈希值就行了。正是这个原因,现在被黑客使用最多的破译密码的方法就是一种被称为跑字典的方法。先用 MD5 程序计算出这些字典项的 MD5 值,然后再用目标的 MD5 值在这个字典中检索。有两种方法得到字典,一种是搜集用作密码的字符串表,另一种是用排列组合方法生成。假设密码的最大长度为 8 字节(8B),同时密码只能是字母和数字,共 26 + 26 + 10 = 62 个字符,排列组合出的字典的项数则是 $P(62,1) + P(62,2) + \cdots + P(62,8)$,已经是一个天文数字了,存储这个字典就需要 TB 级的磁盘阵列,而且这种方法还有一个前提,就是在能获得目标账户的密码MD5 值的情况下才可以。因此直接使用这种方法的效率不高。

根据 128 位的输出结果不可能反推出输入的信息(不可逆,单向性)。MD5 将任意长度的字符串映射为一个 128 位的大整数,并且通过该 128 位反推原始字符串是困难的,换句话说,即使看到源程序和算法描述,也无法将一个 MD5 值变换回原始的字符串,从数学原理上说,是因为原始的字符串有无穷多个,这有点像不存在反函数的数学函数。

(3) 数据内容认证。

加密哈希常用于构造信息认证码(message authentication code,MAC)或在数字签名方案中用于提取数字指纹,以及数字签名、完整性保护、密钥导出、口令单向保存等场景。

为了确认信息是否来自所期望的通信对象,可以使用 MAC。不但能确认信息是否被篡改,而且能够确认信息是否来自所期待的通信对象。也就是说,信息认证码不仅能够保证完整性,还能够提供认证机制。

数据内容认证常用的方法:发送者在数据中加入一个鉴别码并经加密后发送给接收者。接收者利用约定的算法对解密后的数据进行鉴别运算重新计算鉴别码,将得到的鉴别码与收到的鉴别码进行比较,若二者相等则接收,否则拒绝接收。

相对密码系统,认证系统更强调的是完整性。信息由发送者发出后,经由密钥控制或无密钥控制的认证编码器变换,加入认证码,将数据连同认证码一起在公开的无扰信道进行传输,有密钥控制时还需要将密钥通过一个安全信道传输至接收方。接收方在收到所有数据后,经由密钥控制或无密钥控制的认证译码器进行认证,判定数据是否完整。

数据在整个过程中以明文形式或某种变形方式进行传输,不要求加密,也不要求内容对第三方保密。

攻击者能够截获和分析信道中传送的数据内容,而且可能伪造数据送给接收者进行欺诈。攻击者不再像保密系统中的密码分析者那样始终处于消极被动地位,而是采用主动攻击。

MD5 算法的优势在于使用不需要支付任何版权费用,所以在非绝密应用领域广泛采用。2004 年 8 月 17 日,我国王小云教授在国际密码学会议上作了破译 MD5、HAVAL-128、MD4 和 RIPEMD 算法的报告。

需要说明的是这种破解并非是真正的破解,只是加速了杂凑冲撞。杂凑冲撞是指两个完全不同的数据经杂凑函数计算得出完全相同的哈希值。根据鸽巢原理,以有长度限制的杂凑函数计算没有长度限制的数据必然会有冲撞情况出现。一直以来,专家都认为要任意制造出冲撞需要太长时间,计算不可行,在实际情况中不可能发生,而王小云等的发现打破了这个必然性。

2009 年,冯登国、谢涛二人利用差分攻击,将 MD5 的碰撞算法复杂度从王小云的 2^{42} 进一步降低到 2^{21},极端情况下甚至可以降低至 2^{10}。2^{21} 的复杂度意味着在目前计算机上,只要几秒便可以找到一对碰撞。

王小云院士的研究成果具有重要意义。它表明了从理论上电子签名可以伪造,必须及时添加限制条件,或者重新选用更为安全的密码标准,以保证电子商务的安全。此后国外开始逐步使用安全哈希算法(secure hash algorithm,SHA)替代 MD5 算法,国内开始使用 SM3 算法替代 MD5 算法。

SHA 系列包含诸多算法。SHA-1 曾被广泛使用,但在 2005 年被王小云破解;SHA-2 包括 SHA-224、SHA-256、SHA-384、SHA-512、SHA-512/224、SHA-512/256,目前没有发现问题;SHA-3 现在也开始使用。

4.1.4　SM3 哈希算法

2005 年,王小云等给出了 MD5 算法和 SHA-1 算法的碰撞攻击方法,证明现今被广泛应用的 MD5 算法和 SHA-1 算法不再是安全的算法,国家要求使用 SM3 算法进行国产化替代。

SM3 哈希算法是中国国家密码管理局 2010 年公布的中国商用密码哈希算法标准,是我国自主设计的密码哈希算法,适用于商用密码应用中的数字签名、验证数据认证码的生成与验证、随机数的生成,可满足多种密码应用的安全需求。

SM3 是在 SHA-256 基础上改进实现的一种算法,其安全性和 SHA-256 相当。SM3 和 MD5 的迭代过程类似,也采用 Merkle-Damgard 结构,但 SM3 算法的设计更加复杂,如压缩函数的每一轮都使用 2 个数据字。迄今为止,SM3 算法的安全性相对较高。

例如,输入 Hello World! SM3 输出:

0AC0A9FEF0D212AA76A3C431F793853CE145659CA1D14B114E96C1215CF26582。

为了保证哈希算法的安全性,其产生的哈希值的长度不应太短。MD5 输出 128 位哈希值,输出长度太短,影响其安全性。SHA-1 算法的输出长度为 160 位,SM3 算法的输出长度为 256 位,因此 SM3 算法的安全性要高于 MD5 算法和 SHA-1 算法。

消息分组长度为 512 位,摘要值长度为 256 位。整个算法执行过程分为消息填充、消息扩展、迭代压缩、输出结果四个步骤,如图 4-3 所示。

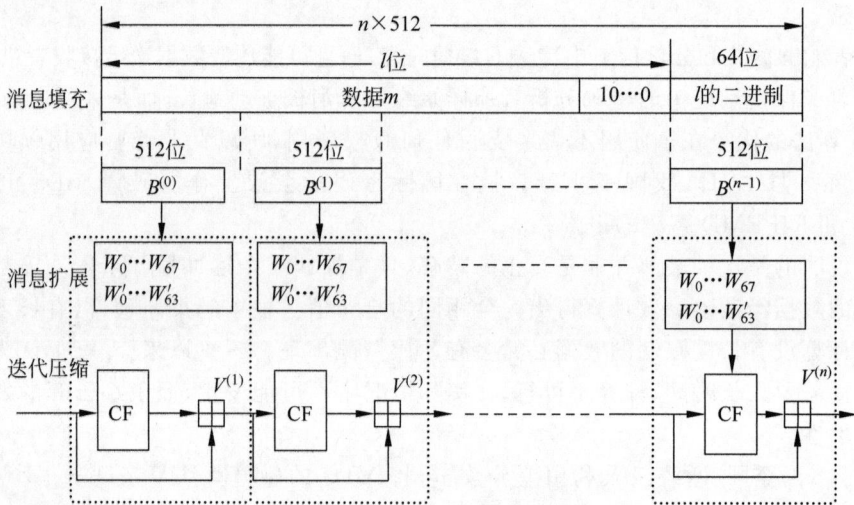

图 4-3　SM3 算法执行过程

1. 消息填充

SM3 对长度小于 2^{64} 位的数据进行运算,其填充方法与 SHA256 的相同。

假设数据 m 的长度为 L 位。首先将 1 位添加到数据的末尾,再添加 k 个 0,k 是满足 $L+1+k \equiv 448 \bmod 512$ 的最小的非负整数;然后再添加一个 64 位比特串,比特串的内容是 m 的长度 L 的二进制表示。填充后的数据 m' 的比特长度为 512 的倍数。

例如,输入的消息 m:01100001 01100010 01100011,输入 m 的长度:$L=24$(二进制:00011000),计算出来的 k:$L+1+k \equiv 24+1+423 \equiv 448 \bmod 512 \rightarrow k=423$。

经填充得到比特串如图 4-4 所示。

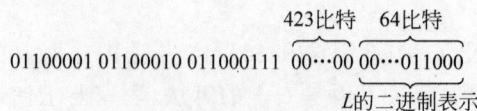

图 4-4　SM3 消息填充

2. 消息扩展

SM3 的迭代压缩步骤没有直接使用数据分组进行运算,而是使用这个步骤产生的 132 个消息字(一个消息字的长度为 32 位/4 字节/8 个十六进制数字)。概括来说,先将一个 512 位数据分组划分为 16 个消息字,并且作为生成的 132 个消息字的前 16 个。再用这 16 个消息字递推生成剩余的 116 个消息字。

在最终得到的 132 个消息字中,前 68 个消息字构成数列 $\{W_j\}(0 \leqslant j \leqslant 67)$,后 64 个消息字构成数列 $\{W'_j\}(0 \leqslant j \leqslant 63)$。

3. 迭代压缩

SM3 的迭代过程和 MD5 类似,也是 Merkle-Damgard 结构。但和 MD5 不同的是,SM3 使用消息扩展得到的消息字进行运算。这个迭代过程如图 4-5 所示。

整个算法中最核心、最复杂的地方就在于压缩函数。初值 IV 被放在 A、B、C、D、E、F、G、H 八个 32 位变量中,压缩函数将这八个变量进行 64 轮相同的计算,每一轮计算过程如图 4-5 所示。

最后,再将计算完成的 A、B、C、D、E、F、G、H 和原来的 A、B、C、D、E、F、G、H 分别进行异或,就是压缩函数的输出。这个输出再作为下一次调用压缩函数时的初值。以此类推,直到用完最后一组 132 个消息字为止。

4. 输出结果

将得到的 A、B、C、D、E、F、G、H 八个变量拼接输出,就是 SM3 算法的输出。

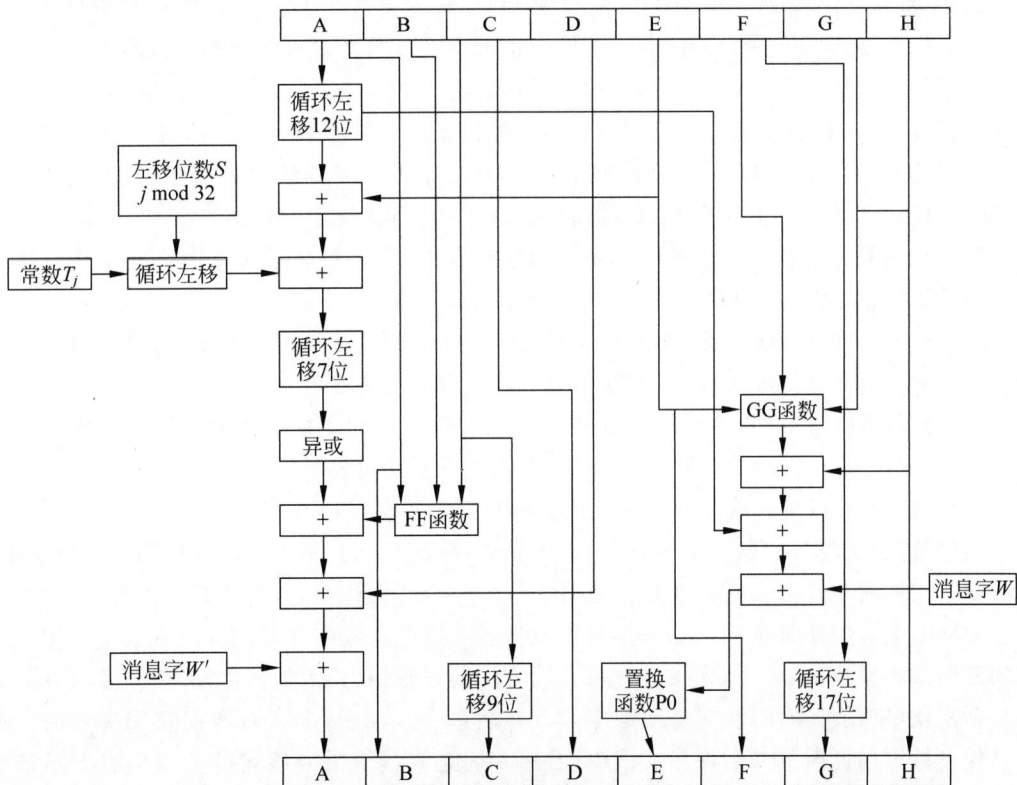

图 4-5 SM3 迭代压缩

4.2 数 字 签 名

在计算机通信中,当接收者接收到数据时,往往需要验证数据在传输过程中有没有被篡改;有时接收者需要确认数据发送者的身份。所有这些都可以通过数字签名来实现。

数字签名是一种将现实世界中的签名和盖章移植到数字世界中的技术,防止伪装、篡改和否认等威胁的技术。

在 ISO 7498-2 标准中,数字签名定义为附加在数据单元上的一些数据,或是对数据单元所作的密码变换。这种数据或变换允许数据单元的接收者用来确认数据单元的来源和数据单元的完整性并保护数据,防止被人(如接收者)进行伪造。

数字签名是传统签名(手写签名和印章)的数字化,作用和传统签名一致。签署双方不能否认签署过此文件,双方对其所签署的文件内容确认。如果日后签署文件的双方针对文件的内容发生争执,第三方可以对签署文件时留下的签名进行检查,以便对争执进行调解。

数字签名实现方法:签名方用自己的私钥签名,验证方用签名方的公钥验证。因此数字签名是用私钥加密的数字摘要,具有唯一性——私钥保证发送者身份唯一性;数字摘要保证信息内容唯一性。

数字签名＝私钥＋摘要

总之,数字签名同时实现了身份认证(私钥)和数据完整性认证(数字摘要),使验证者相信信息的完整性,签名者的不可伪造性,同时也说明了签名者对签名的不可抵赖性。

数字签名的使用方式是信息的发送方根据信息生成一个 128 位的哈希值,并用自己的私钥进行签名,来验证发送信息的完整性和不可抵赖性。具体来讲,数字签名首先通过哈希函数(如 MD5)计算出信息 m 数字摘要 $H(m)$,然后用签名者的私钥进行签名,生成数字签名 $sign(H(m))$,发送者把 $sign(H(m))$ 和原信息 m 一起发送到接收方。

数字签名是公开密钥技术和哈希函数的综合应用,数字签名是对电子形式的信息进行签名的一种方法,和传统的手写签名类似,应满足以下条件。

(1) 签名是可以被确认的,即接收方可以确认或证实签名确实是由发送方签名的。

(2) 签名是不可伪造的,即接收方和第三方都不能伪造签名。

(3) 签名不可重用,即签名是数据(数据文件)的一部分,不能把签名移到其他数据上。

(4) 签名是不可抵赖的,即发送方不能否认他所签发的数据。

(5) 第三方可以确认收发双方之间的数据传送但不能篡改数据。

数字签名(又称公钥数字签名)是只有发送者才能产生的、别人无法伪造的一个数字串,这段数字串同时也是对发送者发送信息真实性的一个有效证明,不需要第三方参与。

数字签名可以用来证明数据确实是由发送者签发的。数字签名的形成方式可以用发送方的密钥加密整个数据。如果发送方用接收方的公开密钥(公钥加密体制)或收发双方共享的会话密钥(密钥加密体制)对整个数据及其签名进一步加密,那么对数据及其签名提供了更高保密性。而此时的外部保密方式(即数字签名是直接对需要签名的数据生成而不是对已加密的数据生成,否则称为内部保密方式)对解决争议十分重要,因为在第三方处理争议时,需要得到明文数据及其签名才行。但若采用内部保密方式,则第三方必须在得到数据的解密密钥后才能得到明文数据;若采用外部保密方式,则接收方就可将明文数据及其数字签名存储下来以备之后可能出现争议时使用。

数字签名有一个弱点,即方案的有效性取决于发送方密钥的安全性。如果发送方想对自己已发出的数据予以否认,就可声称自己的密钥已丢失被盗,认为自己的签名是他人伪造的。对这一弱点可采取某些行政手段,在某种程度上可减弱这种威胁,如要求每个被签名的数据都包含一个时间戳(日期和时间),并要求密钥丢失后立即向管理机构报告。这种方式数字签名还存在发送方的密钥真的被偷的危险,例如,敌方在时刻 T 获得发送方的密钥,然后可伪造数据,用偷得的密钥为其签名并加上 T 以前的时刻作为时间戳。

4.2.1　RSA 数字签名

数字签名分签名和验证两个阶段,如图 4-6 所示。

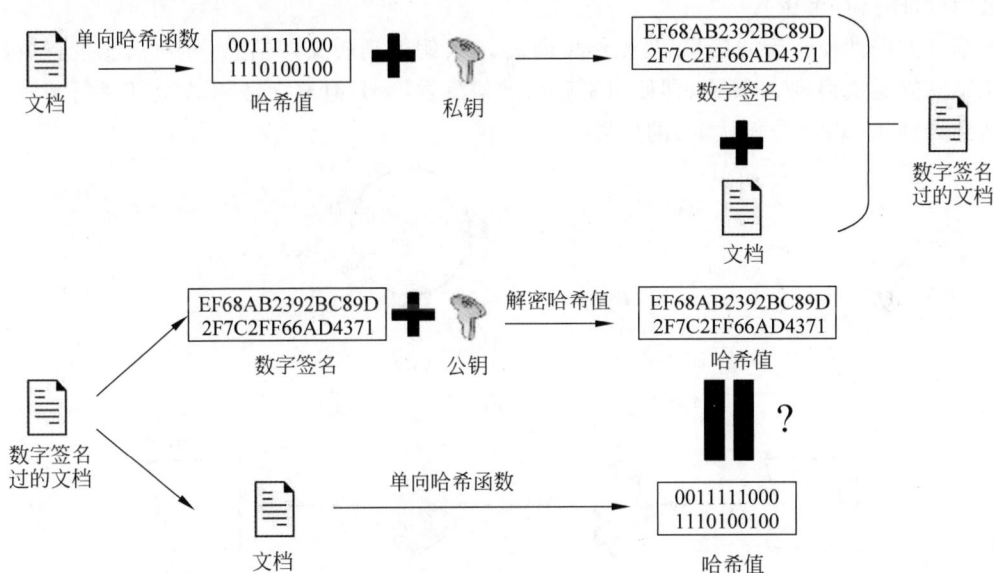

图 4-6　数字签名的签名和验证阶段

1. 签名阶段

首先通过单向哈希函数将文档内容转换成固定长度的哈希值;然后用私钥对哈希值进行加密,哈希值被加密后就变成了数字签名;最后将数字签名和文档放在一起就是数字签名过的文档。先将文档转换成哈希值再加密,相当于签合同的时候加盖骑缝章。

2. 验证阶段

首先用公钥将文档中的数字签名解密成哈希值;然后将文档内容(除去数字签名部分)通过单向哈希函数转换成哈希值;最后通过比较两个哈希值是否相等,来判断文档是否被篡改过。

那么身份验证和不可抵赖性在这里是怎么体现的呢? 私钥一定是和一个人或组织绑定的,而且用私钥加密的信息只能用对应的公钥来解密。在验证阶段需要用公钥把数字签名解密成哈希值,若解密成功,则说明信息或文档一定来自私钥的持有者,这就做到了身份验证和不可抵赖性。

　　数字签名用于发送方身份认证和验证信息的完整性,要求具有唯一性、不可抵赖、不可伪造等特性。RSA 的私钥是仅有发送方知道的唯一密钥,具有唯一性;使用该密钥加密信息(即数字签名)加密者无法抵赖,具有不可抵赖性;RSA 加密强度保证了私钥破译计算不可行,难于伪造,具有保密性。因而 RSA 符合数字签名的要求,能够实现数字签名。

　　RSA 在用户确认和实现数字签名方面优于现有的其他加密机制。RSA 数字签名是一种强有力的认证鉴别方式,可保证接收方能够判定发送方的真实身份。另外,如果信息离开发送方后发生变更,它可以确保这种变更能被发现。更为重要的是,当收发双方发生争执时,数字签名提供了不可抵赖的事实。

　　如图 4-7 所示,同加密用法相反,RSA 数字签名用法的特征是先私后公:发送方先用自己的私钥签名(加密)信息发送,实现自身身份证明,接收方接收后将签名(加密)信息用发送方公钥验证身份(解密)。

　　第三方得到加密后的信息后,虽然可通过 A 公钥得到明文的信息,并对信息进行更改,但是第三方无法得到 A 私钥,即使将更改后的信息发给 B,但 B 无法用 A 公钥进行解密,从而达到识别 A 身份(身份认证)的效果。

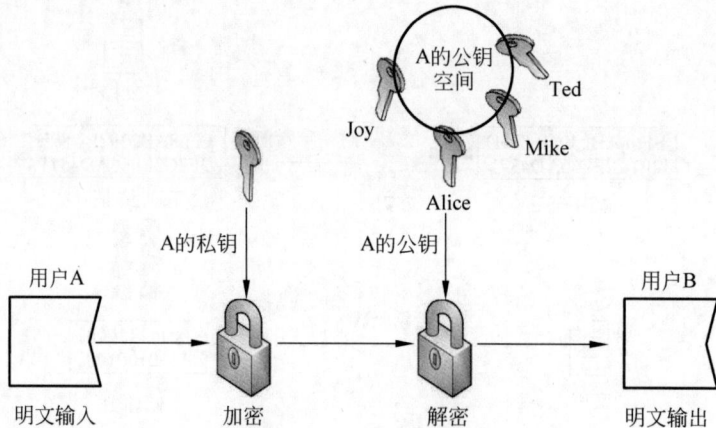

图 4-7　RSA 签名用法

综上所述,RSA 的用法可表示如下。

给定 $n=pq$,p 和 q 是大质数,$ed \bmod \phi(n)=1$,公开密钥为 (n,e),秘密密钥为 (n,d)

加密用法:公钥加密 $m \in [0,n-1]$,$\gcd(m,n)=1$,则 $c=m^e \bmod n$

　　　　　私钥解密 $m=c^d \bmod n=(m^e \bmod n)^d \bmod n=m^{ed} \bmod n=m$

签名用法:私钥签名 $s=m^d \bmod n$

　　　　　公钥验证 $m=s^e \bmod n=(m^d \bmod n)^e \bmod n=m^{ed} \bmod n=m$

【例 4-1】　已知 Alice 的 RSA 公钥 $(65,5)$,进行信息 $m=3$ 的签名和验签。

　　解:因为 $n=p \times q=5 \times 13=65$,所以 $\phi(n)=(p-1)(q-1)=4 \times 12=48$

　　因为 $d=5$,$5 \times e \equiv 1 \bmod 48$,所以 $e=29$,$m=3$

　　签名:$s=3^5 \bmod 65=48$　验签:$m=48^{29} \bmod 65=3$

【例 4-2】　已知 Alice 的 RSA 公钥 $(33,7)$,签名 $s=\text{hum}$,验证签名 m。

解：英文数字化。hum 对应 8,21,13,$M_1 \equiv (C_1)^d \pmod{n} = 8^7 \pmod{33} = 2$,$M_2 \equiv (C_2)^d \pmod{n} = 21^7 \pmod{33} = 21$,$M_3 \equiv (C_3)^d \pmod{n} = 13^7 \pmod{33} = 7$。

验证签名信息为：2,21,7。恢复后的明文为 bug。

4.2.2　ECDSA 数字签名

椭圆曲线数字签名算法(elliptic curve digital signature algorithm,ECDSA)是一种使用 ECC 的数字签名算法。ECC 是建立在基于椭圆曲线的离散对数问题上的密码体制,具有很好的公开密钥算法特性,通过公钥无法逆向获得私钥。

数字签名：签名方用自己的私钥签名,验证方用签名方的公钥验证。

1. ECDSA 算法的缺点

对不同消息 m_1、m_2 签名,重复使用随机数 k 会导致私钥泄露,所以通常推荐 k 的计算方法：$s_1 = k(m_1 + xr)$,$s_2 = k(m_2 + xr)$。k 和 x 为未知数,$k = \text{hash}(sk, m)$。

2. ECDSA 算法

如图 4-8 所示,Alice 通过椭圆曲线算法生成公私钥 k、K,对要签名的信息通过哈希算法生成摘要 z(z 为整数),然后 Alice 用私钥 k 按照下面步骤对摘要 z 生成签名。Bob 通过公钥 K 验证签名。

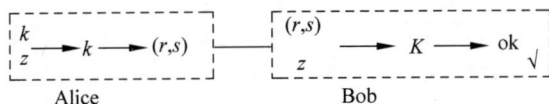

图 4-8　ECDSA

(1) 系统参数。

① 选择有限域 F_p 上的椭圆曲线 $E(F_p)$：$y^2 = x^3 + ax + b$,p 为大质数,G 为基点,n 为椭圆曲线(子群)的阶。

② 用户选取一个随机数 k,作为私钥,$k \in \{1, 2, \cdots, n-1\}$,$n$ 为子群的阶。

③ 计算公钥 $K = kG$。

(2) 生成签名。

① 用户选取一个随机数 d,其中 $d \in \{1, 2, \cdots, n-1\}$,$n$ 为子群的阶。

② 计算 d 倍点 $P = dG = (x_P, y_P)$,G 是椭圆曲线的基点。

③ 计算 $r = x_P \bmod n$,如果 $r = 0$,则回到第①步重新选择 d 重试。

④ 计算 $s = d^{-1}(z + rk) \bmod n$。如果 $s = 0$,则回到第①步重新选择 d 重试。

⑤ (r, s) 就是最终的签名对。

(3) 校验签名。

① 计算 $u_1 = s^{-1} z \bmod n$。

② 计算 $u_2 = s^{-1} r \bmod n$。

③ 计算 $P = u_1 G + u_2 K = (x_P, y_P)$。

④ 如果 $x_P \bmod n = r$,则签名有效；否则无效。

【证明】 $u_1G + u_2K = dG$(算法正确)

因为 $K = kG$,

所以 $u_1G + u_2K = u_1G + u_2kG = (u_1 + u_2k)G = ((s^{-1}z + s^{-1}rk) \bmod n)G$
$$= (s^{-1}(z + rk) \bmod n)G$$

之前定义有: $s = d^{-1}(z + rk) \bmod n, d = s^{-1}(z + rk) \bmod n$。

所以代入上式,有 $u_1G + u_2K = (s^{-1}(z + rk) \bmod n)G = dG = P$

说明 u_1G、u_2K 两点的和等于 P 点,这与生成签名时 P 点一致,算法正确,证毕。

【结论】 签名时计算的 P 点,验签时计算的 u_1G、u_2K 两点的和为同一点,只是计算的过程不同。

【例 4-3】 已知要签名的信息摘要 $z = 88$,椭圆曲线为 $y^2 = (x^3 - x + 1) \bmod 37$。对 z 进行签名和验签。

解:$n = 37$,选取 $G = (3, 5)$。选择 $k = 7$,则 $K = kG = 7G = (27, 16)$。

生成签名:

选择随机数 $d = 11$,$P = dG = 11G = (2, 6)$。

$r = x_P \bmod n = 2 \bmod 37 = 2$。

$s = k^{-1}(z + rk) \bmod n = 27 \times (88 + 2 \times 7) \bmod 37 = 16$。

所以签名对就是 $(r, s) = (2, 16)$。

验证签名:

$u_1 = s^{-1}z \bmod n = 7 \times 88 \bmod 37 = 24$。

$u_2 = s^{-1}r \bmod n = 7 \times 2 \bmod 37 = 14$。

$P = u_1G + u_2K = 24G + 14 \times 7G = 122G = (2, 6)$。

$x_P \bmod n = 2 \bmod 37 = 2 = r$。

【注意】 ECDSA 中用的子群的阶 n 必须是质数,否则乘法逆元 $k\{^{-1}\} \bmod n$ 可能不存在。选择 k 的随机数生成器一定要设计好,不能有漏洞。如果随机数 d 生成不够随机或可预测,会有泄露私钥的风险。此时可能出现两个相同的随机数 $d_1 = d_2$,继而会有两个相同的签名 $r_1 = r_2$,$s_1 = s_2$。则根据公式可以计算出 d,继而就能计算出私钥 k。

因为 $(s_1 - s_2) \bmod n = d^{-1}(z_1 - z_2) \bmod n$,所以 $d = (z_1 - z_2)(s_1 - s_2)^{-1} \bmod n$。

因为 $s = k^{-1}(z + rk) \bmod n$,所以 $k = r^{-1}(sk - z) \bmod n$。

【例 4-4】 已知椭圆曲线 $E_{11}(1, 6)$ 和基点 $P(2, 7)$、点 $Q(3, 6)$,选用的哈希函数 $\text{hash}(m) = m \bmod 26$。字母数字化:A=1,$\cdots$,Z=26。

(1) 求点的集合 S。

(2) 求椭圆曲线 $E_{11}(1, 6)$ 的阶数。

(3) 求 $P + Q$,$Q + P$。

(4) 私钥 $k = $(学号)$\bmod 3 + 3$,求公钥 kP。

(5) 说明 S 构成阿贝尔群。

(6) 用上述公私钥对对"ECC"加密和解密。(不区分大小写)

(7) 用上述公私钥对对"ECC"签名和验签。

解:

(1) 由 $E_{11}(1,6)$ 可知 $y^2=(x^3+x+6)\bmod 11,0\leqslant x\leqslant 10$。

$x=0$ 时,因为 $(x^3+x+6)\bmod 23=6$,所以 $y^2\bmod 11=6$,y 依次取 $0,1,2,3,\cdots,10$,等式不成立,y 无解;

类似可求 $x=1,4,6,9$ 时,y 无解;

$x=2$ 时,$y^2=5(\bmod 11)$,可得 $y=4$ 或 7,对应点为 $(2,4)$;$(2,7)$;

$x=3$ 时,$y^2=3(\bmod 11)$,可得 $y=5$ 或 6,对应点为 $(3,5)$,$(3,6)$;

类似可求:$x=5,7,10$ 时,$y^2=4(\bmod 11)$,$y=2$ 或 9;$x=8$ 时,$y^2=9(\bmod 11)$,$y=3$ 或 8;

所以 $E_{11}(1,6)$ 上所有点的集合 S:

$\{(2,4),(2,7),(3,5),(3,6),(5,2),(5,9),(7,2),(7,9),(8,3),(8,8),(10,2),(10,9),(0,0)\}$,$(0,0)$ 表示无穷远点。

① 不是所有的 x,都有对应解 y。

② 点的集合需要加无穷远点。

③ 对于每个有解的 x,都对应有两个 y 值 y_1、y_2,这两个值关于 $p/2$ 对称 $(y_1+y_2=p)$,具有对称性。根据对称性(纵坐标之和 $=11$),可简化运算,由 $y_1=4$,可得 $y_2=11-4=7$。也可验证计算是否正确 $(y_1+y_2=4+7=11=p)$。

(2) $E_{11}(1,6)$ 上包含的点数目定义为阶,故阶数为 13。

(3) 私钥 $k=12\,221\,828\bmod 3+3=5$,$P(2,7)$,$Q(3,6)$,

求 $P+Q$:

$\lambda=(6-7)/(3-2)=-1$,$x_3=(-1)^2-2-3=1-5=7\bmod 11$,$y_3=-1(2-7)-7=-2=9\bmod 11$,$P+Q=(7,9)$。

求 $Q+P$:

$\lambda=(7-6)/(2-3)=-1$,$x_3=(-1)^2-2-3=7\bmod 11$,$y_3=-1(7-2)+7=2=9\bmod 11$,$Q+P=(7,9)$。

$(7,9)$ 在 $E_{11}(1,6)$。

所以 $P+Q=Q+P$,运算满足交换律。

(4) $k=(12\,221\,915)\bmod 3+3=5$ 对于椭圆曲线 $E_{11}(1,6)$,生成元 $P(2,7)$,$kP=5P=(3,6)$,公钥是 $(3,6)$。

求 $2P(x_3,y_3)$:

$\lambda=(3x_1^2+a)/2y_1\bmod 11=(13)/(14)\bmod 11$,$14\lambda=13\bmod 11=2$,$\lambda=8$。

$x_3=(8)^2-2-2=60\bmod 11=5$,$y_3=8(2-5)-7=-31\bmod 11=2$,$2P=(5,2)$。模取正整数。

类似可计算得:$4P=(10,2)$,$5P=(3,6)$。

【注意】① $p-q=p+(-q)$,减点 $=$ 加点的逆元。$-31\bmod 11$,$33+(-31)=2$;

② 无穷远点(0 点)运算。0 点 $+P=P$。

(5) S 构成阿贝尔群需要满足封闭性,存在单位元、逆元,满足交换律、结合律。

前述计算表明,S

① 满足封闭性:由(3)、(4)计算可知 $P+Q=(7,9)$、$2P=(5,2)$ 也在椭圆曲线上。

② 存在单位元：$a+0=0+a=a$。

③ 存在逆元：$-P=(2,7) \bmod 11=(2,4)$在曲线上。

④ 满足交换律：$P+Q=Q+P$。

⑤ 满足结合律：$(P+Q)+S=P+(Q+S)$。

S 构成阿贝尔群。

(6) 针对"ECC"字母数字化。

对明文消息 $m(0 \leqslant m)$，私钥 k，可依次增加 j 的值计算 $x=\{mk+j, j=0,1,2,\cdots,k-1\}$，直到 $y^2=x^3+ax+b(\bmod p)$ 成立，y 是平方根，即可得到椭圆曲线上的点 M

$(x, \sqrt{x^3+ax+b})$。

因为 $x \in [mk, mk+k-1]$，

$$\left\lfloor \frac{x}{k} \right\rfloor = \left\lfloor \frac{mk, mk+k-1}{k} \right\rfloor = \left\lfloor m, m+\left(1-\frac{1}{k}\right) \right\rfloor = m。$$

① ECC 中的 E：$m=5$，取 $k=2, j=0, x=2 \times 5=10$，M(10,2)；

$r=1$，公钥 $K=kP=2p(5,2), rK=K=(5,2)$，

加密 $M+rK=(10,2)+(5,2)=(7,9)=C_1, C_2=rP=P=(2,7)$。

解密 $kC_2=2(2,7)=(5,2), -kC_2=(5,9)$，

$C_1-kC_2=(7,9)-(5,2)=(7,9)+(5,9)=(10,2), m=\lfloor x/k \rfloor=\lfloor 10/2 \rfloor=5$。

② ECC 中的 C：$m=3$，取 $k=2, j=1, x=2 \times 3+1=7$，M(7,2)；

$r=1$，公钥 $K=kP=2p(5,2), rK=K=(5,2)$，

加密 $M+rK=(7,2)+(5,2)=(10,9)=C_1, C_2=rP=P=(2,7)$。

解密 $kC_2=2(2,7)=(5,2), -kC_2=(5,9)$，

$C_1-kC_2=(10,9)-(5,2)=(10,9)+(5,9)=(7,2), m=\lfloor x/k \rfloor=\lfloor 7/2 \rfloor=3$。

【注意】 ① x 取值应同时满足 $x=mk+j$ 和 $y^2=x^3+ax+b(\bmod p)$，通过不断增大 j，可找到满足条件的点，可能有多个 x；通常取 j 最小值对应点为 M。如果找不到符合条件的 x 取值，可增大 k。

② 计算中 C_2 相同，C_1 不同。

(7) 针对"ECC"字母数字化 $E > m_1=5$，私钥 5，公钥 (3,6)。

选取随机数 3，$k=3p=3(2,7)=(8,3), r=xk \bmod 11=8, e=H(m_1) \bmod 26=5$，

$S=3^{-1}(e+5r) \bmod 11=15 \bmod 11=4$，签名对是 (8,4)。

验证 $w=s^{-1} \bmod n=4^{-1} \bmod 11=3, u_1=ew=15, u_2=rw=24$，

$u_1P+u_2kP=15(2,7)+24 \times 5(2,7)=135(2,7)=(8,3)$

$V=(x_1 \bmod n)=8, V=r=8$ 验签通过。

对于字母 C 同理，签名对是 (8,7)，$w=5^{-1} \bmod n=7^{-1} \bmod 11=8$

$x=24(2,7)+64 \times 5(2,7)=344(2,7)=3(2,7)=(8,3)$，验签通过。

【例 4-5】 已知椭圆曲线 $E_{23}(1,0)$ 和基点 $P(9,5)$、点 $Q(11,10)$，选用的哈希函数 $hash(m)=m \bmod 26$。

(1) 求点的集合 S。

(2) 求 $P+Q,Q+P$。

(3) 私钥 $k=$（学号）mod 3+3，求公钥 kP。

(4) 求椭圆曲线 $E_{23}(1,0)$ 的阶数。

(5) 对"CBA"加密和解密。（不区分大小写）

(6) 对"CBA"签名和验签。

(7) 说明 S 构成阿贝尔群。

解：

(1) 由 $E_{23}(1,0)$ 可知 $y^2=(x^3+x)\ \text{mod}\ 23,0\leqslant x\leqslant 22$。

当 $x=0$ 时，$(x^3+x)\ \text{mod}\ 23=0$，使 $y^2\ \text{mod}\ 23=0$，y 可依次取 $0,1,2,3,\cdots,22$，$y=0$ 时成立，即点 $(0,0)$；

当 $x=1$ 时，$(x^3+x)\ \text{mod}\ 23=2$，使 $y^2\ \text{mod}\ 23=2$，y 可依次取 $0,1,2,3,\cdots,22$，$y=5$，18 时成立，即点 $(1,5),(1,18)\cdots$；或根据对称性（纵坐标之和 $=23$），由 $y_1=5$，可知 $y_2=23-z=18$。

同理可以求得满足条件的点有 $(0,0),(1,5),(1,18),(9,5),(9,18),(11,10),(11,13)$，$(13,5),(13,18),(15,3),(15,20),(16,8),(16,15),(17,10),(17,13),(18,10),(18,13)$，$(19,1),(19,22),(20,4),(20,19),(21,6),(21,17)$，共 23 个点。

(2) $P(9,5),Q(11,10),\lambda=\dfrac{10-5}{11-9}=\dfrac{5}{2}\ \text{mod}\ 23=14$。

$x_3=\lambda^2-9-11=176\ \text{mod}\ 23=15,y_3=14(9-15)-5=-89\ \text{mod}\ 23=3$，

$P+Q=(15,3),Q+P=(15,3)$。

(3) 私钥 $k=12\ 221\ 828\ \text{mod}\ 3+3=5,x_1=9,y_1=5$。

公钥 kP：$2P=(18,10),3P=(0,0),4P=(18,13),5P=(9,18)$。

$2P:\lambda=(3x_1^2+a)/(2y_1)=(3\times81+1)/2\times5=122/5\ \text{mod}\ 23=6,x_3=(\lambda^2-2x_1)\ \text{mod}\ 23=18\ \text{mod}\ 23=18,y_3=\lambda(x_1-x_3)-y_1\ \text{mod}\ 23=6(9-18)-5\ \text{mod}\ 23=-59\ \text{mod}\ 23=10$

(4) 曲线上有 23 个点，加一个无穷远点，椭圆曲线 $E_{23}(1,0)$ 的阶数为 24。

(5) 对明文消息 $m(m\geqslant0)$，私钥 k，可依次增加 j 的值计算 $x=\{mk+j,j=0,1,2,\cdots,mk-1\}$ 直到 $y^2=x^3+ax+b(\text{mod}\ p)$ 成立，y 是平方根，即可得到椭圆曲线上的点 M。

信息 C：$m=3$，取 $k=5,j=0,x=3\times5=15,M(15,3)$；或 $(M(16,8),M(17,10)$ 等点）。

$r=2$，公钥 $K=kP=5p=(9,18),rK=2K=(18,13)$，

加密 $M+rK=(15,3)+(18,13)=(19,22)=C_1,C_2=rP=2P=(18,10)$。

解密 $kC_2=5(18,10)=(18,10),-kC_2=(18,13)$，

$C_1-kC_2=(19,22)-(18,13)=(19,22)+(18,10)=(15,3),m=\lfloor x/k\rfloor=\lfloor15/5\rfloor=3$。

【注意】 ①$(18,10)M=(15,)\ m=15/5=3,p-q=p+(-q)$，减点 $=$ 加点的逆元。

② 无穷远点（0 点）运算。0 点 $+P=P$。

信息 B：$m=2$，取 $k=5,j=1,x=2\times5+3=13,M(13,5)$；

$r=2$，公钥 $K=kP=5p=(9,18),rK=2K=(18,13)$，

加密 $M+rK=(13,5)+(18,13)=(1,5)=C_1,C_2=rP=2P=(18,10)$。

解密 $kC_2=5(18,10)=(18,10),-kC_2=(18,13)$，

$C_1-kC_2=(1,5)-(18,13)=(1,5)+(18,10)=(13,5),m=\lfloor x/k\rfloor=\lfloor13/5\rfloor=2$。

信息 A：$m=1$，取 $k=5$，$j=4$，$x=1\times5+4=9$，$M(9,5)$；

$r=2$，公钥 $K=kP=5p=(9,18)$，$rK=2K=(18,13)$，

加密 $M+rK=(9,5)+(18,13)=(9,18)=C_1$，$C_2=rP=2P=(18,10)$。

解密 $kC_2=5(18,10)=(18,10)$，$-kC_2=(18,13)$，

$C_1-kC_2=(9,18)-(18,13)=(9,18)+(18,10)=(9,5)$，$m=\lfloor x/k\rfloor=\lfloor9/5\rfloor=1$。

(6) 签名：私钥 $d=5$，公钥 $Q=dP=5(9,5)=(9,18)$，即发起签名的用户密钥对为 (d,Q)，$n=6$。

选 $k=5$，$K=kP=5P=(9,18)$，计算 $r=x \bmod 6=9 \bmod 6=3$。

C：$H=\text{hash}(3)=3 \bmod 26=3$，$s=k^{-1}(H+rd) \bmod n=(3+3\times5)/5 \bmod 6=18/5 \bmod 6=0$，

输出签名为 $\text{Signature}(3)=(r,s)=(3,0)$

B：$H=\text{hash}(2)=2 \bmod 26=2$，$s=k^{-1}(H+rd) \bmod n=(2+3\times5)/5=17/5 \bmod 6=1$，

输出签名为 $\text{Signature}(2)=(r,s)=(3,1)$

A：$H=\text{hash}(1)=1 \bmod 26=1$，$s=k^{-1}(H+rd) \bmod n=(1+3\times5)/5=16/5 \bmod 6=2$，

输出签名为 $\text{Signature}(1)=(r,s)=(3,2)$

验签 C：$(3,0)$，$s=0$，验签不通过。

验签 B：$(3,1)$，$w=s^{-1} \bmod 6=1/1 \bmod 6=1$，$e=\text{hash}(2)=2 \bmod 26=2$，

$u_1=ew \bmod n=2\times1 \bmod 6=2$，$u_2=rw \bmod 6=3\times1 \bmod 6=3$，

$u_1\times P+u_2\times Q=2(9,5)+3(9,18)=(18,10)+(0,0)=(9,18)$，

$v=9 \bmod 6=9 \bmod 6=3$ $r=v$ 验签通过。

验签 A：$(3,2)$，$w=s^{-1} \bmod 6=1/2 \bmod 6=$无解，验签不通过。

【注意】 ① $(0,0)$ 点不是无穷远点（0 点）。

② 签名效果不佳是因为 $E_p(a,b)$ 中 p 取值小，随机数 k 取值范围小。可增加 p 或选择合适的字母签名，如 b。

(7) 说明 S 构成阿贝尔群。

解：由于阿贝尔群具有性质

① 封闭性 $a+b=c$ 属于 S；

② 组合性 $(a+b)+c=a+(b+c)$；

③ 交换性 $a+b=b+a$；

④ 每个元素都存在逆元；

⑤ 单位元。

任取 S 上的点集 $p_1=(9,5)$、$p_2=(11,10)$、$p_3=(19,1)$，经过运算可知：

$p_1+p_2=(15,20)\in S$，满足封闭性；

$(p_1+p_2)+p_3=p_1+(p_2+p_3)$ 满足组合性；

$p_1+p_2=p_2+p_1=(15,20)$，满足交换性；

逆元：$p=(9,5)$，$-p=(9,-5)$，$-5 \bmod 23=18$，所以 $-p=(9,18)$ 也在 $E_{23}(1,0)$ 上；

单位元：$p+0=p$；

综上，集合 S 构成阿贝尔群。

美国国家安全局曾经推荐使用 secp256r1,它的曲线方程的系数比 secp256k1 复杂许多。然而由于该曲线的设计过程不透明,在生成曲线参数 a 和 b 中使用的随机算法种子是个很奇怪的数字,很早就被怀疑有后门,在棱镜门后怀疑声更甚。巧的是,中本聪在设计比特币的时候也恰好绕过了使用该曲线。棱镜门之后,Daniel J. Bernstein 教授早年设计的 curve25519 曲线大火,该曲线系数来源明确,已经被越来越多的机构采纳。

现在 TLS 密钥交换和签名通常有 RSA、ECDHE_RSA 和 ECDHE_ECDSA 三种方式。三者区别如下。

(1) RSA。密钥交换无须数字签名,不过由于其没有前向安全性,已经用得不多。

(2) ECDHE_RSA。使用 ECDHE 密钥交换,RSA 数字签名,目前使用比较广泛。在 ECDHE 中,客户端和服务端都会生成各自的椭圆曲线密钥对,服务端向客户端发送它的椭圆曲线公钥的时候使用 RSA 证书私钥做数字签名,客户端使用 RSA 证书中的公钥验证签名。

(3) ECDHE_ECDSA。使用 ECDHE 密钥交换,ECDSA 数字签名,需要使用 ECC 证书。

4.2.3 SM2 数字签名

SM2 签名算法可满足多种密码应用中的身份鉴别和数据完整性、真实性的安全需求。同时使用了 SM3 密码杂凑算法和国家密码管理局批准的随机数发生器。

SM2 签名原理如下。

(1) 密钥产生。

SM2 算法是国家密码管理局发布的椭圆曲线公钥密码算法。曲线方程为 $y^2 = x^3 + ax + b$,曲线参数如图 4-9 所示。

```
p=FFFFFFFE FFFFFFFF FFFFFFFF FFFFFFFF FFFFFFFF 00000000 FFFFFFFF FFFFFFFF
a=FFFFFFFE FFFFFFFF FFFFFFFF FFFFFFFF FFFFFFFF 00000000 FFFFFFFF FFFFFFFC
b=28E9FA9E 9D9F5E34 4D5A9E4B CF6509A7 F39789F5 15AB8F92 DDBCBD41 4D940E93
n=FFFFFFFE FFFFFFFF FFFFFFFF FFFFFFFF 7203DF6B 21C6052B 53BBF409 39D54123
Gx=32C4AE2C 1F198119 5F990446 6A39C994 8FE30BBF F2660BE1 715A4589 334C74C7
Gy=BC3736A2 F4F6779C 59BDCEE3 6B692153 D0A9877C C62A4740 02DF32E5 2139F0A0
```

图 4-9 曲线参数

输入 SM2 椭圆曲线参数 parms(椭圆曲线方程 E_p、大素数 p、基点 G、基点的阶 n),随机生成一个整数作为用户 A 的私钥 $d_A \in [1, n-1]$ 秘密保存,利用公私钥关系生成公钥: $P_A = [d_A]G = (x_a, y_a)$,$P_A$ 即为得到的 SM2 公钥。

(2) 摘要过程。

首先,用式(4-1)计算哈希值 Z_A。ID_A 是用户 A 的可辨别标识,$ENTL_A$ 是 ID_A 的长度,a、b 是椭圆曲线的系数,x_G、y_G 分别是基点 G 的横纵坐标值,x_A、y_A 分别为公钥横纵坐标值。

$$Z_A = SM3(ENTL_A \parallel ID_A \parallel a \parallel b \parallel x_G \parallel y_G \parallel x_A \parallel y_A) \tag{4-1}$$

得到哈希值 Z_A 后,用式(4-2)计算与待签名消息 M 的哈希摘要 e:

$$e = SM3(Z_A \parallel M) \tag{4-2}$$

其次,随机产生临时私钥 $k \in [1, n-1]$,并由此计算出临时公钥(曲线点)X_1:

$$X_1 = (x_1, y_1) = kG \tag{4-3}$$

式(4-3)计算临时公钥 X_1 是为了避免传输基点 G,增加伪造签名的难度。

接着计算签名参数 r 和 s,输出签名(r,s):

$$r = (e + x_1) \bmod n \tag{4-4}$$

式(4-4)生成签名中的 r 值,每个参数的具体作用如下。

① 哈希值:哈希值 e 是对待签名的消息进行哈希运算后得到的结果。它确保了消息的完整性和唯一性。在签名过程中,将哈希值 e 用作计算参数 r 的一部分,确保签名与消息相关联。

② 临时公钥 X_1 的 x 坐标 x_1:x_1 被用作计算参数 r 的一部分,确保了签名的随机性和唯一性,因为每次使用不同的临时私钥 k,都随机会生成不同的临时公钥 X_1,X_1 的 x 坐标 x_1 值随之不同,具有随机性和唯一性。

③ 曲线的阶数 n:n 表示椭圆曲线上点的数量。在签名过程中,n 用作计算参数 r 的模数,即进行取模运算。这确保了计算出的 r 值在一定范围内,并且与曲线的特性相对应。

$$s = ((1+d)^{-1} \cdot (k - rd)) \bmod n \tag{4-5}$$

式(4-5)生成签名中的 s 值,每个参数的具体作用如下。

① 私钥 d:私钥 d 是签名者拥有的私密信息,用于生成对应的公钥。在计算参数 s 时,私钥 d 被用作计算的一部分。

② 临时私钥 k:临时私钥 k 是在签名过程中生成的一个随机数。它用于计算临时公钥 X_1 和生成签名中的 r 值。签名参数 r 是在签名过程中计算得到的,与临时公钥的 X_1 坐标相关,用于验证签名的有效性。

③ 曲线的阶数 n:n 表示椭圆曲线上点的数量。在签名过程中,n 用作计算参数 s 的模数,即进行取模运算。这确保了计算出的 s 值在一定范围内,并且与曲线的特性相对应。

计算参数 s 包括私钥 d 和临时私钥 k 的运算。

$(1+d)^{(-1)}$ 是私钥 d 加 1 的逆元素,即$(1+d)$ 的模逆,它的作用是确保计算参数 s 时的数学运算可逆。"可逆"这个特性确保了计算参数 s 的数学运算在验证过程中是可逆的,使得签名的验证能够得到正确的结果,并保证了签名的可靠性和可验证性。

$(k - r \times d)$ 是临时私钥 k 减去 r 与私钥 d 乘积的结果,它的作用是确保计算参数 s 时包含了临时私钥 k 和签名参数 r 的信息。

最后,通过对计算结果进行取模运算,保证了计算得到的参数 s 在一定范围内,并符合椭圆曲线的特性。

综上所述,计算过程中,各个参数扮演着重要的角色:e 保证了签名与消息相关联,确保签名的唯一性;d 确保了签名的安全性和私密性;x_1、k 和 r 增加了签名的随机性和抗攻击性;n 用于将计算结果限制在一定范围内,符合椭圆曲线的特性。

计算中这些参数的选择和计算是为了增加签名的安全性、随机性和可验证性,使得 SM2 数字签名算法具备良好的性质和保护特性。

(3) 签名过程。

设待签名的消息为 M,消息 M 的数字签名为(r,s)。如图 4-10 所示为 SM2 算法的签名过程。

输入 SM2 椭圆曲线参数 parms、私钥 d_A 和待签名的消息 M 同时计算哈希值 Z_A。

$$Z_A = SM3(ENTL_A \parallel ID_A \parallel a \parallel b \parallel x_G \parallel y_G \parallel x_A \parallel y_A) \tag{4-6}$$

式(4-6)中,ID_A 是用户 A 的可辨别标识,$ENTL_A$ 是 ID_A 的长度,a,b 是椭圆曲线的系数,

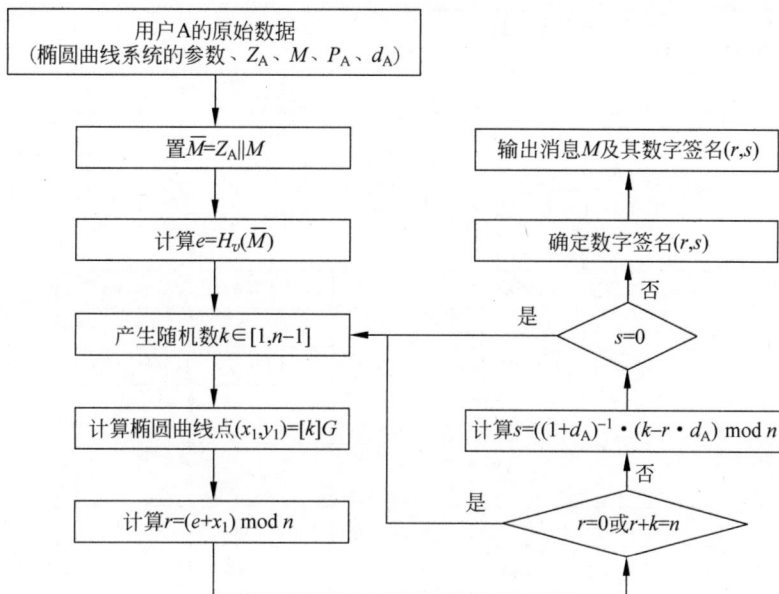

图 4-10　签名过程

x_G、y_G 分别是基点 G 的横纵坐标值，x_A、y_A 分别为公钥横纵坐标值。得到哈希值 Z_A 后计算与待签名消息 M 的哈希摘要 e

$$e = SM3(Z_A \parallel M) \tag{4-7}$$

随机产生 $k \in [1, n-1]$，并由此计算出曲线点 X_1

$$X_1 = (x_1, y_1) = [k]G \tag{4-8}$$

计算签名参数 r 和 s 输出签名 (r, s)

$$r = (e + x_1) \bmod n \tag{4-9}$$

$$s = ((1 + d)^{-1} \cdot (k - rd)) \bmod n \tag{4-10}$$

（4）签名验证过程。

设待检验的消息为 M'，消息 M' 的数字签名为 (r', s')。图 4-11 所示为 SM2 算法的签名验证过程。

输入 parms、验证方拥有的公钥 P_A 和待签名验证的消息 M 及签名方传过来的签名 (r', s')，求待签名验证消息 M 的哈希摘要 e，并计算 t。

$$t = (r' + s') \bmod n \tag{4-11}$$

式中验证 t 是否等于 0，若等于 0 则签名验证失败，否则计算椭圆曲线点 X_1'：

$$X_1' = (x_1, y_1) = [s']G + [t']PS \tag{4-12}$$

验证 $r' = (e' + x_1') \bmod n$ 是否成立，成立则签名验证成功。

数字签名过程如下。

① 对待签名数据进行哈希运算，得到哈希值。

② 随机选择一个数值 k，与基点相乘，得到点 (x_1, y_1)。

③ 将 x_1 的值与哈希值进行异或运算，得到一个数值。

④ 计算该数值的模反函数，得到另一个数值。

⑤ 将哈希值与另一个数值进行相乘，得到一个数值。

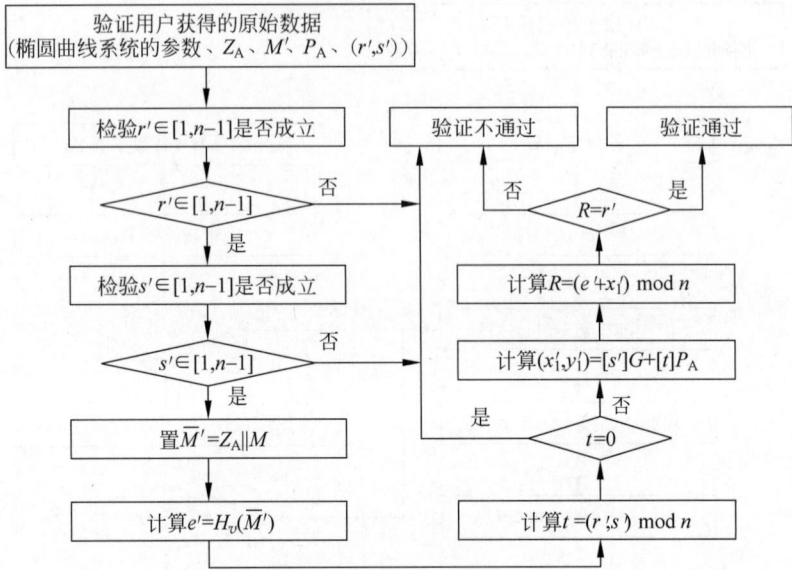

图 4-11 签名验证过程

⑥ 使用私钥与该数值相乘,得到一个数值。

⑦ 使用点(x_1,y_1)与该数值进行点运算,得到点(x_2,y_2)。

⑧ 将 x_2 的值与哈希值进行比较,如果相等,则签名有效。

数字签名功能可以独立使用。发送方可以用自己的私钥生成数字签名,并将签名附加在数据上发送给接收方。接收方用发送方的公钥来验证数字签名的有效性,从而确保数据的完整性和身份认证。

综上所述,可以将 SM2 的加解密作为一个绑定的功能,数字签名作为一个独立的功能,并单独考虑密钥生成作为另一个功能。

SM2 和 ECDSA 的比较如下。

SM2 和 ECDSA 都是使用椭圆曲线的签名算法,其思想来源都来自 DSA,但是 SM2 数字签名增加了合理性检查,检查 $r+k$ 是否等于 n；SM2 数字签名的 s 具有线性关系,可以构造特殊需求的签名。

相同点:都以 r、s 为签名(来源于 DSA 的启发);都是随机签名算法(利用了随机数 k 通过椭圆曲线上的点产生 r);安全性在同一个级别。

不同点:两者在算法和特征上有些许不同的;签名生成的 r 不同;签名生成的 s 不同;签名的哈希内容不同。

综合以上两种算法的比较,虽然安全性在同一个级别上,但是 SM2 算法具有更好的合理性检查提高了安全性,并且可以更高效地计算。

区块链的签名算法是区块链应用和区块链安全的重要研究点之一,通过对区块链的需求和签名算法的了解可以更好地选择适用自身业务需求签名算法,这样在安全性和效率方面都会事半功倍。

在区块链项目中,SM2 替代现有的 ECDSA,是一个可行的且可以提高区块链安全性的选择。而且由于 SM2 的签名参数 s 具有线性关系,可以结合区块链实际应用进行一些特殊需求的签名算法设计,满足区块链特殊的需求。

区块链虽然天然具有匿名性,但是其匿名性是通过假名实现的,可以通过对交易数据的启发式聚类分析把用户的地址关联起来,这样就弱化了区块链的匿名性,如何增强区块链的匿名性?区块链滋生了很多违法活动,因此,区块链的监管问题是一个棘手的问题。如何实现既保护用户的身份隐私,又实现交易的不可链接性,同时对监管还友好的区块链交易系统,是一个值得深入探讨的问题,4.2.4 节将通过介绍环签名,进一步讨论其在区块链系统中的应用。

4.2.4　SM2 环签名

环签名是一种特殊的数字签名算法,它可以实现在生成数字签名的同时不泄露谁才是真正的签名者,是一种匿名的数字签名技术。

环签名是让一个人在一群人中发放匿名证明,最早由 Rivest 等在文章 *How to Leak a Secret* 中提出。他们用一个有趣的例子描述了环签名的应用场景。假设 Bob 是内阁成员,他要向报社举报总理的某些不法行为。在这一过程中,Bob 不能暴露自己的真实身份,但又需要向报社证明这一信息确实来源于内阁成员。对此,Rivest 等提出了环签名算法来解决这一问题。

最早的环签名算法基于 DLP 假设,通过使用陷门置换巧妙地构造环方程构成。如图 4-12 所示,该环方程中从起始点输入验证数据,循环计算一圈后得到的最终输出等于初始输入,闭合成一个类似环形的结构,故得名环签名。

环签名的原理在数学上是一个哈希函数和一些密码算法的组合,可以用来验证某个消息是否被一个特定的群体中的某个人签署。

在一个环签名系统中,存在一个具有多个用户的群体,这个群体中的每个人都有一个公钥和一个私钥。当群体中的某个人想要发布一条消息时,他可以随机从这个群体中选择一些人的公钥,构建出一个环,并把

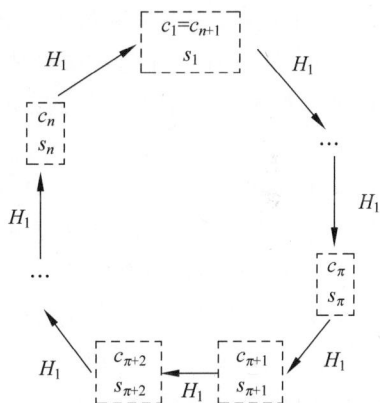

图 4-12　环签名示意图

自己的签名和消息通过哈希函数加密,发出一个环签名。也就是说,在这个环中,有一个公钥对应的私钥可以对这个签名进行验证,因此,这个消息就由这个环中的某个成员签署了。

环签名具有 3 个主要特征。

(1) 无条件匿名性。

给定一个签名,任何人都无法直接确定单一签名者的身份,即环成员中哪个才是真正的签名者,这意味着环签名提供了强大的隐私保护能力。若环中有 n 个成员,即使攻击者获得了所有可能签名者的私钥,确定谁是实际签名者的概率也不超过 $1/n$,其中 n 代表所有可能签名者的数量。

环签名中存在一组成员,称这一组成员为环成员,环成员之间没有协作,且签名过程不需要可信第三方参与协作。环签名允许签名者任意选择一组环成员并将自己隐藏于其中,使得所有成员看起来都有成为实际签名者的可能,签名者用自己的公私钥和其他环成员的公钥进行签名。验证者验证签名后无法判断环成员中哪个成员是实际签名者,但是可以确

认签名者一定在环成员中,从而满足签名者的匿名性。

与传统的群体签名方案不同,环签名不需要设置可信中心,签名者可以独立完成签名过程,不需要其他成员的参与协助,同时实现信息签名与隐私保护。

(2) 不可伪造性。

在没有已知成员私钥的情况下,攻击者即使得到了环签名消息的签名,也无法伪造合法的签名。这是因为环签名设计得足够复杂,使得伪造签名变得几乎不可能。环中其他成员无法在不使用自己的公私钥对进行合法签名的情况下,伪造出一个可以通过验证算法的有效环签名;非环中成员即使获得某个有效合法的环签名,也无法伪造一个可以通过验证算法的有效环签名。

因此在环签名系统中,签名的验证者只能确定签名属于某个群体,却无法判断具体是哪个人签署的,因为环签名中有很多成员,而且群体中的每个成员都可以作为签名者。这种加密技术可以在保护个人隐私和实现公共监督之间取得平衡。同时,它还可以避免单点故障和中心化的问题,提高了加密的安全性。

(3) 正确性。

只要按照正确的签名步骤进行,且签名过程中未被篡改,环签名就能够满足签名验证等式,即能够证明消息的真实性和签名者的身份。

环签名技术弥补了传统签名技术中的一些缺陷,它可以保护签名者的隐私,防止签名被恶意攻击者篡改等问题发生。在隐私保护、可追溯性和公正性等方面,环签名技术有着广阔的应用前景。

具体来说,一个环签名可以认为是公钥环、消息和环签名的组合。其中,公钥环包含了群体中每个人的公钥;消息是要被签名的内容,可以是数字、文件等;环签名是包含了某个群体中的某个成员的非交互式签名,不需要任何其他成员的参与。

环签名可通过对普通公钥密码体制进行扩展而得到,Rivest 等在其论文中分别给出了基于 RSA 体制和 Rabin 体制的环签名算法构造,范青等提出了 SM2 环签名算法。

1. SM2 环签名算法

p 为大素数,F_p 为有限域;$E(F_p)$ 为定义在 F_q 上的椭圆曲线,G^+ 为 $E(F_p)$ 上的点构成的加法循环群,q 为其阶;G 为群 G^+ 的基点;$H_1 : \{0,1\}^* \to Z_q^*$ 是安全哈希函数。

(1) 密钥生成。

用户 A 随机产生 $d_A \in Z_q^*$ 作为私钥秘密保存,计算公钥 $P_A = d_A G$ 并公开。

(2) 环签名生成。

签名者自发选取 $n-1$ 个用户的公钥,加上自身公钥构成环公钥 $L = \{P_1, P_2, \cdots, P_n\}$,签名者为其中第 $\pi (1 \leqslant \pi \leqslant n)$ 个用户,并且利用私钥 d_π 和环公钥 L 通过算法 A 生成对消息 m 的环签名。

SM2 环签名生成算法

Input：$m, L = \{P_1, P_2, \cdots, P_n\}, d_\pi$

Output：环签名 $\sigma_L(m) = (c_1, s_1, s_2, \cdots, s_n)$

① 产生随机数 $k_\pi \in Z_q^*$,计算 $c_{\pi+1} = H_1(L, m, k_\pi G)$。

② 对 $i = \pi+1, \cdots, n, 1, \cdots, \pi-1$,依次执行以下运算,直至计算出 c_π：

随机产生 $s_i \in Z_q^*$，计算 $Z_i = s_i G + (s_i + c_i)P_i$，$c_{i+1} = H_1(L, m, Z_i)$，其中记 $c_1 = c_{i+1}$。

③ 计算 $s_\pi = ((1 + d_\pi)^{-1}(k_\pi - c_\pi \cdot d_\pi)) \bmod q$。

④ 输出在 L 关于 m 的环签名 $(c_1, s_1, s_2, \cdots, s_n)$。

如图 4-12 所示，c_i、s_i 中 i 从 1 增至 n，签名值中的 c_i 经 $H_1()$ 运算构成环状结构。

(3) 环签名验证。

验证时，使用环成员公钥对签名进行验证，验证通过则接受该签名是由环中某个成员签署而无法确定真正的签名者。验证者收到消息 m' 及环签名值 $(c_1', s_1', s_2', \cdots, s_n')$ 后执行以下步骤：

① 检验 $c_1', s_i' (1 \leqslant i \leqslant n) \in Z_q^*$ 是否成立。若不成立验证不通过，否则执行下一步；

② 对 $i = 1, 2, \cdots, n$，依次计算 $Z_i' = s_i' G + (s_i' + c_i')P_i$，$c_{i+1}' = H_1(L, m', Z_i')$；

③ 检验 $c_1' = c_{i+1}'$ 是否成立。若不成立输出"拒绝"，否则输出"接受"。

2. 环签名的应用

在众多基于区块链的数字货币中，门罗币（Monero）是最具有代表性的使用环签名来增强其隐私保护能力的数字货币。其环签名算法采用 CryptoNote 协议，将普通可链接环签名算法扩展为多层可链接环签名算法来混淆交易信息。同时门罗币还将环签名与机密交易相结合，形成环机密交易来隐藏交易发起方身份与交易金额，并使用 Borromean 环签名实现对隐藏金额的范围证明。在接收方，门罗币使用一次性地址技术来隐藏接收方地址。为避免双花攻击，门罗币使用可链接环签名的可链接性来判断同一账户是否产生两笔花销。

除了数字货币，还可以将环签名与区块链相结合，应用于其他需要隐私保护的场景中，如拍卖、电子投票、匿名存证等，保证成员的匿名性和签名的不可篡改性。

环签名作为一种去中心化的匿名签名算法，与区块链的特点高度契合，可用于区块链上的隐私保护。然而在实际应用中，环签名的缺点仍制约着其在区块链上的应用，对其仍具有非常广泛的研究前景。

3. 环签名优势

传统的混币技术需要可信中心或不同节点间根据协议进行协作来混淆多笔交易信息实现隐私保护，而这种方法无法抵御可信中心或其他参与节点的不诚实行为。环签名不需要可信中心、不需要成员间的协作，其安全性依赖其算法的安全性，相比于混币技术更加安全。

对于基于零知识证明的区块链隐私保护方案，其算法非常复杂，并且涉及双线性对运算，尽管安全性较高但不具有较高的计算效率。与之相比环签名算法较为简单，具有更高的计算效率。

区块链的匿名性是指用户在区块链网络中使用假名进行活动，其本质为非实名性。而对于某一假名，其交易数据都记录在公共账本上，任何人都可以获取其交易数据信息，攻击者可采用聚类分析等技术推断这一假名的真实身份，故而存在隐私泄露问题。因此，如何增强区块链的匿名性成为需要研究的问题。

4. 环签名的不足

① 签名长度。尽管环签名可以保护区块链交易隐私，但仍具有诸多限制。分析表明环

签名的匿名性与环成员数量相关,环成员越多其匿名性越高。

然而在传统的环签名方案中,签名长度与环成员数量线性相关,要提高环签名匿名性会增加签名长度。在区块链交易中,签名长度的增加会导致交易费用的增加,为控制交易成本,一般会限制环成员数量使其匿名性受到制约。尽管如今已提出许多对数级环签名方案并用于区块链中,但其仍需要区块链用户去权衡匿名性与交易成本。

② 计算效率。计算效率也是制约环签名应用的重要因素。与签名长度存在的问题类似,提高匿名性需要增加环成员数量,从而使得签名时间与验证时间增加,降低其计算效率。

因此,如何降低签名长度与如何提升计算效率成为对环签名进行改进与提升的主要研究方向。

5. ECC 环签名功能需求分析

(1) 环签名生成。

ECC 环签名如图 4-13 所示。用户 $j(j=3)$ 输入信息后,获取环成员中每个成员的公钥组成公钥环,然后根据 j 的公私钥计算镜像密钥 $I=X_j P_j$;选择随机数 a,计算 c_{j+1};选择 $n-1$ 个随机数 s_i(n 为环成员人数),$i=j+1,\cdots,n,1,\cdots,j-1$,依次循环计算每个环成员 s_i 对应的哈希值 c_{i+1},直至计算出用户 j 对应的哈希值 c_j。根据哈希值 c_j,编织成环结构;最后求解 j 对应的随机数 s_j 并放入随机数序列,构成环签名。

(2) 环签名验证功能。

接收方收到环签名后,利用环公钥,从第一个随机数 s_1 开始,使用签名中的哈希值计算下一个环成员的哈希值,循环计算每个成员的哈希值,判断是否能回到原点,即最后得到的哈希值是否与环签名中的哈希值一致。

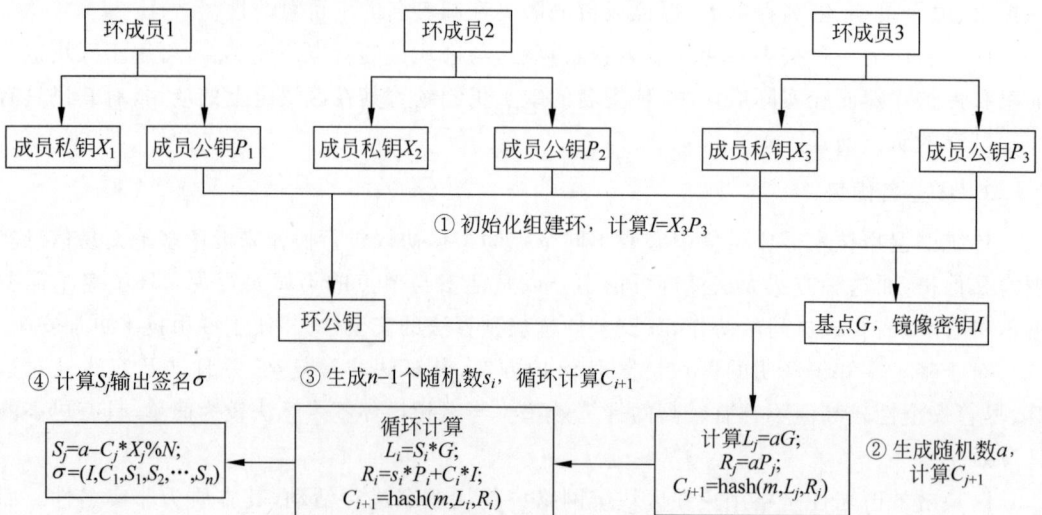

图 4-13 ECC 环签名示意图

验证者在验证 ECC 环签名时,输入的环成员公钥均匀分布,签名中不存在可能造成签名者身份泄露的信息,故而满足匿名性;由于签名过程需要签名者的私钥参与计算来构造环方程,而私钥只有签名者持有,其他人无法获得,因此满足不可伪造性。

4.3　密码学应用

　　密码学应用是指将密码学的理论和技术应用于各种场景,以保障信息的保密性、完整性和可靠性。

　　在信息化、网络化、数字化程度不断加深的今天,密码技术已经渗透到社会生产、生活各方面,重要网络和信息系统、关键信息基础设施、数字化平台都离不开密码的保护,公安、社保、交通、能源、水利、教育、广电、税务等领域,密码应用不断向纵深拓展,充分发挥着在保障国家网络与信息安全中的重要作用;日常生活使用的银行卡、网上银行、移动支付、条码支付及非银行支付等各类电子支付中都需要使用密码,密码的应用可谓无处不在,其有力地维护了社会正常运转和交易秩序,保障了公民、法人和社会组织的合法权益。

　　为适应密码学应用发展,国家需要大量培养密码学应用人才。2021 年 3 月,教育部正式将"密码科学与技术"列入新增普通高等学校本科专业目录,7 所高校从当年秋季开始招收密码专业本科生;"密码技术应用"专业已纳入职业教育专业目录;人力资源和社会保障部会同市场监管总局、国家统计局发布新职业信息,将"密码技术应用员"确定为新职业。

　　做好新时代密码工作,事关人民切身利益。要深入践行"密码安全为人民"的理念,全面推进《中华人民共和国密码法》的贯彻实施,积极促进密码与数字经济、数字政府、数字社会的融合应用,不断筑牢密码安全防线,让人民群众的生活更安全、更便捷,努力提升人民群众在网络空间的获得感、幸福感、安全感。

　　密码学的应用范围非常广泛,包括网络安全、电子商务、数字签名、认证、密钥管理等诸多方面。

　　(1)网络安全:网络安全是现代密码学应用的最重要领域之一。现代通信技术的普及使得数据传输大量使用互联网,互联网数据包含有大量的个人隐私和机密信息,如电子邮件、银行交易信息、网上购物中的信用卡数据等。密码学可以加密和解密通信内容,确保只有合法用户才能访问敏感信息。因此,确保这些数据的安全成了互联网上的一项重要工作。例如,HTTPS 就使用了 SSL/TLS 加密来保护网络传输的数据。

　　(2)数字签名:密码学可以用于数字签名,保证数字文档的真实性和完整性,从而避免篡改和伪造。例如,GPG 和 S/MIME 协议就采用了数字签名技术来保障邮件的安全。

　　(3)认证和授权:利用密码学原理实现身份认证和权限控制。例如,Kerberos 协议、OAuth 2.0 等协议提供了认证和授权机制,用于保护系统的安全性。

　　(4)电子商务:密码学在电子商务中也起着重要作用,例如,保护在线支付的安全性,防止恶意攻击和盗窃。

　　传统支付方式为柜台支付或银行卡支付。银行卡是一种内置集成电路的芯片,芯片中存有与用户身份相关的数据。银行卡由专门的设备生产,是不可复制的硬件。银行卡由合法用户随身携带,登录时必须将银行卡插入专用的读卡器读取其中的信息,以验证用户的身份。银行卡传统的安全保障措施就是用户名和密码,这是很不安全的,容易被驻留内存的木马或网络监听等黑客技术窃取。因此近年来支付更加方便和安全的网络支付日益普及。

　　(5)密钥管理:密钥管理是密码学应用中的一个重要环节。通过密钥管理系统(如

KMS)对密钥进行生成、分发、存储和销毁,确保密钥的安全性。

(6) 区块链:区块链技术中的加密算法(如 SHA-256、ECC 等)和共识机制(如工作量证明 PoW、权益证明 PoS 等)都有密码学的影子,它们共同保证了区块链的安全、透明和不可篡改。

(7) 隐私保护:密码学技术在隐私保护领域有广泛应用,如差分隐私、同态加密、多方计算等。这些技术在保护数据隐私的同时,允许对数据进行分析和处理。

密码学在现实生活中的应用非常广泛,以下是一些具体的例子。

(1) 居民身份证:第二代居民身份证采用了密码技术作为主要的防伪技术,建立了整体的数字密码防伪技术体系,提高了身份证的防伪安全能力。

(2) 金融社保卡:金融社保卡采用了对称算法国密算法 SM4 处理各自数据的安全存取与保护,保证了异地消费交易的顺利进行。

(3) 网上银行:现代密码学在网银中的成功应用极大地降低了银行交易风险,使网上银行业务得以快速发展。

(4) 电力系统:密码技术在电力系统中也得到了广泛的应用,如电力用户用电信息采集系统,为系统的安全、稳定运行提供了重要的技术保障。

(5) 金税工程防伪税控系统:该系统采用了一机一密、一次性密钥的密码体制,具有很强的保密性和安全性,有效地防止了专用发票假发票的问题。

(6) 数字证书:数字证书采用公钥体制,利用一对互相匹配的密钥分别用于加密和解密,确保了网络通信的安全。

(7) 高校利用密码技术,将电子成绩单等传统纸质证明材料电子化,加盖基于密码技术的可靠电子签名及可信时间戳实现信息防伪,达成电子成绩单等证明材料互信互认,验证时间从之前的三周缩短至秒,极大便利了广大毕业生办理就业、升学等业务。

(8) 数据库加密:数据库加密是一种应用密码学技术来保护电子数据库数据机密性的方法。密码可以用于保护数据库中的所有内容,从个人身份信息到商业机密。在数据库加密方案中,所有存储的数据都会被加密以保护其机密性。

4.3.1　信息安全通信模型

采用公钥密码体制和单向哈希函数可构成信息安全通信模型,模型如图 4-14 所示。

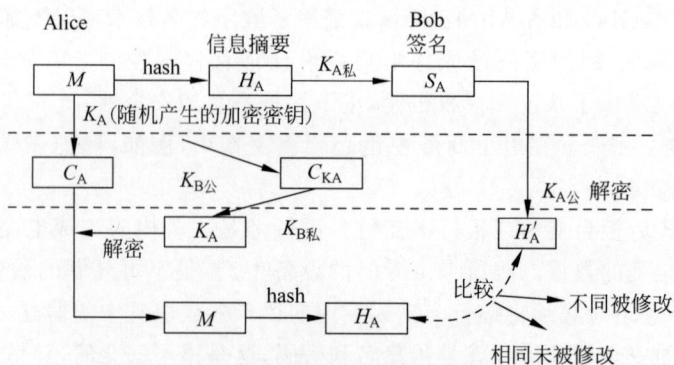

图 4-14　信息安全通信模型

（1）签名者 A 将发送的信息 M 经过哈希运算产生信息 M 的数据摘要 H_A，将该数据摘要经过 A 的私钥 $K_{A私}$ 加密后产生 A 的签名 S_A。

（2）将 A 要发送的信息用 A 随机产生的对称密钥 K_A 进行加密，产生密文 C_A；将 A 随机产生的密钥 K_A 用 B 的公钥 $K_{B公}$ 进行加密，得到加密的密钥 C_{KA}。

（3）签名者 A 将签名 S_A、密文 C_A 和加密后的密钥 C_{KA} 发送给验签者 B。

（4）验签者 B 收到这些信息后，先用 B 的私钥 $K_{B私}$ 将发送过来的加密密钥 C_{KA} 解密后得到密钥 K_A。

（5）用该密钥解密密文 C_A 得到信息明文 M；对明文信息 M 计算其数据摘要得到摘要信息 H_A；将接收到的签名信息 S_A 用用户 A 的公钥 $K_{A公}$ 解密得到由用户 A 计算出的数据摘要，记为 H_A'。

（6）验签者 B 对两个数据摘要 H_A 和 H_A' 进行比较，若相同，则证明信息发送过程中未发生任何改变；若不同，则有人进行了修改。

在这种签名机制中，验签者 B 完全可以相信所得到的信息一定是签名者 A 发送过来的，同时签名者 A 也无法否认发送过信息，因此是一种安全的签名技术方案。

整个过程使用了三对密钥：签名者 A 的非对称密钥 $K_{A私}$ 和 $K_{A公}$、验签者 B 的非对称密钥 $K_{B私}$ 和 $K_{B公}$、A 随机产生的对称密钥 K_A。其中签名者 A 的非对称密钥用于数字签名，实现 A 无法否认发送过信息；验签者 B 的非对称密钥利用非对称密钥难于解密的优点对随机产生的对称密钥 K_A 进行加密、解密，保证对称密钥的安全分发；随机产生的对称密钥 K_A 利用对称密钥加密速度快的优点实现对大量的数据进行加密、解密。

信息安全通信模型使用公钥算法加密随机产生的对称密钥，利用公钥算法难以解密的优点进行对称密钥的安全分发；使用对称密钥加密速度快的优点加密传输数据，实现一次一密，保证信息传输保密性。

从信息接收者的视角来看，信息安全通信模型保证了通信过程中信息具有 CIA 性质。

（1）保密性：第三方能够获得密文 C_A、加密后的密钥 C_{KA}、签名 S_A，但由于没有接收方私钥 $K_{B私}$ 无法解密 C_{KA} 获得对称加密 K_A，因而无法获得明文 M；第三方虽然可以用 A 的公钥 $K_{A公}$ 解密得到由用户 A 计算出的数据摘要 H_A'，但由于 H_A' 的单向性也无法获得明文 M，因而信息传输是安全的。

（2）完整性。接收方 B 通过对两个数据摘要 H_A 和 H_A' 进行比较，可以保证接收的数据是完整的。

（3）可用性。接收方 B 用 A 的公钥 $K_{A公}$ 解密得到的摘要 H_A' 与 H_A 一致，实现了发送方 A 的身份认证，信息来源真实，信息具有可用性。

综上所述，使用该模型实现信息通信安全是可行的，而且是高效的，目前已广泛应用于各种需要保证信息安全的系统。

4.3.2　签名算法在区块链中的应用

区块链的地址、公钥、私钥、钱包管理等都和签名算法相关，签名算法是区块链的重要技术之一，签名算法同时也是区块链安全的重要研究点之一。

区块链地址的生成过程如下。

区块链的所有权是通过私钥、区块链地址和数字签名来实现的。

私钥只有用户自己拥有,只存储在用户端,管理用户私钥的软件或硬件称为钱包。钱包的管理如私钥生成、签名过程等都不需要网络连接。钱包的构建不需要任何第三方信任机构,所有权的认证和管理都是基于密码学可证明的安全模型,因此也可以说区块链的信任是建立在密码学的可证明安全基础上的。

以比特币为例,比特币的数字资产存放在和私钥相关的地址上,只有通过此私钥签名的交易才是一个有效的交易,只有有效的交易才会经过节点验证后写入区块中上链。

比特币的地址生成如图 4-15 所示。

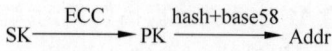

$$SK \xrightarrow{\text{ECC}} PK \xrightarrow{\text{hash+base58}} Addr$$

图 4-15　比特币的地址生成

比特币采用的是椭圆曲线签名算法,私钥是一个数字,通常随机产生。此处需要注意,需要产生一个熵比较大的随机数,推荐采用密码算法中的随机数生成算法,有些钱包设计中采用了一般语言的随机数生成,这样会很容易被爆破,也就是所谓的短地址攻击。

4.3.3　信息系统国密替代

密码算法是保障网络安全的核心技术,在网络安全中发挥着至关重要的作用,主要用于网络身份认证及数据存储、传输的保密,是金融服务等关键领域实现用户身份认证、信息传输加密、保障交易及用户数据安全的关键技术保障措施。

在我国,根据保密要求的不同,密码分为商业密码(商密)、普通密码(普密)及核心密码(核密)。

普密和核密主要应用到党政军等重要单位,所用算法、标准多为私有,经专家学者论证后在指定范围内使用,不对外公开。商密主要应用到民用行业,如银行、运营商、能源、工业等,所用算法、标准基本都是通过国密局发布,各密码厂商根据国密局要求进行产品设计、开发、过检之后提供给客户。

目前我国网银、支付等系统的密码应用中,存在着两方面的问题。一是我国银行业核心领域长期以来都是沿用 3DES、SHA-1、RSA 等国际通用的商用密码算法体系及相关标准(美国国家安全局发布),国际权威的密码机构已确认 RSA 算法不再安全,存在安全漏洞,可以被破解;二是密码应用体系存在安全隐患,采用的安全协议和加密算法均为国外制定,密码应用的关键环节存在着不可控因素,一旦被利用攻击,将对我国的金融安全造成重大冲击。

为从根本上摆脱对国外密码技术和产品的过度依赖,国家商用密码管理局组织制定了一系列我国自主研发的密码算法。我国商用密码简称商密(shang mi,SM),是国家密码局认定的国产密码算法,包括对称算法(SM1、SM4、SM7、ZUC)、公钥算法(SM2、SM9)、哈希算法(SM3)等,应用范围比较如表 4-1 所示。其中 SM1、SM7 算法不公开,调用该算法时,需要通过加密芯片的接口进行调用。

表 4-1　SM 算法应用范围比较

算　　法	公　　开	算法类型	应　用　范　围
SM1	否	对称算法	智能 IC 卡、加密卡、加密机等
SM2	是	公钥算法	重要信息的加解密,如密码

续表

算　　法	公　　开	算法类型	应 用 范 围
SM3	是	哈希算法	密码应用中的数字签名和验证哈希算法
SM4	是	对称算法	无线局域网产品
SM7	否	对称算法	校园一卡通、门禁卡、工作证等
SM9	是	公钥算法	基于身份的密码，用于验证身份
ZUC	是	对称算法	4G 网络中的国际标准密码算法

由于我国国产密码发展相对较晚，为平稳推动国产密码在国内的布局，需要兼容已有国际算法，也要借鉴已有标准规范，因此，国密算法与国际算法有一定的对标关系，主要对标关系为：SM4-DES、3DES，SM2-RSA、ECC，SM3-MD5、SHA256。

（1）SM1：SM1 算法是分组密码算法，分组长度、密钥长度都为 128 比特，算法安全保密强度及相关软硬件实现性能与 AES 相当，算法不公开，仅以 IP 核的形式存在于芯片中。

SM1、SM4 均采用对称加密算法，加解密的分组大小为 128 位，故对数据进行加解密时，若数据长度过长，需要进行分组；若数据长度不足，则要进行填充。

采用该算法已经研制了系列芯片、智能 IC 卡、智能密码钥匙、加密卡、加密机等安全产品，广泛应用于电子政务、电子商务及国民经济的各个应用领域（包括国家政务通、警务通等重要领域）。

（2）SM2：SM2 算法使用 ECC 椭圆曲线密码机制，但在签名、密钥交换方面不同于 ECDSA、ECDH 等国际标准，而是采取了更为安全的机制。

SM2 标准 GMT 0003.1-2012。SM2 总则中推荐了一条 256 位曲线作为标准曲线，给出了数字签名算法（包括数字签名生成算法和验证算法），密钥交换协议及公钥加密算法（包括加密算法和解密算法），并在每个部分给出了算法描述、算法流程和相关示例。

数字签名算法、密钥交换协议及公钥加密算法都根据 SM2 总则选取的有限域和椭圆曲线生成密钥对；在数字签名、密钥交换方面区别于 ECDSA、ECDH 等国际算法，采取了更为安全的机制，提高了计算量和复杂性；在数字签名和验证、消息认证码的生成与验证及随机数的生成等方面，使用国家密码管理局批准的 SM3 密码杂凑算法和随机数生成器。

RSA 算法与 SM2 算法的比较如下。

随着密码技术和计算机技术的发展，目前 1024 位 RSA 算法已经被证实存在被破解的风险，美国国家标准技术研究院（national institute of standards and technology，NIST）在 2010 年要求全面禁用 1024 位 RSA 算法，升级到 2048 位 RSA 算法。此外，斯诺登事件爆发后，其泄露出的机密文档显示，RSA 算法中可能存在 NSA 的预置后门，以便美国国家安全局进行监听，得以大量解密网络上的数据。这对 RSA 算法的安全性产生巨大影响。

在我国商用密码体系中，SM2 算法被用来替换 RSA 算法。国家要求现有的基于 RSA 算法的电子认证系统、密钥管理系统、应用系统进升级改造，使用 SM2 算法。中办 2018 年 36 号文件《金融和重要领域密码应用与创新发展工作规划（2018—2022 年）》及相关法规文件均要求我国金融和重要领域密码应用采用 SM2 国产密码算法体系。

SM2 算法替换 RSA 算法，一方面规避 RSA 算法存在的脆弱性和"预置后门"等安全风险，另一方面确保密码算法这一关键环节的自主可控，保障我国信息安全基础设施的安全可信。

① SM2 算法与 RSA 算法安全性能对比。

SM2 算法和 RSA 算法都属于公钥加密算法,但两者分别基于不同的数学理论基础。RSA 算法是基于大整数因子分解数学难题(integer factoring problem,IFP)设计的,其数学原理相对简单,在工程应用中比较易于实现,但它的单位安全强度相对较低。

对大整数做因子分解的难度决定了 RSA 算法的可靠性,随着计算机运算速度的提高和分布式计算的发展,加上因子分解方法的改进,对低位数的密钥破解已成为可能。

ECC 算法的数学基础是基于椭圆曲线上离散对数计算难题(ECDLP)。ECC 算法的数学理论非常深奥和复杂,在工程应用中比较难以实现,但它的单位安全强度相对较高。用国际上公认的针对 ECC 算法最有效的攻击方法——Pollard rho 方法去破译和攻击 ECC 算法,它的破译或求解难度基本上是指数级的。

现今对椭圆曲线研究的时间短,经过许多优秀的数学家的努力,至今一直没有找到亚指数级算法。而由于目前所知求解 ECDLP 的最好方法是指数级的,这使得选用 SM2 算法作加解密及数字签名时,所要求的密钥长度比 RSA 要短得多,但安全系数仍然很高。

因此,ECC 算法的单位安全强度远高于 RSA 算法,可以用较少的计算能力提供比 RSA 算法更高的安全强度,而所需的密钥长度却远比 RSA 算法低。目前,基于 ECC 的 SM2 证书普遍采用 256 位密钥长度,加密强度等同于 3072 位 RSA 证书,远高于业界普遍采用的 2048 位 RSA 证书。此外,为了提高安全强度必须不断增加密钥长度,ECC 算法密钥长度增长速度较慢(224→256→384),而 RSA 算法密钥长度则需呈倍数增长(2048→3072→7680),具体数值如表 4-2 所示。

表 4-2　密钥长度比较

对称密钥长度(b)	RSA 密钥长度(b)	ECC 密钥长度(b)	保密年限
80	1024	160	2010
112	2048	224	2030
128	3072	256	2040
192	7680	384	2080
256	15 360	512	2120

② SM2 算法与 RSA 算法速度性能对比。

在安全传输层协议(transport layer security,TLS)握手过程中,更长的密钥意味着必须来回发送更多的数据以验证连接,产生更大的性能损耗和时间延迟。因此,ECC 算法能够以较小的密钥和较少的数据传递建立 HTTPS 连接,在确保相同安全强度的前提下提升连接速度。经国外有关权威机构测试,在 Apache 和 IIS 服务器采用 ECC 算法,Web 服务器响应时间比 RSA 算法快十几倍。

【结论】　通过表 4-3 的对比,可以看出 SM2 算法与 RSA 算法相比,性能更优也更安全。密码复杂度高、处理速度快、机器性能消耗更小。

在相同安全性能下,RSA 算法所需的公钥长度要大于 SM2 算法,160 位的 SM2 算法与 1024 位的 RSA 算法具有相同的安全等级。与 RSA 算法相比,SM2 算法基于更加安全先进的椭圆曲线密码机制,在国际标准的 ECC 椭圆曲线密码理论基础上进行自主研发设计,具备 ECC 算法的性能特点并实现优化改进,在安全性能、速度性能等方面都优于 RSA 算法,具有抗攻击性强、CPU 占用少、内容使用少、网络消耗低、加密速度快等特点。

表 4-3　RSA 和 SM2 性能比较

项　　目	SM2	RSA
算法结构	基于椭圆曲线（ECC）	基于特殊的可逆模幂运算
计算复杂度	完全指数级	亚指数级
存储空间	192～256b	2048～4096b
密钥生成速度	较 RSA 快百倍以上	慢
加密解密速度	较快	一般

（3）SM3：SM3 杂凑算法是我国自主设计的密码杂凑算法，安全性要高于 MD5 算法（128 位）和 SHA-1 算法（160 位），SM3 算法的压缩函数与 SHA-256 具有相似结构，但设计更加复杂。

此算法适用于商用密码应用中的数字签名和验证，消息认证码的生成与验证及随机数的生成，可满足多种密码应用的安全需求。在 SM2、SM9 标准中使用。

此算法对输入长度小于 2^{64} 的字节消息，经过填充和迭代压缩，生成长度为 256 字节的杂凑值，其中使用了异或、模、模加、移位、与、或、非运算，由填充、迭代过程、消息扩展和压缩函数所构成。

（4）SM4：SM4 分组密码算法是我国自主设计的分组对称密码算法，与 AES 算法具有相同的密钥长度 128 位，在安全性上高于 3DES 算法，在实际应用中能够抵抗针对分组密码算法的各种攻击方法，多用于无线局域网产品。

该算法的分组长度、密钥长度均为 128 比特。加密算法与密钥扩展算法都采用 32 轮非线性迭代结构。解密算法与加密算法的结构相同，只是轮密钥的使用顺序相反，解密轮密钥是加密轮密钥的逆序。

此算法采用非线性迭代结构，每次迭代由一个轮函数给出，其中轮函数由一个非线性变换和线性变换复合而成，非线性变换由 S 盒所给出，具体描述和示例见 2.3.2 节。

（5）SM7：一种分组密码算法，分组长度为 128 比特，密钥长度为 128 比特。SM7 适用于非接触式 IC 卡，应用包括身份识别类应用（门禁卡、工作证、参赛证等），票务类应用（大型赛事门票、展会门票等），支付卡类应用（积分消费卡、校园一卡通、企业一卡通等）。

（6）SM9：为了降低公开密钥系统中密钥和证书管理的复杂性，以色列科学家、RSA 算法发明人之一 Adi Shamir 在 1984 年提出了标识密码（identity-based cryptography）的理念。标识密码将用户的标识（如邮件地址、手机号码、QQ 号码等）作为公钥，省略了交换数字证书和公钥过程，使安全系统变得易于部署和管理，非常适合端对端离线安全通信、云端数据加密、基于属性加密、基于策略加密的各种场合。

SM9 为我国标识密码技术的应用奠定了坚实的基础。SM9 算法不需要申请数字证书，适用于互联网应用的各种新兴应用的安全保障。如基于云技术的密码服务、电子邮件安全、智能终端保护、物联网安全、云存储安全等。这些安全应用可采用手机号码或邮件地址作为公钥，实现数据加密、身份认证、通话加密、通道加密等安全应用，并具有使用方便、易于部署的特点，从而开启了普及密码算法的大门。

（7）ZUC：祖冲之序列密码算法是中国自主研究的流密码算法，是应用于移动通信 4G 网络中的国际标准密码算法，该算法包括 ZUC、加密算法（128-EEA3）和完整性算法（128-EIA3）三部分。目前已有对 ZUC 算法的优化实现，有专门针对 128-EEA3 和 128-EIA3 的硬件实现与优化。

习　题　4

1.（　　　　　　）是笔迹签名的模拟,是一种防止源点或终点否认的认证技术。

2. 椭圆曲线的三次方程为(　　　　　　)。

3. 设 R 的坐标为 (x_3,y_3),利用 P、Q 点的坐标 (x_1,y_1)、(x_2,y_2),求 $R=P+Q$ 的计算公式是(　　　　)。

4. 椭圆曲线密码体制的安全性建立在椭圆曲线离散对数问题之上。椭圆曲线上的离散对数问题表示为(　　　　　)。

5. 椭圆曲线密码体制的优点是(　　　　)、(　　　　　)、(　　　　　)。

6. 如何使用公钥加密技术解决对称密钥分发问题?

7. MD5 的特征是(　　　　)、(　　　　)、(　　　　)。

8. 杂凑碰撞是指(　　　　　)。王小云院士的研究成果表明(　　　　　)。

9. MD5 的应用包括(　　　　)、(　　　　)。

10. 数据认证中常见的攻击有(　　　)、(　　　)、(　　　)、(　　　)。

11. 列举 RSA 的两种用法,并分别解释其定义。

12. RSA 为什么能实现数字签名?

13. 使用(　　　　)解决身份认证问题和数据传输完整性问题,实现发送方身份不可抵赖性;使用(　　　　)绑定公钥和公钥所有人,保证公钥可信,实现发送方身份不可抵赖性;使用(　　　　)强化身份认证。

14. 使用(　　　　)保证时间不可抵赖性,防止重放攻击。

15. PKI 支持的服务不包括(　　　)。

　　A. 非对称密钥技术及证书管理　　　　B. 目录服务
　　C. 对称密钥的产生和分发　　　　　　D. 访问控制服务

16. HTTP 采用(　　　)传输信息,存在(　　　)、(　　　)和(　　　)的风险,而 HTTPS 协议具有(　　　)、(　　　)、(　　　)的功能,采用(　　　)传输信息,可以避免此类问题发生。

17. HTTPS=HTTP+TLS/SSL,TLS/SSL 的功能实现主要依赖三类基本算法:(　　　)、(　　　)和(　　　),其利用非对称加密算法实现(　　　),对称加密算法(　　　),(　　　)验证信息的完整性。

18. SM3 算法采用 Merkle-Damgard 结构,数据分组长度为(　　　)位,摘要值长度为(　　　)位。MD5 算法的摘要值长度为(　　　)位,SHA-1 算法的摘要值长度为(　　　)位,SM3 算法的摘要值长度为(　　　)位,因此 SM3 算法的安全性要高于MD5 算法和 SHA-1 算法。

19. 国产密码和国际密码的对应关系是:DES 对应(　　　),RSA 对应(　　　),MD5 对应(　　　)。

20. U 盾即移动数字证书 USB key,它存放着个人的(　　　),并不可读取。

21. USB key 采用了目前国际领先的信息安全技术,核心硬件模块采用智能卡 CPU 芯片,内部结构由 CPU 及加密逻辑、RAM、ROM、EEPROM 和 I/O 五部分组成,是一个具有安全体系的(　　　　　)。

22. 分组密码设计需要遵循的混淆原则和扩散原则的具体含义是什么?

23. 国际的 DES 算法和国产的 SM4 算法的目的都是(　　　　　)。

24. SM2 算法使用的椭圆曲线方程为(　　　　　)。

25. A 方有一对密钥($K_{A公开}$,$K_{A秘密}$),B 方有一对密钥($K_{B公开}$,$K_{B秘密}$),A 方向 B 方发送数字签名 M,对信息 M 加密为:$M' = K_{B公开}(K_{A秘密}(M))$。B 方收到密文的解密方案是_____。

  A. $K_{B公开}(K_{A秘密}(M'))$　　　　　　　　B. $K_{A公开}(K_{A公开}(M'))$

  C. $K_{A公开}(K_{B秘密}(M'))$　　　　　　　　D. $K_{B秘密}(K_{A公开}(M'))$

26. 数字签名要预先使用单向哈希函数进行处理的原因是(　　)。

  A. 多一道加密工序使密文更难破译

  B. 提高密文的计算速度

  C. 缩小签名密文的长度、加快数字签名和验证签名的运算速度

  D. 保证密文能正确还原成明文

27. 身份鉴别是安全服务中的重要一环,以下关于身份鉴别叙述不正确的是(　　)。

  A. 身份鉴别是授权控制的基础

  B. 身份鉴别一般不用提供双向的认证

  C. 目前一般采用基于对称密钥加密或公开密钥加密的方法

  D. 数字签名机制是实现身份鉴别的重要机制

28. 已知 $y^2 \equiv x^3 - 2x - 3$ 是系数在 GF(7)上的椭圆曲线,$P = (3,2)$ 是其上一点,求 $10P$。

29. Alice 想将一份机密合同通过因特网发给 Bob,如何才能实现这个合同的完整、安全发送?

30. 简述采用公钥密码体制和单向哈希函数进行的数字签名过程。在这个过程中共使用了几对密钥? 它们各自的作用是什么?

31. 简述 CA 使用流程。

32. 二级证书结构存在的优势是什么?

33. 什么是计算安全性? 什么是理论安全性?

34. 简述 SM2 算法。

实验 2　基于 SM 算法的环签名

【实验目的】

加深对国产 SM 系列算法的认识,综合应用 SM2、SM3 独立编程实现环签名,完成电子选举中选票的环签名,保护选民的个人信息,培养学生应用 SM 系列算法进行网络信息系统国密替代工程实践能力。

加深对公钥密码算法公私钥对生成、加解密、签名验签、环签名生成验证原理的认识,提高应用公钥密码签名、环签名解决具体应用问题的能力。

【实验环境】

安装有 gmssl SDK 的个人计算机。

【实验预习】

(1) 公钥密码的两个主要应用是(　　　　)、(　　　　)。

(2) 数字签名的作用是(　　　　)。

(3) 国际上通用的数字签名算法有(　　　　)、(　　　　)、(　　　　)。

(4) 国产数字签名算法有(　　　　)。

(5) SM2 椭圆曲线公钥密码算法包括(　　　　)、(　　　　)、(　　　　)三个算法,分别用于实现数字签名、密钥协商、数据加密功能。该算法已公开,用于国产化替代 RSA 算法。

(6) 环签名的三大特征是(　　　　)、(　　　　)、(　　　　)。

(7) 电子选举中选票的内容包括(　　　　)、(　　　　)、(　　　　)等。

(8) 画出基于 SM 算法的环签名生成算法流程图。

(9) 画出基于 SM 算法的环签名验证算法流程图。

(10) SM2 算法的签名优势是什么?

【实验内容】

(1) 生成 SM2 公私钥对,完善表 1。

(2) 调用 SM2 加解密函数实现字符串的加解密,完善表 1,保存结果截图。

(3) 调用 SM2 签名验签函数实现字符串的签名验签密,完善表 1,保存结果截图。

(4) 调用 SM3 算法求字符串的摘要,完善实验结果表 1,保存结果截图。

表 1　实验结果

输　　入	操　　作	输　　出	
无	生成公私钥对	公钥:	私钥:
ring signature	SM2 加密		
	SM2 解密		
ring signature	SM2 签名		
	SM2 验签		
ring signature	SM3 摘要		

（5）根据环签名生成算法流程图编程实现环签名生成算法。

（6）根据环签名验证算法流程图编程实现环签名验证算法。

（7）用户数 $n=5$ 时，对用户的选票进行签名，完善表 2、表 3，保存结果截图。

表 2　公钥环

选　　民	公　　钥
Alice	
Bob	
Jack	
Jordan	
Tom	

表 3　选票环签名

选　　民	候　选　者	签　名　选　票
Alice	Biden	
Bob	Trump	
Jack	Biden	
Jordan	Trump	
Tom	Biden	

（8）统计选举结果。

（9）分析签名选票，验证环签名的三大特征，说明对选票签名的意义。

【实验扩展】

（1）环签名不是每次签名都一定能够验签成功，为了实现每次环签名能够成功验签，需要采取哪些步骤？记录步骤，并截图验证结论正确。

（2）不断增加用户数 n，记录每次环签名生成时间和验签时间，发现规律，验证与理论分析结论是否一致。

第 5 章　网　络　攻　防

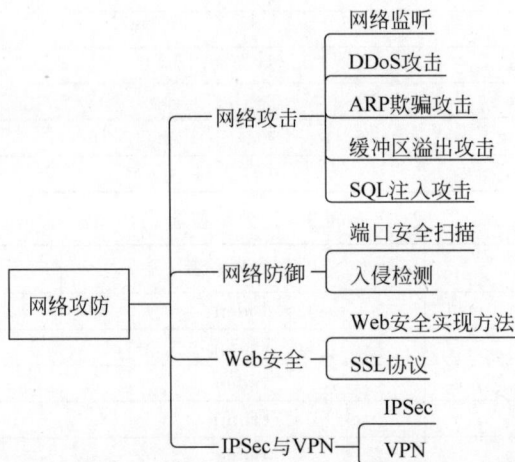

```
                                      网络监听
                                      DDoS攻击
                          网络攻击 ─── ARP欺骗攻击
                                      缓冲区溢出攻击
                                      SQL注入攻击
                                      端口安全扫描
                          网络防御 ─── 入侵检测
网络攻防 ───
                                      Web安全实现方法
                          Web安全 ─── SSL协议
                                      IPSec
                          IPSec与VPN ─── VPN
```

网络安全威胁主要来源于黑客的攻击,保护网络安全,则需要进行有效的防御。因此,网络安全从大的方面可以分为网络攻击技术和网络防御技术两大类。

网络攻击既有网络监听类型的被动攻击,也有 DDoS、SQL 注入、ARP 欺骗、缓冲器溢出多种类型的主动攻击;网络防御既有防火墙类型的被动防御,也有端口安全扫描、入侵检测、数据加密、访问控制多种类型的主动防御,能够实现 Web、保密通信等网络应用安全。

网络攻击和网络防御永远是一对矛盾,这两个技术是相辅相成、互相促进而发展的。一方面,黑客进行网络攻击的时候,需要了解各种网络防御技术和方法,以便能绕过防御而对目标进行攻击;另一方面,网络安全管理者在进行防御时必须了解黑客攻击的方式方法,这样才能有效地应对各种网络攻击。

研究黑客常用攻击手段和工具能够为网络防御技术提供启示和思路,利用这些攻击手段和工具对网络进行模拟攻击,找出网络的安全漏洞是维护网络安全的主要手段。

攻防结合、追求动态安全是网络安全研究发展的方向。

5.1　网　络　攻　击

网络攻击需要利用网络系统存在的漏洞和安全缺陷对系统和资源进行攻击。

从破坏性上看,网络攻击可分为主动攻击和被动攻击。

(1) 主动攻击指攻击者通过选择性地修改、删除、延迟、乱序、复制、插入数据流或数据流的一部分以达到破坏、窃取、篡改或否定服务等目的。主动攻击往往会对目标系统产生直接或显著的影响,导致某些数据流的篡改和虚假数据流的产生,可分为篡改信息、伪造信息、中断等。

　　① 篡改信息：是指一个合法信息的某些部分被改变、删除，信息被延迟或改变顺序，通常用以产生一个未授权的效果。如修改传输信息中的数据，将"允许甲执行操作"改为"允许乙执行操作"。

　　② 伪造信息：指的是某个实体(人或系统)发出含有其他实体身份信息的数据信息，假扮成其他实体，从而以欺骗方式获取一些合法用户的权利和特权。

　　③ 中断：拒绝服务(deny of service，DoS)会导致对通信设备正常使用或管理被无条件地中断。通常是对整个网络实施破坏，以达到降低性能、终端服务的目的。这种攻击也可能有一个特定的目标，如到某一特定目的地(如安全审计服务)的所有数据包都被阻止。

　　DoS 是目前最常见的一种中断攻击类型。从网络攻击的各种方法和所产生的破坏情况来看，DoS 算是一种很简单，但又很有效的进攻方式。它的目的就是拒绝用户的服务访问，破坏组织的正常运行，最终使网络连接堵塞，或者服务器因疲于处理攻击者发送的数据包而使服务器系统的相关服务崩溃，无法给合法用户提供服务。DoS 的详细介绍及防御方法见5.1.2 节。

　　(2) 被动攻击主要是攻击者监听网络上传递的信息流，从而获取信息的内容，或仅希望得到信息流的长度、传输频率等数据。

　　这两种攻击方法是互补的，也就是说，被动攻击往往很难检测但相对容易预防，而主动攻击很难预防却相对容易检测。

　　被动攻击中攻击者不对数据信息做任何修改，通常包括窃听、流量分析、破解弱加密的数据流等攻击方式。

　　① 流量分析：敏感信息都是保密的，攻击者虽然从截获的信息中无法得知信息的真实内容，但攻击者还能通过观察这些数据报的模式，分析确定出通信双方的位置、通信的次数及信息的长度，获知相关的敏感信息，这种攻击方式称为流量分析。

　　② 窃听：是指在未经用户同意和认可的情况下攻击者获得了信息或相关数据，是最常用的手段。应用最广泛的局域网上的数据传送是基于广播方式进行的，这就使一台主机有可能收到本子网上传送的所有信息。而计算机的网卡工作在杂收模式时，它就可以将网络上传送的所有信息传送到上层，以供进一步分析。如果没有采取加密措施，通过协议分析，可以完全掌握通信的全部内容。窃听还可以用无线截获方式得到信息，通过高灵敏接收装置接收网络站点辐射的电磁波或网络连接设备辐射的电磁波，通过对电磁信号的分析恢复原数据信号从而获得网络信息。尽管有时数据信息不能通过电磁信号全部恢复，但可能得到极有价值的情报。

　　由于被动攻击不会对被攻击的信息做任何修改，对目标系统没有直接的破坏性影响，留下痕迹很少，或者根本不留下痕迹，因而非常难以检测，所以抗击这类攻击的重点在于预防，具体措施包括虚拟专用网(virtual private network，VPN)，采用加密技术保护信息及使用交换式网络设备等。被动攻击不易被发现，因而常常是主动攻击的前奏。

　　被动攻击虽然难以检测，但可采取措施有效地预防，而要有效地防止主动攻击是十分困难的，开销太大，抗击主动攻击的主要技术手段是检测，以及从攻击造成的破坏中及时地恢复。检测同时还具有某种威慑效应，在一定程度上也能起到防止攻击的作用。具体措施包括自动审计、入侵检测和完整性恢复等。

　　总之，主动攻击和被动攻击的主要区别在于攻击者与目标系统的交互方式及对系统资源的影响程度。主动攻击直接影响系统资源,而被动攻击更注重收集信息而不干扰系统。当然无论是主动攻击还是被动攻击,都会给目标网络带来严重的安全威胁和损失,因此,保护网络安全,预防各种攻击发生,是网络安全工作的重要任务之一。

5.1.1　网络监听

1. 网络监听定义

网络监听(network listening)也称网络嗅探(network sniffing)。网络监听的目的是截获通信的内容,监听的手段是对协议进行分析。

网络监听原理:传统的局域网使用共享传输介质,使用广播方式工作,在报头中包含目标机的正确地址,所以只有与数据包中目标地址一致的那台主机才会接收数据包,其他的机器都会将包丢弃。但是,当主机工作在监听(又称混杂)模式下时,无论接收到的数据包中目标地址是什么,主机都将其接收下来。然后对数据包进行分析从而得到通信数据。

由于在一个普通的网络环境中,账号和口令信息以明文方式在以太网中传输,一旦入侵者获得其中一台主机的 root 权限,并将其置于混杂模式以窃听网络数据,便有可能入侵网络中的所有计算机。注意,一台计算机可以监听同一网段所有的数据包,不能监听不同网段的计算机传输的信息。

在网络中通信时,若利用工具将网络接口设置在监听模式,便可将网络中正在传播的信息截获,从而进行攻击。

网络监听技术的初衷是提供给网络安全管理人员进行管理的工具,可以用来监视网络的状态、数据流动情况及网络上传输的信息等。现在网络监听技术作为一种工具,总是扮演着正反两方面的角色,尤其在局域网中,这种表现更为突出。对于入侵者来说,通过网络监听可以很容易地获得用户的关键信息。当信息以明文的形式在网络上传输时,只要将网络接口设置成监听模式,便可以源源不断地将网上传输的信息截获。而对于入侵检测和追踪者来说,网络监听技术又能够在与入侵者的斗争中发挥重要的作用,因此也常常采取网络监听技术来防范黑客的非法入侵。

网络监听可以在网上的任何一个位置实施,如局域网中的一台主机、网关上或远程网的调制解调器之间等,但监听效果最好的地方是在网关、路由器、防火墙之类的设备处,通常由网络管理员来操作。

网络监听可能造成的危害包括以下方面。

(1) 能够捕获口令。

(2) 能够捕获专用的或机密的信息。

(3) 可以用来危害网络邻居的安全,或者用来获取更高级别的访问权限。

(4) 分析网络结构,进行网络渗透。

在 Windows 下,比较常用的抓包工具有 Sniffer Pro、Wireshark(前身 Ethereal)、Omnipeek(以前的 Etherpeek)、WinDump、Analyzer 等。要结合自己的需要和对网络嗅探软件功能的了解,来选择用哪一款网络嗅探软件。

2. 网卡的工作方式

在以太网中,所有通信都是以广播方式工作的,同一个网段内的所有网络接口都可以访问在物理媒体上传输的所有数据,而每一个网络接口都有一个唯一的硬件地址,即 MAC 地址。在正常的情况下,一个网络接口只可能响应以下两种数据帧:与自己 MAC 地址相匹配的数据帧和发向所有机器的广播数据帧。但在实际的系统中,数据的收发一般都是由网卡完成的,而网卡的工作模式有以下 4 种。

(1) 广播:这种模式下的网卡能接收发给自己的数据帧和网络中的广播数据帧。

(2)(默认)组播:这种模式下的网卡只能够接收组播数据帧。

(3) 直接:这种模式下的网卡只能接收发给自己的数据帧。

(4) 混杂:这种模式下的网卡能接收通过网络设备上的所有数据帧。

虽然网卡在默认情况下仅能接收发给自己的数据和网络中的广播数据,但可以强制将网卡置于混杂模式工作,那么此时该网卡便会接收所有通过网络设备的数据,而不管该数据的目的地是哪。

嗅探技术:通过将网卡的工作模式置为混杂模式(promiscuous mode),并接收通过网卡的所有数据包,从而达到嗅探(监听)的目的,这种技术就是嗅探(监听)技术。结合以上描述的工作原理,网络分析软件就是遵循以太网工作模式,它基于以太网嗅探技术,以旁路接入的方式进行工作。系统首先将本地机器上的网卡置为混杂模式,使其通过嗅探技术捕获网络中传输的所有数据包,然后将这些数据包传递到系统内部进行分析,再将分析结果以文本、图表等不同的方式实时显示在界面中。

3. 网络监听防范

网络监听很难被发现,因为运行网络监听的主机只是被动地接收在局域网上传输的信息,不主动与其他主机交换信息,也没有修改在网上传输的数据包。攻击者会出卖利用网络监听工具得到的某些重要信息,或者根据监听到的信息来决定下一步采取什么样的行动。这样,就会使企业或用户蒙受巨大的损失。所以,网络监听的检测与防范在网络安全中也是不可忽视的。

4. 检测网络监听的方法

检测单独一台主机中是否正在被监听,相对来说是比较简单的。可以通过查看系统进程,或者通过检查网络接口卡的工作模式是否为混杂模式来决定是否已经被监听。而对于整个网络来说,检测就要复杂得多。下面介绍几种检测网络监听的方法。

(1) 对于怀疑运行监听程序的机器,用正确的 IP 地址和错误的物理地址进行 ping 操作,运行监听程序的机器通常会有响应。这是因为正常的机器不接收错误的物理地址,而处于监听状态的机器能够接收。

(2) 向网上发送大量不存在的物理地址的包,由于监听程序要分析和处理大量的数据包会占用很多的 CPU 资源,这将导致性能下降。通过比较前后该机器性能加以判断。但这种方法操作难度比较大,判断也较为困难。

(3) 可以使用反监听工具如 antisniffer 等进行检测。

(4) 检查网络接口卡是否为混杂模式。要想监听整个网络中报文,需将网卡工作方式设为混杂模式。

检查网卡是否工作在混杂模式的方法如下。

在 Linux 系统中,以根用户 root 权限进入字符终端,在提示符下输入 ifconfig-a,可显示系统中所有接口卡的详细信息。检查每一个接口所显示的信息,当发现某一个接口信息中出现了 PROMISC 标志,就说明这个接口卡已经工作在混杂模式下了。

在 Windows 系统下检查网卡的工作模式,需使用第三方软件来检测网卡的工作模式。如 PromiScan 软件。但有些监听器会将表示网卡混杂模式的字符 PROMISC 隐藏,来躲避上述这种检测方式。这样,就必须使用其他方法来检测网络中是否有网络监听器在运行了。

(1) 监视 DNS reverse lookup。一些监听器在收到一个网络请求时,就会执行 DNS 反向查询(即 IP 地址到域名的查询),试着将 IP 地址解释为主机名。因此,若在网络中执行一个 ping 扫描或 ping 一个不存在的 IP 地址,就会触发这种活动。如果得到应答,就说明网络中安装有网络监听器,如果没有收到任何应答,表明没有监听器在运行。

(2) 发送一个带有网络中不存在的 MAC 地址的广播包到网络中的所有主机。正常情况下,网络中的主机接口卡在收到带有不存在的 MAC 地址的数据包时,会将它丢弃,而当某台主机中的网络接口卡处于混杂模式时,它就会应答一个带有 RST 标志的包。这样,就可以认为网络中已经有监听器在运行。注意,在交换网络环境当中,由于交换机在转发广播包时不需要 MAC 地址,所以也有可能做出与上述相同的响应,得根据实际情况来决定。

(3) 监控网络中各种交换机和路由器的运行情况,来及时发现这些网络设备出现的某种不正常的现象。如有些本来关闭了的端口又被启用,而某些端口连接的主机在运行却没有流量时,就得重新登录交换机或路由器中,仔细查看它现在的系统设置和端口设置情况,并和之前的记录对比,以此来发现交换机或路由器是否已经被入侵。

(4) 监视网络中的主机,经常查看主机中的硬盘空间是否增长过快,CPU 资源是否消耗过多,系统响应速度是否变慢,以及系统是否经常莫名其妙地断网等。

5. 网络监听的防范措施

(1) 从逻辑或物理上对网络分段。网络分段通常被认为是控制网络广播风暴的一种基本手段,但其实也是保证网络安全的一项措施。其目的是将非法用户与敏感的网络资源相互隔离,从而防止可能的非法监听。

(2) 以交换式集线器代替共享式集线器。对局域网的中心交换机进行网络分段后,局域网监听的危险仍然存在。这是因为网络终端用户的接入往往是通过分支集线器而不是中心交换机,而使用最广泛的分支集线器通常是共享式集线器。这样,当用户与主机进行数据通信时,两台机器之间的数据包(称为单播包 unicast packet)还是会被同一台集线器上的其他用户所监听。因此,应该以交换式集线器代替共享式集线器,使单播包仅在两个节点之间传送,从而防止非法监听。当然,交换式集线器只能控制单播包而无法控制广播包(broadcast packet)和多播包(multicast packet)。

(3) 使用加密技术。数据经过加密后,通过监听仍然可以得到传送的信息,但显示的是乱码。使用加密技术的缺点是影响数据传输速度,以及使用一个弱加密术比较容易被攻破。系统管理员和用户需要在网络速度和安全性上进行折中选择。由于网络监听属于被动地窃取,通过数据加密技术,是最好的防范监听的手段。

(4) 划分虚拟局域网(virtual local area network,VLAN)。运用 VLAN 技术,将以太网通信变为点对点通信,可以防止大部分基于网络监听的入侵。

5.1.2 DDoS 攻击

1. DoS 攻击的基本原理

DoS 指阻止对资源的授权访问或拖延时限操作。

DoS 攻击是攻击者通过各种手段来消耗网络带宽及服务器的系统资源,最终导致服务器瘫痪而停止提供正常的网络服务。

DoS 攻击主要是利用 TCP/IP 协议本身的漏洞或利用网络中各个操作系统的 IP 协议栈的实现漏洞来发起攻击。这种攻击主要是用来攻击域名服务器、路由器及其他网络操作服务,攻击之后造成被攻击者无法正常运行和工作,严重的可以使网络一度瘫痪。

DoS 攻击会降低系统资源的可用性,这些资源可以是 CPU 时间、磁盘空间、打印机,甚至是系统管理员的时间,结果往往是受攻击的目标的效率大幅降低甚至不能提供相应的服务。由于使用 DoS 攻击工具的技术瓶颈低、效果比较明显,因此成为当今网络中十分流行的一种攻击手段,被黑客广泛使用。

DoS 攻击的基本过程为:首先攻击者向服务器发送众多的带有虚假地址的请求,服务器发送回复信息后等待回传信息,由于地址是伪造的,所以服务器一直等不到回传的信息,分配给这次请求的资源就始终没有被释放。当服务器等待一定的时间后,连接会因超时而被切断,攻击者会再度传送新的一批请求,在这种反复发送伪地址请求的情况下,服务器资源最终会被耗尽。

DoS 攻击主要有三种类型:带宽攻击、协议攻击和逻辑攻击。

① 带宽攻击是最古老、最常见的 DoS 攻击。在这种攻击中,恶意黑客使用数据流量填满网络。脆弱的网络或网络设备由于不能处理发送给它的大量流量而导致系统崩溃和响应速度减慢,从而阻止合法用户的访问。

攻击者在网络上传输任何流量都要消耗带宽。基本的带宽攻击能够使用用户数据报协议(user datagram protocol, UDP)或因特网控制报文协议(internet control message protocol, ICMP)数据包消耗掉所有可用带宽。简单的带宽攻击能够利用服务器或网络设备有吞吐量限制从而达到目的——发送大量的小数据包。快速发送大量数据包的攻击通常在流量达到可用带宽限制之前就淹没了网络设备。路由器、防火墙、服务器都存在输入/输出处理、中断处理、CPU、内存资源等方面的约束。读取包头进行数据转发的设备在处理大速率数据包时面临压力,而对数据包吞吐实现,并不仅靠大的数据流量。

② 协议攻击是利用网络协议的弱点进行的网络攻击。其中,在 TCP/IP 协议中,较为常见的攻击是攻击者发送大量的同步序列编号(synchronize sequence numbers, SYN)数据包来对目标主机进行攻击。图 5-1 表示了正常的 TCP 流量,图 5-2 显示了当发生 SYN 洪流协议攻击时发生的情况,由于服务器(图中为目标主机 B)用于等待来自客户机(图中为源主机 A)的确认字符(acknowledge character, ACK)信息包的 TCP/IP 堆栈是有限的,如果缓冲区被等待队列充满,它将拒绝下一个连接请求。因此,攻击者就可以利用这个漏洞,在瞬间伪造大量的 SYN 数据报,而又不回复服务器的 SYN+ACK 信息包,就可达到攻击的目的。目前来看,SYN 洪流是同时进行了协议攻击和带宽攻击的一种攻击。

③ 逻辑攻击。这种攻击包含了对组网技术的深入理解,因此也是一种最高级的攻击类型。逻辑攻击的一个典型示例是 LAND 攻击,这里攻击者发送具有相同源 IP 地址和目的地

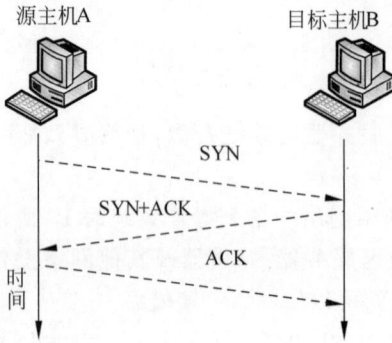

图 5-1　正常的 TCP 流量　　　　　　　　　　图 5-2　SYN 洪流

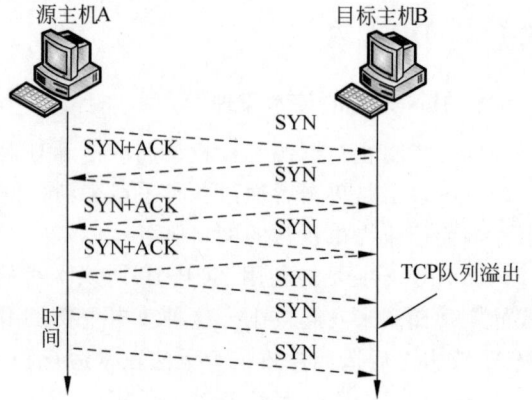

IP 地址的伪数据包。很多系统不能够处理这种引起混乱的行为,从而导致崩溃。

从另外一个角度又可将 DoS 攻击分为两类:网络带宽攻击和连通性攻击。带宽攻击是以极大的通信量冲击网络,使网络瘫痪。连通性攻击是用大量的连接请求冲击网络,达到破坏目的。

DoS 攻击与其他的攻击方法相比较,具有以下特点。

① 难确认性:DoS 攻击很难被判断,用户在自己的服务得不到及时响应时,一般不会认为是自己受到攻击,而是认为可能是系统故障造成一时的服务失效。

② 隐蔽性:正常请求服务会隐藏掉 DoS 攻击的过程。

③ 资源有限性:由于计算机资源有限,容易实现 DoS 攻击。

④ 软件复杂性:由于软件所固有的复杂性,难以确保软件没有缺陷,因而攻击者有机可乘,可以直接利用软件缺陷进行 DoS 攻击。

2. 常见的 DoS 攻击方式及其防范措施

(1) DoS 攻击的检测。

DoS 攻击通常是以消耗服务器端资源、迫使服务停止响应为目标,通过伪造超过服务器处理能力的请求数据造成服务器响应阻塞,从而使正常的用户请求得不到应答,以实现其攻击目的。这类攻击的特点在于:易于从受攻击的目标来判断是否发生了攻击,而难以追踪攻击源,因此对于普通用户,需要正确地检测出 DoS 攻击,并对其进行防范。通常来说,检测出 DoS 攻击相对比较直观,但如果攻击是持续缓慢进行的,则很难在攻击开始的第一时间就被发现。一般来说,可以通过以下症状来判断是否发生了 DoS 攻击:频繁的网络活动;很高的 CPU 利用率;计算机无响应;计算机在不确定的时间崩溃。

(2) DoS 攻击典型类型及其防范措施。

① 同步风暴(SYN flood)。在 SYN flood 攻击中,利用 TCP 三次握手协议的缺陷,攻击者向目标主机发送大量伪造源地址的 TCP SYN 报文,目标主机分配必要的资源,然后向源地址返回 SYN+ACK 包,并等待源端返回 ACK 包。由于源地址是伪造的,所以源端永远都不会返回 ACK 报文,受害主机继续发送 SYN+ACK 包,并将半连接放入端口的积压队列中。虽然一般的主机都有超时机制和默认的重传次数,但由于端口的半连接队列的长度是有限的,如果不断地向受害主机发送大量的 TCP SYN 报文,半连接队列很快就会被填

满,服务器拒绝新的连接,将导致该端口无法响应其他机器进行的连接请求,最终使受害主机的资源耗尽。

防范措施:为了有效地防范 TCP SYN flood 攻击,在保证通过慢速网络的用户可以正常建立到服务端的合法连接的同时,需要尽可能地减少服务端 TCP backlog 的清空时间,并采用 TCP 连接监控的工作模式,在防火墙处就能够过滤掉来自同一主机的后续连接,当然还要根据实际的情况来判断。

② Smurf 攻击。一种简单的 Smurf 攻击是,将回复地址设置成目标网络的广播地址,利用 ICMP 应答请求数据包,使该网络的所有主机都对此 ICMP 应答请求做出应答,导致网络阻塞,该攻击方式比 ping of death 洪水攻击的流量高出 1～2 个数量级。更加复杂的 Smurf 攻击将源地址改为第三方的目标地址,最终导致第三方网络阻塞。

防范措施:去掉 ICMP 服务。

③ 垃圾邮件。攻击者利用邮件系统制造垃圾邮件信息,甚至通过专用的邮件炸弹程序给受害用户的信箱发送垃圾邮件,耗尽用户信箱的磁盘空间,使用户无法使用这个邮箱。

防范措施:限制邮件的转发功能。即将凡是来自管理域范围之外的 IP 地址通过本地 SMTP 服务进行的中转邮件转发请求一概予以拒绝。

发送邮件认证功能。扩展的 SMTP 通信协议(RFC 2554)中包含了一种基于 SASL 的发送邮件认证方法,目前多数邮件系统都支持明文口令、MD5 认证,甚至基于公钥证书的认证方式。发送邮件认证功能只是在方便用户使用的条件下限制了邮件转发功能,但是无法拒绝接收以本地账号为地址的垃圾邮件。

邮件服务器的反向域名解析功能。启动该功能,可以拒绝接收所有没有注册域名的地址发来的信息。目前,多数垃圾邮件发送者使用动态分配或没有注册域名的 IP 地址来发送垃圾邮件,以逃避追踪。因此在邮件服务器上拒绝接收来自没有域名的站点发来的信息可以大大降低垃圾邮件的数量。

设置邮件过滤功能,对邮件进行过滤。垃圾邮件的过滤可以基于 IP 地址、邮件的信头或邮件的内容,过滤位置可以在用户、邮件接收工具、邮件网关、网络网关/路由器/防火墙等多个层次实施。

3. 防范 DoS 攻击的专用网络安全设备

DoS 攻击的目的是阻止合法用户访问所需要的服务,使提供服务的系统和网络无法正常运行。有效地检测这种攻击,并对这类攻击进行防范的主要方法是使用多种网络安全的专用设备和工具,这些设备和工具主要有:防火墙、基于主机的入侵检测系统(intrusion detection system,IDS)、基于特征的网络入侵检测系统(network intrusion detection system,NIDS)、网络异常行为检测器。例如,Cisco PIX firewall 提供了一种称为 flood defender 的功能,能够抵御 TCP SYN 洪流的攻击。flood defender 的工作原理是:检查连接到指定服务上的未回答 SYN 的数量,如果出现异常情况,对之后的连接采取限制,即当达到限制数量时,所有其他连接都被丢弃,以保护内部服务器。

关于防火墙、IDS、NIDS 将在第 6 章专门介绍。这里简单介绍一下网络异常检测器。

尽管入侵检测系统能够被用于抵御大部分普通的 DoS 攻击,但对抵御零日类型的攻击则效果不好。针对这样的需求,出现了网络异常检测器。网络异常检测器主要设计用于观察不寻常的网络流量,观察的结果与参考点相对照,如果流量超出了一定的限度,则进行报警,并采取相应的应对措施。例如,Cisco Traffic Anomaly Detector XT 就是一款这样的网络异常检测器,它能够监测 DoS 攻击乃至分布式拒绝服务攻击(distributed denial of service attack,DDoS)的网络流量。

4. 防范 DoS 攻击的其他方法

检测是否发生了 DoS 攻击,只是阻止此类攻击必备的第一步。如果能对 DoS 攻击进行预防,则可以大幅度地减少 DoS 攻击的范围,显著地降低系统受 DoS 攻击影响的程度。实际上,再好的防护系统也无法阻止所有的攻击,只能减少攻击的发生概率,因此应该首先提高系统的安全性,使系统本身具有较好的攻击抵抗性。

提高系统安全性的方法通常有:安装服务包和修补包、只运行必要的服务、安装防火墙、安装入侵检测系统、安装防病毒软件、关闭穿越路由器和防火墙的 ICMP 等。

一个设计较好的安全性高的系统,通常是上述这些方法的组合,某个单独的产品或方法很难做到全面的防护。

通过安装服务包,能够最大限度地减少因应用程序和协议的漏洞被攻击的机会。通常,软件厂商会定期发布修复安全漏洞的服务包和修补包。

此外,还应对系统的安全性进行强化配置。强化系统的安全性包括两部分:强化网络设备的安全性和强化应用程序的安全性。对于网络设备来说,其设备本身应具备一定的安全性,以便抵御各种攻击对设备本身的破坏,因为一旦设备受到破坏,则整个网络系统就会产生薄弱点,易于成为攻击者进入的入口。对于应用程序来说,则需要加强自身的安全性能,以防被攻击者控制或植入其他攻击程序。

5. DDoS 攻击及其防范

(1) DDoS 攻击的基本原理。

DDoS 攻击手段是在传统的 DoS 攻击基础上产生的一类攻击方式。单一的 DoS 攻击一般是采用一对一方式的,当被攻击目标的 CPU 速度低、内存小或网络带宽小等各项性能指标不高时,其效果是明显的。然而,随着计算机与网络技术的发展,计算机的处理能力迅速增长,内存大大增加,同时也出现了千兆级别乃至万兆级别的网络,这就使得 DoS 攻击的困难程度加大了,因为目标对恶意攻击包的消化能力大大提高,一对一的攻击方式就不会产生什么效果。

在这种情况下,DDoS 就应运而生了。假如被攻击目标的计算机与网络的处理能力加大了 10 倍,采用原来的一对一方式,使用一台攻击机来攻击不再起作用的话,此时若攻击者使用 10 台甚至更多的攻击机同时进行攻击,则一定会达到攻击的目的,因此,DDoS 攻击就是利用更多的攻击机(又称傀儡机)来发起进攻,以比从前更大的规模来进攻受害者的一种攻击方式。

DDoS 攻击的示意如图 5-3 所示。DDoS 与 DoS 攻击的原理基本相同。攻击者首先通过植入某种特定程序(僵尸程序;bot 程序;一段可以自动执行预先设定功能,可以被控制,具有一定人工智能的程序,该程序可以通过木马、蠕虫等进行传播)控制若干台机器作为主控端(控制傀儡机),然后通过该主控端向更多的机器植入某种攻击程序,由这些代理端(攻击傀儡机)向目标主机发起攻击的一种攻击方式。

由于在 DDoS 攻击中,攻击者和受攻击机器的力量对比非常悬殊,在这种悬殊的力量对

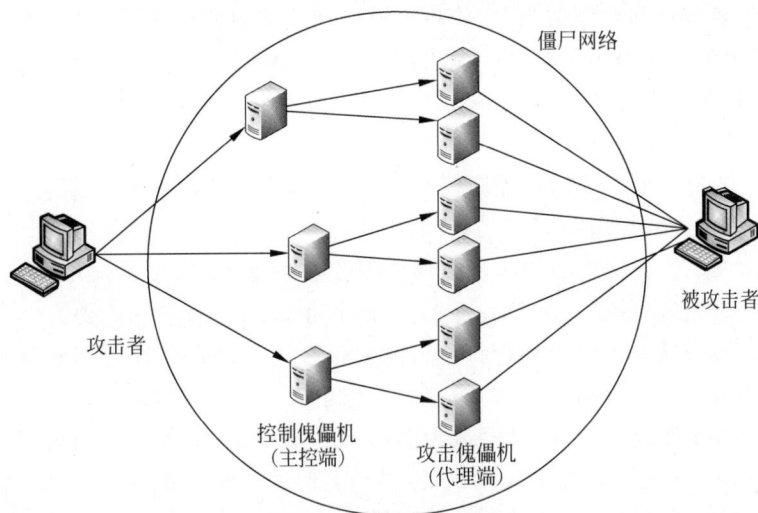

图 5-3　DDoS 攻击过程示意

比下,被攻击的主机很快失去反应,无法提供服务,从而达到攻击的目的。目前,这种攻击方式是实施最为快速、攻击能力最强、破坏性最大的一种方式。

(2) 僵尸网络。

由攻击者植入僵尸程序的计算机(这些计算机受黑客控制,也称为肉鸡)组成的网络称为僵尸网络(botnet),该网络由大量能够实现恶意功能的 bot、command & control server(命令和控制服务器,控制者通过该服务器发送命令,进行控制)和控制者组成,能够受攻击者控制的网络。

botnet 并不是指物理意义上具有拓扑架构的网络,它具有一定的分布性,该网络会随着 bot 程序的不断传播,而不断有新位置的僵尸计算机添加到这个网络中来,从而可以使网络节点的规模快速扩大。

僵尸程序与蠕虫最大的区别就在于蠕虫具有主动传播性,另外蠕虫的攻击行为不受人控制,而相反僵尸程序的存在就是为了使得攻击者能够控制受感染的电脑。僵尸程序和木马有着功能的相似性——远程控制计算机,但在功能实现上略有区别,僵尸程序都能突破 untrust 和防火墙限制,这是传统正向连接的木马无法比拟的。僵尸程序使用特有的因特网中继聊天(internet relay chat,IRC)协议下的 DCC 命令或其他载体进行传播,由于预设指令的存在,传播过程更显主动,且受感染的电脑仍受控制,这些比起木马技术来说更加先进和隐蔽。

botnet 最主要的特点是它有别于以往简单的安全事件,是一个具有极大危害的攻击平台。它可以一对多地执行相同的恶意行为,将攻击源从一个转换为多个,乃至一个庞大的网络体系,通过网络来控制受感染的系统,造成更大程度的网络危害,例如,可以同时对某目标网站进行 DDoS 攻击,同时发送大量的垃圾邮件,短时间内窃取大量敏感信息、抢占系统资源甚至进行非法目的的牟利等。

botnet 正是这种一对多的控制关系,使得攻击者能够以极低的代价高效地控制大量的资源为其服务,在执行恶意行为的时候,botnet 充当了一个攻击平台的角色,这也就使得 botnet 不同于简单的病毒和蠕虫,也与通常意义的木马有所不同。目前,botnet 已经成为网络钓鱼、传播垃圾邮件和色情文学、实施单击欺诈和经济犯罪的重要平台。2008 年 8 月,在我国发现的最大的一个"僵尸网络"控制着约 15 万台计算机,国外曾经出现过 40 多万用户被"僵尸网络"控制的事件。

botnet 的危害主要如下。

① 远程完全控制系统。僵尸程序一旦侵入系统,会像木马一样隐藏自身,企图长期潜伏在受感染系统中,随时等待远程控制者的操作命令。

② 释放蠕虫。传统蠕虫的初次传播属于单点辐射型,如果疫情发现得早,可以很好的定位并抑制蠕虫的深度传播;而 botnet 的存在,使得蠕虫传播的基点更高。在很大的范围内,将可能同时爆发蠕虫疫情。僵尸计算机的分布广泛且数量极多,导致破坏程度呈几何倍数增长,使蠕虫起源更加具有迷惑性,给定位工作增加巨大的难度。

③ 发起 DDoS 攻击。DDoS 已经成为 botnet 造成的最大、最直接的危害之一。攻击者通过庞大的 botnet 发送攻击指令给活跃的(甚至暂时处于非活跃状态的)僵尸计算机,可以同时对特定的网络目标进行持续的访问或扫描,由于攻击者可以任意指定攻击时间、并发任务个数,以及攻击的强度,使这种新式的 DoS 攻击具有传统 DoS 攻击所不可比拟的强度和危害。

④ 窃取敏感信息。由于僵尸计算机被远程攻击者完全控制,存储在受感染电脑上的一切敏感信息都将暴露无遗,用户的一举一动都在攻击者的监视之中。

⑤ 发送垃圾邮件。垃圾邮件给人们的日常生活造成了极大的障碍,而利用 botnet 发送垃圾邮件,首先可以隐藏自身的真实 IP,躲避法律的追究;其次,可以在短时间内发送更多的垃圾邮件;最后,反垃圾邮件的工作和一些过滤工具无法完全拦截掉这些垃圾邮件。

⑥ 强占滥用系统资源,进行非法牟利活动。botnet 一旦形成,就相当于给控制者提供了大量免费的网络和计算机资源,控制者利用这些资源进行非法的暴利谋取,暴利谋取的手段包括种植广告件、增加网站访问量、参与网络赌博、下载各类数据资料、建立虚假网站进行网络钓鱼等。

⑦ 作为跳板,实施二次攻击。攻击者利用僵尸程序,在受感染主机打开各种服务器代理或重定向器,发起其他攻击破坏,而这样可以隐藏自己的真实位置,不容易被发现。

总之,botnet 不是一种单一的网络攻击行为,而是一种网络攻击的平台其他传统网络攻击手段的负载综合,通过 botnet 可以控制大量的计算机进行更快、更猛烈的网络攻击,这给普通用户和整个互联网的健康发展造成了严重的危害。

当前,新一代的 botnet 更加智能化和追求利益最大化。传统的 botnet 更多的是进行 DDoS 攻击,而从 2008 年开始,已经转变到利用庞大的僵尸兵团来完成单击广告、刷网络流量等以谋求经济利益的目的上来,botnet 控制技术更是由原来的不可控型变成了可控制,实现指哪打哪的新型战术,这对防范 botnet 带来了更大的挑战。

对于 botnet 攻击的防范,主要有以下的措施。

① 对网络和主机的各种运行状态时刻保持警惕,提高警觉性,注意定期查看系统日志,监控连接到网络和主机的各种链接。对个人 Windows 用户而言,还应做到自动升级、设置复杂口令、不运行可疑邮件,这样,可以避免多数恶意代码的侵袭。

② 监测端口。因为即使是最新的 bot 程序进行通信时,它们也是需要通过端口来实现的。绝大部分的 bot 仍然使用 IRC(端口 6667)和其他端口号较大的端口(如 31 337 和

54 321)。1024 以上的所有端口通常应设置为阻止 bot 进入。另外,还可以对开放的端口制定通信政策"只在办公时间开放"或"拒绝所有访问,除了以下 IP 地址列表"等。

③ 禁用 JavaScript。当一个 bot 程序感染主机的时候,往往是基于 Web 利用漏洞执行 JavaScript 来实现。可以设置浏览器在执行 JavaScript 之前进行提示,这样有助于最大化地减少因 JavaScript 而感染 bot 的机会。

④ 多层面防御,采用多个不同层次不同作用的防御工具,这样,可以提高综合防御效果。

⑤ 安全评估。通常,厂商都会提供免费的安全评估工具,这些工具可以评估用户网络所面临的不同类型的安全风险和安全漏洞,并提供安全措施的建议。

6. DDoS 攻击的检测与防范

要判断是否受到 DDoS 攻击,首先应该对攻击进行检测,一般情况下,有下列情况时,就有可能出现了 DDoS 攻击。

① 系统服务器 CPU 利用率极高,处理速度缓慢,甚至宕机。

② 高流量无用数据造成网络拥塞,使受害主机无法正常和外界通信。

③ 反复高速地发出特定的服务请求,使受害主机无法及时处理所有正常请求。

④ 被攻击主机上有大量等待的 TCP 连接。

⑤ 被 DDoS 攻击后,服务器出现木马、溢出等异常现象。

当然,有时候 DDoS 攻击比较隐蔽,检测比较困难,这时,就要对系统进行综合测试和评估,并采用专业的工具进行检测。

防范 DDoS 攻击是一个系统工程,必须对系统进行全面的安全防范,仅依靠某种系统或产品防范全部的 DDoS 攻击是不现实的。尽管完全杜绝 DDoS 攻击无法做到,但通过安装网络安全设备,并采取相应的安全措施,可以抵御 90% 以上的 DDoS 攻击。防范 DDoS 攻击的措施很多,前面介绍的防范 botnet 攻击的措施大部分也适用于防范 DDoS 攻击。此外,还应采取以下的措施。

① 采用高性能的网络设备。要保证网络设备不能成为瓶颈,因此选择路由器、交换机、硬件防火墙等设备的时候要尽量选用知名度高、口碑好、性能优异的产品,这样可以在一定程度上提高抗攻击的程度。

② 安装专业抗 DDoS 攻击的防火墙。专业抗 DDoS 攻击的防火墙采用内核提前过滤技术、反向探测技术、指纹识别技术等多项技术来发现和提前过滤 DDoS 非法数据包,可以智能抵御 DDoS 攻击。另外,对于防火墙还应进行相应的设置,包括禁止对主机的非开放服务的访问,限制同时打开的 SYN 最大连接数,限制特定 IP 地址的访问,启用防火墙的防 DDoS 攻击的属性,严格限制对外开放的服务器的向外访问等。

③ 对于主机,应进行相应的设置,包括关闭不必要的服务,限制同时打开的 SYN 半连接数目,缩短 SYN 半连接的 time out 时间,及时更新系统补丁等。

5.1.3　ARP 欺骗攻击

网络欺骗从安全学角度上说就是使入侵者相信信息系统存在有价值的、可利用的安全弱点,并具有一些可攻击窃取的资源(当然这些资源是伪造的或不重要的),并将入侵者引向这些错误的资源。它能够显著地增加入侵者的工作量、入侵复杂度及不确定性,从而使入侵者不知道其进攻是否奏效或成功。而且,它允许防护者跟踪入侵者的行为,在入侵者之前修补系统可能存在的安全漏洞。相对地,欺骗攻击就是利用假冒、伪装后的身份与其他主机进行合法的通信或发送假的报文,使受攻击的主机出现错误,或者是伪造一系列假的网络地址和网络空间顶替真正的网络主机为用户提供网络服务,以此方法获得访问用户的合法信息后加以利用,转而攻击主机的一种攻击方式。

常见的网络欺骗攻击方式主要有 ARP 欺骗、DNS 欺骗、Web 欺骗、电子邮件欺骗等。

1. ARP 欺骗

互联网使用第三层逻辑地址(IP 地址)路由,实现网间通信,然后在局域网内使用第二层物理地址(即 MAC 地址)寻址,实现局域网内通信。因此存在 IP 地址和 MAC 地址相互转换的问题。

地址解析协议(address resolution protocol,ARP)就是实现 IP 地址转换成物理地址的协议。ARP 协议实现依赖局域网内每台主机的 ARP 缓存表,每台主机中都有一张 ARP 表,它记录着主机的 IP 地址和 MAC 地址的对应关系,如表 5-1 所示。

表 5-1　ARP 缓存表

IP 地址	MAC 地址
192.168.1.1	01-01-01-01-01-01
192.168.1.2	02-02-02-02-02-02
192.168.1.3	03-03-03-03-03-03
...	...

如图 5-4 所示,以主机 D(192.168.1.4)向目标主机 C(192.168.1.3)、目标主机 B(192.168.1.2)发送数据为例介绍 ARP 工作原理。

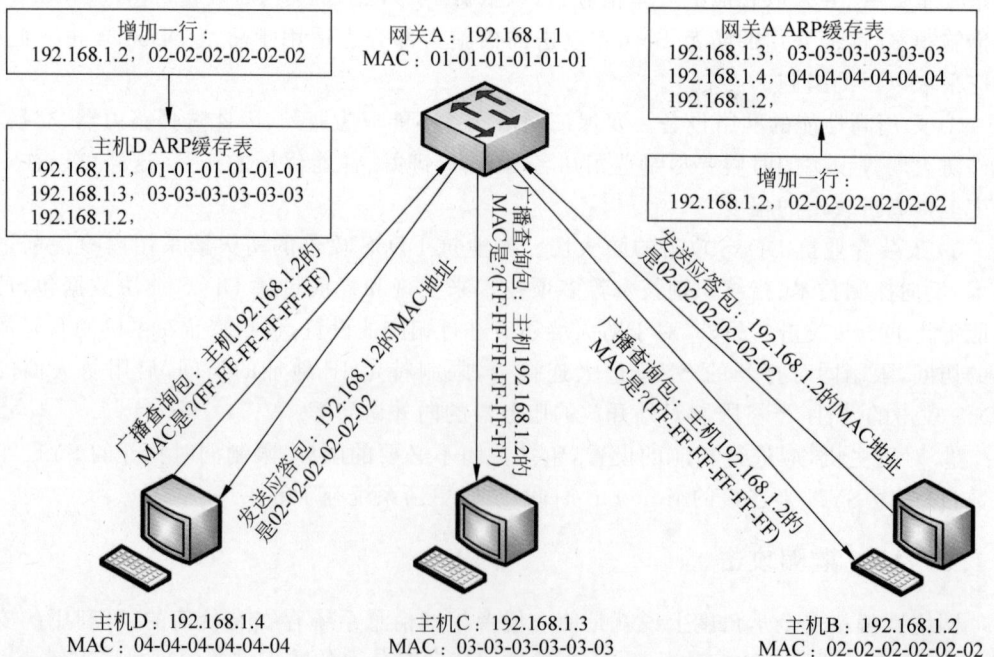

图 5-4　ARP 工作原理

① D 发送数据给主机 C、B。D 首先检查自己的 ARP 缓存表,查看是否有目标主机的 IP 地址和 MAC 地址的对应关系。如果有(主机 C:192.168.1.3),则会将 C 的 MAC 地址(03-03-03-03-03-03)作为目的 MAC 地址封装到数据帧中发送;如果没有(主机 B:192.168.1.2),D 会发送一个 ARP 查询帧:(192.168.1.2,FF-FF-FF-FF-FF-FF),这表示向同一网段的所有主机发出这样的询问:"192.168.1.2 的 MAC 地址是什么"? 查询帧请求的目标 IP 地址是 B 的 IP 地址(192.168.1.2),目标 MAC 地址是 MAC 地址的广播帧(即 FF-FF-FF-FF-FF-FF),源 IP 地址和 MAC 地址是 D 的 IP 地址和 MAC 地址。

② 当交换机接收到此数据帧之后,发现此数据帧是广播帧,因此,会将此数据帧从非接收的所有接口发送出去。

③ 当 C、B 接收到此数据帧后,会校对 IP 地址是否是自己的,是则将 D 的 IP 地址和 MAC 地址的对应关系增加到自己的 ARP 缓存表中,同时会发送一个 ARP 应答帧,其中包括自己的 MAC 地址和 IP 地址的对应关系:(192.168.1.2,02-02-02-02-02-02);否则丢弃此帧,拒绝回复此帧。

④ D 在收到应答帧后,在自己的 ARP 缓存表中记录主机 B 的 IP 地址和 MAC 地址的对应关系。这样以后再向 B 发送数据时,直接在 ARP 缓存表找就可以了。此时交换机也已经学习到了主机 D 和主机 B 的 MAC 地址了。

ARP 实现时存在如下缺陷,ARP 协议并不只在发送了 ARP 请求后才接收 ARP 应答,当主机收到一个 ARP 应答包时,它不验证自己是否发送过对应 ARP 请求包,就会对本地的 ARP 缓存表进行更新,直接用应答包里的 MAC 地址与 IP 地址对应的关系更新主机 ARP 缓存表,构成新的 MAC 地址与 IP·地址对应关系。

这样 ARP 欺骗主机就可通过向 ARP 被攻击主机(主要是网关)发送伪造的 ARP 应答包(伪造 IP 地址或 MAC 地址)从而截获应发往 ARP 被攻击主机数据,实现 ARP 欺骗。

ARP 欺骗在局域网内广泛传播,欺骗者利用它可进行 DoS 攻击、MITM 攻击、DNS 欺骗等多种方式的网络攻击,造成局域网通信中断、敏感数据泄露、数据被篡改、网页劫持等网络安全危害,已成为局域网安全的首要威胁。

ARP 欺骗分为以下类型。

(1) 劫持数据包再转发,起到获取用户数据包信息及非法恶意内容的作用。

假定主机 B 是一个攻击者,他把网关 C 的 MAC 换成自己的,那么 B 就可以截获到主机 A 与 C 的通信,也就完成了一次简单的 ARP 欺骗。

进一步攻击者可将这些流量另行转发到真正的目的地址(被动式分组嗅探),隐蔽自己的嗅探行为或是篡改后再转送(中间人攻击)。

① 如图 5-5 所示,B 向网关 C 发送伪造的 ARP 应答(192.168.1.2,03-03-03-03-03-03)。网关接收到 B 伪造的 ARP 应答后,就会更新网关的 ARP 缓存表,增加一行(192.168.1.2,03-03-03-03-03-03),以后网关收到发往 A(192.168.1.2)的数据将会发给 B(03-03-03-03-03-03),而不是真实的 A(02-02-02-02-02-02),从而实现 ARP 欺骗。

更加隐蔽的做法是 B 再主动将收到的数据包转发给真实的 A(02-02-02-02-02-02),从而隐藏欺骗行为,实现中间人攻击。

② 如图 5-5 所示,B 向 A 发送伪造的 ARP 应答(192.168.1.1,03-03-03-03-03-03)。A 接收到 B 伪造的 ARP 应答后,就会更新 A 的 ARP 缓存表,增加一行(192.168.1.1,03-03-

ARP缓存表
192.168.1.2，03-03-03-03-03-03
192.168.1.3，03-03-03-03-03-03

网关C：192.168.1.1
MAC：01-01-01-01-01-01

发送伪造的应答包：
192.168.1.2的MAC地址是
03-03-03-03-03-03

主机B：192.168.1.3
MAC：03-03-03-03-03-03

发送伪造的应答包：
192.168.1.1的MAC地址是
03-03-03-03-03-03

主机A：192.168.1.2
MAC：02-02-02-02-02-02

ARP缓存表
192.168.1.1，01-01-01-01-01-01
192.168.1.2，02-02-02-02-02-02

ARP缓存表
192.168.1.1，03-03-03-03-03-03
192.168.1.3，03-03-03-03-03-03

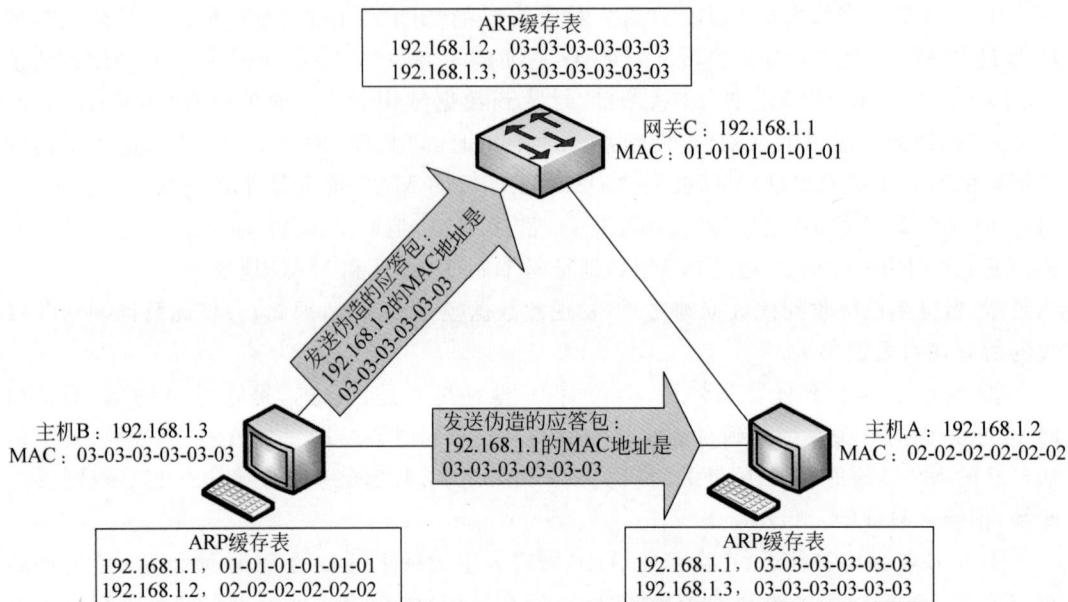

图 5-5　ARP 欺骗攻击——劫持数据

03-03-03-03)。由于局域网通信不是根据 IP 地址进行,而是按照 MAC 地址进行传输,这样以后 A 发给网关(192.168.1.1)的数据将会由网关转发给 B(03-03-03-03-03-03),实现劫持数据,获取 A 的信息。

(2) 劫持数据包至不存在的 MAC,起到阻断用户网络通信的作用。

攻击者发送一系列伪造的 ARP 应答包(包含错误的 MAC 地址和正确的 IP 地址对应关系)到网关,并按照一定的频率不断进行,使真实 ARP 应答包无法通过定时更新保存在网关中,结果网关收到的所有数据只能发送给错误的 MAC 地址,造成正常 PC 无法收到信息。如果伪造的 MAC 是一个不存在的 MAC 地址,这样就造成网络不通,达到阻断服务攻击的效果。

(3) 伪造网关。

它的原理是建立假网关,让被它欺骗的主机向假网关发送数据,而不是通过正常的路由器途径上网。由于假网关通常都不是网关物理设备,而仅仅是一台普通主机,数据转发速度不能满足线速转发要求,所以其他主机就会出现网速极慢或根本上不了网、时常掉线的状况,严重时更会出现大面积掉线的恶劣后果。

综上所述,ARP 协议建立在信任局域网内所有节点的基础上,是一种高效但不安全的无状态协议,在实现时存在广播性、无连接性、无序性、无认证和动态性等安全漏洞,这使得ARP 欺骗具有合法性、隐蔽性和欺骗性,对其进行入侵检测和防范难度很大,难以彻底解决。加之 ARP 欺骗技术门槛低,所以对 ARP 欺骗的防范是一个长期的日常性工作。

2. 如何判断已感染了 ARP 病毒

① 进行网络流量分析。ARP 缓存表采用老化机制,每个表中的每一项都有生存周期。每一项 2min 未使用则删除,这样可以大大减少 ARP 缓存表的长度,加快查询的速度;每一项最多存活 10min,每个 ARP 缓存表需要周期性更新,网络中 ARP 网络流量呈现自相似性

特征,如图 5-6 所示。图中流量曲线对应 Hurst 指数值为 0.87,说明流量具有自相似性。

　　由于 ARP 缓存表采用老化机制定时进行数据更新,为了保持攻击状态,ARP 欺骗主机就需要周期性发送大量伪造的 ARP 应答包以淹没正常的 ARP 应答包,使得主机的 ARP 缓存表内保持假的 MAC 地址与 IP 地址对应关系,从而达到 ARP 欺骗的目的。这将导致 ARP 网络流量表现为强烈的局部突发、网络流量呈现重尾分布的特征,如图 5-7 所示。据此可较准确判断网络中是否存在 ARP 攻击。

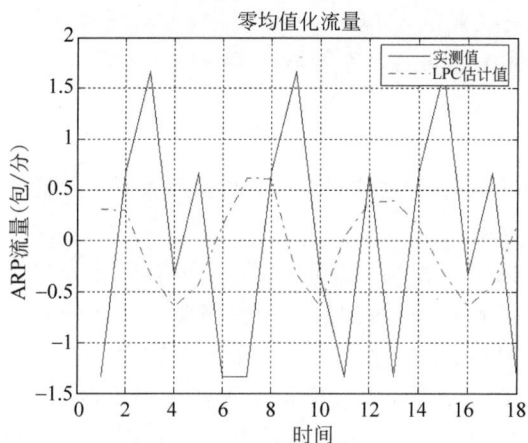

图 5-6　ARP 正常网络流量　　　　　　图 5-7　ARP 异常网络流量

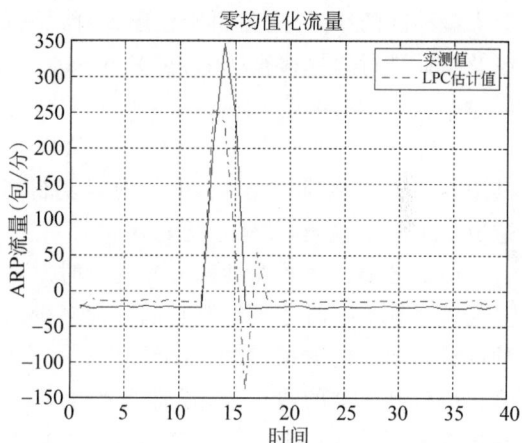

　　② 直观观察是否存在以下现象。网络不稳定,突然断开,过一段时间后又恢复正常了;网络无法连接,但重新启动电脑或选择"开始"→"运行",输入 cmd,进入 dos 窗口,输入 arp -d 命令后又恢复正常,一段时间以后又会无法连接。

　　③ 检测 ARP 缓存表中是否有重复的 MAC 地址。方法是输入 cmd 进入 dos 窗口,输入 ARP -a 看是否有重复的 MAC 地址。

3. ARP 欺骗的防范

　　① 不用把计算机的网络安全信任关系单独建立在 IP 基础上或 MAC 基础上,理想的关系应该建立在 IP＋MAC 基础上。

　　② 在客户端使用 ARP 命令绑定网关的真实 MAC 地址。

　　③ 在交换机上设置端口与 MAC 地址的静态绑定。

　　④ 在路由器设置 IP 地址与 MAC 地址的静态绑定。

　　⑤ 管理员定期用响应的 IP 包中获得一个反向地址转换协议(reverse address resolution protocol,RARP)请求,然后检查 ARP 响应的真实情况,发现异常立即处理。同时,管理员要定期轮询,经常检查主机上的 ARP 缓存。

　　⑥ 使用防火墙连续监控网络。注意使用简单网络管理协议(simple network management protocol,SNMP)时,ARP 的欺骗可能导致陷阱包丢失。

5.1.4　缓冲区溢出攻击

1. 缓冲区溢出攻击概述

　　缓冲区(buffer)是程序运行时机器内存中的一个连续块(进程分配的一段内存区域),

它保存了给定类型的数据。缓冲区溢出(buffer overflow)是指通过向缓冲区写入超出其长度的内容,进而改变进程执行流程,最终获得进程特权,甚至控制目标主机。

向一个有限空间的缓冲区中植入超长的字符串可能会出现两个结果,一是过长的字符串覆盖了相邻的存储单元,引起程序运行失败,严重的可导致系统崩溃;另有一个结果就是利用这种漏洞可以执行任意指令,甚至可以取得系统 root 权限。

从上面的缓冲区溢出概念可以看出,缓冲区溢出就是将一个超过缓冲区长度的字符串置入缓冲区的结果,这是由于程序设计语言的一些漏洞,如 C/C++语言中,不对缓冲区、数组及指针进行边界检查(strcpy()、strcat()、sprintf()、gets()等语句)。例如,

```
void function(char × str) {
char buffer[16]; strcpy(buffer,str); }
```

其中,strcpy()将直接把 str 中的内容复制到 buffer 中。这样只要 str 的长度大于 16,就会造成 buffer 的溢出,使程序运行出错。

缓冲区溢出通常在动态分配变量时发生。为了不占用太多的内存,一个有动态分配变量的程序在运行时才决定给它们分配多少内存。现在假设,如果一个程序要在动态分配缓冲区放入超长的数据,数据就会溢出。一个缓冲区溢出程序使用这个溢出的数据将汇编语言代码放到机器的内存里,通常是产生 root 权限的地方,这就会给系统产生极大的威胁。这样看来缓冲区溢出并不是产生威胁的根本原因,而是当溢出到能够以 root 权限运行命令的区域,那样攻击者就相应地拥有了目标主机的最高使用权限。

大多造成缓冲区溢出的原因是程序中没有仔细检查用户输入参数。如果向程序的有限空间的缓冲区中置入过长的字符串,造成缓冲区溢出,从而破坏程序的堆栈,使程序转去执行其他的指令,如果这些指令是放在有 root 权限的内存里,那么一旦这些指令得到了运行,入侵者就以 root 的权限控制了系统,这也是所说的 U2R(user to root attacks)攻击。例如,在 UNIX 系统中,使用一些精心编写的程序,利用 SUID(set user ID)程序(如 FDFORMAT)中存在的缓冲区溢出错误就可以取得系统超级用户权限,在 UNIX 取得超级用户权限就意味着黑客可以随意控制系统。

以缓冲区溢出为攻击类型的安全漏洞是最为常见的一种形式,更为严重的是缓冲区漏洞占了远程网络攻击的绝大多数,这种攻击可以使得一个匿名的网上用户获得一台主机的部分和全部的控制权。当用户拥有了管理员权限的时候,将会给主机极其严重的安全威胁。

缓冲区溢出之所以成为一种常见的攻击手段,其原因在于很容易造成缓冲区溢出漏洞。缓冲区溢出能够成为远程攻击的主要手段,原因在于攻击者利用缓冲区溢出漏洞,植入并且执行攻击代码——含有缓冲区溢出的代码,被植入的代码在一定的权限下运行之后,攻击者就可以获得攻击主机的控制权。

一个利用缓冲区溢出而企图破坏或非法进入系统的程序通常由如下几部分组成。

① 准备一段可以调用一个 shell 的机器码形成的字符串,称为 shellcode。

② 申请一个缓冲区,并将机器码填入缓冲区的低端。

③ 估算机器码在堆栈中可能的起始位置,并将这个位置写入缓冲区的高端。这个起始的位置也是执行这一程序时需要反复调用的一个参数。

④ 将这个缓冲区作为系统一个有缓冲区溢出错误程序的入口参数,并执行这个有错误的程序。

在 UNIX 系统中,使用一类精心编写的程序,利用 SUID 程序中存在的这种错误可以很轻易地取得系统的超级用户的权限。当服务程序在端口提供服务时,缓冲区溢出程序可以轻易地将这个服务关闭,使得系统的服务在一定的时间内瘫痪,严重的可能使系统立刻死机,从而变成一种拒绝服务的攻击。这种错误不仅是程序员的错误,系统本身在实现的时候出现的这种错误更多。

```
# include < stdio. h >
# include < stdlib. h >
# include < string. h >
# include < iostream >
int k;
void fun(const char× input)
{   char buf[8];           strcpy(buf,input);
    k = (int)&input - (int)buf;       printf("% s\n",buf);    }
void haha()
{       printf("\nOK! success");    }
int main(int argc, char× argv[])
{   printf("Address of foo = % p\n",fun);
    printf("Address of haha = % p\n",haha);
    void haha();
    int addr[4];         char s[] = "FindK";
    fun(s);
    int go = (int)&haha; //由于 EIP 地址是倒着表示的,所以首先把 haha()函数的地址分离成字节
    addr[0] = (go << 24)>> 24; addr[1] = (go << 16)>> 24; addr[2] = (go << 8)>> 24;   addr[3] =
go >> 24;
    char ss[] = "aaaaaaaaaaaaaaaaaaaaaaaaaaaaaaaaaaaaaaaaaaaaaaaaaaa";
    for(int j = 0;j < 4;j++){
        ss[k - j - 1] = addr[3 - j];        }
    fun(ss);
    return 0;
```

这段程序的运行结果如图 5-8 所示。其执行过程为: void fun()函数中 buf 只分配了 8 字节的空间,通过写超出其长度的字符串 ss,并传入 void fun()函数对 buf 赋值,使调用 fun()函数时的堆栈溢出,覆盖了返回地址,令构造的 ss 输入部分恰巧使覆盖返回地址部分的内容正好指向 haha()函数入口,这样程序就不会返回之前的步骤(也就

```
Address of foo=00401334
Address of haha=0040136A
FindK
24
aaaaaaaaaaaaaaaaaaaaj!!@
OK!success
```

图 5-8　缓冲区溢出攻击

是主函数中调用 fun()函数下边的指令),而是进入了 haha()函数,同时执行 haha()函数中的 printf("\nOK! success")指令,在屏幕上打印出 OK! success。

如何寻找待构造的 ss 值?

首先通过定义一个全局变量 k,它代表传入的 ss 和 buf 之间内存地址(彼此相对的地址)的距离,然后在主函数中首先定义一个任意 ss(经测试,传入什么 ss 并不影响 ss 和 buf 之间的距离),调用 fun(),这样可以得到在本机上二者地址相差的距离,然后用 go 记录 haha()的代码段地址,这里需要说明一点:当调用一个函数的时候,首先是参数入栈,然后是返回地址。并且,这些数据都是倒着表示的,因为返回地址是 4 字节,所以实际上返回地址就是:buf[k−1]×256×256×256+buf[k−2]×256×256+buf[k−3]×256+buf[k−4]。将 go 拆分成 4 部分后赋给 ss 相应位置,得到的 ss 就是可以令 fun()函数执行后直接跳到 haha()函数的字符串。

缓冲区溢出的目的在于扰乱具有某些特权运行程序的功能,这样就可以让攻击者取得程序的控制权,如果该程序具有足够的权限,那么整个主机甚至服务器就被控制了。一般而言,攻击者攻击 root 程序,然后执行类似 exec(sh)的执行代码来获得 root 的 shell。

为了达到这个目的,攻击者必须达到两个目标,第一个目标是在程序的地址空间里安排适当的代码,第二个目标是通过适当的初始化寄存器和存储器,让程序跳转到安排好的地址空间执行。

2. 缓冲区溢出防范

缓冲区溢出攻击的防范是和整个系统的安全性分不开的。如果整个网络系统的安全设计很差,则遭受缓冲区溢出攻击的机会也大大增加。针对缓冲区溢出,可以采取多种防范策略。

(1) 系统管理上的防范策略。

① 关闭不需要的特权程序。由于缓冲区溢出只有在获得更高的特权时才有意义,所以带有特权的 UNIX 下的 SUID 程序和 Windows 下由系统管理员启动的服务进程都经常是缓冲区溢出攻击的目标。这时候,关闭一些不必要的特权程序就可以降低被攻击的风险。

② 安装程序补丁。这是漏洞出现后最迅速有效的补救措施。大部分的入侵是利用一些已被公布的漏洞完成的,如能及时补上这些漏洞,无疑极大地增强了系统抵抗攻击的能力。

这两种措施对管理员来说,代价都不是很高,但能很有效地防止大部分的攻击企图。

(2) 软件开发过程中的防范策略。

发生缓冲区溢出的主要原因有:数组没有边界检查而导致的缓冲区溢出;函数返回地址或函数指针被改变,使程序流程的改变成为可能;植入代码被成功地执行等。所以针对这些要素,从技术上可以采取一定的措施来防范,采取的措施主要如下。

① 编写正确的代码。由于缓冲区溢出主要发生在进行数据复制等操作中,所以只要在所有复制数据的地方进行数据长度和有效性的检查,确保目标缓冲区中数据不越界并有效,就可以避免缓冲区溢出,更不可能使程序跳转到恶意代码上。但是如 C/C++自身是一种不进行数据类型和长度检查的程序设计语言,而程序员在编写代码时由于开发速度和代码的简洁性,往往忽视了程序的健壮性,从而导致缓冲区溢出,因此必须从程序语言和系统结构方面加强防范。

很多不安全程序的出现是由于调用了一些不安全的库函数,这些库函数往往没有对数组边界进行检查。如函数 strcpy(),所以一种简单的方法是进行搜索源程序,找出对这些函数的调用,然后代以更安全的函数。进一步地查找检查更广范围的不安全操作,如在一个不定循环中对数组的赋值等。

② 缓冲区不可执行。通过使被攻击程序的数据段地址空间不可执行,从而使得攻击者不可能执行被植入攻击程序输入缓冲区的代码,这种技术被称为缓冲区不可执行技术。

③ 数组边界检查。可以说缓冲区溢出的根本原因是没有数组边界检查,当数组被溢出时,一些关键的数据就有可能被修改,如函数返回地址、过程指针、函数指针等。同时,攻击代码也可以被植入。因此,对数组进行边界检查,使超长代码不可能植入,这样就完全没有了缓冲区溢出攻击产生的条件。

④ 程序指针完整性检查。程序指针完整性检查是针对上述缓冲区溢出的另一个要

素——阻止由于函数返回地址或函数指针的改变而导致的程序执行流程的改变。它的原理是在每次程序指针被引用之前先检测该指针是否已被恶意改动过,如果发现被改动,程序就拒绝执行。因此,即使一个攻击者成功地改变程序的指针,由于系统事先检测到了指针的改变,这个指针也不会被使用。与数组边界检查相比,这种方法不能解决所有的缓冲区溢出问题。但这种方法在性能上有很大的优势,而且兼容性也很好。

5.1.5　SQL 注入攻击

SQL 注入攻击是指 Web 应用程序对用户输入数据的合法性没有判断,攻击者可以在 Web 应用程序中事先定义好的查询语句结尾添加额外的 SQL 语句,以此来实现欺骗数据库服务器执行非授权的任意查询,从而进一步得到相应的数据信息。

SQL 注入攻击威胁表现形式为:绕过认证,获得非法权限;猜解后台数据库全部的信息;注入可以借助数据库的存储过程进行提权等操作。

1. SQL 注入攻击原理

SQL 注入能使攻击者绕过认证机制,完全控制远程服务器上的数据库。跟大多数语言一样,SQL 语法允许数据库命令和用户数据混杂在一起。如果开发人员不细心,用户数据就有可能被解释成命令,这样远程用户就不仅能向 Web 应用输入数据,而且还可以在数据库上执行任意命令了。

动态生成 SQL 语句时没有对用户输入的数据进行验证是 SQL 注入攻击得逞的主要原因。

【例 5-1】　一个 users 表,有两个字段 username 和 password。Java 代码中习惯用 SQL 拼接的方式进行用户验证:

"select id from users where username = '" + username + "' and password = '" + password + "'"

username 和 password 从 Web 表单获得的数据。如果在表单中 username 的输入框中输入 1=1,password 的表单中随便输入,假如这里输入 123,此时所要执行的 SQL 语句就变成了 select id from users where username =" 1=1"　and password ='123'。

来看一下这个 SQL,因为 1=1 是 true,后面 and password = '123'被注释掉了。所以这里完全跳过了 SQL 验证,实现了猜解字段内容。

SQL 注入攻击就是在用户输入变量的时候,先用一个分号结束当前的语句,然后再插入一个恶意 SQL 语句。由于插入的命令可能在执行前追加其他字符串,因此攻击者常常用注释标记“—”来终止注入的字符串。执行时,系统会认为此后语句为注释,故后续的文本将被忽略,不被编译与执行。

2. SQL 注入攻击思路

(1) 判断应用程序是否存在 SQL 注入攻击漏洞。

常用判断方法如下。

① http://www.heetian.com/showtail.asp?id=40'

② http://www.heetian.com/showtail.asp?id=40 and 1=1

③ http://www.heetian.com/showtail.asp?id=40 and 1=2

如果执行①后,页面上提示报错或提示数据库错误,说明存在注入漏洞。

如果执行②后,页面正常显示,而执行③后,页面报错,那么说明这个页面存在注入漏洞。

(2) 收集信息、判断数据库类型。

从返回信息中可以判断数据库类型,也可能可以知道部分数据库中的字段及其他有用信息,为下一步攻击提供铺垫。

(3) 根据注入参数类型,重构 SQL 语句的原貌。

① ID=40:这类注入的参数是数字型,那么 SQL 语句的原貌大致是:Select * from 表名 where 字段=40。

② name=电影:这类注入的参数是字符型,SQL 语句原貌大致是:Select * from 表名 where 字段='电影'。

③ 搜索时没有过滤参数的,如 keyword=关键字,SQL 语句原貌大致是:Select * from 表名 where 字段 like '%关键字%'。

(4) 猜解表名、字段名(直接将 SQL 语句添加到 URL 后)。

① and exists(select * from 表名):如果页面没有任何变化,说明附加条件成立,那么就说明猜解的表名正确;反之,就是不存在这个表,接下来就继续猜解,直至正确。

② and exists(select 字段 from 表名):方法原理同上。

③ 利用以上猜解出的表名和字段名猜解字段内容。

猜解字段内容的长度:

(select top 1 len(字段名)from 表名)>0 直至猜解到>n 不成立的时候,得出字段的长度为:n+1。得到长度后,猜解具体的内容:

(select top 1 asc(mid(username,1,1))from 表名)>0 直到>m 不成立时,就可以猜解出 ASCII 码值了。

3. SQL 注入攻击实例

以 JavaEE 作为开发语言,采用 MVC 编程开发模式搭建了一个简单个人主页网站作为实验网站,主要包含个人主页展示、留言板留言、管理员后台登录及后台留言管理等功能,其中留言板留言、后台登录和后台留言管理需要连接数据库进行操作。

① 进入个人主页:http://localhost:8080/SQLInjection/index.jsp。

② 寻找 Web 管理后台入口。在浏览网页过程中发现管理员后台登录页面网址:http://localhost:8080/SQLInjection/login.jsp,如图 5-9 所示。

③ 寻找 SQL 注入攻击点。发现网址:http://localhost:8080/SQLInjection/searchAbout?id=1 存在 GET 请求的 ID 参数,如图 5-10 所示,尝试进行 SQL 注入攻击测试,以便能够找到管理员密码。

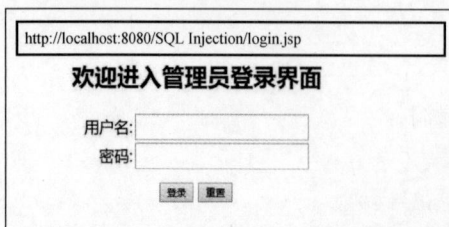

图 5-9 管理员后台登录界面

图 5-10 SQL 注入攻击测试 1

④ 入侵攻击。如图 5-11 所示,尝试 id＝888 or 1＝1,发现在这里列出了 Web 更新的全部记录,在这里可以断定 Web 程序并未对参数进行有效过滤。

关于软件

Web开发更新日期记录:	
更新人员:	更新日期:
Root_Yang	2017-05-01
root	2017-05-02
root1	2017-05-03
root2	2017-05-04
root3	2017-05-05

图 5-11　SQL 注入测试 2

如图 5-12、图 5-13 所示,接下来尝试 SQL 测试万能语句:and 1＝1,and1＝2。

http://localhost:8080/SQL Injection/searchAbout?id= I and I=1

关于软件

Web开发更新日期记录:	
更新人员:	更新日期:
Root_Yang	2017-05-01

图 5-12　SQL 注入攻击测试 3

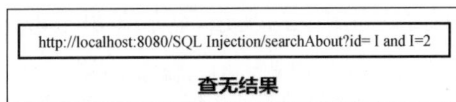

http://localhost:8080/SQL Injection/searchAbout?id= I and I=2

查无结果

图 5-13　SQL 注入攻击测试 4

测试结果令人心动,id＝1 and 1＝1 页面显示正常,而 id＝1 and 1＝2 显示“查无结果”,这就明确说明肯定存在 SQL 注入攻击漏洞。

⑤ 获取漏洞信息。进行 SQLmap 自动化测试。在 CMD 命令行模式进入 Python 2.7 目录下,输入:python2. exe sqlmap/sqlmap. py -u http://localhost:8080/SQLInjection/searchAbout?id＝1,进行自动化测试。

测试结果如图 5-14 所示,结果表明确实存在注入漏洞,注入参数 id 为 GET 注入,注入类型有两种:boolean-based blind(基于布尔盲注)和 AND/OR time-based blind(基于时间盲注);Web 应用程序技术为:JSP;数据库类型为:MySQL ＞＝5.0.12。

```
sqlmap resumed the following injection point(s) from stored session:
Parameter:id (GET)
        Type: boolean-based blind
        Title: AND boolean-based blind-WHERE or HAVING clause
        Payload: id=1 AND 9752=9752
        Type: AND/OR time-based blind
        Title: MySQL >= 5.0.12 AND time-based blind
        Payload: id=1 AND SLEEP(5)
搜狗拼音输入法 全: ry
        Title: Generic UNION query (NULL) -2 columns
        Payload: id=-8987 UNION ALL SELECT
CONCAT(0x717a7a6a71,0x7a46457754736b556d6d4356676b4c794
a65536d69546d46626c686b4745664457655655794c695a,0x7170627a71),NULL--uTQW
[22:34:12] [INFO] the back-end DBMS is MySQL
Web application technology: JSP
Back-end DBMS : MySQL >=5.0.12
[22:34:12] [INFO] fetched data logged to text files under
“C:\Users\Root_Yang\sqlmap\output\localhost”
```

图 5-14　SQLmap 注入测试

⑥ 获取数据库信息。猜解所有数据库名称,输入命令:python2. exe sqlmap/sqlmap. py -u http://localhost:8080/SQLInjection/searchAbout?id＝1 --dbs,结果如图 5-15 所示,

发现存在多个数据库。

⑦ 定位攻击数据库。查看当前 Web 程序所使用的数据库,输入命令:python2. exe sqlmap/sqlmap. py -u http://localhost:8080/SQLInjection/searchAbout? id=1 --current-db,结果如图 5-16 所示,显示当前数据库是 sqlinjection。

图 5-15　猜解所有数据库名称

图 5-16　猜解当前数据库名称

查看当前数据库用户名和密码,结果如图 5-17 所示,显示当前数据库名是 root,密码是 toor。

⑧ 获取数据表信息。列出当前数据库中的表,输入命令:python2. exe sqlmap/sqlmap. py -u http://localhost:8080/SQLInjection/searchAbout? id=1 -D sqlinjection--tables,结果如图 5-18 所示,显示有 db_admin、db_about、db_user 三个表。

图 5-17　当前数据库用户名和密码

图 5-18　当前数据库中的表

猜解数据表中字段。选择 db_about 这个表,输入:python2. exe sqlmap/sqlmap. py -uhttp://localhost:8080/SQLInjection/searchAbout? id=1 -D sqlinjection-T db_about --columns 列举出所有字段,结果如图 5-19 所示,显示有 id、name、data 三个字段。

猜解字段内容,输入:python2. exe sqlmap/sqlmap. py -u http://localhost:8080/SQLInjection/searchAbout? id=1 -D sqlinjection -T db_about -C name,data --dump,字段(name,data)的具体内容,结果如图 5-20 所示。

图 5-19　猜解数据表中字段

图 5-20　猜解字段内容

⑨ 入侵与破坏。因为我们的主要目的是要进入后台管理界面,所以必须找到管理员的用户名和密码,我们猜解一下 db_user 和 db_admin 的字段和字段内容,如图 5-21～图 5-24 所示。

结果发现:db_user 是留言记录表,存放着留言者的用户名、密码和留言信息;db_admin 推测应该是管理员用户名/密码表。

```
Database: sqlinjection
Table:db_user  [4 columns]
+----------+-----------+
| Column   | Type      |
+----------+-----------+
| id       | int(3)    |
| message  | text      |
| password | varchar(12)|
| username | varchar(12)|
+----------+-----------+
```

图 5-21　db_user 字段

```
[23:12:10][INFO] analyzing table dump for possible password hashes
Database: sqlinjection
Table: db_user         [8 entries]
+-----------+-----------+------------------------+
| username  | password  |        message         |
+-----------+-----------+------------------------+
| lidakang  | dakang888 | 政府工作报告            |
| zhangdahua| <blank>   | 我是张大华，我有几句话要对你说！|
| houliangping| liangping| 我是侯亮平，我来协助您的调查。|
+-----------+-----------+------------------------+
```

图 5-22　db_user 字段内容

```
Database: sqlinjection
Table: db_admin  [2 columns]
+----------+-----------+
| Column   | Type      |
+----------+-----------+
| username | varchar(10)|
| password | varchar(10)|
+----------+-----------+
```

图 5-23　db_admin 字段

```
Database: sqlinjection
Table: db_admin    [2 entries]
+----------+-----------+
| username | password  |
+----------+-----------+
| admin    | admin     |
| root     | toor      |
+----------+-----------+
```

图 5-24　db_admin 字段内容

【实验验证】　已查到 db_admin 表中字段内容，接下来就在管理员登录页面输入用户名(admin)和密码(admin)进行验证。

如图 5-25 所示，现在可以顺利进入后台留言管理界面了，说明 db_admin 确实是管理员用户名/密码表。登录后可以看到所有用户的留言信息，也可以进行后台留言删除。

```
欢迎进入管理员登录界面
用户名: admin
密码: •••••
     登录  重置
```

图 5-25　管理员登录界面

4. SQL 注入攻击预防

(1) 严格地区分普通用户与系统管理员的权限。

如果一个普通用户在使用查询语句中嵌入另一个 Drop Table 语句，那么是否允许执行呢？由于 Drop 语句关系到数据库的基本对象，故要操作这个语句用户必须有相关的权限。在权限设计中，对于终端用户，即应用软件的使用者，没有必要给他们数据库对象的建立、删除等权限。那么即使在他们使用 SQL 语句中带有嵌入式的恶意代码，由于其用户权限的限制，这些代码也将无法被执行。故应用程序在设计的时候，最好把系统管理员的用户与普通用户区分开来。如此可以最大限度地减少注入式攻击对数据库带来的危害。

(2) 强迫使用参数化语句。

如果在编写 SQL 语句的时候，用户输入的变量不是直接嵌入 SQL 语句。而是通过参数来传递这个变量的话，那么就可以有效地防治 SQL 注入攻击。也就是说，对用户输入绝对不能够直接被嵌入 SQL 语句中。与此相反，对用户输入的内容必须进行过滤，或者使用参数化的语句来传递用户输入的变量。参数化的语句使用参数而不是将用户输入变量嵌入 SQL 语句中。采用这种措施，可以杜绝大部分的 SQL 注入攻击。

(3) 加强对用户输入的验证。

总体来说，防止 SQL 注入攻击式攻击可以采用两种方法，一是加强对用户输入内容的检查与验证；二是强迫使用参数化语句来传递用户输入的内容。在 SQL Server 数据库中，有比较多的用户输入内容验证工具，可以帮助管理员来对付 SQL 注入攻击。测试字符串变量的内容，只接受所需的值。拒绝包含二进制数据、转义序列和注释字符的输入内容。这有助于防止脚本注入，防止某些缓冲区溢出攻击。测试用户输入内容的大小和数据类型，强制执行适当的限制与转换。这既有助于防止有意造成的缓冲区溢出,对于防止注入式攻击有比较明显的效果。

(4)使用 SQL Server 自带的安全参数。

为了减少注入式攻击对 SQL Server 数据库的不良影响,SQL Server 数据库专门设计了相对安全的 SQL 参数。在数据库设计过程中,工程师要尽量采用这些参数来杜绝恶意的 SQL 注入攻击。

(5)使用专业的漏洞扫描工具。

必要的情况下,使用专业的漏洞扫描工具,可以帮助管理员来寻找可能被 SQL 注入攻击的点。不过漏洞扫描工具只能发现攻击点,而不能够主动起到防御 SQL 注入攻击的作用。所以凭借专业的工具,可以帮助管理员发现 SQL 注入攻击式漏洞,并提醒管理员采取积极的措施来预防 SQL 注入攻击。如果攻击者能够发现的 SQL 注入攻击式漏洞数据库管理员都发现了并采取了积极的措施堵住漏洞,那么攻击者也就无从下手了。

(6)使用 PreparedStatement 语句。

对于 Java 数据库连接 JDBC 而言,SQL 注入攻击只对 Statement 有效,对 PreparedStatement 是无效的,这是因为 PreparedStatement 不允许在不同的插入时间改变查询的逻辑结构。

如验证用户是否存在的 SQL 语句为:

用户名 'and pswd = '密码;

如果在用户名字段中输入:"'or 1=1"或是在密码字段中输入:"'or 1=1;",则将绕过验证,但这种手段只对 Statement 有效,对 PreparedStatement 无效。

5.2 网络防御

5.2.1 端口安全扫描

网络安全扫描是一种基于因特网远程检测目标网络或本地主机安全漏洞的技术,通常被用来进行模拟攻击实验和安全审计。它利用了一系列的脚本模拟对系统进行攻击的行为,并对结果进行分析。网络安全扫描技术通常与防火墙、安全监控系统互相配合,才能为网络提供较高的安全性。

对于系统管理员来说,通过网络安全扫描,能够发现所维护的 Web 服务器的各种 TCP/IP 端口的分配、开放的服务、Web 服务软件版本和这些服务及软件呈现在因特网上的安全漏洞,可以用积极的、非破坏性的办法来检验系统是否有可能被攻击崩溃;对于黑客来说,网络安全扫描技术则能够发现攻击目标的脆弱性和漏洞,便于下一步实施攻击。

网络安全扫描原理是采取模拟攻击的形式对目标可能存在的已知安全漏洞逐项进行检查,目标可以是端口、工作站、服务器、交换机、路由器、数据库等对象,最后根据扫描结果向扫描者或管理员提供周密可靠的分析报告。

一次完整的网络安全扫描分为以下三个阶段。

(1)发现目标主机或网络。

(2)发现目标后进一步搜集目标信息,包括操作系统类型、运行的服务及服务软件的版本等。如果目标是一个网络,还可以进一步发现该网络的拓扑结构、路由设备及各主机的信息。

(3) 根据搜集到的信息判断或进一步测试系统是否存在安全漏洞。

扫描通常采用以下两种策略。

(1) 被动式策略,就是基于主机之上,对系统中不合适的设置、脆弱的口令及其他同安全规则抵触的对象进行检查。

(2) 主动式策略,它是基于网络的,通过执行一些脚本文件模拟对系统进行攻击的行为并记录系统的反应,从而发现其中的漏洞。

被动式扫描不会对系统造成破坏,而主动式扫描对系统进行模拟攻击,可能会对系统造成破坏。利用被动式策略扫描称为系统安全扫描,利用主动式策略扫描称为网络安全扫描。

1. 端口概念

Windows 中的端口是指 TCP/IP 协议中的端口,范围是从 0～65 535。

在因特网上,各主机间通过 TCP/IP 协议发送和接收数据包,各个数据包根据其目的主机的 IP 地址来进行互联网络中的路由选择,通过端口将数据包发送给进程。本地操作系统会给有需求的进程分配协议端口,每个协议端口由一个正整数标识,如 80,139 和 445 等。当目的主机接收到数据包后,将根据报文首部的目的端口号,把数据发送到相应端口,而与此端口相对应的那个进程将会接收数据并等待下一组数据的到来。

端口可以认为是一个队列,操作系统为各个进程分配了不同的队列,数据包按照目的端口被列入相应的队列中,等待被进程调用,在特殊的情况下,这个队列有可能溢出,不过操作系统允许每个进程指定和调整自己队列的大小。不是只有接收数据包的进程需要开启它自己的端口,发送数据包的进程也需要开启端口,这样,数据包中将会标识出源端口,以便接收方能顺利地回传数据包到这个端口。

按端口号可以把端口分为 3 类。

(1) 公认端口(熟知端口): 0～1023,它们专门为一些应用程序提供服务。通常这些端口的通信明确表明了某种服务的协议,例如,80 端口实际上总是 HTTP 通信。

(2) 注册端口: 1024～49 151,它们随机地为应用程序提供服务,许多服务绑定于这些端口,这些端口同样可以用于其他目的。例如,许多系统处理动态端口从 1024 左右开始。

(3) 动态和/或私有端口: 49 152～65 535,从理论上来讲,不需要为服务分配这些端口,实际上,机器通常从 1024 起分配动态端口。但也有例外,SUN 的 RPC 端口从 32 768 开始。

按协议类型可以把端口分为两类: TCP 端口和 UDP 端口。

由于 TCP 和 UDP 两个协议是独立的,因此各自的端口号也相互独立,如 TCP 有 110 端口,UDP 也可以有 110 端口,两者并不冲突。

一些端口常会被黑客利用,还会被一些木马病毒利用,对计算机系统进行攻击。

(1) 端口: 8080;服务: WWW 代理服务; 8080 端口同 80 端口,可以被各种病毒程序所利用,如 Brown Orifice(BrO)木马病毒可以利用 8080 端口完全遥控被感染的计算机。一般使用 80 端口进行网页浏览,为了避免病毒的攻击,可以关闭该端口。

(2) 端口: 21;服务: FTP; FTP 服务器所开放的端口,用于上传和下载。最常见的攻击者用这个端口寻找打开 anonymous 的 FTP 服务器的方法。这些服务器带有可读写的目录。木马 Doly Trojan、Fore、Invisible FTP、WebEx、WinCrash 和 Blade Runner 利用这个开放的端口进行攻击。

（3）端口：22；服务：SSH；说明：PcAnywhere 建立的 TCP 和这一端口的连接是为了寻找 SSH。这一服务有许多弱点，如果配置成特定的模式，许多使用 RSAREF 库的版本就会有不少的漏洞存在。

（4）端口：23；服务：Telnet；远程登录，入侵者可以搜索远程登录 UNIX 的服务。大多数情况下扫描这一端口是为了找到机器运行的操作系统。还有使用其他技术，入侵者也会找到密码。木马 Tiny Telnet Server 就使用这个端口。

（5）端口：25；服务：SMTP；SMTP 服务器所开放的端口，用于发送邮件。入侵者寻找 SMTP 服务器是为了传递他们的 SPAM。入侵者的账户被关闭，他们需要连接到高带宽的 E-MAIL 服务器上，将简单的信息传递到不同的地址。木马 Antigen、Email Password Sender、Haebu Coceda、Shtrilitz Stealth、WinPC、WinSpy 都开放这个端口。

（6）端口：137，138，139；服务：NETBIOS Name Service；137，138 是 UDP 端口，当通过网络邻居传输文件时用这个端口。而通过 139 端口进入的连接试图获得 NetBIOS/SMB 服务。这个协议被用于 Windows 文件、打印机共享和 SAMBA。另外也用于 WINS Regisrtation。

查看端口的方法有两种：一种是利用操作系统内置的命令，另一种是使用端口扫描软件。

使用 netstat -an 操作系统内置命令是查看自己所开放端口的最方便的方法，可以在 cmd 中输入这个命令。使用该命令后结果如下所示。

```
C:\Documents and Settings\Administrator > netstat - an
Active Connections
    Proto   Local Address          Foreign Address         State
    TCP     0.0.0.0:6195           0.0.0.0:0               LISTENING
    TCP     127.0.0.1:1032         0.0.0.0:0               LISTENING
    TCP     219.246.5.206:139      0.0.0.0:0               LISTENING
    TCP     219.246.5.206:445      219.246.5.94:7101       ESTABLISHED
    UDP     0.0.0.0:161            × : ×
    UDP     0.0.0.0:445            × : ×
    ...
```

2. 端口扫描

所谓端口扫描，就是利用 Socket 编程与目标主机的某些端口建立 TCP 连接、进行传输协议的验证等，从而获知目标主机的被扫端口是不是处于激活状态、主机提供了哪些服务、提供的服务中是否含有某些缺陷等。

TCP/IP 协议中的端口，是网络通信进程的一种标识符。一个端口就是一个潜在的通信通道，也就是一个入侵通道。通过端口扫描，可以得到许多有用的信息，从而发现系统的安全漏洞。

端口扫描的方法是：向目标主机的 TCP/IP 服务端口发送探测数据包，并记录目标主机的响应。通过分析响应来判断服务端口是打开还是关闭，就可以得知端口提供的服务或信息。

端口扫描主要有全连接扫描、半连接扫描、SYN 扫描、间接扫描和隐蔽（秘密）扫描等。

（1）全连接扫描。这种方法最简单，直接连到目标端口并完成一个完整的三次握手过程(SYN,SYN/ACK 和 ACK)。

操作系统提供的 connect() 函数完成系统调用,用来与每一个感兴趣的目标计算机的端口进行连接。如果端口处于侦听状态,那么 connect() 函数就能成功。否则,这个端口是不能用的,即没有提供服务。

这个技术的一个最大的优点是不需要任何权限,系统中的任何用户都有权利使用这个调用。另一个好处是速度较快。如果对每个目标端口以线性的方式,使用单独的 connect() 函数调用,那么将会花费相当长的时间,为了加快速度,可以同时打开多个套接字,从而加速扫描。使用非阻塞 I/O 允许设置一个低的时间周期,同时观察多个套接字。但这种方法的缺点是很容易被发觉,并且很容易被过滤掉。目标计算机的日志文件会显示一连串的连接和连接出错的服务信息,目标计算机用户发现后就能很快关闭它。

(2) 半连接扫描。这种扫描是指在源主机和目的主机的三次握手连接过程中,只完成前两次,不建立一次完整的连接。这种方法向目标端口发送一个 SYN 分组(packet),如果目标端口返回 SYN/ACK 标志,那么可以肯定该端口处于监听状态;否则,返回的是 RST/ACK 标志。这种方法比第一种更具隐蔽性,可能不会在目标系统中留下扫描痕迹。但这种方法的一个缺点是,必须要有 root 权限才能建立自己的 SYN 数据包。

(3) SYN 扫描。SYN 扫描首先向目标主机发送连接请求,当目标主机返回响应后,立即切断连接过程,并查看响应情况。如果目标主机返回 ACK 信息,表示目标主机的该端口开放。而目标主机返回 RESET 信息,则表明该端口没有开放。

端口扫描是攻击者必备的技术,通过扫描可以掌握攻击目标的开放服务,根据扫描所获得的信息,为下一步攻击做好准备。nmap 是一个经典的端口扫描器,能实现上述多种扫描技术和方法。

需要强调的是,网络安全扫描工具是把双刃剑,黑客利用它入侵系统,而系统管理员掌握它以后又可以有效地防范黑客入侵。

3. 端口扫描攻击技术的防范

对于端口扫描攻击的防范,仍然是通过监听端口的状态进行的。

首先,可以关闭闲置和有潜在危险的端口。其次,可以定期检查各端口,如发现有端口扫描的症状时,则应立即屏蔽该端口。当然,如果靠人工进行检查,效率非常低,因此一般要采用相应的工具或设备,而防火墙就是最有效的设备之一。防火墙对扫描类攻击的判断依据是:设置一个时间阈值(时间,微秒级),若在规定的时间间隔内某种数据包的数量超过了某个设定值的话,即认定为进行了一次扫描,那么将在接下来的一个特定时间里拒绝来自同一源的这种扫描数据包。

防止黑客恶意攻击的第一步是防范网络安全扫描。而网络中 96% 的扫描集中在端口扫描。所以,采取适当措施来防范端口扫描是防范网络安全扫描的重点。下面以 Windows 为例,介绍一下端口扫描的几种防范措施。

(1) 禁用不必要的端口。一般来说,仅打开需要使用的端口会比较安全,但关闭端口意味着减少功能,所以需要在安全和功能上做一些平衡。一些系统必要的通信端口,如访问网页需要 HTTP(80 端口),则不能被关闭。

(2) 禁用不必要的协议。在配置系统协议时,不需要的协议一律删除。对于服务器和主机来说,一般只安装 TCP/IP 协议就够了。

方法是右击"网络邻居",选择"属性",然后右击"本地连接",选择"属性",卸载不必要的协议。

对于协议和端口的限制,也可采用以下方法:"网络邻居"|"属性"|"本地连接"|"属性"|"Internet 协议 TCP/IP"|"属性"|"高级"|"选项"|"TCP/IP 筛选"|"属性",选中"启用TCP/IP 筛选(所有适配器)",只允许需要的 TCP、UDP 端口和协议即可,如图 5-26 所示。

(3) 禁用 NetBIOS。NetBIOS 是很多安全缺陷的源泉,对于不需要提供文件和打印共享的主机,还可以将绑定在 TCP/IP 协议的 NetBIOS 关闭,避免针对 NetBIOS 的攻击。

方法是右击"网络邻居",依次选择"属性"|"TCP/IP 协议"|"属性"|"高级",进入"高级TCP/IP 设置"对话框,选择 WINS 标签,选中"禁用 TCP/IP 上的 NetBIOS"一项,关闭NetBIOS,如图 5-27 所示。

(4) 禁用不必要的服务。服务开得多可以给管理带来方便,但开得太多也存在很多风险,特别是对于那些管理员都不用的服务,最好关掉,免得给系统带来灾难。

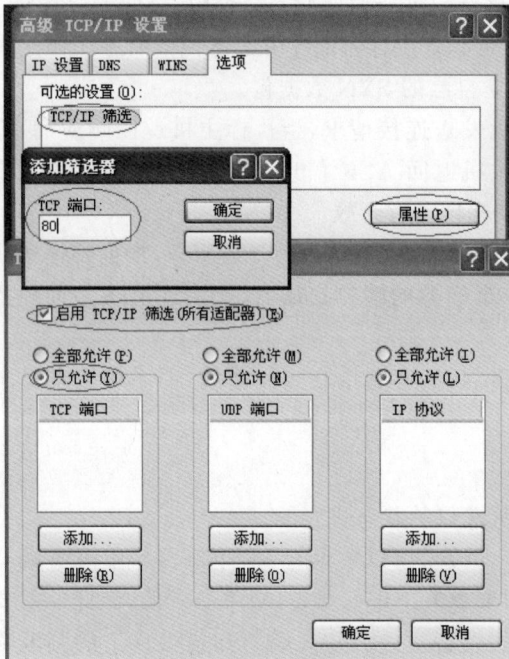

图 5-26　限制协议和端口

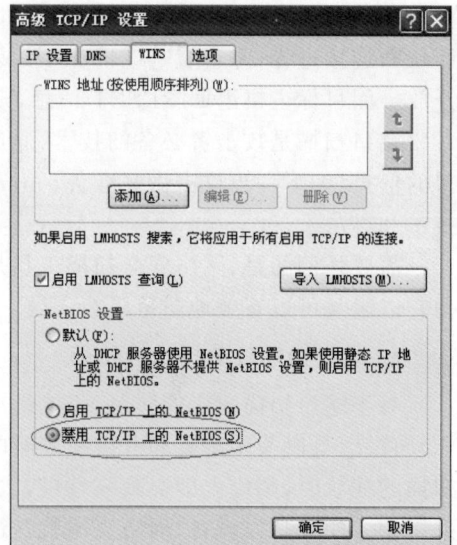

图 5-27　禁用 NetBIOS

5.2.2　入侵检测

入侵检测作为一种积极主动的安全防御技术,提供了对内部攻击、外部攻击和误操作的实时保护,在网络系统受到危害之前拦截和响应入侵。

入侵检测通过执行以下任务来实现:监视、分析用户及系统活动;系统构造和弱点的审计;识别反映已知进攻的活动模式并向相关人士报警;异常行为模式的统计分析;评估重要系统和数据文件的完整性;操作系统的审计跟踪管理,并识别用户违反安全策略的行为。

入侵检测技术通常分为两种模式:误用检测和异常检测。

（1）误用检测模型（misuse detection）：收集非正常操作的行为特征，建立相关的特征库，当监测的用户或系统行为与库中的记录相匹配时，系统就认为这种行为是入侵。此方法类似防火墙。

误用检测的核心是维护一个知识库，采用特征匹配，知识库必须不断更新。对于已知的攻击，它可以直接匹配到异常的不可接受的行为模式，详细、准确地报告出攻击类型，因此误报率较低；但是恶意行为千变万化，可能没有被收集在行为模式库中，同时攻击特征的细微变化也会使得误用检测无能为力，因此漏报率很高，对未知攻击效果不佳。

（2）异常检测模型（anomaly detection）：首先总结正常操作应该具有的特征，定义一组系统正常运行数值，如 CPU 利用率、内存利用率、网络流量阈值等（这类数据可以人为定义，也可以通过观察系统并用统计的办法得出），当用户活动数值与正常运行的数值有重大偏离时即被认为是入侵。

这种检测方式的核心在于如何定义所谓正常运行的数值，效率取决于特征的完备性和监控的频率。因为不需要对每种入侵行为进行定义，因此能有效检测未知的入侵，漏报率很低。系统能针对用户行为的改变进行自我调整和优化，但随着检测模型的逐步精确，异常检测会消耗更多的系统资源。但是不符合正常运行数值的行为并不见得就是恶意攻击，因此这种策略误报率很高。

异常检测虽然无法准确判别出攻击的类型，但它可以（至少在理论上可以）判别更广泛，甚至未发觉的攻击，这是 IDS 存在的根源。

将数据挖掘用于入侵检测是目前的发展趋势。这是因为用数据挖掘程序处理搜集到的审计数据，为各种入侵行为和正常操作建立精确的行为模式，这个过程是一个自动的过程，不需要人工分析和编码入侵模式，将极大提高异常检测的性能和自动化程度。

误用检测和异常检测各有优势，又互有不足。在实际系统中，可考虑将两者结合起来使用，如将异常检测用于系统日志分析，将误用检测用于数据网络包的检测，这种方式是目前比较通用的方法。

1. 入侵检测系统

将入侵检测的软件与硬件进行组合便是入侵检测系统（intrusion detective system，IDS）。它是一种对网络传输进行即时监视，在发现可疑传输时发出警报或采取主动反应措施的网络安全设备。与其他网络安全设备的不同之处在于，IDS 采用积极主动的安全防御技术。

采用入侵检测技术的设备称为入侵检测系统，通常按照部署的位置和所起的作用不同，分为基于主机的 IDS 和基于网络的 IDS。

IDS 从计算机网络中的若干关键点收集信息，并分析这些信息，检测网络中是否有违反安全策略的行为和遭到袭击的迹象。在允许各种网络资源以开发方式运作的前提下，入侵检测系统成了确保网络安全的一种新的手段，它通过实时的分析、检查特定的攻击模式、系统配置、系统漏洞、存在缺陷的程序，以及系统或用户的行为模式，监控与安全有关的活动。

2. 入侵检测方法与过程

入侵检测过程分为 3 部分：信息收集、信息分析和结果处理。

(1) 信息收集:收集内容包括系统、网络、数据及用户活动的状态和行为。由放置在不同网段的传感器或不同主机的代理来收集信息,包括系统和网络日志文件、网络流量、非正常的目录和文件改变、非正常的程序执行。

(2) 信息分析:收集到的有关系统、网络、数据及用户活动的状态和行为等信息,被送到检测引擎,检测引擎驻留在传感器中,一般通过 3 种技术手段进行分析:模式匹配、统计分析和完整性分析。其中前两种方法用于实时的入侵检测,而完整性分析则用于事后分析。

① 模式匹配。模式匹配就是将收集到的信息与已知的网络入侵和系统误用模式数据库进行比较,从而发现违背安全策略的行为。该方法的一大优点是只需收集相关的数据集合,显著减少系统负担,且技术已相当成熟。它的检测准确度和效率都很高。但是,该方法存在的弱点是需要不断地升级以对付不断出现的黑客攻击手法,不能检测到从未出现过的黑客攻击手段。

② 统计分析。统计分析方法是首先给系统对象(如用户、文件、目录和设备等)创建一个统计描述,统计正常使用时的一些测量属性(如访问次数、操作失败次数和延时等)。测量属性的平均值将被用来与网络、系统的行为进行比较,任何观察值在正常值范围之外时,就认为有入侵发生。其优点是可检测到未知的入侵和更为复杂的入侵,缺点是误报、漏报率高,且不适应用户正常行为的突然改变。

③ 完整性分析。完整性分析主要关注某个文件或对象是否被更改,这通常包括文件和目录的内容及属性,它在发现被更改的应用程序方面特别有效。完整性分析利用强有力的加密机制,称为信息摘要函数(如 MD5),它能识别哪怕是微小的变化。其优点是不管模式匹配方法和统计分析方法能否发现入侵,只要是成功的攻击导致了文件或其他对象的任何改变,它都能够发现。缺点是一般以批处理方式实现,不用于实时响应。尽管如此,完整性检测方法还应该是网络安全产品的必要手段之一。

(3) 结果处理:控制台按照告警产生预先定义的响应采取相应措施,可以是重新配置路由器或防火墙、终止进程、切断连接、改变文件属性,也可以只是简单地告警。

3. 入侵防御系统

目前,随着网络入侵事件的不断增加和黑客攻击技术水平的提高,使得传统的防火墙或入侵检测系统已经无法满足现代网络安全的需要,结合两者的入侵防御系统(intrusion prevention system,IPS)应运而生。

防火墙是实施访问控制策略的系统,对流经的网络流量进行检查,拦截不符合安全策略的数据包。IDS 通过监视网络或系统资源,寻找违反安全策略的行为或攻击迹象,并发出报警。IPS 是一种主动的、积极的入侵防范及阻止系统,它部署在网络的进出口处,当检测到攻击企图后,会自动地将攻击包丢掉或采取措施将攻击源阻断。

IPS 的检测功能类似 IDS,但 IPS 检测到攻击后会采取行动阻止攻击,可以说 IPS 是建立在 IDS 发展的基础上的新生的网络安全产品。

IPS 的技术特征包括如下。

① 嵌入式运行。只有以嵌入模式运行的 IPS 设备才能够实现实时的安全防护,实时阻拦所有可疑的数据包,并对该数据流的剩余部分进行拦截。

② 深入分析和控制。IPS 必须具有深入分析能力,以确定哪些恶意流量已经被拦截,根据攻击类型、策略等来确定哪些流量应该被拦截。

③ 入侵特征库。高质量的入侵特征库是 IPS 高效运行的必要条件,IPS 还应该定期升级入侵特征库,并快速应用到所有传感器。

④ 高效处理能力。IPS 必须具有高效处理数据包的能力,对整个网络性能的影响保持在最低水平。

4. IPS 工作原理

IPS 提供积极主动防御,其设计宗旨是预先对入侵活动和攻击性网络流进行拦截,避免其造成损失,而不是简单地在恶意流量传送时或传送后才发出警报。

IPS 通过一个网络端口接收来自外部系统的流量,经过检查确认其中不包含异常活动或可疑内容后,再通过另外一个端口将它传送到内部系统中。这样一来,有问题的数据包,以及所有来自同一数据流的后续数据包,都能在 IPS 中被清除掉。

IPS 工作原理如图 5-28 所示。在①处,根据报头和流信息,每个数据包都会被分类。在②处,根据数据包的分类,相关的过滤器将被用于检查数据包的流状态信息。在③处,所有相关过滤器都是并行使用的,如果任何数据包符合匹配要求,则该数据包将被命中。在④处,被命中的数据包将被丢弃,与之相关的流状态信息也会更新,指示系统丢弃该流中剩余的所有内容。

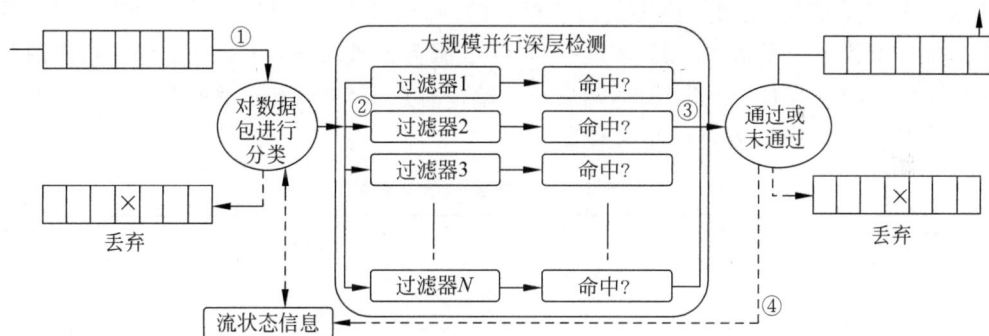

图 5-28　IPS 工作原理

IPS 实现实时检查和阻止入侵的原理在于 IPS 拥有数目众多的过滤器,能够防止各种攻击。当新的攻击手段被发现之后,IPS 就会创建一个新的过滤器。IPS 数据包处理引擎是专业化定制的集成电路,可以深层检查数据包的内容。如果有攻击者利用第二层(介质访问控制)至第七层(应用)的漏洞发起攻击,IPS 能够从数据流中检查出这些攻击并加以阻止。传统的防火墙只能对网络层或传输层进行检查,不能检测应用层的内容。防火墙的包过滤技术不会针对每一字节进行检查,因而也就无法发现攻击活动,而 IPS 可以做到逐一字节地检查数据包。所有流经 IPS 的数据包都被分类,分类的依据是数据包中的报头信息,如源 IP 地址和目的 IP 地址、端口号和应用域。每种过滤器负责分析相对应的数据包。通过检查的数据包可以继续前进,包含恶意内容的数据包就会被丢弃,被怀疑的数据包需要接受进一步的检查。

针对不同的攻击行为,IPS 需要不同的过滤器。每种过滤器都设有相应的过滤规则,为了确保准确性,这些规则的定义非常广泛。在对传输内容进行分类时,过滤引擎还需要参照数据包的信息参数,并将其解析至一个有意义的域中进行上下文分析,以提高过滤准确性。

过滤器引擎集合了流水和大规模并行处理硬件,能够同时执行数千次的数据包过滤检查。并行过滤处理可以确保数据包能够不间断地快速通过系统,不会对速度造成影响。这种硬件加速技术对于 IPS 具有重要意义,因为传统的软件解决方案必须串行进行过滤检查,会导致系统性能大打折扣。

5.3　Web 安全

Web 技术是因特网最具活力和发展潜力的技术,它广泛应用于商业、教育和娱乐等领域。因特网中信息的互联性、开放性和交互性给信息社会带来信息共享的极大便利,但同时也带来了严重的安全问题。Web 是一个运行于因特网和 TCP/IP 内联网上的客户/服务器应用程序,因此也成为黑客攻击的主要对象及攻入系统主机的主要通道之一。Web 的安全性涉及整个因特网的安全,它面临着许多新的挑战:Web 具有双向的修改特性,Web 服务器容易遭受来自因特网的攻击;实现 Web 浏览、配置管理和内容发布等功能的软件异常复杂,其中通常隐藏了许多潜在的安全隐患;Web 通常是一个公司或机构的公告板,如果Web 服务器遭受破坏,则可能损害公司或机构的声誉,带来经济损失;同时 Web 服务器常常和其他计算机系统联系在一起,因此一旦 Web 服务器被攻破,可能殃及与它相连的其他系统;Web 用户往往是未经训练的,对安全风险没有意识,更没有足够的防范工具和知识。

表 5-2 给出了 Web 安全威胁与对策。

表 5-2　Web 安全威胁与对策

数 据 特 性	威　　　胁	后　　　果	对　　　策
完整性	木马 修改内存内容 修改用户数据 修改传输的数据流	信息丢失 机器暴露 易受到其他危险的攻击	加密校验和
保密性	网上窃听 窃取网络配置信息 从服务器窃取信息 从客户端窃取信息 窃取客户机与服务器连接的信息	信息丢失 隐私泄密	加密,Web 代理
拒绝服务	中断用户连接 攻击 DNS 服务器 用伪请求淹没服务器 占满硬盘或耗尽内存	中断 骚扰 阻止用户完成正常工作	难以防范
认证鉴别	数据伪造 冒充合法用户	以假乱真 误信错误信息	加密技术

5.3.1　Web 安全实现方法

实现 Web 安全的方法很多,从 TCP/IP 协议的角度可以分成 3 种,分别是网络层安全性、传输层安全性和应用层安全性。

1. 网络层实现 Web 安全

传统的安全体系一般都建立在应用层上。这些安全体系虽然具有一定的可行性，但也存在着巨大的安全隐患，因为 IP 包本身不具备任何安全特性，很容易被修改、伪造、查看和重播。IPSec 可提供端到端的安全性机制，可在网络层上对数据包进行安全处理。IPSec 支持数据加密，同时确保资料的完整性。各种应用程序可以享有 IPSec 提供的安全服务和密钥管理，而不必设计和实现自己的安全机制，因此减少了协商密钥的开销，也降低了产生安全漏洞的可能性。IPSec 可以在路由器、防火墙、主机和通信链路上配置，实现端到端的安全、虚拟专用网络和安全隧道技术等。基于网络层使用 IPSec 来实现 Web 安全的模型如图 5-29 所示。

2. 传输层实现 Web 安全

在 TCP 传输层之上实现数据的安全传输是另一种安全解决方案，安全套接层（secure socket layer，SSL）和安全传输层协议（transport layer security，TLS）通常工作在 TCP 层之上，可以为更高层协议提供安全服务，其结构如图 5-30 所示。

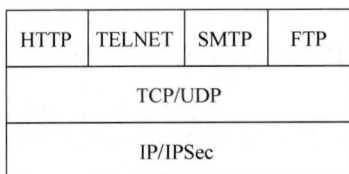

HTTP	TELNET	SMTP	FTP
TCP/UDP			
IP/IPSec			

图 5-29 基于网络层实现 Web 安全

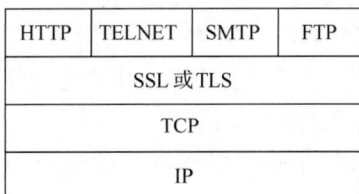

HTTP	TELNET	SMTP	FTP
SSL 或 TLS			
TCP			
IP			

图 5-30 基于传输层实现 Web 安全

3. 应用层实现 Web 安全

将安全服务直接嵌入应用程序中，从而在应用层实现通信安全，如图 5-31 所示。安全电子交易（secure electronic transaction，SET）是一种安全交易协议，S/MIME、PGP 是用于安全电子邮件的一种标准。它们都可以在相应的应用中提供保密性、完整性和不可抵赖性等安全服务。

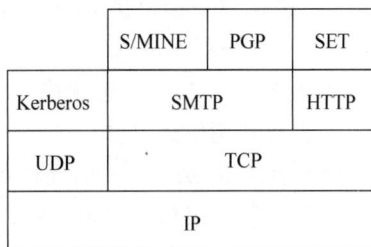

	S/MINE	PGP	SET
Kerberos	SMTP		HTTP
UDP	TCP		
IP			

图 5-31 基于应用层实现 Web 安全

5.3.2 SSL 协议

1. SSL 协议的基本概念

SSL 协议被广泛用于因特网上的安全传输、身份认证等。现行的 Web 浏览器普遍将 HTTP 和 SSL 相结合，从而实现 Web 服务器和客户端浏览器之间的安全通信。

SSL 工作在 TCP 层之上，可为高层协议（如 HTTP、FTP 及 TELNET 等）提供安全服务。SSL 提供的安全服务采用了公钥机制对 Web 服务器和客户机（可选）的通信提供保密性、数据完整性和认证。在建立连接过程中采用非对称密钥，在会话过程中使用对称密钥。加密的类型和强度则在两端建立连接的过程中协商决定。SSL 协议在应用层协议通信之前就已经完成了加密算法、通信密钥的协商以及服务器认证工作。在此之后应用层协议所传送的数据都会被加密，从而保证通信的私密性。

SSL 提供 3 种标准服务：信息保密、数据完整性和双向认证，如表 5-3 所示。

表 5-3　SSL 提供的 3 种标准服务

安 全 服 务	主 要 技 术	作　　用
保密性	加密	防止窃听
数据完整性	数据认证编码	防止破坏
双向认证	x. 50g	防止欺骗

（1）保密性。

通过使用非对称密钥和对称密钥技术达到数据保密。对称密钥算法的速度比非对称密钥算法的速度快，在 SSL 中利用了这两种加密算法，既提供了保密性，又提高了通信效率。

发送方发送信息时的步骤如下。

① 产生一个随机数，即对称密钥，接着用它对发送的明文信息进行加密。

② 用接收方的公开密钥对随机数进行加密。

③ 接收方用自己的私钥对随机数进行解密。

④ 再用随机数对信息进行解密。

SSL 服务器与 SSL 客户机之间的所有业务，均使用在握手过程中建立的密钥和算法进行加密，这样，就可以防止某些用户通过使用监听工具进行非法窃听。

（2）数据完整性。

确保 SSL 业务全部到达目的地，SSL 利用机密共享和哈希函数组提供数据完整性服务。

（3）双向认证。

客户机与服务器相互识别，它们的标识号用公开密钥编码，并在 SSL 握手时交换各自的标识号。最新版本的 SSL，除了支持认证、可靠性通信和完整性外，还有下面几个特点。

① 建立 SSL 会话的速度快。

② 支持密钥传送算法。

③ 支持 Fortezza 卡式的硬件令牌。

④ 改善了证书认证机制，Server 可以定义可信证书发证机构表。

2. SSL 协议的构成

SSL 协议的目标就是在通信双方利用加密的 SSL 信道建立安全的连接。它不是一个单独的协议，而是两层协议，其结构如图 5-32 所示。SSL 底层是 SSL 记录协议，顶层是 SSL 握手协议、SSL 更改密码规格协议和 SSL 警告协议。

SSL 握手协议	SSL 更改密码规格协议	SSL 警告协议	HTTP
SSL 记录协议			
TCP			
IP			

图 5-32　SSL 协议结构

（1）SSL 记录协议。

SSL 记录协议为 SSL 连接提供两种服务：保密性和报文完整性。在 SSL 协议中，所有的传输数据都被封装在记录中。记录是由记录头和长度不为 0 的记录数据组成的。所有的 SSL 通信都使用 SSL 记录层，记录协议封装上层的握手协议、警告协议、更改密码规格协议和应用数据协议。SSL 记录协议包括了记录头和记录数据格式的规定。SSL 记录协议定义了要传输数据的格式，它位于一些可靠的传输协议之上（如 TCP），用于各种更高层协议的封装，记录协议主要完成分组和组合、压缩和解压缩，以及信息认证和加密等功能。

（2）SSL 更改密码规格协议。

此协议用于改变安全策略。改变密码报文由客户机或服务器发送，用于通知对方后续的记录将采用新的密码列表。

（3）SSL 警告协议。

警告信息传达信息的严重性并描述警告。一个致命的警告将立即终止连接。与其他信息一样，警告信息在当前状态下被加密和压缩。警告信息有以下几种：关闭通知信息、意外信息、错误记录 MAC 信息、解压失败信息、握手失败信息、无证书信息、错误证书信息、不支持的证书信息、证书撤回信息、证书过期信息、证书未知和参数非法信息等。

（4）SSL 握手协议。

SSL 握手协议是用来在客户端和服务器端传输应用数据而建立的安全通信机制，具体实现以下功能。

① 在客户端验证服务器，SSL 协议采用公钥方式进行身份认证。

② 在服务器端验证客户（可选的）。

③ 客户端和服务器之间协商双方都支持的加密算法和压缩算法，可选用的加密算法包括：IDEA、RC4、DES、3DES、RSA、DSS、Fortezza、MD5 和 SHA 等。

④ 产生对称加密算法的会话密钥。

⑤ 建立加密 SSL 连接。

SSL 协议同时使用对称密钥算法和公钥加密算法。前者在速度上比后者要快很多，但是后者可以实现更好的安全验证。一个 SSL 传输过程需要先握手：用公钥加密算法使服务器端在客户端得到验证，以后就可以使双方用商议成功的对称密钥来更快速的加密、解密数据。

握手过程具体描述如下。

① 客户端向服务器发送客户端 SSL 版本号、加密算法设置、随机产生的数据和其他服务器需要用于同客户端通信的数据。

② 服务器向客户端发送服务器的 SSL 版本号、加密算法设置、随机产生的数据和其他客户端需要用于同服务器通信的数据。另外，服务器还要发送自己的证书，如果客户端正在请求需要认证的信息，那么服务器同时也要请求获得客户端的证书。

③ 客户端用服务器发送的信息验证服务器身份。如果认证不成功，用户就将得到一个警告，然后加密数据连接将无法建立。如果成功，则继续下一步。

④ 用户用握手过程至当前产生的所有数据，创建连接所用的 premaster secret，用服务器的公钥加密（在第②步中传送的服务器证书中得到），传送给服务器。

⑤ 如果服务器也请求客户端验证，那么客户端将对另外一份不同于上次用于建立加密

连接使用的数据进行签名。在这种情况下,客户端会把这次产生的加密数据和自己的证书同时传送给服务器用来产生 premaster secret。

⑥ 如果服务器也请求客户端验证,服务器将试图验证客户端身份。如果客户端不能获得认证,连接将被中止。如果被成功认证,服务器用自己的私钥加密 premaster secret,然后执行一系列步骤产生 master secret。

⑦ 服务器和客户端同时产生 session key,之后的所有数据传输都用对称密钥算法来交换数据。

⑧ 客户端向服务器发送信息说明以后的所有信息都将用 session key 加密。至此,它会传送一个单独的信息表示客户端的握手部分已经宣告结束。

⑨ 服务器也向客户端发送信息说明以后的所有信息都将用 session key 加密。至此,它会传送一个单独的信息表示服务器端的握手部分已经宣告结束。

⑩ SSL 握手过程成功结束,一个 SSL 数据传送过程建立。客户端和服务器开始用 session key 加密、解密双方交互的所有数据。

一个 SSL 传输过程大致就是这样,但是很重要的一点不要忽略,即利用证书在客户端和服务器端进行的身份验证过程。

一个支持 SSL 的客户端软件通过下列步骤认证服务器的身份。

① 从服务器端传送的证书中获得相关信息。

② 判断当天的时间是否在证书的合法期限内。

③ 确认签发证书的机关是不是客户端信任的。

④ 确认签发证书的公钥是否符合签发者的数字签名。

⑤ 确认证书中的服务器域名是否符合服务器自己真正的域名。

⑥ 服务器被验证成功,客户继续进行握手过程。

一个支持 SSL 的服务器通过下列步骤认证客户端的身份。

① 从客户端传送的证书中获得相关信息。

② 判断用户的公钥是否符合用户的数字签名。

③ 判断当天的时间是否在证书的合法期限内。

④ 确认签发证书的机关是不是服务器信任的。

⑤ 确认用户的证书是否被列在服务器的 LDAP 里用户的信息中。

⑥ 得到验证的用户是否仍然有权限访问请求的服务器资源。

SSL/TLS 协议的基本思路是采用公钥加密法,也就是说,客户端先向服务器端索要公钥,然后用公钥加密信息,服务器收到密文后,用自己的私钥解密。

但是,这里有两个问题。

① 如何保证公钥不被篡改? 解决方法:将公钥放在数字证书中。只要证书是可信的,公钥就是可信的。

② 公钥加密计算量太大,如何减少耗用的时间? 解决方法:每一次对话(session),客户端和服务器端都生成一个"对话密钥"(session key),用它来加密信息。由于"对话密钥"是对称加密,所以运算速度非常快,而服务器公钥只用于加密"对话密钥"本身,这样就减少了加密运算的消耗时间。

因此,SSL/TLS 协议的基本过程如下。

① 客户端向服务器端索要并验证公钥。

② 双方协商生成"对话密钥"。

③ 双方采用"对话密钥"进行加密通信。

上面过程的前两步，又称为"握手阶段"（handshake）。

3. 握手阶段的 4 次通信

握手阶段的详细过程如图 5-33 所示。

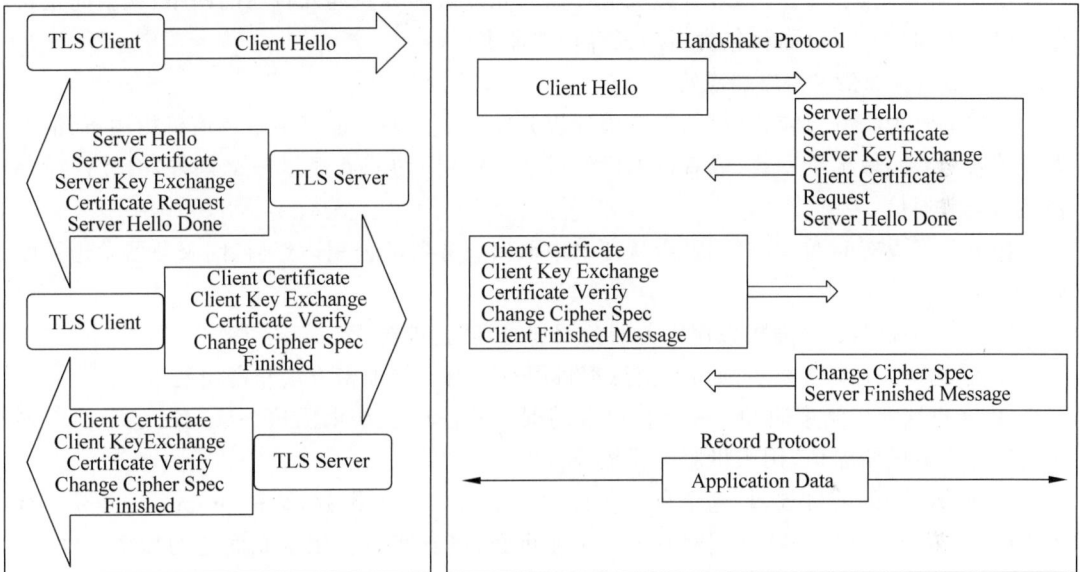

图 5-33 握手阶段的详细过程

握手阶段涉及 4 次通信，下面逐一介绍。需要注意的是，握手阶段的所有通信都是明文的。

（1）第一次通信：客户端发出请求（Client Hello）。

首先，客户端（通常是浏览器）先向服务器发出加密通信的请求，这被叫作 Client Hello 请求。在这一步，客户端主要向服务器提供以下信息。

① 支持的协议版本，如 TLS 1.0 版。

② 一个客户端生成的随机数，稍后用于生成"对话密钥"。

③ 支持的加密方法，如 RSA 公钥加密。

④ 支持的压缩方法。

这里需要注意的是，客户端发送的信息之中不包括服务器的域名。也就是说，理论上服务器只能包含一个网站，否则会分不清应该向客户端提供哪一个网站的数字证书。这就是为什么通常一台服务器只能有一张数字证书。

对于虚拟主机的用户来说，这当然很不方便。2006 年，TLS 协议加入了一个 server name indication 扩展，允许客户端向服务器提供它所请求的域名。

（2）第二次通信：服务器应答（Sever Hello）。

服务器收到客户端请求后，向客户端发出应答，这叫作 Sever Hello。服务器的应答包含以下内容。

① 确认使用的加密通信协议版本,如 TLS 1.0 版本。如果客户端与服务器支持的版本不一致,服务器关闭加密通信。

② 一个服务器生成的随机数,稍后用于生成"对话密钥"。

③ 确认使用的加密方法,如 RSA 公钥加密。

④ 服务器证书。

除了上面这些信息,如果服务器需要确认客户端的身份,就会再包含一项请求,要求客户端提供"客户端证书"。例如,金融机构往往只允许认证客户连入自己的网络,就会向正式客户提供 USB 密钥,里面就包含了一张客户端证书。

(3) 第三次通信:客户端应答。

客户端收到服务器应答以后,首先验证服务器证书。如果证书不是可信机构颁布、证书中的域名与实际域名不一致,或者证书已经过期,就会向访问者显示一个警告,由其选择是否还要继续通信。

如果证书没有问题,客户端就会从证书中取出服务器的公钥。然后,向服务器发送下面3项信息。

① 一个随机数:该随机数用服务器公钥加密,防止被窃听。

② 编码改变通知:表示随后的信息都将用双方商定的加密方法和密钥发送。

③ 客户端握手结束通知:表示客户端的握手阶段已经结束。这一项同时也是前面发送的所有内容的哈希值,用来供服务器校验。

上面第①项的随机数,是整个握手阶段出现的第 3 个随机数,又称 premaster key。有了它以后,客户端和服务器就同时有了 3 个随机数,接着双方就用事先商定的加密方法,各自生成本次会话所用的同一把"会话密钥"。

至于为什么一定要用 3 个随机数来生成"会话密钥",dog250 解释得很好:"不管是客户端还是服务器,都需要随机数,这样生成的密钥才不会每次都一样。"由于 SSL 协议中证书是静态的,因此十分有必要引入一种随机因素来保证协商出来的密钥的随机性。

对于 RSA 密钥交换算法来说,premaster key 本身就是一个随机数,再加上 hello 信息中的随机数,3 个随机数通过一个密钥导出器最终导出一个对称密钥。

premaster 的存在在于 SSL 协议不信任每个主机都能产生完全随机的随机数,如果随机数不随机,那么 premaster secret 就有可能被猜出来,那么仅适用 premaster secret 作为密钥就不合适了,因此必须引入新的随机因素,那么客户端和服务器加上 premaster secret 共 3 个随机数一同生成的密钥就不容易被猜出了,一个伪随机可能完全不随机,可是 3 个伪随机就十分接近随机了,每增加一个自由度,随机性增加的可不是一。

此外,如果前一步,服务器要求客户端证书,客户端会在这一步发送证书及相关信息。

(4) 第四次通信:服务器的最后应答。

服务器收到客户端的第 3 个随机数 premaster key 之后,计算生成本次会话所用的"会话密钥"。然后,向客户端最后发送下面信息。

① 编码改变通知:表示随后的信息都将用双方商定的加密方法和密钥发送。

② 服务器握手结束通知:表示服务器的握手阶段已经结束。这一项同时也是前面发送的所有内容的哈希值,用来供客户端校验。

至此,整个握手阶段全部结束。接下来,客户端与服务器进入加密通信,就完全是使用普通的 HTTP 协议,只不过用"会话密钥"加密内容。

5.4　IPSec 与 VPN

5.4.1　IPSec

为了加强因特网的安全性,从 1995 年开始,IETF 着手制定了一套用于保护 IP 通信的 IP 安全协议(IP security,IPSec)。IPSec 是 IPv6 的一个组成部分,是 IPv4 的一个可选扩展协议。

IP 层的安全性应达到以下几个目标。

(1) 期望安全的用户能够使用基于密码学的安全机制。

(2) 应能同时适用于 IPv4 和 IPv6。

(3) 算法独立。

(4) 有利于实现不同的安全策略。

(5) 对没有采取该机制的用户不会有负面影响。

IPv4 在因特网上占统治地位,但 IPv4 在设计之初并未考虑安全性,IP 包并不存在任何安全特性,导致在网络上传输的数据很容易受到各式各样的攻击。攻击者很容易伪造 IP 包的地址、修改包中的内容、重播以前的包以及在传输途中拦截并查看包的内容等。因此,通信双方不能保证收到 IP 包的真实性。IPSec 弥补了 IPv4 在协议设计时安全性方面的不足。

IPSec 定义了一种标准的、健壮的及包容广泛的机制,可用它为 IP 以及上层协议(如 TCP 或 UDP)提供安全保证。IPSec 的目标是为 IPv4 和 IPv6 提供具有较强的互操作能力、高质量和基于密码的安全功能,在 IP 层实现多种安全服务,包括访问控制、数据完整性、保密性等。IPSec 通过支持一系列加密算法如 DES、3DES、IDEA 和 AES 等确保通信双方的保密性。

IPSec 协议集提供了下面几方面的安全服务。

(1) 数据完整性(data integrity):保持数据一致性,防止未授权生成、修改或删除数据。

(2) 认证(authentication):保证接收的数据与发送的数据相同,保证实际发送者就是声称的发送者。

(3) 保密性(confidentiality):传输的数据是经过加密的,只有特定的接收者知道发送的内容。

(4) 应用透明的安全性(application-transparent security):IPSec 的安全头插入在标准的 IP 头和上层协议(如 TCP)之间,任何网络服务和网络应用可以不经修改地从标准 IP 转向 IPSec,同时 IPSec 通信也可以透明地通过现有的 IP 路由器。

1. IP 安全体系结构

IPSec 实际上是一套协议包而不是一个单独的协议,这一点对于认识 IPSec 是很重要的,其体系结构由以下 8 部分组成。

(1) 体系结构(architecture):包含了总体的概念、安全需求和定义 IPSec 技术的机制。

(2) 认证头(authentication header,AH):包含与使用 AH 进行包身份验证相关的包格式和一般性问题。

(3) 封装安全载荷(encapsulating security payload,ESP)：使用 ESP 进行包加密的报文格式和一般性问题,以及可选的认证。

(4) 加密算法(encapsulation algorithm)：描述各种加密算法如何用于 ESP 的一组文档。

(5) 认证算法(authentication algorithm)：描述各种身份验证算法如何用于 AH 和 ESP 身份验证选项的一组文档。

(6) 密钥管理(key management)：说明密钥管理方案的一组文档。

(7) 解释域(domain of interpretation,DOI)：包含彼此相关的其他文档需要的值,包括被认可的加密和身份验证算法的标识符及运作参数,如密钥生存周期等。

(8) 策略(policy)：决定两个实体之间能否通信,以及如何进行通信。

策略的核心由 3 部分组成：安全关联(security association,SA),安全关联数据库(security association database,SAD),安全策略数据库(security policy database,SPD)。SA 表示了策略实施的具体细节,包括源/目的地址、应用协议、安全参数索引(security parameter index,SPI),IPSec 协议基本概念之一,是一个 32b 的数值,在每一个 IPSec 报文中都携带该值,SPI、IP 目的地址、安全协议号三者结合起来共同构成一个三元组,来唯一标识一个特定的安全联盟)、所用算法/密钥/长度；SAD 为进入和外出包处理维持一个活动的 SA 列表；SPD 决定了整个 VPN 的安全需求。策略部分是唯一尚未成为标准的组件。对于上述协议的支持,在 IPv6 中是强制的,在 IPv4 中是可选的。认证的扩展包头称为 AH 头,加密的扩展包头称为 ESP 头。

IPSec 由 AH 协议、ESP 协议和 IKE 组成。

(1) AH 协议用于数据源认证和数据完整性认证,可以证明数据的起源地、保障数据的完整性,以及防止相同数据包在因特网重播。

(2) ESP 协议具有所有 AH 的功能,还可以利用加密技术保障数据机密性。

显然 AH 和 ESP 都可以提供身份认证,但它们也有区别。首先 ESP 要求使用高强度的加密算法,会受到许多限制；其次,在多数情况下,使用 AH 的认证服务已能满足要求,相对来说,ESP 开销较大。

有两套不同的安全协议意味着可以对 IPSec 网络进行更细粒度的控制,选择安全方案时可以有更大的灵活度。AH 和 ESP 可以单独使用,也可以一起使用。为了更好地保证系统的安全性,建议同时使用。

(3) 因特网密钥交换协议(internet key exchange,IKE)协议用于生成和分发在 AH 和 ESP 中使用的密钥,IKE 也对远程系统进行初始认证。

2. 安全隧道的建立

IPSec 通过上述 3 个基本协议在 IP 包头后增加新的字段来实现安全保证。

(1) AH 包头可以保证信息源的可靠性和数据的完整性。AH 验证包头如图 5-34 所示,首先发送方将 IP 包头、高层的数据和公共密钥这 3 部分通过某种哈希算法进行计算,得出 AH 包头中的验证数据,并将 AH 包头加入数据包中；当数据传输到接收方时,接收方将收到的 IP 包头、数据、公共密钥以相同的哈希算法进行运算,并把得出的结果同收到的数据包中的 AH 包头进行比较；如果结果相同则表明数据在传输过程中没有被修改,并且是从真正的信息源处发出的。因为公共密钥和哈希算法就可以保证这些。

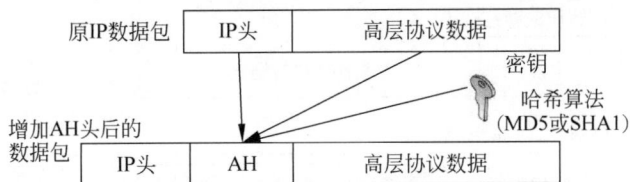

图 5-34　AH 验证包头

信息源的可靠性可以通过公共密钥来保证。IPSec 认证头提供了数据完整性和数据源验证,但是不提供保密服务。AH 包含了对称密钥的哈希函数,使得第三方无法修改传输中的数据。IPSec 支持下面的认证算法:

① HMAC-MD5(HMAC-message digest 5)128b 密钥。

② HMAC-SHA1(hashed message authentication code-secure hash algorithm 1)160b 密钥。

这些算法有两个共同的特点,一是不可能从计算结果推导出它的原始输入数据,二是不可能从给定的一组数据及其经过哈希算法计算出的结果推导出另外一组数据产生的结果。

MD5 是单向数学函数,它可以对输入的数据进行运算,产生代表该数据的 128b 指纹信息。在这种方式下,MD5 提供完整性服务。128b 指纹信息可以在信息发送之前和数据接收之后计算出来。如果二次计算结果相同,那么数据在传输过程中就没有被改变。SHA1 与 MD5 类似,只是它产生 160b 指纹信息,所以运算时间比 MD5 稍长,安全性更高一些。当 HMAC 和 MD5 共同使用时,可以对每 64B 的数据进行运算,得出 16B 的指纹信息,并放入 AH 包头中。

(2) AH 由于没有对用户数据进行加密,所以黑客使用协议分析仪照样可以窃取在网络中传输的敏感信息,所以使用封装安全载荷(ESP)协议把需要保护的用户数据进行加密,并放到 IP 包中,ESP 提供数据的完整性、可靠性。ESP 协议非常灵活,可以选择多种加密算法,包括 DES、3DES、RC4、RC5、IDEA 和 Blowfish。

3. IPSec 工作方式

IPSec 有两种工作方式:隧道方式和传输方式。在隧道方式中,整个用户的 IP 数据包被用来计算 ESP 包头,整个 IP 包被加密并和 ESP 包头一起被封装在一个新的 IP 包内。这样当数据在因特网上传送时,真正的源地址和目的地址被隐藏起来。隧道方式数据包如图 5-35 所示。

在传输方式中,只有高层协议(TCP、UDP、ICMP 等)及数据进行加密,如图 5-36 所示。在这种方式下,源地址、目的地址及所有 IP 包头的内容都不加密。

由于对称密钥存在着许多问题,密钥传递时容易泄密。网络通信时如果网内用户采用同样的密钥,就失去了保密的意义。但如果任意两个用户通信时都使用互不相同的密钥,N 个人就要使用 $N \times (N-1)/2$ 个密钥,密钥量太大,在实际使用中无法实现,所以在 IPsec 中使用非对称密钥技术,将加密和解密的密钥分开,并且不可能从其中一个推导出另外一个。采用非对称密钥技术后,每一个用户都有一对选定的密钥,一个由用户自己保存,另一个可以公开得到。它的好处在于密钥分配简单,由于加密和解密的密钥互不相同并且无法互相推导,所以加密的密钥可以分发给各个用户,而解密密钥由用户自己保存。这样一来,密钥

原始IP数据包格式

IP头	高层协议数据

隧道方式数据包格式

新的IP头	IPSec包头 (AH或ESP)	原IP头	高层协议数据

加密部分 →

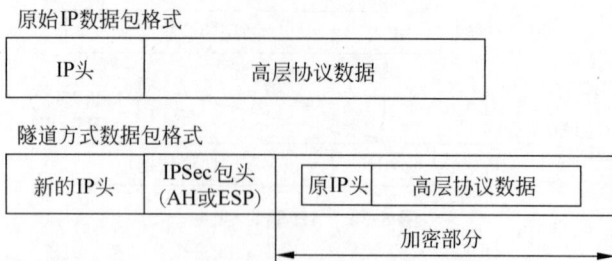

图 5-35　隧道方式数据包

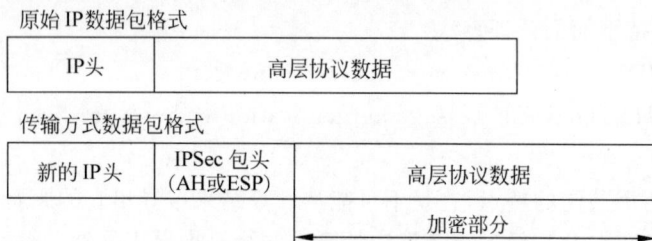

原始 IP 数据包格式

IP头	高层协议数据

传输方式数据包格式

新的IP头	IPSec 包头 (AH或ESP)	高层协议数据

加密部分 →

图 5-36　传输方式数据包

保存量少,N 个用户通信最多只需保存 N 对密钥,便于管理,可以满足不同用户间通信的私密性,完成数字签名和数字鉴别。目前有许多种非对称密钥算法,其中有的适用于密钥分配,有的适用于数字签名。

　　IPSec 中的 AH 和 ESP 实际上只是加密的使用者,为保证通信的双方可以互相信任,并采用相同的加密算法,IETF 制定了 IKE 用于通信双方进行身份认证、协商加密算法和哈希算法、生成公钥。

　　在 IPSec 的具体实现中,采用密钥管理协议(ISAKMP、Oakley),密钥交换采用 Diffie-Hellman 协议,身份认证采用数字签名和公开密钥。

　　IPSec 不仅可以保证隧道的安全,同时还有一整套保证用户数据安全的措施,利用它建立起来的隧道更具有安全性和可靠性。IPSec 还可以和 L2TP、GRE 等其他隧道协议一同使用,给用户提供更大的灵活性和可靠性。此外,IPSec 可以运行于网络的任意部分,它可以运行在路由器和防火墙之间、路由器和路由器之间、PC 机和服务器之间、PC 机和拨号访问设备之间。当 IPSec 运行于路由器/网关时,安装配置简单,只需在网络设备上进行配置,由网络提供安全性;当 IPSec 运行于服务器/PC 机时,可以提供端到端的安全,在应用层进行控制,但它的缺点是安装配置和管理比较复杂。在实际应用中,可以根据用户的需求选择相应的方式。

5.4.2　VPN

　　虚拟专用网(virtual private network,VPN)就是建立在公用网上、由某一组织或某一群用户专用的通信网络,其虚拟性表现在任意一对 VPN 用户之间没有专用的物理连接,而是通过 ISP 提供的公用网络来实现通信,其专用性表现在 VPN 之外的用户无法访问 VPN 内部的网络资源,VPN 内部用户之间可以实现安全通信。

虚拟专用网的作用如下。

（1）帮助远程用户、公司分支机构、商业伙伴及供应商与公司的内部网建立可信的安全连接，并保证数据的安全传输。

（2）用于不断增长的移动用户的全球因特网接入，以实现安全连接。

（3）用于实现企业网站之间安全通信的虚拟专用线路。

（4）用于经济有效地连接到商业伙伴和用户的安全外联网的虚拟专用网。

实现 VPN 的关键技术有下面几种。

（1）隧道技术（tunneling technology）：通过将待传输的原始信息经过加密和协议封装处理后再嵌套装入另一种协议的数据包送入网络中，像普通数据包一样进行传输。经过这样的处理，只有源端和目的端的用户对隧道中的嵌套信息进行解释和处理，而对于其他用户而言只是无意义的信息。这里采用的是加密和信息结构变换相结合的方式，而非单纯的加密技术。

（2）加解密技术（encryption & decryption）：VPN 可以利用已有的加解密技术实现保密通信，保证公司业务和个人通信的安全。

（3）密钥管理技术（key management）：建立隧道和保密通信都需要密钥管理技术的支撑，密钥管理负责密钥的生成、分发、控制和跟踪，以及验证密钥的真实性等。

（4）身份认证技术（authentication）：在正式的隧道连接开始之前需要确认用户的身份，以便系统进一步实施资源访问控制或用户授权（authorization）。身份认证技术是相对比较成熟的一类技术，因此可以考虑对现有技术的集成。

VPN 的解决方案有以下 3 种，可以根据实际情况具体选择使用。

（1）内联网 VPN（intranet VPN）：企业内部虚拟局域网也叫内联网 VPN，用于实现企业内部各个 LAN 之间的安全互联。越来越多的企业需要在全国乃至世界范围内建立各种办事机构、分公司、研究所等，各个分公司之间传统的网络连接方式一般是租用专线。显然，在分公司增多、业务开展越来越广泛时，网络结构趋于复杂，费用昂贵。利用 VPN 特性可以在因特网上组建世界范围内的 intranet VPN。利用因特网的线路保证网络的互联性，而利用隧道、加密等 VPN 特性可以保证信息在整个 intranet VPN 上安全传输。intranet VPN 通过一个使用专用连接的共享基础设施，连接企业总部、远程办事处和分支机构。企业拥有与专用网络的相同政策，包括安全、服务质量（QoS）、可管理性和可靠性，如图 5-37 所示。

（2）外联网 VPN（extranet VPN）：企业外部虚拟专用网也叫外联网 VPN，用于实现企业与客户、供应商和其他相关团体之间的互联互通。当然，客户也可以通过 Web 访问企业的客户资源，但是外联网 VPN 方式可以方便地提供接入控制和身份认证机制，动态地提供公司业务和数据的访问权限。如果公司提供 B2B 之间的安全访问服务，则可以考虑 extranet VPN，如图 5-38 所示。

（3）远程接入 VPN（access VPN）：解决远程用户访问企业内部网络的传统方法是采用长途拨号方式接入企业的网络访问服务器（NAS）。如果企业的内部人员移动或有远程办公需要，或者商家要提供 B2C 的安全访问服务，就可以考虑使用 access VPN。access VPN 通过一个拥有与专用网络相同策略的共享基础设施，提供对企业内部网或外部网的远程访问。

图 5-37　intranet VPN

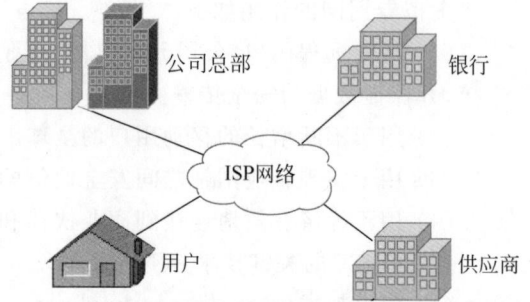

图 5-38　extranet VPN

access VPN 能使用户随时、随地以其所需的方式访问企业资源。access VPN 包括拨号、ISDN、数字用户线路(xDSL)、移动 IP 和电缆技术,能够安全地连接移动用户、远程工作者或分支机构。如图 5-39 所示,access VPN 适用于公司内部经常有流动人员远程办公的情况。

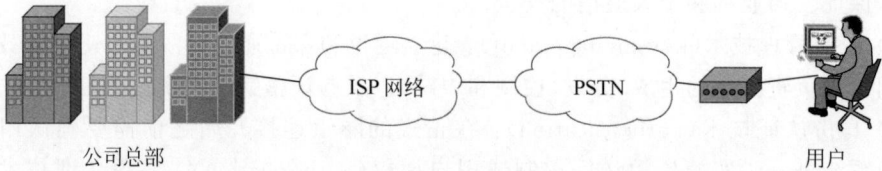

图 5-39　access VPN

　　VPN 具体实现是采用隧道技术,将企业网的数据封装在隧道中进行传输。隧道协议可分为第二层隧道协议 PPTP、L2F、L2TP 和第三层隧道协议 GRE、IPSec。它们的本质区别在于用户的数据包是被封装在哪种数据包中在隧道中传输的。

　　无论哪种隧道协议都是由传输的载体、不同的封装格式及被传输数据包组成的。下面以第二层隧道协议(layer 2 tunneling protocol,L2TP)为例,来了解隧道协议的组成。

　　如图 5-40 所示,传输协议被用来传送封装协议。IP 是一种常见的传输协议,这是因为 IP 具有强大的路由选择能力,可以运行于不同介质上,并且其应用最为广泛。此外,帧中继、ATM 的 PVC 和 SVC 也是非常合适的传输协议。例如,用户想通过因特网将其分公司网络连接起来,但他的网络环境是 IPX,这时用户就可以使用 IP 作为传输协议,通过封装协议封装 IPX 的数据包,然后就可以在因特网上传递 IPX 数据。封装协议被用来建立、保持和拆卸隧道。而承载协议是被封装的协议,它们可以是 PPP 或 SLIP。

　　隧道协议有很多好处,如在拨号网络中,用户大都接受 ISP 分配的动态 IP 地址,而企业网一般均采用防火墙、NAT 等安全措施来保护自己的网络,企业员工通过 ISP 拨号上网时就不能穿过防火墙访问企业内部网资源。采用隧道协议后,企业拨号用户就可以得到企业内部网 IP 地址,通过对 PPP 帧进行封装,用户数据包可以穿过防火墙到达企业内部网。

IP	UDP	L2TP	PPP(数据)
传输协议		封装协议	承载协议

图 5-40　L2TP 数据包在 IP 网中的封装

习　题　5

1. 网络攻击是(　　　　　　　　　)。

2. 攻击类型分为(　　　　　)、(　　　　　)、(　　　　　)、(　　　　　)、(　　　　　)。

3. 漏洞的 3 个主要特性为(　　　　　)、(　　　　　)、(　　　　　)。

4. 网络监听可能造成的危害包括(　　　　)、(　　　　)、(　　　　)、(　　　　)。

5. IPSec 协议集提供的安全服务有(　　　　)、(　　　　)、(　　　)、(　　　　)。

6. IPSec 体系结构组成部分有(　　　　)、(　　　　)、(　　　　)、(　　　　)、
(　　　　)、(　　　　)、(　　　　)、(　　　　)。

7. IPSec 有两种工作方式为(　　　　)和(　　　　)。

8. VPN 的关键技术有(　　　　)、(　　　　)、(　　　　)、(　　　　)。

9. VPN 的 3 种解决方案分别为(　　　　)、(　　　　)、(　　　　)。

10. 从 TCP/IP 协议的角度可以将实现 Web 安全的方法分成(　　　　)、(　　　　)、
(　　　　)。

11. SSL 提供 3 种标准服务：(　　　　)、(　　　　)、(　　　　)。

12. 入侵检测是(　　　　　　　　　)。

13. 入侵防御系统的技术特征包括(　　　　)、(　　　　)、(　　　　)、(　　　　)。

14. SQL 注入攻击是(　　　　　　　　　)。

15. 网络系统的防御技术主要包括哪几种技术？

16. 信息收集型攻击主要包括哪些？

17. 简述网络攻击的 8 个步骤。

18. 什么是口令入侵方法，对它的主要防范方法有哪些？

19. 简述网络安全扫描技术的基本原理。

20. 简述 DoS 攻击的基本原理及防范方法。

21. 简述 DDoS 攻击的基本原理。

22. 什么是缓存区溢出攻击？

23. 简述欺骗攻击及其防范方法。

24. 漏洞产生的原因主要有哪些？

25. 漏洞主要分为哪几类，它有哪些等级？

26. Windows 系统常见漏洞有哪些？

27. 常见的安全扫描检测技术主要有哪些？

28. 端口扫描的防范措施主要有哪些？

29. 简述网络监听的原理。

30. 检测网络监听的方法有哪些？

31. 简述网络监听的主要防范措施。

32. 简述安全隧道的建立。

33. 什么是虚拟专用网？

34. 简述 VPN 隧道技术。

35. L2TP 的建立过程有哪些?

36. 什么是 Web 技术?

37. 什么是主动攻击? 什么是被动攻击?

38. 简述 SSL 协议的构成。

39. 如何判断应用程序是否存在 SQL 注入攻击漏洞?

40. 如何根据注入参数类型,重构 SQL 语句的原貌? 如何猜解表名、字段名、字段内容?

41. SQL 注入攻击的原理是什么?

42. 简述 SQL 注入攻击思路。

43. IDS 有哪些功能?

44. 基于数据源的 IDS 有哪些分类?

45. 简述入侵检测的一般过程。

46. 常用的入侵检测方法有哪 3 种?

47. 简述入侵防御系统的工作原理。

48. 入侵防御系统有哪些分类?

实验 3　SQL 注入攻防

【实验目的】

加深对 SQL 注入攻击工作原理的认识,直观感受网络攻击的危害,提高程序员编程安全意识;掌握 SQL 注入攻击的防范措施,提高 Web 安全保护程度。

【实验环境】

(1) 实验网站。以 JavaEE 作为开发语言,采用 MVC 编程开发模式搭建的一个简单个人主页网站,主要包含个人主页展示、留言板留言、管理员后台登录及后台留言管理等功能,其中留言板留言、后台登录和后台留言管理需要连接数据库进行操作,存在 SQL 注入漏洞。

(2) 实验主机安装 SQLmap 工具。

【实验内容】

使用 SQLmap 工具实现对实验网站 SQL 注入攻击,获取管理员用户名和密码;采取改进措施,预防 SQL 注入攻击,提高 Web 安全保护程度。

【实验步骤】

(1) 进入实验网站主页:http://localhost:8080/SQLInjection/index.jsp,浏览网页。

(2) 寻找 Web 管理后台入口。浏览网页发现存在如图 1 所示管理员后台登录页面:http://localhost:8080/SQLInjection/login.jsp。

由于不知道用户名和密码,需要反复尝试使用不同用户名和密码登录,记录尝试的用户名和密码,保存登录失败截图。

(3) 寻找 SQL 注入攻击点。寻找存在 GET 请求的 ID 参数的页面作为 SQL 注入攻击测试突破口,以便能够找到管理员密码。记录尝试语句,保存对应截图。

图 1　管理员登录界面

(4) 入侵攻击,判断 Web 是否可以 SQL 注入攻击成功。尝试 SQL 测试万能语句:and 1=1,and 1=2,判断是否存在 SQL 注入攻击漏洞,保存对应截图。

(5) 获取漏洞信息。进行 SQLmap 自动化测试,获取 SQL 注入攻击漏洞详细信息。记录测试语句,保存对应截图。

(6) 获取数据库信息。猜解网站使用的数据库名称。记录测试语句,保存对应截图。

(7) 定位攻击数据库。查看 Web 程序所使用的数据库详细信息,记录测试语句,保存对应截图。

(8) 获取数据表信息。查看当前数据库中的表,记录测试语句,保存对应截图。

(9) 入侵与破坏。猜解用户名和密码。猜解存储管理员用户名/密码的数据表,查看数据表字段内容,记录数据表内容,保存对应截图。

(10) 攻击防范。修改管理员后台登录页面:http://localhost:8080/SQLInjection/login.jsp 中登录用户名和密码的 SQL 验证语句,防止 SQL 注入攻击成功。记录修改内容,保存对应截图,分析原因。

【实验验证】

在图 1 管理员登录页面输入 SQL 注入获得的用户名和密码验证是否正确,保存对应截图。

实验成功,说明攻击者获取到正确的用户名和密码,可以顺利进入后台留言管理界面,具有数据表的读、增、删、改的最大存取权限,可以查看所有用户的留言信息,也可以进行后台留言增、删、改,攻击者实现了攻击目的,成功提权。

实验不成功,说明用户名和密码不正确,则需要重复实验步骤,直至实验成功。

【实验进阶】

(1) 使用其他防范方法保证实验网站不受 SQL 注入攻击,记录实验步骤,保存对应截图。

(2) 以实验为例,分析程序员如何提高 Web 编程安全意识。

第6章 防 火 墙

```
                          防火墙定义
              防火墙基础   防火墙体系结构
                          防火墙工作原理

                                      安全区域
  防火墙   基于安全区域的防火墙安全策略配置   安全策略配置方案
                                      安全策略配置步骤

                                      地址转换
         基于内容的防火墙安全策略配置       安全策略配置方案
                                      安全策略配置步骤
```

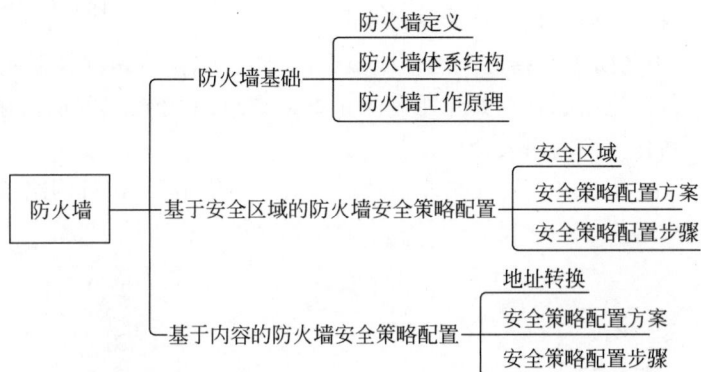

　　防火墙(firewall)是防御网络攻击的第一道安全防线,能够有效防止外网对内网的已知网络攻击,是保证内网运行安全和信息安全的最基本措施,每个实用网络都必须配备防火墙。

　　防火墙是非即插即用设备,必须正确配置安全策略才能有效工作,而且运行过程中需要持续不断地动态调整安全策略,才能正确、高效、持续发挥防火墙的防护功能。这就要求网络安全管理人员必须具备配置、调整安全策略的能力。

　　安全区域和安全策略是防火墙必须掌握的两个概念。基于安全区域的防火墙安全策略配置能够保证整个网络安全区域的总体运行安全,极大降低了保证网络安全保护的总体成本,但不能满足同一安全区域中不同主机不同的个性化安全需求;基于内容的防火墙安全策略不仅能够根据通信内容制定个性化安全策略,满足不同类型安全需求的内网主机运行安全和信息安全,而且能够防止内网保密信息向外泄露,提高网络带宽利用率,保证网络使用者数据资源安全,提高网络利用效率。

6.1　防火墙基础

　　理论上,防火墙体现为安全策略表或访问控制列表(ACL);实践中,防火墙体现为执行安全策略表或访问控制列表的多网卡专用计算机。传统防火墙功能仅限于保证 trust 安全区域不受来自 untrust 安全区域的已知网络攻击,攻击止于防火墙;现代防火墙则将入侵检测、病毒防范、URL 过滤、防止信息泄露等多种功能集成于防火墙,实现全方位的网络安全保护,是保证网络安全的首选设备。

6.1.1　防火墙定义

1. 防火墙的原理

防火墙本意是防止火灾发生时,避免火势烧到其他区域,使用防火材料砌的墙,如图 6-1

所示。现在常见的防火墙是商场的防火卷闸门。商场
发生火灾时,会触发烟感报警、温度报警等传感器,进而
启动电机放下卷闸门,把商场分为安全区和火灾区(非
安全区)两个区域,从而保证安全区人、财、物不受火灾
影响,避免火灾造成更大损失。因此防火墙的作用是发
生火灾时防止损失扩大,而不是防止火灾发生。

图 6-1　防火墙

网络安全领域中的防火墙指位于两个或多个网络之间,执行访问控制策略的一个或一
组系统,是一类防范措施的总称。其作用是防止不希望的、未经授权的通信进出被保护的网
络,通过边界控制强化内部网络安全。

如图 6-2 所示,防火墙应该放置在外部网络和内部网络中间,执行网络边界的过滤封锁
机制,攻击止于防火墙。

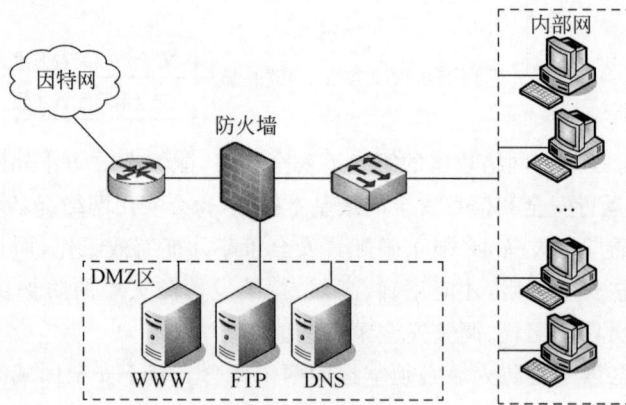

图 6-2　防火墙系统模型

2. 防火墙的作用

防火墙技术是一种隔离控制技术,通过在不同局域网之间设置屏障,阻止对信息资源的
非法访问。

如表 6-1 所示,防火墙可以保证网络传输、存储的信息具有 CIA,因此是网络安全设备。

表 6-1　防火墙的功能

CIA 条目	威胁种类	策略使用技术	策略实施设备	说　　明
机密性	窃听、非法访问、窃取等	用户认证、加密	防火墙、VPN、IDS/IPS 等	只允许合法用户访问相关信息。确保机密性,即保证信息不被泄露,设置防止非法访问等保护策略
完整性	篡改、冒充等	数据认证、电子签名、加密	防火墙、VPN、IDS/IPS 等	保证信息的完整,防止信息被篡改
可用性	DoS 攻击等	过滤、冗余、策略	防火墙、带宽控制设备	确保用户能够正常访问信息。也就是服务器或网络设备的运维,避免系统出现宕机问题

防火墙是一种非常有效的网络安全设备,对于来自因特网的访问,它采取有选择的接收
方式,允许或禁止一类具体 IP 地址访问,接受或拒绝 TCP/IP 上的某一类应用,也可以使用

防火墙阻止重要信息从企业的网络被非法输出到因特网。因此防火墙可以监控进出网络的通信,仅让安全、核准了的信息进入,抵制对本地网络安全构成威胁的数据。通过它可以隔离风险区域(即因特网或有一定风险的网络)与安全区域(即通常讲的内部网络)的连接,同时不妨碍本地网络用户对风险区域的访问。

防火墙的功能是防止不希望的、未授权的通信进出被保护的网络,迫使用户强化自己的网络安全政策,简化网络的安全管理。

3. 防火墙的功能

常见的防火墙应具有以下五大基本功能。

(1) 过滤进、出内部网络的数据。

(2) 管理进、出内部网络的访问行为。

(3) 封堵某些禁止的业务。

(4) 记录通过防火墙的信息内容和活动。

(5) 对网络攻击进行检测和报警。

除此以外,有的防火墙还根据需求包括其他功能,如网络地址转换功能(network adolress translation,NAT)、双重 DNS、虚拟专用网络(VPN)、杀毒功能、负载均衡和计费等功能。

4. 防火墙的优点

(1) 防火墙对企业内部网实现了集中的安全管理,可以强化网络安全策略,比分散的主机管理更经济易行。

(2) 防火墙能防止非授权用户进入内部网络。

(3) 防火墙可以方便地监视网络的安全性并报警。

(4) 可以作为部署网络地址转换的地点,利用 NAT 技术,可以缓解地址空间的短缺,隐藏内部网的结构。

(5) 由于所有的访问都经过防火墙,防火墙是审计和记录网络访问和使用的最佳地方。

5. 防火墙的局限性

通常认为防火墙可以保护处于它身后的内部网络不受外界的侵袭和干扰,但随着网络技术的发展,网络结构日趋复杂,传统防火墙在使用的过程中暴露出以下弱点。

(1) 防火墙不能防范不经过防火墙的攻击。防火墙一般放置在被保护网络的边界,要使防火墙起到安全防御作用,必须做到使所有进出被保护网络的通信数据流必须经过防火墙,所有通过防火墙的通信必须经过安全策略的过滤或防火墙的授权,没有经过防火墙的数据,防火墙无法检查。传统的防火墙在工作时,入侵者可以伪造数据绕过防火墙或找到防火墙中可能敞开的后门。

(2) 防火墙不能防止来自网络内部的攻击和安全问题。

(3) 由于防火墙性能上的限制,因此它通常不具备实时监控入侵的能力。

(4) 防火墙不能防止策略配置不当或错误配置引起的安全威胁。防火墙是一个被动的安全策略执行设备,就像门卫一样,要根据政策规定来执行安全,而不能自作主张。

(5) 防火墙不能防止受病毒感染的文件的传输,由于病毒种类繁多,如果要在防火墙完成对所有病毒代码的检查,防火墙的效率就会降到不能忍受的程度。

（6）防火墙不能防止利用服务器系统和网络协议漏洞所进行的攻击。黑客通过防火墙准许的访问端口对该服务器的漏洞进行攻击,防火墙不能防止。

（7）防火墙不能防止数据驱动式的攻击。当有些表面看来无害的数据邮寄或复制到内部网的主机上并被执行时,可能会发生数据驱动式的攻击。

（8）防火墙不能防止内部的泄密行为。防火墙内部的一个合法用户主动泄密,防火墙是无能为力的。

（9）防火墙不能防止本身的安全漏洞的威胁。防火墙本身也必须是不可被侵入的,还没有厂商绝对保证防火墙不会存在安全漏洞,因此对防火墙也必须提供某种安全保护。

防火墙保护别人有时却无法保护自己,防火墙本身必须具有很强的抗攻击能力,以确保其自身的安全性。

总之,防火墙是在被保护网络和外部网络之间进行访问控制的一个或一组访问控制部件。随着防火墙技术的发展,现代防火墙可以结合入侵检测系统(IDS)使用,或者其本身集成 IDS 功能,能够根据实际情况进行动态的策略调整,以达到更好的防御效果。

6. 防火墙分类

防火墙可以分为软件防火墙、硬件防火墙、芯片级防火墙 3 类。

软件防火墙灵活但低速,硬件防火墙高速但不灵活,芯片级防火墙高速且灵活。通常意义上讲的防火墙为硬件防火墙。

软件防火墙通过软件设置、检查一定的规则来达到限制非法用户访问内部网络的目的,但软件运行速度慢,处理大量网络流量会带来通信延迟,易成为网络通信瓶颈,不适合网络使用,只用于单机。

出现新攻击后,软件防火墙可以通过修改规则实现有效防范,更新成本低,灵活性强。

硬件防火墙通过专用硬件和专用软件结合来隔离内、外部网络,延迟低,但出现新攻击后,需要更换专用硬件和专用软件,更换成本高,更换时间长,灵活性不足。

芯片级防火墙基于专门的硬件平台,核心部分就是 ASIC 芯片,所有的功能都集成在芯片上。专有的 ASIC 芯片促使它们比其他种类的防火墙速度更快,处理能力更强,性能更高。专用硬件和软件的结合提供了线速处理、深层次信息包检查、坚固的加密、复杂内容和行为扫描功能的优化等,不会在网络流量的处理上出现时间瓶颈。

出现新攻击后,芯片级防火墙可以通过 FPGA 技术动态更新规则实现有效防范,更新成本低,灵活性强,成为防火墙的发展方向,是千兆乃至万兆防火墙的主要选择。

软件防火墙和硬件防火墙的安全性很大程度上取决于操作系统自身的安全性。无论是 UNIX、Linux 还是 Windows 系统,都或多或少存在漏洞,一旦被人取得了控制权,将可以随意修改防火墙上的策略和访问权限,进入 untrust 进行任意破坏,危及 untrust 的安全。芯片级防火墙不存在这个问题,自身有很好的安全保护,所以较其他类型的防火墙安全性高一些。

防火墙被设计为只运行专用的访问控制软件的设备,而没有其他的服务,因此也就意味着相对少一些缺陷和安全漏洞。

6.1.2　防火墙体系结构

目前,防火墙的防御体系结构主要有双宿/多宿主机防火墙、屏蔽主机防火墙和屏蔽子网防火墙 3 种。

1. 双宿/多宿主机防火墙

双宿/多宿主机防火墙(dual-homed/multi-homed firewall)又称双宿/多宿网关防火墙。它是一种拥有两个或多个连接到不同网络上的网络接口的防火墙,通常用一台装有两块或多块网卡的堡垒主机做防火墙,两块或多块网卡各自与受保护网和外部网相连,其体系结构如图 6-3 所示。这里的堡垒主机是一种被强化的可以防御攻击的计算机,被暴露于因特网之上,作为进入内部网络的一个检查点,以达到把整个网络的安全问题集中在某个主机上解决,从而省时省力,不用考虑其他主机的安全目的。可以看出,堡垒主机是网络中最容易受到侵害的主机,所以堡垒主机也必须是自身保护最完善的主机。

双宿/多宿主机防火墙的特点是主机的路由功能是被禁止的,两个网络之间的通信通过应用层代理服务来完成。堡垒主机的系统软件可用于维护系统日志、硬件复制日志或远程日志。这对于日后的检查非常有用,但这不能帮助网络管理者确认 untrust 中哪些主机可能已被黑客入侵,一旦入侵者侵入堡垒主机并使其只具有路由功能,则任何网上用户均可以随便访问内部网络。

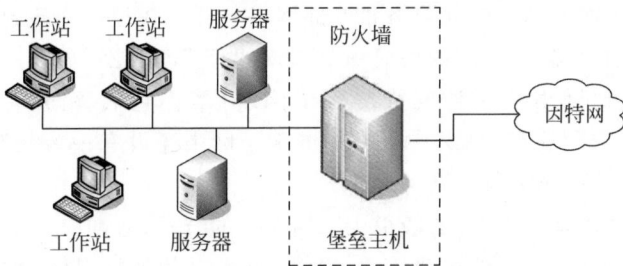

图 6-3　双宿/多宿主机防火墙体系结构

2. 屏蔽主机防火墙

屏蔽主机防火墙易于实现也很安全,因此应用广泛。如图 6-4 所示,屏蔽主机网关包括一个分组过滤路由器连接外部网络,同时一个堡垒主机安装在内部网络上,通常在路由器上设立过滤规则,并使这个堡垒主机成为从外部网络唯一可直接到达的主机,这确保了内部网络不受未被授权的外部用户的攻击。

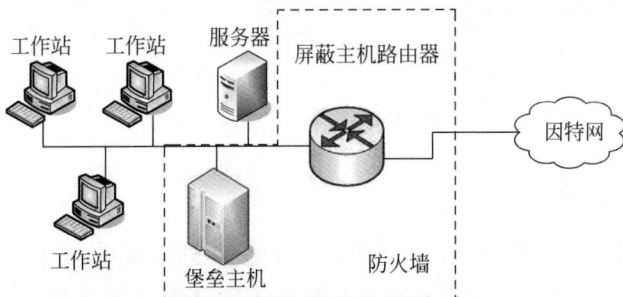

图 6-4　屏蔽主机防火墙体系结构

在屏蔽的路由器上的数据包过滤是以下方法设置的:堡垒主机是因特网上的主机能连接到内部网络上系统的桥梁。即使这样,也仅有某些确定类型的连接被允许。任何外部的系统试图访问内部的系统或服务将必须连接到这台堡垒主机上。因此,堡垒主机需要拥有高等级的安全性。

数据包过滤也允许堡垒主机开放可允许的连接(对于"可允许"的界定将由用户站点的安全策略决定)到外部世界。在屏蔽的路由器中数据包过滤配置可以按下列方式之一执行。

(1) 允许其他的内部主机为了某些服务与因特网上的主机连接(即允许那些已经有数据包过滤的服务)。

(2) 不允许来自内部主机的所有连接(强迫那些主机经由堡垒主机使用代理服务)。

用户可以针对不同的服务混合使用这些手段,某些服务可以被允许直接经由数据包过滤,而其他服务可以被允许仅间接地经过代理。这完全取决于用户实行的安全策略。如果受保护网络是一个虚拟扩展的本地网,即没有子网和路由器,那么 untrust 的变化不影响堡垒主机和屏蔽路由器的配置。危险区域只限制在堡垒主机和屏蔽路由器。网关的基本控制策略由安装在上面的软件决定。如果攻击者设法登录到网关上面,untrust 中的其余主机就会受到很大威胁。这与双宿主机防火墙受攻击时的情形相似。

3. 屏蔽子网防火墙

这种类型的防火墙是在内部网络和外部网络之间建立一个被隔离的子网,用两台分组过滤路由器将这一子网分别与内部网络和外部网络分开。在很多实现过程中,两个分组过滤路由器放在子网的两端,在子网内构成一个"非军事区"(DMZ),如图 6-5 所示。

内部网络和外部网络均可访问被屏蔽子网,但禁止它们穿过被屏蔽子网通信,像 WWW 和 FTP 服务器可放在 DMZ 中。有的屏蔽子网中还设有一台堡垒主机作为唯一可访问点,支持终端交互或作为应用网关代理。

在实际应用中建造防火墙时,一般很少采用单一的技术,通常采用多种解决不同问题的技术的组合。应该根据所购买防火墙软件的要求、硬件环境所能提供的支持,综合考虑选用最合适的防火墙体系结构,最大限度地发挥防火墙软件的功能,实现对信息的安全保护。

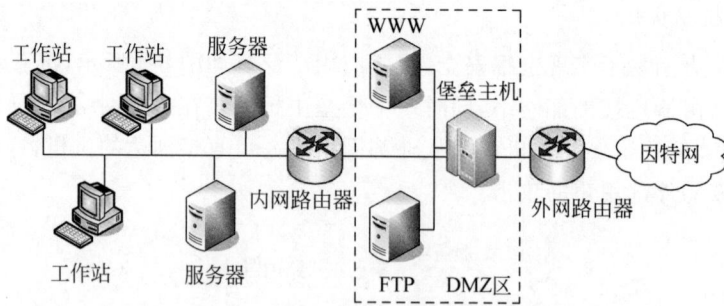

图 6-5　屏蔽子网防火墙体系结构

6.1.3　防火墙工作原理

根据工作原理,防火墙分为 3 类:包过滤防火墙、代理防火墙、状态检测防火墙。工业界把状态检测防火墙进一步细分为标准状态检测防火墙、UTM 防火墙、NGFW 防火墙 3 类,如图 6-6 所示。

1. 包过滤防火墙

包过滤防火墙是第一代防火墙,其技术依据是网络中的数据包传输技术,特点是每包必

图 6-6　防火墙发展

检，总体速度慢，主要工作在网络层。

理论上包过滤防火墙体现为访问控制列表（ACL）。

ACL 是一个有序表。每一条访问控制规则由编号、过滤条件、动作 3 部分构成，即

$$访问控制规则 = 编号 + 过滤条件 + 动作$$

过滤条件可以根据数据包的源地址、目的地址、端口号等设置。动作二选一，转发（permit）或丢弃（deny）：转发的数据包通过防火墙，从防火墙的一个端口传输到另一个端口，允许访问内网；丢弃的数据包止于防火墙，无法访问内网。

如图 6-7 所示，包过滤防火墙的工作原理是对需要转发的数据包，先获取包头信息，然后从编号为 1 的访问控制规则开始，按递增顺序依次审查包头信息并确定数据包是否与过滤条件匹配，满足哪条访问控制规则的过滤条件，就执行该条规则对应的动作——permit 或 deny，从而决定数据包能否通过，实现访问控制。

ACL 可以理解为是一种数据包过滤器，访问控制规则就是过滤器的滤芯。安装什么样的滤芯（即根据数据包特征配置相应的 ACL 过滤条件），ACL 就能过滤出什么样的数据包。

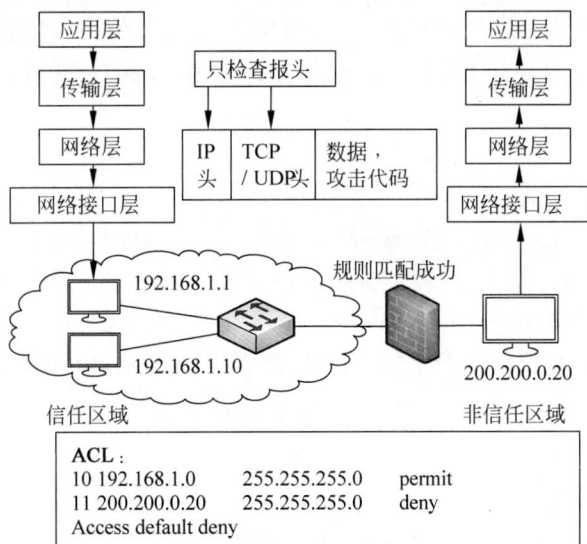

图 6-7　包过滤防火墙

（1）基本 ACL。只可以根据源地址设置 IP 数据包过滤条件，编号为 1～99 和 1300～1999。

【例 6-1】　网络拓扑结构如图 6-7 所示，配置 ACL 允许 trust 访问 untrust，禁止 untrust 访问 trust。

解：输入如下配置命令

```
Router(config)♯access-list 10  permit 192.168.1.0 255.255.255.0
```

```
Router(config)＃access－list 11 deny 200.200.0.20 255.255.255.0
```

执行运行指令

```
Router(config)＃do sh run ｜ i access
```

则 ACL 添加如下规则

```
access－list 10 permit  192.168.1.0 255.255.255.0
access－list 11 deny   200.200.0.20 255.255.255.0
```

生成的 ACL 如图 6-7 所示。规则 10 的含义是允许源地址属于 192.168.1.0 的主机发送的数据包通过防火墙,规则 11 的含义是禁止源地址是 200.200.0.20 的主机发送的数据包通过防火墙,从而保证 192.168.1.0 的主机能够访问 200.200.0.20 的主机,但后者不能访问前者。

注意规则 10、规则 11 中的 IP 地址的含义是不一样的。规则 11 的源地址 200.200.0.20 是主机地址,代表 1 个主机;规则 10 的源地址 192.168.1.0 是网络地址,代表的是 IP 地址为 192.168.1.1～192.168.1.254 共 254 个主机的集合,192.168.1.1 主机、192.168.1.10 主机属于该集合,所以符合过滤条件执行对应过滤动作,数据包被转发,访问被允许。

防火墙默认 ACL 在末尾隐含一条 deny 所有数据包的访问控制规则。也就是说,当接收到的数据包和 ACL 所有访问控制规则都不匹配的时候,则就会触发这条隐藏的访问控制规则,直接将数据包丢弃。

因此包过滤防火墙配置要遵循的基本原则是最小特权原则,即管理员必须明确指定允许希望通过的数据包,防火墙默认禁止其他的数据包。因此设置防火墙访问控制规则时可以省略动作为 deny 的访问控制规则,只设置动作为 permit 的访问控制规则。这样就可以减小 ACL 的大小,提高 ACL 执行效率。例如,图 6-7 中的 ACL 就可以进一步简化为以下两条

```
10  permit  192.168.1.0  255.255.255.0
    deny    any
```

ACL 访问控制规则的放置顺序(编号)很重要。防火墙按照 ACL 中访问控制规则顺序依次检查数据包是否满足某一个过滤条件。当检测到某个访问控制规则满足过滤条件时就执行该访问控制规则规定的动作(permit、deny),并且不会再检测后面的访问控制规则。

【例 6-2】　网络拓扑结构如图 6-7 所示,配置 ACL 禁止 trust 中 192.168.1.1 的主机访问 200.200.0.20,同时允许 192.168.1.10 的主机访问 200.200.0.20,禁止 untrust 访问 Trust。

解:输入如下配置命令

```
Router(config)＃access－list 9  deny  192.168.1.0  255.255.255.0
```

执行运行指令

```
Router(config)＃do sh run ｜ i access
```

则 ACL 更新为

```
access－list  09  deny   192.168.1.1  255.255.255.0
access－list  10  permit  192.168.1.0  255.255.255.0
access－list  11  deny   200.200.0.20  255.255.255.0
                 deny   any
```

此时图 6-7 中,就能禁止 192.168.1.1 的主机访问 200.200.0.20,同时允许 192.168.1.10 的主机访问 200.200.0.20。

如果输入如下配置命令

```
Router(config)#access-list  12  deny  192.168.1.0  255.255.255.0
```

执行运行指令

```
Router(config)#do sh run | i access
```

则 ACL 更新为

```
access-list  10  permit  192.168.1.0    255.255.255.0
access-list  11  deny    200.200.0.20   255.255.255.0
access-list  12  deny    192.168.1.1    255.255.255.0
                 deny    any
```

则不能实现首先禁止图 6-7 中 192.168.1.1 的主机访问 200.200.0.20 的目的。因为防火墙首先检查规则 10,192.168.1.1 的主机满足过滤条件,数据包被转发,而禁止 192.168.1.1 的规则 12 不会被执行。

综上所述,ACL 匹配规则为自上而下,逐条匹配,默认隐含拒绝所有,如图 6-8 所示。

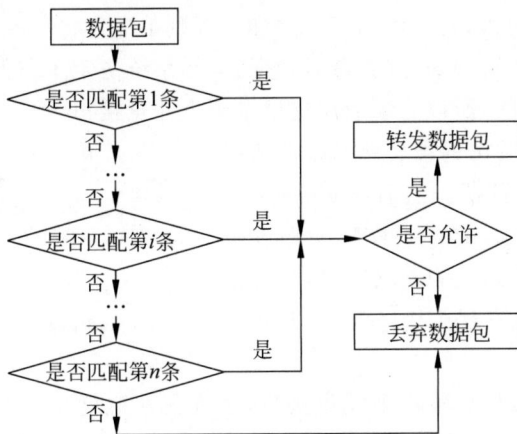

图 6-8　ACL 匹配规则

(2) 高级 ACL。可以根据源 IP、目标 IP、源接口、目标接口等三层和四层地址设置 IP 数据包过滤条件,可工作在网络层、传输层。编号为 100~199 和 2000~2699。

例如,输入如下配置命令

```
Router(config)#access-list 100 permit tcp 192.168.0.0 255.255.255.0 100.100.100.0 255.255.255.0 eq 8080
Router(config)#access-list 101 deny udp 172.16.0.0 255.255.255.0 eq 1200 100.100.100.0 255.255.255.0 eq 1234
```

执行运行指令

```
Router(config)#do sh run | i access
```

则 ACL 添加如下规则

```
access-list 100 permit tcp 192.168.0.0 255.255.255.0  100.100.100.0 255.255.255.0 eq 8080
access-list 100 deny udp 172.16.0.0 255.255.255.0 eq 1000 100.100.100.0 255.255.255.0 eq 1234
```

　　包过滤防火墙存在"回包问题"。为了保护内部网络,一般情况下需要在防火墙上配置 ACL,以允许内部网络的主机访问外部网络,同时拒绝外部网络的主机访问内部网络。但 ACL 会将用户发起连接后返回的报文过滤掉,导致连接无法正常建,这称为回包问题。

　　当计算机 A 通过网络访问计算机 B 时,如果它需要对方返回数据,则会随机创建一个大于 1023 的端口,告诉 B 返回数据时把数据送到自己的那个端口,然后软件开始侦听这个端口,等待数据返回。

　　B 收到数据后会读取数据包的源端口号和目的端口号。当软件创建了要返回的数据时,把收到的数据包中的源端口号和目的端口号反过来,然后再送回 A,A 再重复这个过程,如此反复直到数据传输完成,如表 6-2 所示。

　　当数据全部传输完 A 就把源端口释放出来,所以同一个软件每次传输数据时不一定是同一个源端口号。

表 6-2　ACL 配置表

编　　号	源　地　址	源　端　口	目　的　地　址	目　的　端　口	动　　作
1	1.1.1.1	*	2.2.2.2	80	permit
2	2.2.2.2	80	1.1.1.1	*	deny

　　对图 6-9 中的 PC 而言,防火墙 ACL 配置时,规则 1 通常将源端口处的 * 表示为任意的接口,这是因为 PC 在访问 Web 服务器时,它的操作系统决定了所使用的源接口,这个值在不同计算机上是不确定的,所以为了通用这里设定为任意接口。

　　配置规则 1 后,PC 发出的报文就可以顺利通过防火墙,到达 Web 服务器。然后 Web 服务器将会向 PC 发送回应报文,这个报文也要穿过防火墙才能到达 PC。在状态检测防火墙出现之前,包过滤防火墙还必须配置规则 2,允许反方向的报文通过。

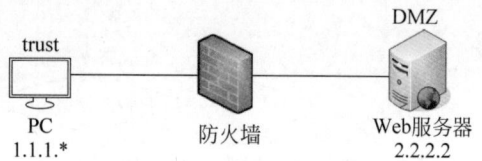

图 6-9　包过滤防火墙拓扑 1

　　在规则 2 中,目的接口也设定为任意接口,因为无法确定 PC 访问 Web 服务器时使用的源接口,要想使 Web 服务器回应的数据包都能顺利穿过防火墙到达 PC,只能将规则 2 中的目的接口设定为任意接口。

　　如果 PC 位于受保护的网络中,这样处理将会带来很大的安全问题。规则 2 将设定 PC 的目的接口全部开放,外部的恶意攻击者就可以伪装成 Web 服务器,畅通无阻地穿过防火墙,PC 将会面临严重的安全风险。

　　包过滤防火墙的优点是可以与现有的路由器集成,也可以用独立的包过滤软件实现,且数据包过滤对用户透明,成本低、速度快、效率高。

　　包过滤防火墙的缺点首先是配置困难。因为包过滤防火墙很复杂,人们经常会忽略建立一些必要的规则,或者错误配置了已有的规则,若是为了提高安全性而使用复杂的过滤规则,则效率极低。其次,由于防火墙工作在网络层,所以不能检测那些对高层进行的攻击。还有为特定服务开放的端口也存在危险,可能被用于其他传输。最后,因为大多数包过滤防火墙都是基于 IP 包头中的信息进行过滤的,但 IP 包中信息的可靠性没有保障,IP 源地址可以伪造,通过与内部合谋,入侵者轻易就可以绕过防火墙。

　　包过滤防火墙特点是每包必检,总体速度慢,主要工作在网络层;只检查包头,不检查包体(包中的数据)。

2. 代理防火墙

代理防火墙一般是运行代理服务器的主机。代理服务器指代表客户处理与服务器连接请求的程序。当代理服务器接收到用户对某站点的访问请求后,便会检查该请求是否符合规则,如果规则允许用户访问该站点的话,代理服务器会像一个客户一样去那个站点取回所需信息再转发给客户。

代理服务器通常运行在两个网络之间,它对于客户来说像是一台真的服务器,而对于外界的服务器来说,它又是一台客户机,其工作原理如图 6-10 所示。

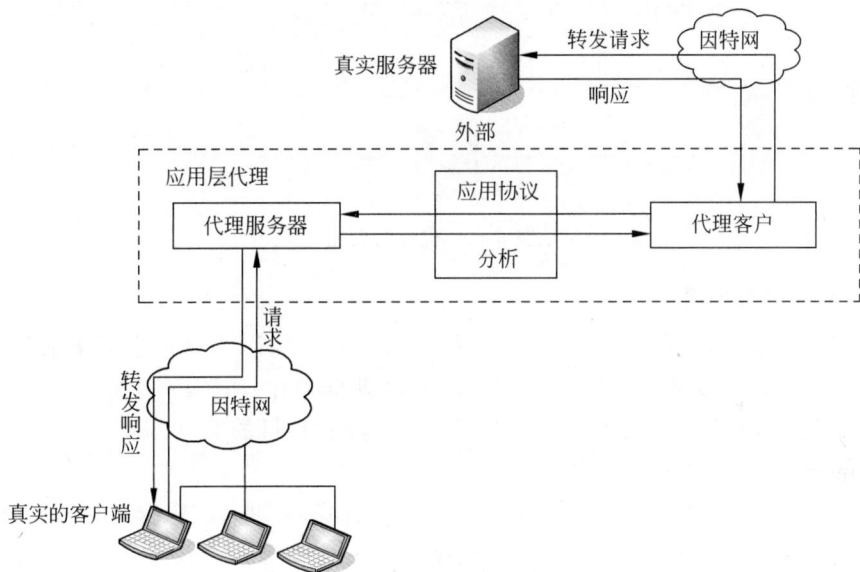

图 6-10 代理服务器的工作原理

从图 6-10 中可以看出,代理服务器作为内部网络客户端的服务器,拦截所有客户端要求,也向客户端转发响应;代理客户负责代表内部客户端向外部服务器发出请求,当然也向代理服务器转发响应。代理服务器会像一堵墙一样挡在内部用户和外界之间,从外部只能看到该代理服务器而无法获知任何的内部资源。

代理防火墙的原理是通过编程来弄清用户应用层的流量,并能在用户层和应用协议层提供访问控制。而且,还可记录所有应用程序的访问情况。记录和控制所有进出流量的能力是代理防火墙的主要优点之一。

代理服务器通常都拥有一个高速缓存,这个缓存存储着用户经常访问的站点内容,在下一个用户要访问同一站点时,服务器就不用重复地获取相同的内容,直接将缓存内容发出即可,既节约了时间也节约了网络资源。

代理防火墙的优点首先是易于配置。因为代理是一个软件,所以它较包过滤路由器更易配置。其次,代理能生成各项记录。因代理工作在应用层,它检查各项数据,可生成各项日志、记录,也可以用于计费等应用。再次,代理能灵活、完全地控制进出流量和内容,能过滤数据内容以及能为用户提供透明的加密机制。最后,代理还可以方便地与其他安全手段集成。

　　代理防火墙的缺点首先是其速度较包过滤器慢,且对用户不透明。其次,对于每个应用都要求有对应的代理服务器。但对于每个应用都编写代理服务程序,特别是应用范围较小的应用,成本过高,不可能对所有程序都编写代理程序。

　　如图 6-11 所示,代理防火墙的特点是代理软件速度慢,工作在应用层;不同应用需要不同代理程序;只检查包体(包中的数据),不检查包头。

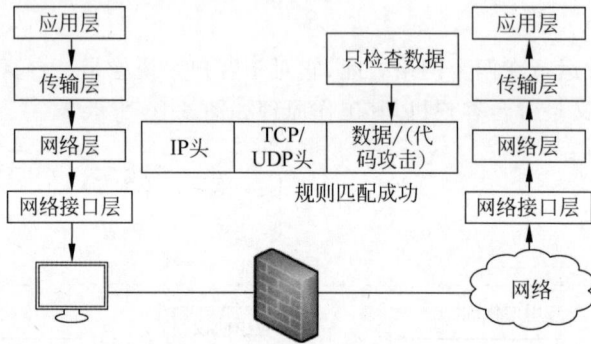

图 6-11　代理防火墙

3. 状态检测防火墙

　　安全策略是防火墙中对流量转发及对流量中的内容进行安全一体化检测的策略。安全策略是对包过滤防火墙 ACL 的扩展。安全策略由匹配条件、动作、安全配置文件组成。

　　(1) 匹配条件包括五元组(源地址、目的地址、源端口、目的端口、协议)、VLAN、源安全区域、目的安全区域、用户、时间段等。

　　(2) 动作包括"允许"和"禁止"。如果动作为"允许",且没有配置内容安全检测,则允许流量通过;如果配置内容安全检测,最终根据内容安全检测的结论来判断是否对流量进行放行。如果动作为"禁止",防火墙不仅可以将报文丢弃;还可以针对不同的报文类型选择发送对应的反馈报文。发起连接请求的客户端/服务器收到防火墙发送的阻断报文后,可以快速结束会话并让用户感知到请求被阻断。

　　当防火墙收到流量后,会对流量的属性(包括五元组、用户、时间段等)进行识别,从而和安全策略进行匹配,如果能够匹配上,则执行相应的动作。

　　如图 6-12 所示,PC 访问因特网,匹配到防火墙安全策略,动作为 permit,因此流量可以通过防火墙。如果动作为 deny,则流量不能够通过防火墙。

　　(3) 安全配置文件。内容安全检测包括反病毒、入侵防御等,它是通过在安全策略中引用安全配置文件实现的。如果其中一个安全配置文件阻断该流量,则防火墙阻断该流量。如果所有的安全配置文件都允许该流量转发,则防火墙允许该流量转发。

　　状态检测防火墙使用会话机制。会话是两个终端系统之间的逻辑连接,从开始到结束的通信过程。会话是通信双方的连接在防火墙上的具体体现,代表两者的连接状态,一条会话就表示通信双方的一个连接。防火墙上多条会话的集合构成会话表(session table)。

　　防火墙的安全策略匹配过程如下。

　　防火墙的安全策略一般配置很多条,如果都可以匹配应该优先匹配哪一条呢?

　　如图 6-13 所示,安全策略的匹配按照策略列表顺序执行,从上往下逐条匹配,如果匹配了某条策略,将不再往下匹配。

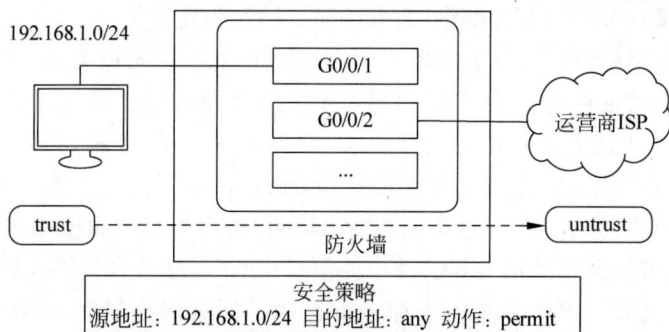

图 6-12　安全策略检查

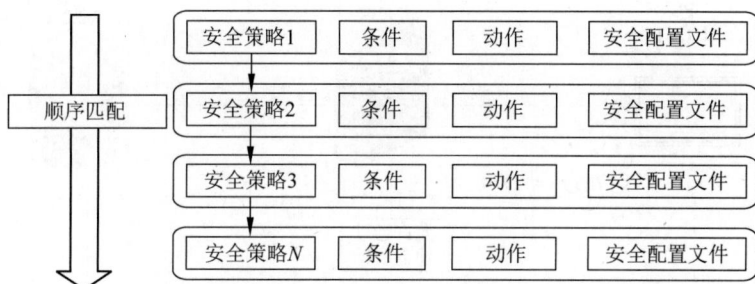

图 6-13　安全策略匹配顺序

系统存在一条默认安全策略 default。默认安全策略位于策略列表的最底部,优先级最低,所有匹配条件均为 any,动作默认为禁止。如果所有配置的策略都未匹配,则将匹配默认安全策略 default。

如图 6-14 所示,配置安全策略的顺序很重要,需要优先配置精确的安全策略,然后再配置粗略的安全策略。

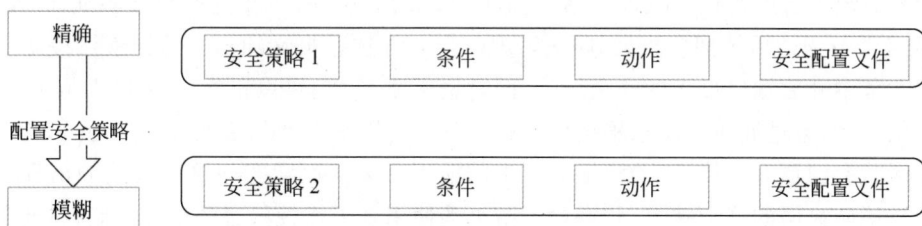

图 6-14　配置安全策略顺序

那么什么是基于连接状态转发报文呢?

防火墙基于"状态"转发报文如下。

(1) 只对首包或少量报文进行检测然后确认一个连接状态(会话表)。

(2) 后续大量的报文根据连接状态进行控制。

会话表用来记录 TCP、UDP、ICMP 等协议连接状态的表项,是防火墙转发报文的重要依据;会话表记录了大量的连接状态。这种机制大大地提升了防火墙的检测和转发效率。

一个标准的会话表项包括源地址、源接口、目的地址、目的接口、协议这 5 个元素,称为五元组。如 http VPN:public→public 1.1.1.1:2049→2.2.2.2:80。

这 5 个元素相同的数据包即可认为属于同一会话,在防火墙上通过这 5 个元素就可以唯一确定一条连接。会话没有方向性,有效解决了回包问题。

接下来介绍状态检测防火墙怎么解决图 6-15 的问题。还是以上面的网络环境为例,首先需要在防火墙上设定规则 1,允许 PC 访问 Web 服务器的报文通过。当报文到达防火墙后,防火墙允许报文通过,同时还会针对 PC 访问 Web 服务器的这个行为建立会话(session),会话中包含了 PC 发出的报文信息,如地址和端口等。

当 Web 服务器回应给 PC 的报文到达防火墙后,防火墙会把报文中的信息与会话中的信息进行比对,发现报文中的信息与会话中的信息相匹配,并且符合协议规范对后续包的定义,则认为这个报文属于 PC 访问 Web 服务器行为的后续回应报文,直接允许这个报文通过,如图 6-15 所示。

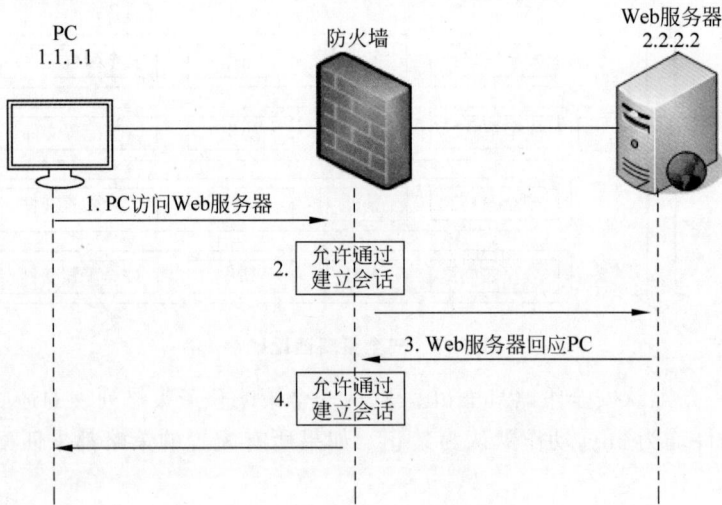

图 6-15　会话的回包问题

而恶意攻击者即使伪装成 Web 服务器向 PC 发起访问,由于这类报文不属于 PC 访问 Web 服务器行为的后续回应报文,防火墙就不会允许这些报文通过。这样就解决了包过滤防火墙大范围开放端口带来的安全风险,同时也保证了 PC 可以正常访问 Web 服务器。

总结一下,包过滤防火墙只根据设定好的静态规则来判断是否允许报文通过,它认为报文都是无状态的孤立个体,不关注报文产生的前因后果。而状态检测防火墙的出现正好弥补了包过滤防火墙的这个缺陷,状态检测防火墙使用基于连接状态的检测机制,将通信双方之间交互的属于同一连接的所有报文都作为整体的数据流来对待。在状态检测防火墙看来,同一个数据流内的报文不再是孤立的个体,而是存在联系的。为数据流的第一个报文建立会话,数据流内的后续报文直接根据会话进行转发,提高了转发效率。

如图 6-16 所示,一个会话包括多次连接,需要传输多个数据包。例如,在 TCP 中,客户端和服务器通信,使用 3 次握手建立 TCP 连接,客户端发送请求(request),服务器进行回应(response),每次握手都需要传输数据包,然后进行可靠的数据通信,最后使用 4 次握手释放连接,完成 1 次会话通信。整个会话过程包含多次连接、多次数据包传输,但都属于同一个会话(session)。

连接描述的是物理通信,会话是对连接的逻辑描述。

在状态检测防火墙看来,同一个会话的数据包不再是孤立的个体,而是存在联系的。整

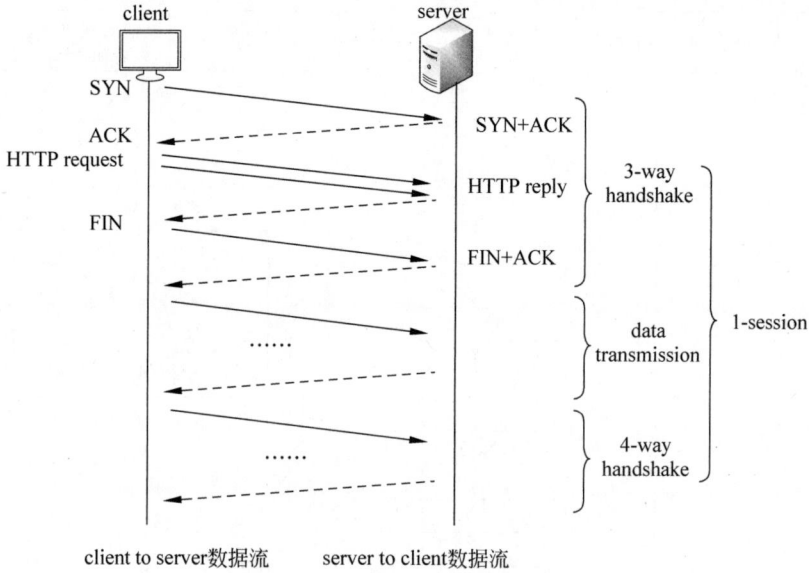

图 6-16　会话与连接的关系

个会话遵守同一个安全策略,因此为会话的第一个数据包建立安全策略检查后,会话内的后续数据包就不需要再进行安全策略检查,只要属于同一个会话,防火墙就直接根据会话进行对应动作(转发),提高了转发效率。

如图 6-17 所示,状态检测防火墙使用基于会话状态的检测机制,将通信双方之间交互的属于同一会话的所有数据包都作为整体来对待。

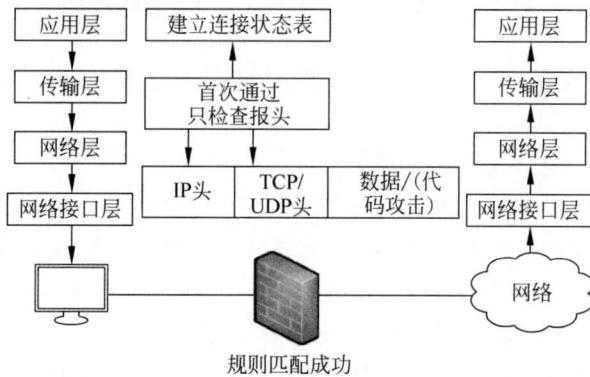

图 6-17　状态检测防火墙

防火墙如何建立会话?

防火墙在开启状态检测情况下,只有首包会创建会话表项,后续报文匹配会话表即可转发,具体步骤如图 6-18 所示。

(1)防火墙收到报文后,首先检查会话表,确认是否有相同的会话。如果有相同会话,那么会禁止会话建立,确保会话都是唯一的。

(2)如果是不同会话,那么检查报文,通常是查看路由表或 MAC 地址表来确定转发路径。如果可以转发,就确定对应的转发目的网段。如果不能转发,就丢弃这个数据。

(3)报文检查目的地址是否需要进行 NAT。如果需要,就先完成 NAT,然后转发到目

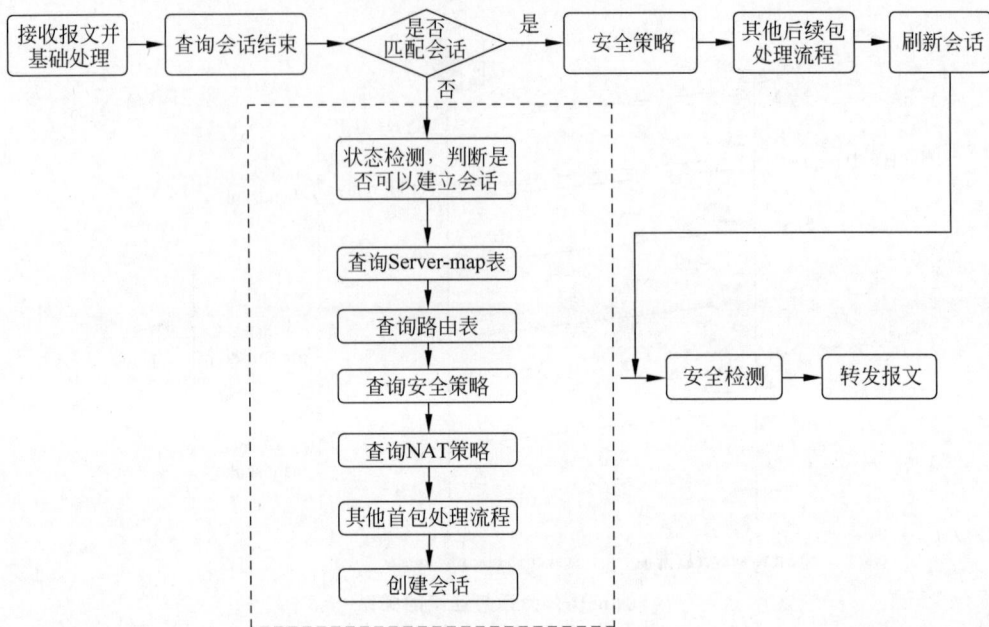

图 6-18　建立会话表

的网段。

（4）对报文和目的信息进行安全策略检查,源信息是源接口、源区域和源地址,目的信息是目的接口、目的区域和目的地址。如果有匹配的安全策略,就根据策略进行处理,允许通信就进行转发,拒绝通信就进行丢弃。如果没有匹配的安全策略,就根据默认拒绝的策略丢弃数据。

（5）当报文被允许通信时,防火墙的会话表中就会生成相应的会话信息。

【常见问题】

（1）如何解决会话表不断增大问题?

需要注意的是,会话是动态生成的,但不是永远存在的。对于一个已经建立的会话表项,只有当它不断被报文匹配才有存在的必要。如果长时间没有报文匹配,则说明可能通信双方已经断开了连接,不再需要该条会话表项了。此时,为了节约系统资源,系统会在一条表项连续未被匹配一段时间后,将其删除,即会话表项已经老化。超过老化时间,对应会话表项删除,会话自动结束。状态防火墙存在空闲计时器,流量必须在一定时间返回,否则删除其状态表项。

（2）一次连接建立,在正好经过老化时间后该会话表项被删除。此后不久该连接又重新活跃,如何处理?

防火墙重新建立会话。

（3）UDP 数据包如何处理?

对面向连接协议(TCP:有控制字段),状态防火墙使用控制字段表示连接状态。对无连接协议(UDP、ICMP 等),状态防火墙利用空闲计时器来表示其状态,为其建立虚连接。

状态检测防火墙的安全特性非常好,其采用了一个在网关上执行网络安全策略的软件引擎,称为检测模块。检测模块在不影响网络正常工作的前提下,采用抽取相关数据的方法对网络通信的各层实施监测,抽取部分数据,即状态信息,并动态地保存起来作为以后制定安全决策的参考。

状态检测防火墙的优点,首先是检测模块支持多种协议和应用程序,并可以很容易地实现应用和服务的扩充。其次,它可以检测 RPC 和 UDP 之类的端口信息,而包过滤和代理网关都不支持此类端口。最后,状态防检测火墙的性能非常坚固。

状态检测防火墙的缺点是配置非常复杂,而且会降低网络的速度。

状态检测防火墙工作在协议栈的较低层,通过防火墙的所有的数据包都在低层处理,而不需要协议栈的上层处理任何数据包,这样减少了高层协议头的开销,执行效率提高很多;另外,在这种防火墙中一旦一个连接建立起来,就不用再对这个连接做更多工作,系统可以去处理别的连接,执行效率明显提高。三类防火墙对比如表 6-3 所示。

表 6-3 三类防火墙对比

项 目	包过滤防火墙	代理防火墙	状态检测防火墙
工作层次	网络层	应用层	网络层、传输层
工作原理	每包必检。对需要转发的数据包,先获取包头信息(IP 地址和端口),然后和设定的规则进行比较,根据比较的结果对数据包进行转发或者丢弃	完全阻隔网络通信流,每种应用服务编制专门代理程序,通过编程来弄清用户应用层的流量,并能在用户层和应用协议层提供访问控制;可记录所有应用程序的访问情况	首包必检,余包不查。除策略/规则检查外,对其建立的每个连接都跟踪连接状态,构建相关状态表项,维持会话表通信状态
工作对象	包头	包体	包头,连接状态
优点	可以与现有的路由器集成,也可以用独立的包过滤软件实现,且数据包过滤对用户透明,成本低、速度快、效率高	易于配置;能生成各项记录;能灵活、完全地控制进出流量和数据内容,能为用户提供透明的加密机制	可以识别会话状态控制通信;能动态生成放通回程报文的策略
缺点	配置困难;不能检测那些对高层进行的攻击;IP 源地址可以伪造,通过与内部合谋,入侵者轻易就可以绕过防火墙	不同应用需要不同代理程序,代理软件速度慢,只检查包体(包中的数据),不检查包头,连接性能差(维持两个会话)。可伸缩性差(代理不了 UDP)	不能防范应用层攻击,应用数据不能检测,对 FTP 等多连接应用兼容性差,不能直接转换内嵌的 IP 地址

6.2 基于安全区域的防火墙安全策略配置

6.2.1 安全区域

安全区域(security zone)是具有相同网络安全需求的接口集合,简称区域。

安全级别(security level)是区分不同安全区域的安全程度的数字(1~100),数字越大,则代表该区域内的网络越可信、越安全。防火墙每个安全区域都有一个唯一的安全级别。

(1)安全区域是接口和网络构成的共同区域。防火墙配置时,当把一个网络接入防火墙的一个端口就构成了一个安全区域，如图 6-19 所示。

如图 6-20 所示，防火墙默认预定义 4 个固定的安全区域，具体如下。

① trust 区域：该区域内网络的受信任程度高，通常用来定义内部用户所在的网络，安全级别是 85，也称可信区。

② untrust 区域：该区域代表的是不受信任的网络，通常用来定义因特网等不安全的网络，安全级别是 5，称为不安全区或非可信区。

③ DMZ 区域：该区域内网络的受信任程度中等，通常用来定义内部服务器（DNS、Web等）所在的网络，安全级别是 50。

④ local 区域：防火墙本身，安全级别是 100。

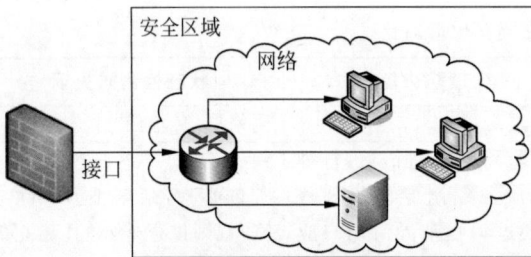

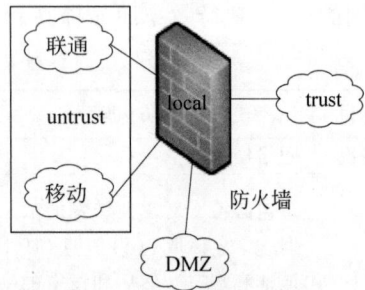

图 6-19　安全区域　　　　　　　　　图 6-20　不同安全区域

注意：默认的安全区域无须创建，也不能删除，同时安全级别也不能重新配置；trust 区域的安全级别不是 100，只要求超过 85 即可，体现了安全的相对性，说明不能够保证 trust 区域的绝对安全，但要追求安全性不断提高。

（2）安全区域和端口是一对多的关系，一个安全区域可以包括多个端口，是一个比端口更大的网络管理单位。网络管理员需要将安全需求相同的接口进行分类，并划分到不同的安全域，这样就能够实现安全策略的统一管理。

由于一个防火墙通常有多个端口，因此可能出现多个端口安全需求相同的情况，此时安全区域就是多个端口、与之相连的多个网络共同构成的集合。如图 6-20 中防火墙 1 端口连接联通、2 端口连接移动，此时 1 端口、2 端口、联通网络、移动网络共同构成 untrust 区域。

（3）安全区域是防火墙区别于路由器的主要特性。防火墙通过安全区域来划分网络标识数据包流动的"路线"，当数据包在不同的安全区域之间流动时，就会触发安全检查，如图 6-21 所示。

【内容安全检测】

现代防火墙都具有 UTM 入侵防御功能，不但能够检测入侵的发生，还能够通过一定的响应中止入侵行为的发生，保护内部系统不受攻击。此时防火墙需要配置入侵防御策略，进行内容安全检测。

有"内容安全监测"相关内容时，数据包在通过入侵安全策略检测后还需要进行内容安全策略检测，只有同时满足两者的要求，数据包才进行相应转发，否则数据包就会被阻断（丢弃），如图 6-22 所示。

安全策略与入侵防御策略的相互关系是整体和部分的关系，入侵防御策略是安全策略的一部分。基于安全区域的安全策略是整体策略，属于 P2DR2 模型的 S_{all} 策略，整个安全区

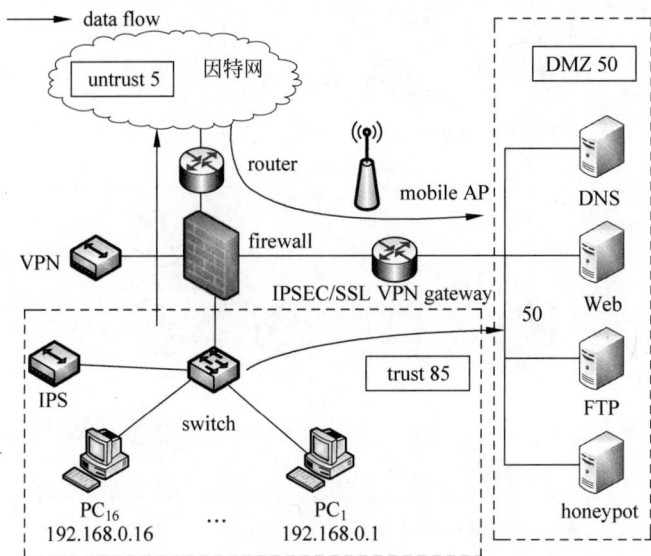

图 6-21 安全检查

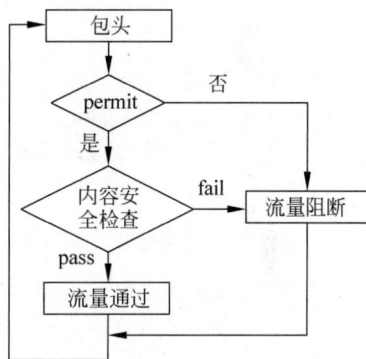

图 6-22 内容安全检查示意

域中的所有主机都需要遵守该策略,是安全性较低的策略;入侵防御策略则是安全区域中的局部策略。在满足基于安全区域的安全策略前提下,可以对相同安全区域中的不同主机或主机集合进一步进行不同安全设置,属于 P2DR2 模型的 S_{pi} 策略。

6.2.2 安全策略配置方案

1. 安全策略配置方案设计

安全策略配置方案由"三表四要素"构成。三表为 IP 地址分配表、安全区域配置表、安全策略配置表。四要素为接口、网络、匹配条件和动作。

四要素使用如下。

(1)使用接口、网络两要素定义安全区域配置表。通过防火墙不同接口将网络划分到不同安全区域,强制要求通过防火墙的每次通信会话(数据包)进行安全策略过滤,实现防火墙功能,保证 trust 区域安全。

(2)使用匹配条件、动作(允许/拒绝)两要素定义安全策略配置表。根据匹配条件五元组(源 IP、目的 IP、源接口、目的接口、协议)定义不同主机流量从一个区域到另一个区域需要遵守的安全策略。

【例 6-3】 某大学网络拓扑结构如图 6-23 所示,网络安全需求一是保证教学区网络安全,能够从教育网获取相关教学、科研信息;二是要保证网络中心的服务器群能同时为内、外网用户提供必需的 Web、FTP 等服务和一定程度的网络安全;三是保证以上两个区域不受网络攻击。为此需要在网络边界处部署防火墙 FW 作为安全网关。具体要求如下。

(1)进行网络 IP 地址分配,保证网络正常通信。

(2)分析网络的安全需求,据此进行网络安全区域划分。

(3)根据划分的安全区域制定具体的安全策略,满足网络安全需求,完成安全策略方案制定。

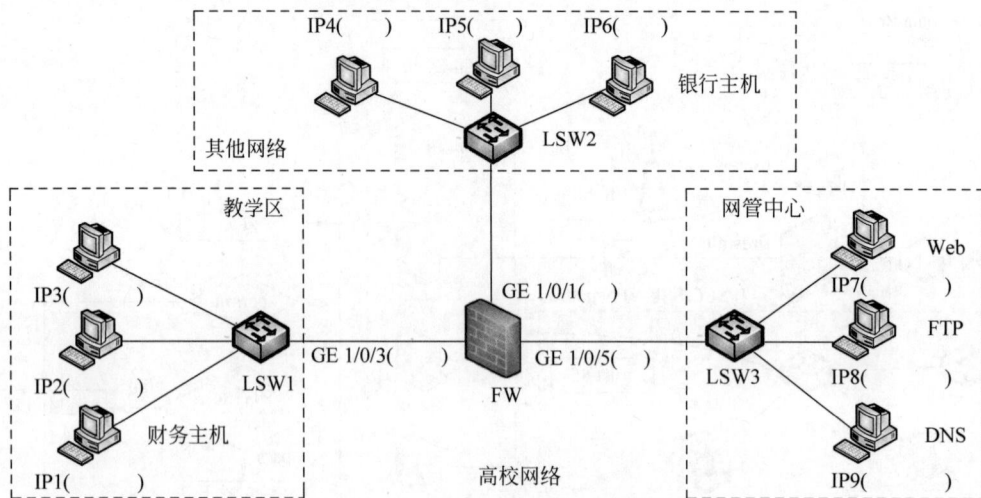

图 6-23 某大学网络拓扑结构

解：配置思路为首先配置接口 IP 地址和安全区域,完成网络基本参数配置;然后配置安全策略。

根据配置思路,可得该防火墙安全策略基本方案如表 6-4、表 6-5 所示。

表 6-4 IP 地址分配表

主机	IP(任选一个)	mask
IP1~IP3	1.1.0.2-1.1.0.254	255.255.255.0/24
IP4~IP6	1.2.0.2-1.2.0.254	255.255.255.0/24
IP7~IP9	1.3.0.2-1.3.0.254	255.255.255.0/24

表 6-5 安全区域配置表

接口	接口 IP 地址	安全区域
GE 1/0/3	1.1.0.1/24	trust
GE 1/0/1	1.2.0.1/24	untrust
GE 1/0/5	1.3.0.1/24	DMZ

在定义 IP 地址分配表时,同一安全区域的所有主机使用同一网段的 IP 地址,默认不使用对应网络 IP 的第一个可用地址(∗.∗.∗.1,默认网关地址)和最后一个地址(∗.∗.∗.255,默认广播地址)。

在定义安全区域配置表时,接口 IP 必须属于安全区域对应网络 IP 的范围,默认为对应网络 IP 的第一个可用地址(∗.∗.∗.1)。因为只有同一网段 IP 的网络设备才能相互通信。

基于安全区域的防火墙安全策略配置目的是实现防火墙接口绑定安全区域,即将网络的某个区域划定到某个安全区域,要求其中所有主机遵守同一通信安全策略。

在定义安全策略配置时,由于防火墙默认禁止(deny)所有流量,因此只需要配置允许通过(permit)的流量。所以防火墙默认遵守的 6 条规则可简化为只需配置表 6-6 中的两条。

安全策略配置表用来体现防火墙安全策略定义,不同策略粒度不同,安全性不同。既需要配置某个安全区域中所有主机都需要遵守的基本安全策略——粗粒度安全策略(整体策略),保证不同安全区域遵守的不同安全策略;也需要配置同一个安全区域中部分主机需要遵守的个性化、差异性安全策略——细粒度安全策略(个体策略)。细粒度安全策略的安全性必须高于粗粒度安全策略的安全性,充分体现 P2DR2 模型的策略思想。

表 6-6　安全策略配置表

编　　　号	源 安 全 区	目 的 安 全 区	动　　作
1	trust、untrust	DMZ	permit
2	DMZ	untrust	permit
default	any	any	deny

2. 设计方案保证网络运行安全的潜在影响分析

本方案实现了防火墙配置的 6 条基本规则:①内网可以访问外网;②内网可以访问 DMZ;③外网可以访问 DMZ;④外网不可以访问内网;⑤DMZ 不可以访问内网;⑥DMZ 不可以访问内网。因而能够保证方案要保护的网络(教学区)中所有主机能够访问其他网络,获取信息;而自身不被其他网络(其他大学)直接或间接访问,因而能在不影响网络正常运行前提下,实现网络运行安全具有可行性。

方案存在的不足是对同一安全区域的所有主机统一进行管理,要么都能访问某一网站,要么都不能访问某一网站,不能对单个主机按主机(个性化)灵活管理,配置不灵活,管理不灵活;只能根据 IP 地址过滤网络层的消息,不能根据消息内容(URL、关键字、时间段等)过滤应用层的消息。

6.2.3　安全策略配置步骤

完成安全策略配置方案设计后,需要将其写入防火墙,以验证设计的正确性。

【例 6-4】　对例 6-3 设计的方案进行实验验证。

(1)掌握华为 USG6530 防火墙安全策略 Web 方式配置具体操作步骤。每 3 人一组相互配合完成端口 IP 地址、安全策略配置,进行防火墙立端口物理连线,培养学生实践操作能力和团队合作能力。

(2)使用 ping 命令、抓包软件,测试网络安全策略配置方案的执行效果,准确记录、合理分析实验结果,主动查找错误产生原因,探索错误解决方法,培养学生保障网络运行安全的实践能力。

安全策略配置操作十步骤:绑定接口和网络(IP)构成安全区域五步骤——网络、接口、编辑、区域、IP;构成安全策略配置表五步骤——策略、安全策略、新增、五元组、动作。

解:本次实验使用的参数如表 6-7 所示。

表 6-7　实验参数

名　　　称	值	名　　　称	值
本组防火墙 IP	129.9.1.21:8443		
本人角色(安全区域)	DMZ	本人使用终端编号	12
本人使用防火墙端口号	GE 1/0/1	本人使用终端 IP	10.1.0.2
本人使用防火墙端口 IP	10.1.0.1	本人使用终端默认网关 IP	10.1.0.1

　　(1) Web 方式登录防火墙。

　　① 打开火狐浏览器 Mozilla Firefox(其他浏览器会存在兼容性问题),在地址栏输入所在组对应的防火墙地址(如 129.9.1.31:8443),按 Enter 键,出现图 6-24 所示登录窗口。

　　首次使用时可能弹出"您的连接不安全"提示,请单击"高级"→"添加例外"→"确认安全例外",然后会出现登录窗口。

　　② 在登录窗口输入正确用户名 admin;密码 Huawei@123,单击"登录"按钮完成登录。

　　密码输入时需要注意,密码是不显示的。因此输入时,需要认真仔细,一旦输入错误 3 次,防火墙会自动锁定半小时。

　　首次使用防火墙时,应输入出厂默认密码 Huawei@123。输入正确后,防火墙会强制要求修改密码,规则为:长度>8,且大写字母、小写字母、特殊符号、数字 4 种符号都要有。修改时,切记要记住输入的密码字符排列,一旦错误将导致防火墙自动锁定,无法在短时间内恢复。

　　(2) 配置安全区域,完成网络基本参数配置。

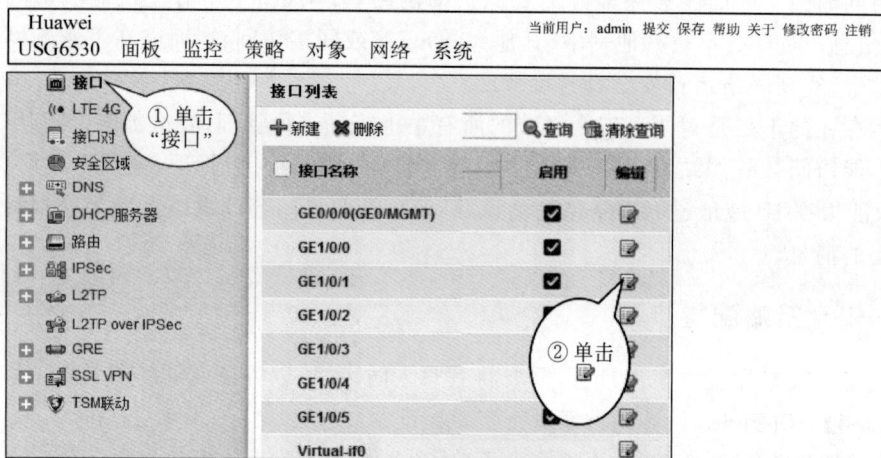

图 6-24　配置安全区域

　　① 如图 6-24 所示,单击"网络"菜单,在打开的下拉菜单中选择"接口"选项,出现"接口列表"。

　　② 在"接口列表"中单击当前配置接口 GE 1/0/1 对应行最右边的编辑按钮📝,弹出如图 6-25 所示窗口。

　　③ 在如图 6-25 所示窗口中依次输入表 6-5 中接口 GE 1/0/1 对应行参数,单击"确定"按钮完成当前接口配置。注意"安全区域"取值应从下拉框中选取。

　　重复上述步骤,完成其他接口的配置。

　　(3) 配置地址组。

　　① 如图 6-26 所示,单击"对象"菜单,在打开的下拉菜单中选择"地址组"选项,在"地址组"列表中单击"新建"按钮,出现图 6-27 所示窗口。

　　② 在如图 6-27 所示窗口依次输入对应参数:地址组名称、地址对应 IP 范围,如 trust、10.3.0.0/24,单击"确定"按钮完成地址组配置。

　　重复上述步骤,完成其他地址组的配置。

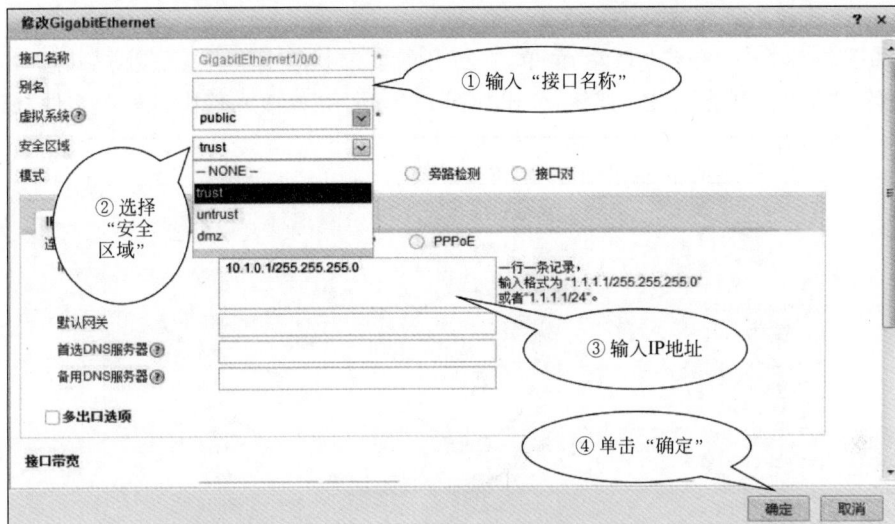

图 6-25 接口参数配置

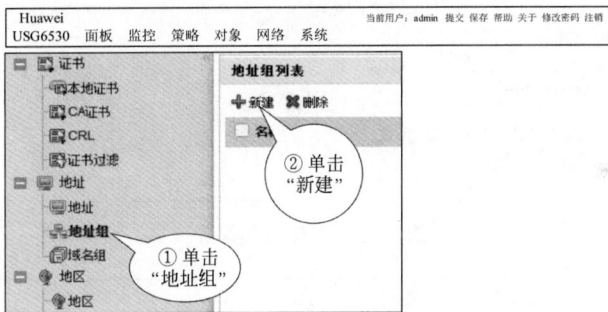

图 6-26 地址组配置 1

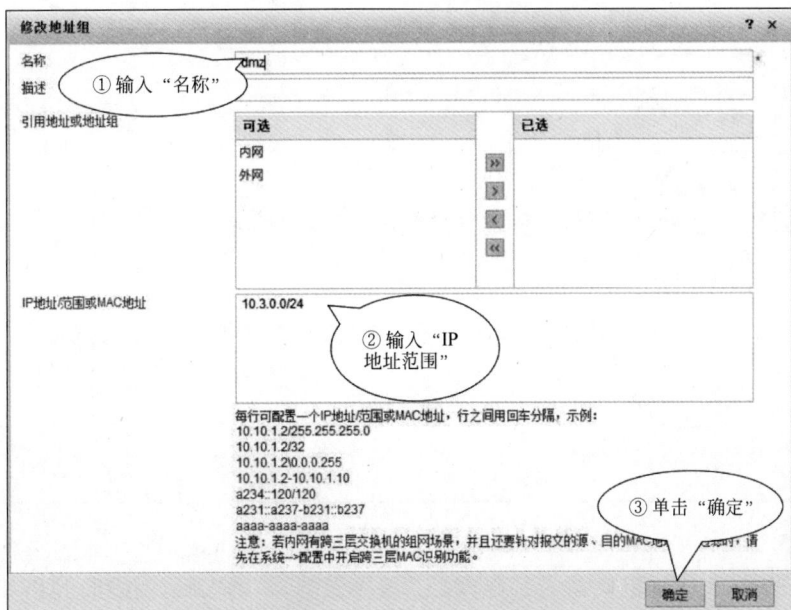

图 6-27 地址组配置 2

（4）创建入侵防御配置文件 profile_ips_pc。

① 如图 6-28 所示，单击"对象"菜单，在打开的下拉菜单中选择"入侵防御"选项，在"入侵防御配置文件"中单击"新建"按钮，弹出如图 6-29 所示"修改入侵防御配置文件"窗口。

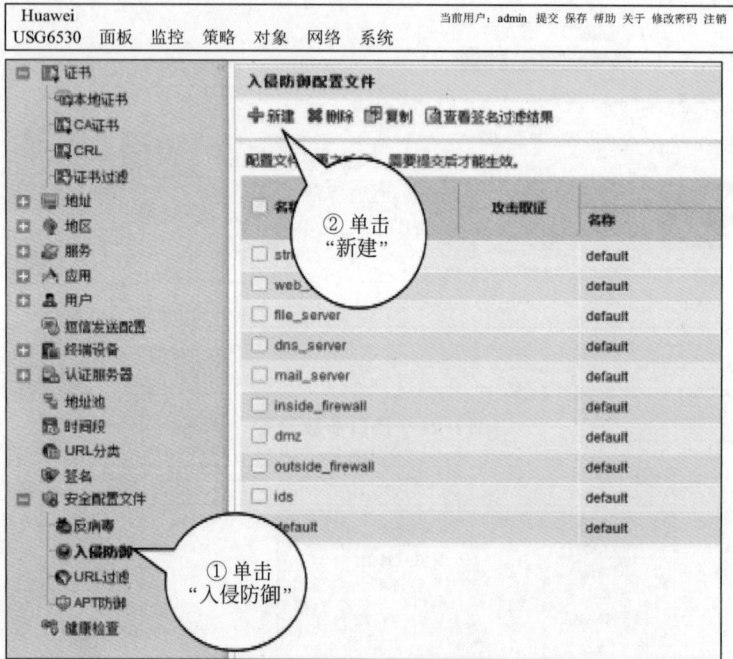

图 6-28　入侵防御配置

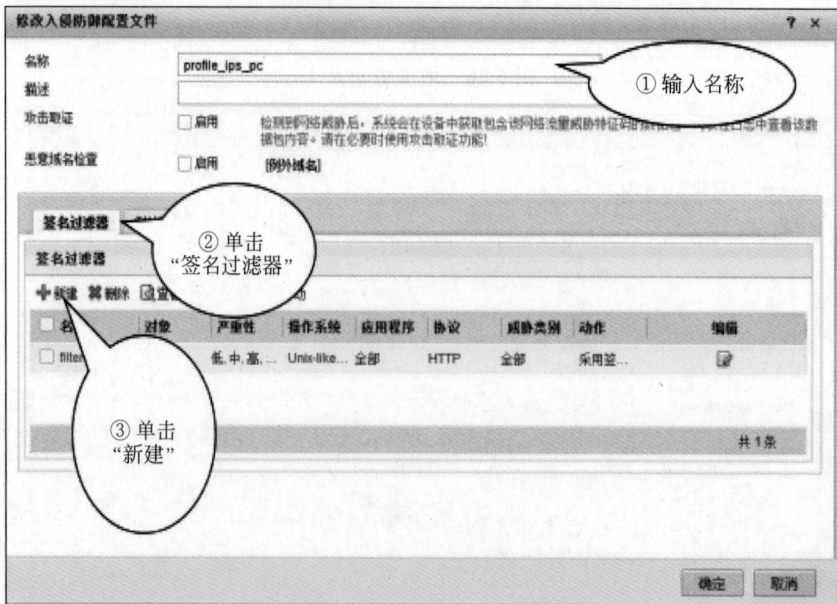

图 6-29　修改入侵防御配置文件

② 在如图 6-29 所示窗口输入名称，单击"签名过滤器"的"新建"按钮，弹出如图 6-30 所示"修改签名过滤器"窗口。选择对应参数后，单击"确定"按钮完成配置。

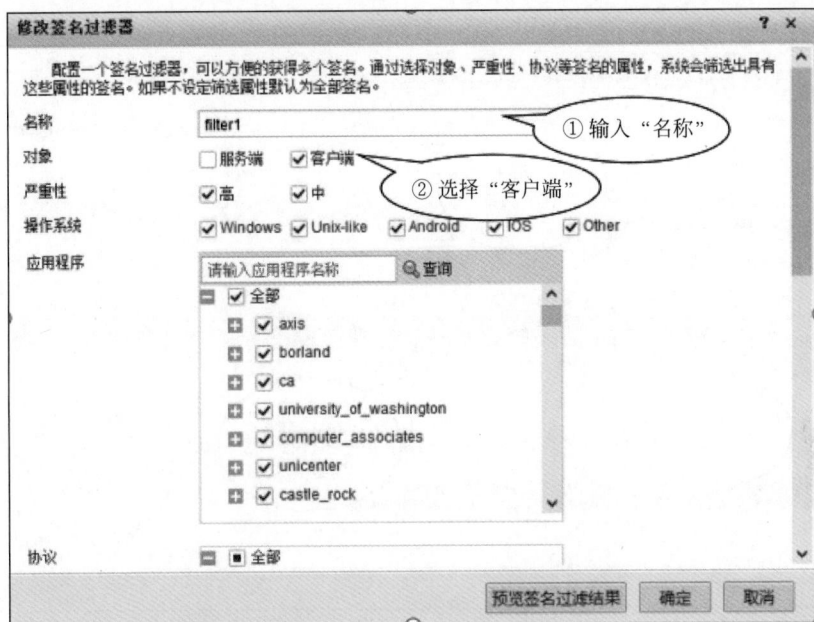

图 6-30　修改签名过滤器

重复上述步骤完成其他入侵防御配置文件的配置。

当对签名 ID 不清楚时,可单击图 6-30 窗口右下角的"预览签名过滤结果"按钮,在如图 6-31 所示的弹出窗口中查询。

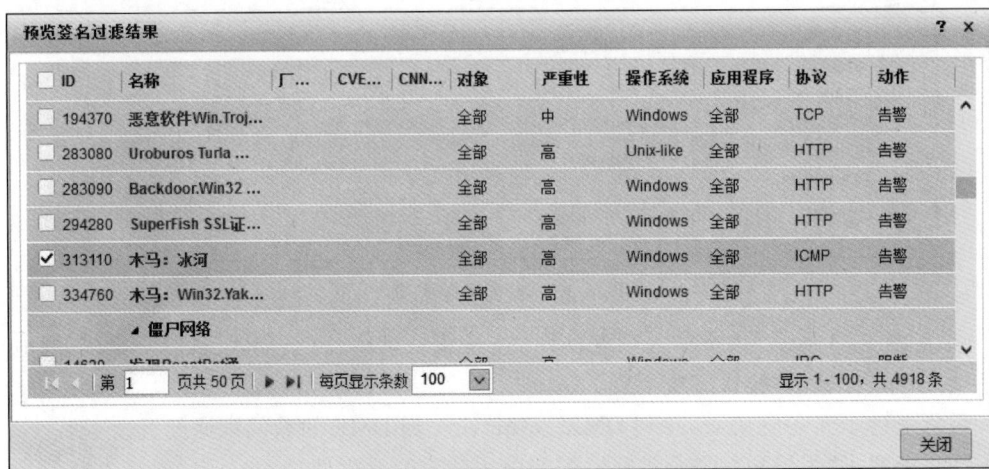

图 6-31　预览签名过滤结果

如果需要配置"例外签名",则如图 6-32 所示。

① 单击"例外签名",选择"例外签名"页。

② 输入"签名 ID",单击"添加"按钮,选择动作为"阻断"。

③ 单击"确定"按钮完成配置。

(5)配置安全策略,允许私网指定网段进行报文交互,并将入侵防御配置文件应用到安全策略中。

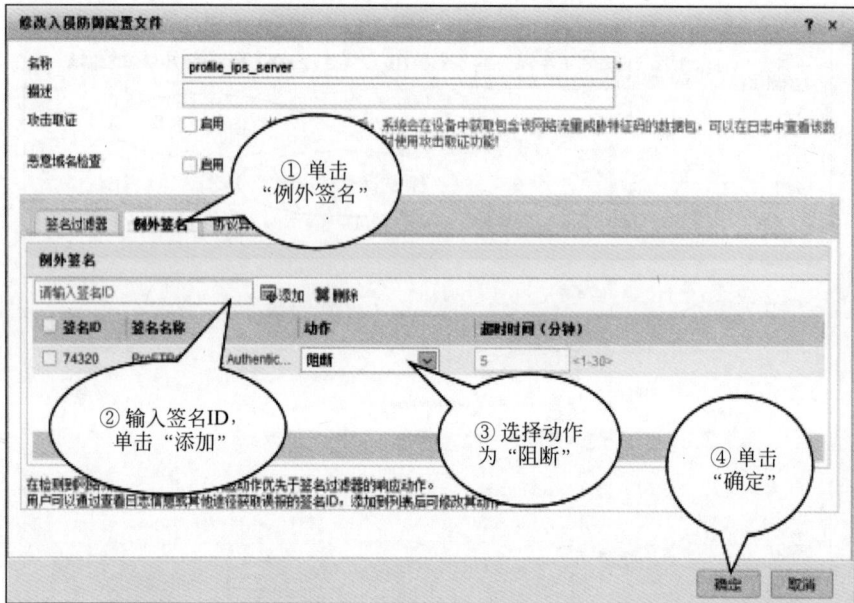

图 6-32　例外签名

① 如图 6-33 所示,单击"策略"菜单,在打开的下拉菜单中选择"安全策略"选项,在"安全策略列表"中单击"新建"按钮,弹出如图 6-34 所示"修改安全策略"窗口。

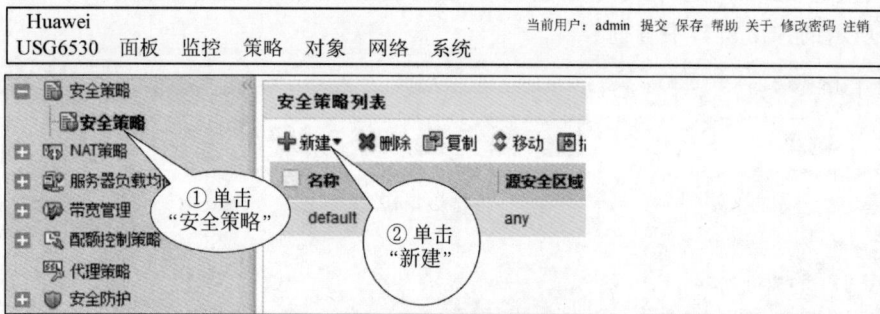

图 6-33　安全策略配置 1

② 如图 6-34 所示,依次输入对应参数:安全策略名称、源安全区、目的安全区、源地址、目的地址,单击"确定"按钮完成配置。

重复上述步骤完成从 trust 到 DMZ、从 untrust 到 DMZ 的域间策略配置。

如果配置了"入侵防御安全策略",需要引用对应配置文件。

如图 6-35 所示,选择"入侵防御",选择对应的入侵防御配置文件名后单击"确定"按钮完成配置。

(6) 接线架上电脑编号对应接口和防火墙端口物理连线。

PC_{10} 与端口 GE 1/0/3 相连;PC_{11} 与端口 GE 1/0/1 相连;PC_{12} 与端口 GE 1/0/5 相连。

(7) 修改电脑 IP 为 10.1.0.2、10.2.0.2、10.3.0.2。

每组各自修改 3 台主机的 IP 地址为初始 IP 地址,修改方法为:

首先进入主机的"控制面板",依次选择"网络和 Internet"→"网络和共享中心"→"更改适配器设置",然后右击"网络连接"并选择"属性",然后双击"Internet 协议版本 4(TCP/

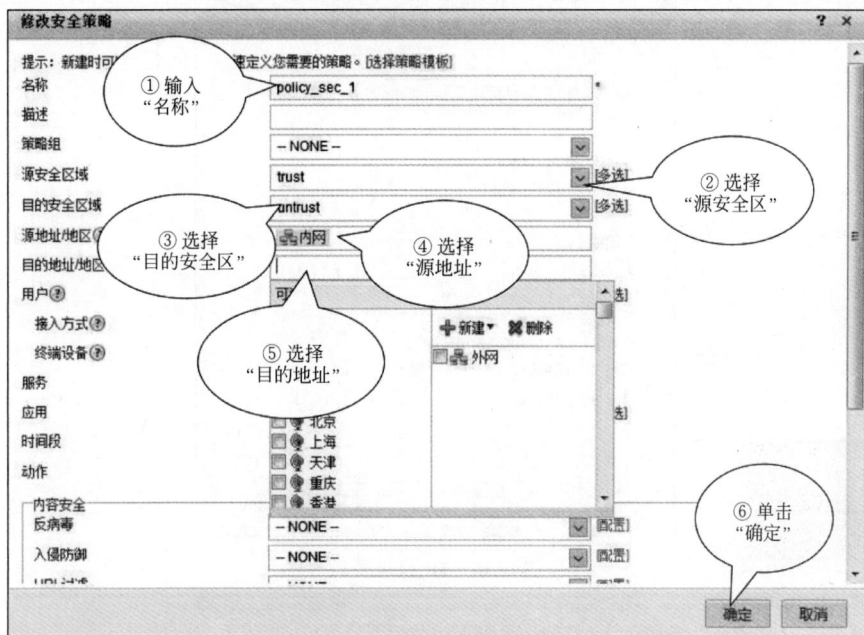

图 6-34 安全策略配置 2

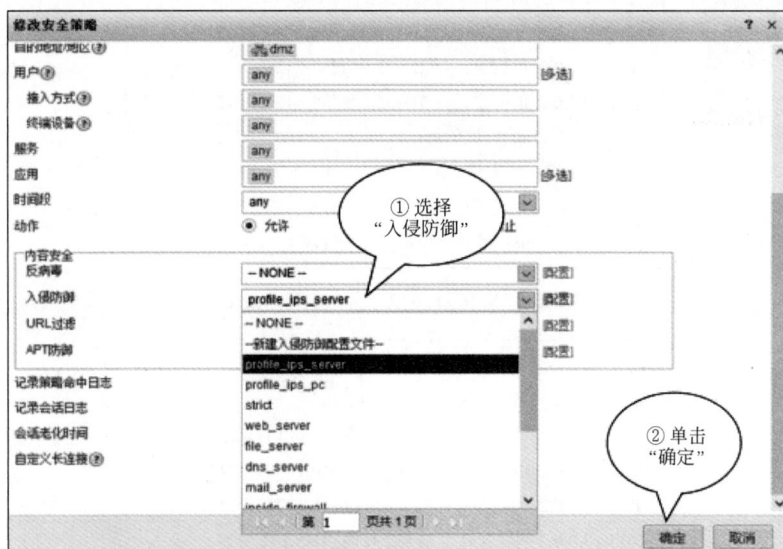

图 6-35 安全策略配置 3

IPv4)"弹出如图 6-36 所示的窗口,在窗口中手动输入需要设置的 IP 地址、子网掩码、默认网关和 DNS 服务器。

(8)修改使用 ping 命令验证网络联通情况是否符合题目预期要求。

结果如图 6-37、图 6-38、图 6-39 所示,预期要求是"两通两不通,一通一不通"。

① 图 6-37、图 6-38 表明 IP 地址为 10.1.0.2 的 trust 域 PC 可以 ping 通 IP 地址为 10.2.0.2 的 untrust 域 PC,可以 ping 通 IP 地址为 10.3.0.2 的 DMZ 域 PC。证明内网可以访问外网和 DMZ(两通)。

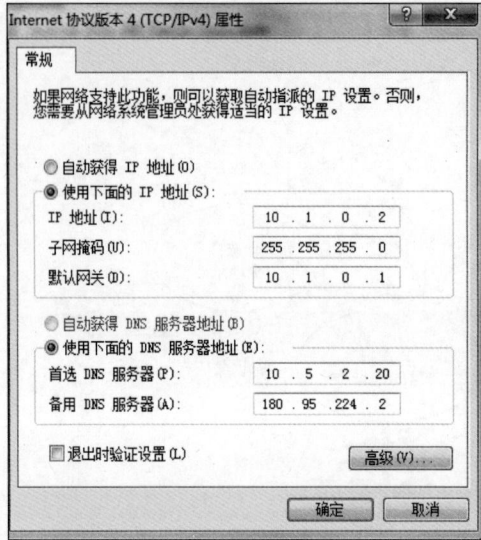

图 6-36　IP 地址更改

```
C \Users\Administrator >ping 10.2.0.2
正在 Ping 10.2.0.2 具有 32 字节的数据:
来自 10.2.0.2 的回复: 字节=32 时间<1ms TTL=127
来自 10.2.0.2 的回复: 字节=32 时间<1ms TTL=127
来自 10.2.0.2 的回复: 字节=32 时间<1ms TTL=127
来自 10.2.0.2 的回复: 字节=32 时间<1ms TTL=127
10.2.0.2 的 Ping 统计信息:
    数据包: 已发送: 4, 已接收: 4, 丢失=0(0%丢失),
往返行程的估计时间(以毫秒为单位):
    最短=0 ms, 最长=0ms, 平均=0ms
```

图 6-37　10.1.0.2 允许访问 untrust

```
C: \Users\Administrator>ping 10.3.0.2
正在 Ping 10.3.0.2 具有 32 字节的数据:
来自 10.3.0.2 的回复: 字节=32 时间<1ms TTL=127
来自 10.3.0.2 的回复: 字节=32 时间<1ms TTL=127
来自 10.3.0.2 的回复: 字节=32 时间<1ms TTL=127
来自 10.3.0.2 的回复: 字节=32 时间<1ms TTL=127
10.3.0.2 的 Ping 统计信息:
    数据包: 已发送=4, 已接收=4, 丢失: 0(0%丢失),
往返行程的估计时间(以毫秒为单位):
    最短=0ms, 最长=0ms, 平均=0ms
```

图 6-38　10.1.0.2 允许访问 DMZ

② 图 6-39、图 6-40 表明 IP 地址为 $10.2.0.2$ 的 untrust 域 PC_2 可以 ping 通 IP 地址为 $10.3.0.2$ 的 DMZ 域 PC,不可以 ping 通为 $10.1.0.2$ 的 trust 域 PC。证明外网可以访问 DMZ,不能访问内网(一通一不通)。

```
C \Users\Administrator >ping 10.3.0.2
正在 Ping 10.3.0.2 具有 32 字节的数据:
来自 10.3.0.2 的回复: 字节:32 时间<1ms TTL=127
来自 10.3.0.2 的回复: 字节=32 时间<1ms TTL=127
来自 10.3.0.2 的回复: 字节=32 时间<1ms TTL=127
来自 10.3.0.2 的回复: 字节=32 时间<1ms TTL=127
10.3.0.2 的 Ping 统计信息:
        数据包:已发送: 4,已接收: 4,丢失=0(0%丢失),
往返行程的估计时间(以毫秒为单位):
最短=0 ms,最长=0ms,平均=0ms
```

图 6-39   10. 2. 0. 2 允许访问 DMZ

```
C: \Users \Adninistrator>ping 10.1.0.2
正在 Ping 10.1.0.2 具有 32 字节的数据:
请求超时。
请求超时。
请求超时。
请求超时。
10.1.0.2 的 Ping 统计信息:
        数据包:已发送=4,已接收=0,丢失=4<100%丢失>,
```

图 6-40   10. 2. 0. 2 禁止访问 trust

③ 图 6-41 表明 IP 地址为 10. 3. 0. 2 的 DMZ 域 PC。不可以 ping 通为 10. 1. 0. 2 的 trust 域 PC 不可以 ping 通 IP 地址为 10. 2. 0. 2 的 untrust 域 PC。证明外网不可以访问内网和 DMZ(两不通)。

```
C: \Users \Adninistrator>ping 10.1.0.2
正在,Ping 10.1.0.2 具有 32 字节的数据:
请求超时。
请求超时。
请求超时。
请求超时。
10.1.0.2 的 Ping 统计信息:
        数据包:已发送=4,已接收=0,丢失=4<100%丢失>,
C: \Users \Adninistrator>ping 10.2.0.2
正在,Ping 10.2.0.2 具有 32 字节的数据:
请求超时。
请求超时。
请求超时。
请求超时。
10.2.0.2 的 Ping 统计信息:
        数据包:已发送=4,已接收=0,丢失=4<100%丢失>,
```

图 6-41   10. 3. 0. 2 禁止访问 trust 和 untrust

6.3　基于内容的防火墙安全策略配置

6.3.1　地址转换

　　IP 地址是网络实现网间路由的逻辑地址,存在表 6-8 所示的保留地址。该类地址是作为私人 IP 地址空间或专门用于内部局域网等特殊用途使用的 IP 地址,这些地址是不会被互联网分配的,因此它们在互联网上也从来不会被路由通过。

　　保留地址的网络只能在内部进行通信,而不能与其他网络互联。因为本网络中的保留地址同样也可能被其他网络使用,如果进行网络互联,那么寻找路由时就会因为地址的不唯一而出现问题。

　　虽然它们不能直接和互联网连接,但仍旧可以被用来和互联网通信,人们可以根据需要来选用适当的地址类,在内部局域网中将这些地址当作公用 IP 地址一样地使用。在互联网上,那些不需要与互联网通信的设备,如打印机、可管理集线器等也可以使用这些地址,以节省 IP 地址资源。

　　这些使用保留地址的网络可以通过网络地址转换(network address translate,NAT)技术将本网络内的保留地址翻译转换成公共地址,实现与外部网络的互联。这也是保证网络安全的重要方法之一。

　　防火墙利用 NAT 技术透明地对所有内部地址作转换,使外部网络无法了解内部网络的结构,同时允许内部网络使用自己的 IP 地址和专用网络,从而保护内部网络拓扑结构的安全性。防火墙能详尽记录每一个主机的通信,确保每个分组送往正确的地址。

表 6-8　保留地址

A 类	$10.0.0.0\sim10.255.255.255$
B 类	$172.16.0.0\sim172.31.255.255$
C 类	$192.166.0.0\sim192.166.255.255$

6.3.2　安全策略配置方案

　　工作网络在保证网络安全前提下,还需要规范用户在工作时间的上网行为,进行基于内容的访问控制,严禁访问反动、恶意网站,限制访问消费、娱乐网站,提高工作人员工作效率,提高网络带宽资源利用率。在工作网络防火墙配置内容过滤后,既可以防止工作网络内部机密信息泄露和违规信息的传播,又可以进行内外网间信息访问控制,保证工作网络安全。

　　【例 6-5】　如图 6-42 所示,某公司在网络边界处部署了 FW 作为安全网关。公司有 leader 和 staff 两类用户,都部署在 trust 区域。

　　leader 和 staff 之间通过 FW 实现互联,该公司的工作时间为工作日的 9:00~17:00 点。要求通过配置安全策略规则实现如下要求。

　　(1) leader(10.1.1.10~10.1.1.190)在任意时间可以访问任意网站。

　　(2) leader 中的网络管理员 NA(10.1.1.195~10.1.1.250)不能访问销售类网站(如京东,www.jd.com,116.177.241.131)。

　　(3) staff(10.1.2.2~10.1.2.254)不能访问外网。

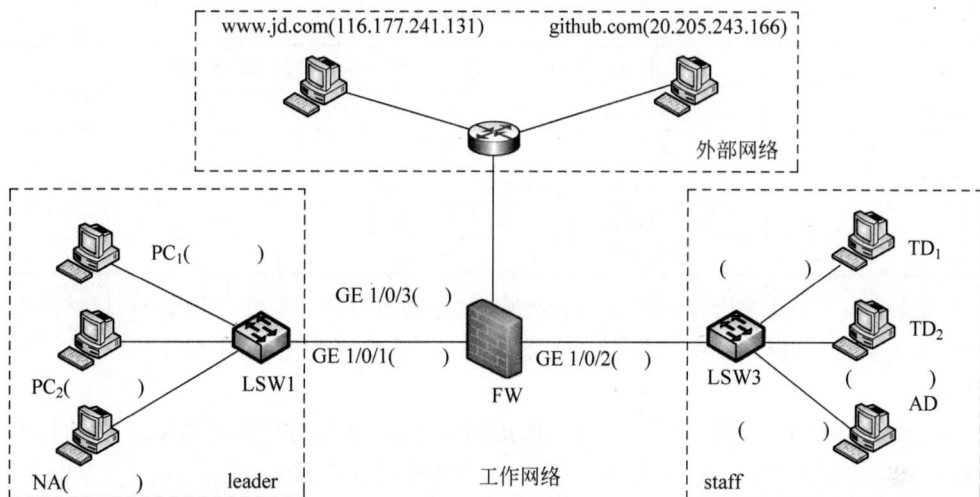

图 6-42 网络拓扑图

　　（4）staff 中技术部 TD（10.1.2.2～10.1.2.122）在工作时间可以访问技术类网站
（如 github.com,20.205.243.166）。

　　（5）staff 中广告部 AD（10.1.2.130～10.1.2.250）在工作时间可以访问销售类网站
（如京东,www.jd.com,116.177.241.131）。

　　请具体完成端口配置表和安全策略表,定义对应的对象,分析方案对保证网络运行安全
的可行性。

　　解：配置思路为首先配置接口 IP 地址和安全区域,完成网络基本参数配置；然后配置
安全策略。

　　根据配置思路,可得该防火墙安全策略基本方案如表 6-9、表 6-10 所示。

表 6-9 安全区域配置表

端　　口	IP 地址	安 全 区 域
GE 1/0/5	10.1.1.1	trust
GE 1/0/3	10.1.2.1	trust
GE 1/0/1	1.1.1.1	untrust

表 6-10 安全策略配置表

源安全区域	目的安全区域	源地址	目的地址	应用	时间段	内容安全	动作
trust	untrust	NA	116.177.241.131	http	any	URL=www.jd.com	deny
trust	untrust	TD	20.205.243.166	http	worktime	URL=Githup.com	permit
trust	untrust	AD	116.177.241.131	http	worktime	URL=www.jd.com	permit
trust	untrust	leader	any	http	any	any	permit
any	any	any	any	any	any	any	deny

　　第一行安全策略的含义是：来自 trust 区域中源地址为 NA 组的主机任何时间都禁止
访问京东网站进行购物活动,保证了网络仅用于工作,提高带宽利用率。

　　对象名称表如表 6-11 所示。

表 6-11　对象名称表

对象名称	对象类型	对象含义
worktime	时间段	每周工作日 9:00—17:00
NA	地址组	网络管理员组
TD	地址组	技术部组
AD	地址组	广告部组
leader	地址组	领导组

本方案实现了防火墙配置的 6 条基本规则:①内网可以访问外网;②内网可以访问 DMZ;③外网可以访问 DMZ;④外网不可以访问内网;⑤DMZ 不可以访问内网;⑥DMZ 不可以访问内网。

本方案能够保证工作时间段内,非工作访问被禁止,提高网络带宽利用效率;能够对娱乐、消费类网站禁止访问,提高用户工作效率。因而能够实现网络运行安全,方案具有可行性。

6.3.3　安全策略配置步骤

完成安全策略配置方案设计后,需要将其写入防火墙,使其发挥保证网络安全运行的作用,同时验证设计的正确性。

例 6-6 对例 6-5 进行了实验验证。

【例 6-6】 (1)个人独立执行防火墙安全策略 Web 方式配置具体操作步骤,完成防火墙网站类型、工作时间段组合配置,准确记录实验结果,培养个人独立操作防火墙的实践应用能力。

(2)分析解释实验结果是否符合方案设计要求,提出改进步骤,验证改进步骤的效果。

(3)根据实验结果,识别和判断影响方案运行效果的关键环节和因素,客观评价方案对网络运行安全潜在影响,提高个人应用理论知识解决实际复杂工程问题的能力。

1. 操作步骤

(1)配置接口 IP 地址和安全区域,完成网络基本参数配置。

(2)配置源 NAT 策略,完成内、外网地址转换。

① 如图 6-43 所示,单击"策略"菜单,在打开的下拉菜单中选择"源 NAT"选项,在"源 NAT 策略列表"中单击"新建"按钮,弹出如图 6-44 所示"新建源 NAT 策略"窗口。

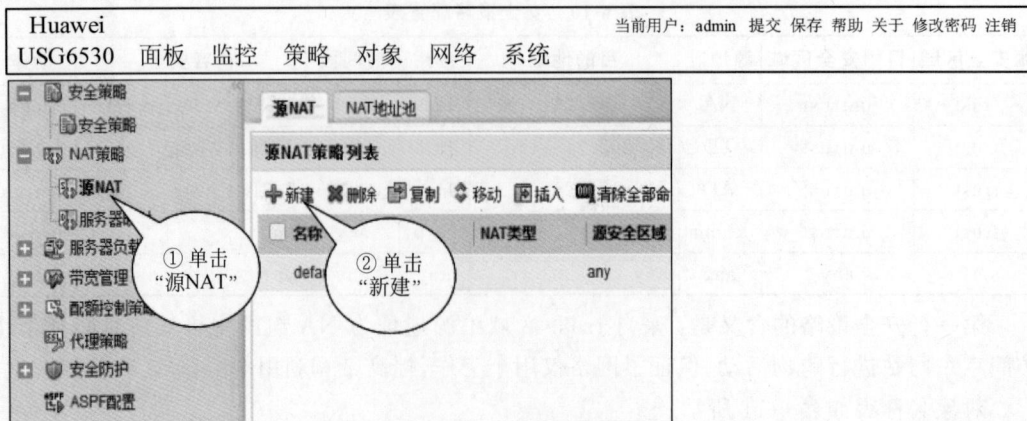

图 6-43　NAT 策略配置图 1

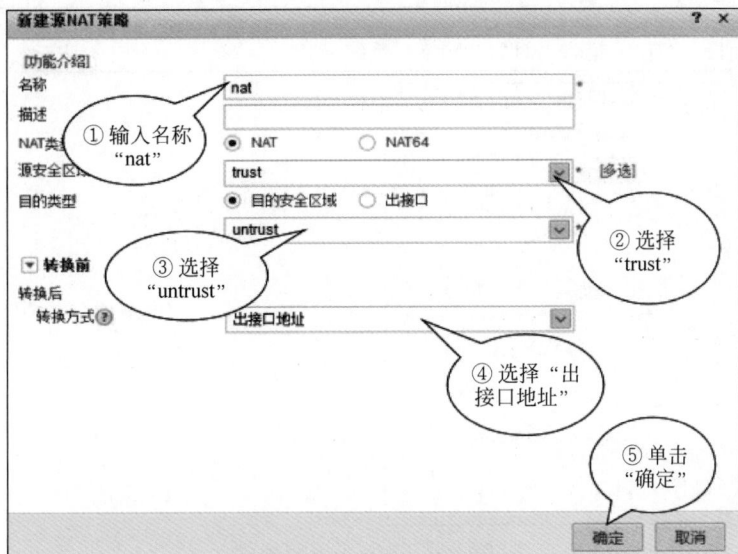

图 6-44　NAT 策略配置图 2

② 在图 6-44 所示窗口输入名称,将"源安全区域"设置为 trust,选中"目的安全区域"单选按钮,设置为 untrust,"转换方式"设置为"出接口地址",最后单击"确定"按钮完成配置。

配置效果如图 6-45 所示。重复上述步骤,可完成其他 NAT 策略配置。

(3) 配置时间段 worktime,禁止内网中大多数用户在工作时间内访问外网。

图 6-45　NAT 策略配置结果图

如图 6-46 所示,单击"对象"菜单,在打开的下拉菜单中选择"时间段"选项,在"时间段列表"中单击"新建"按钮,弹出如图 6-47 所示"新建时间段"窗口。

① 在图 6-47 所示窗口输入名称。

② 单击"新建"按钮,依次选择"开始时间""结束时间""每周生效时间"。

③ 单击"确定"按钮完成配置。

配置结果如图 6-48 所示。重复上述步骤,可完成其他时间段配置。

(4) 配置地址组 group,写入内网员工的地址区域。

(5) 配置自定义 URL 分类。

如图 6-49 所示,单击"对象"菜单,在打开的下拉菜单中选择"URL 分类"选项,在"URL 分类列表"中单击"新建"按钮,弹出如图 6-50 所示"修改 URL 分类"窗口。

自定义 URL 分类为防止特定网站的访问,此处以搜狐网站为例,但搜狐网站依旧属于新闻类网站的范畴内。通过 URL 查询,对不在特定范畴内的 URL 地址即特定的 URL 地址便可采用自定义 URL 分类的方式,从而在配置 URL 过滤配置文件时直接引用自定义分类即可。

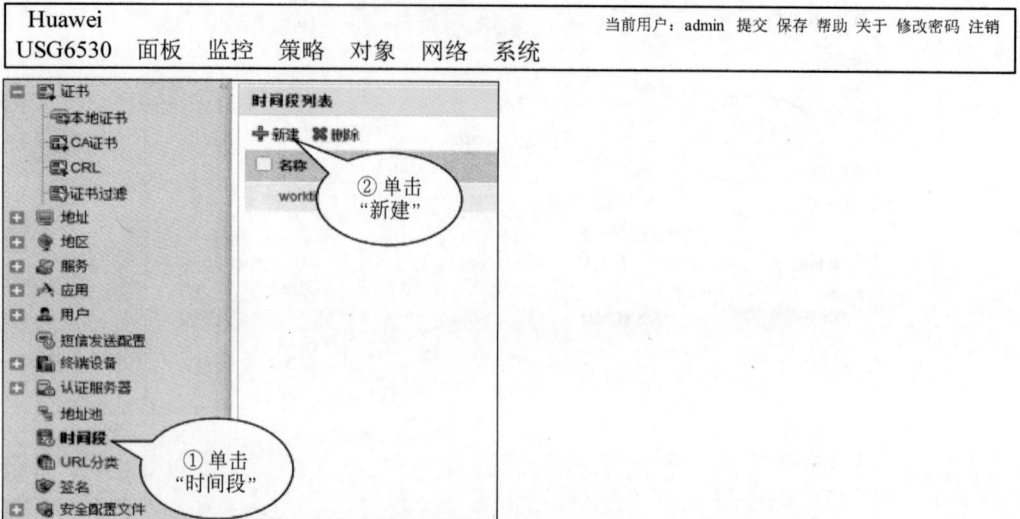

图 6-46　时间段配置图

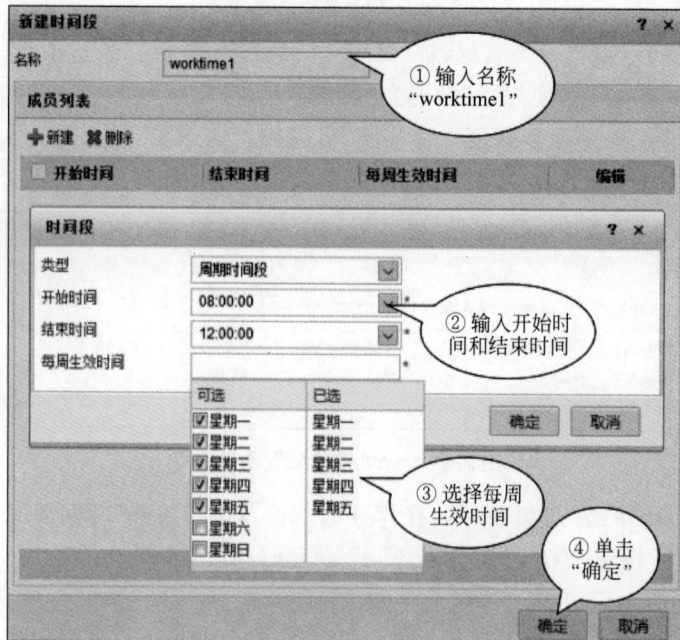

图 6-47　时间段配置

图 6-48　时间段配置结果图

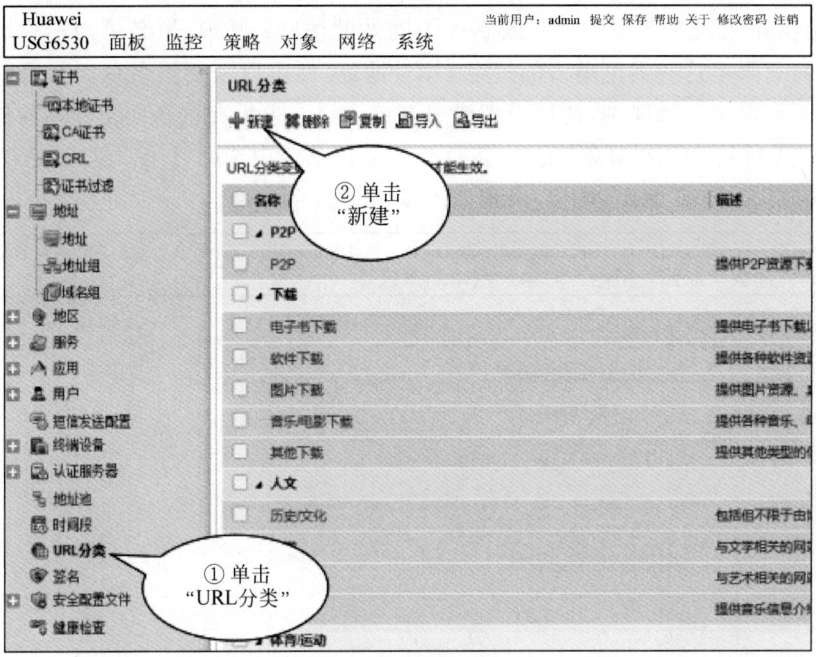

图 6-49　自定义 URL 分类配置图

图 6-50　修改 URL 分类

① 在图 6-50 所示窗口输入名称、URL、HOST，URL 和 HOST 的值相同。

② 单击"确定"按钮完成配置。

（6）配置 URL 过滤配置文件 profile_url，限制工作时间内对新闻类网站的访问及可执行文件和视频文件的下载。

此处白名单与黑名单的用处在于限定某一类范畴的网站访问，但又可以访问范畴内的特定 URL 地址，便可以采用白名单。例如，不能访问新闻类网站，但可以访问新浪网站，便可以把新浪网站放入白名单中后阻断新闻类网站的访问;同理,黑名单为不限定某一类网站的访问,而只限定这一类范畴内的特定 URL 地址,便可以采用黑名单。如可以访问新闻类网站,但不可以访问凤凰网,便可以把凤凰网放入黑名单后允许新闻类网站的访问。

如图 6-51 所示,单击"对象"菜单,在打开的下拉菜单中选择"URL 过滤"选项,在"URL过滤配置文件"中单击"新建"按钮,出现如图 6-52 所示窗口。

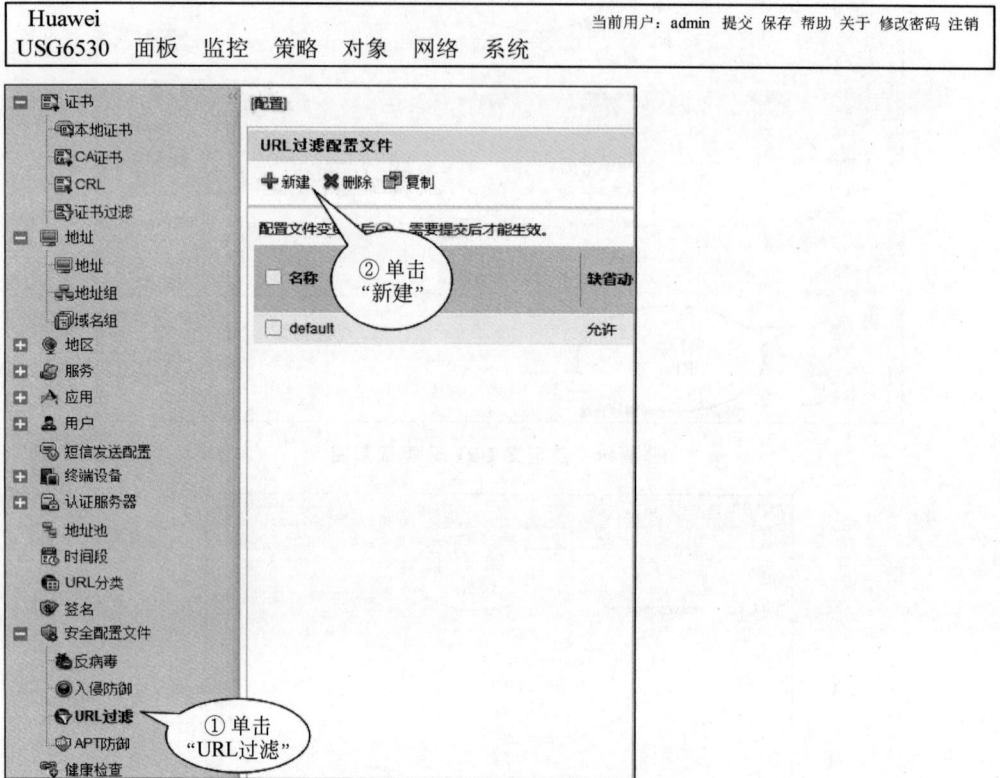

图 6-51 URL 过滤配置文件配置图

① 在图 6-52 所示窗口输入名称;

② 选择"动作模式"为"严格",默认"缺省动作"为"允许";

③ 输入 URL、HOST,URL 和 HOST 的值相同;

④ 单击"确定"按钮完成配置。

如果需要配置特定网址,则需要如下操作。

① 在图 6-53 所示窗口单击"自定义";

② 选择想要阻断的网址;

③ 单击"确定"按钮完成配置。

(7) 如图 6-54 所示,创建安全策略 policy_sec1,并引用时间段 worktime1 和worktime2,引用"URL 过滤"配置文件 profile_url,保护内网用户免受来自因特网的攻击,允许或禁止用户仅在工作时间内可以访问或下载某些网络资源。

"非广告部员工"安全策略配置结果如图 6-55 所示。

配置广告部的安全策略时,只需要引用时间段而不需要引用 URL 过滤配置文件即可,配置结果如图 6-56 所示。

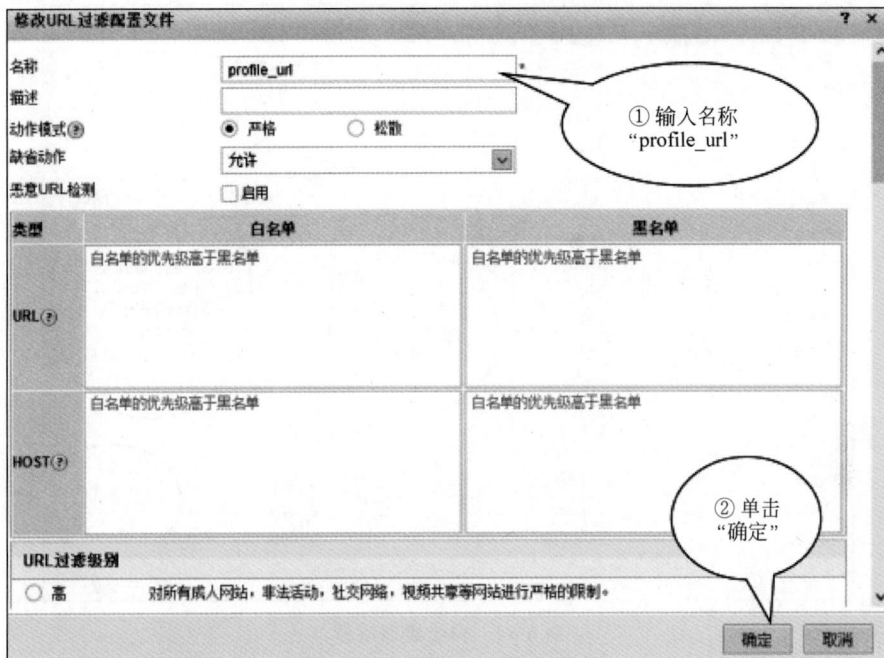

图 6-52　配置 URL 过滤配置文件 1

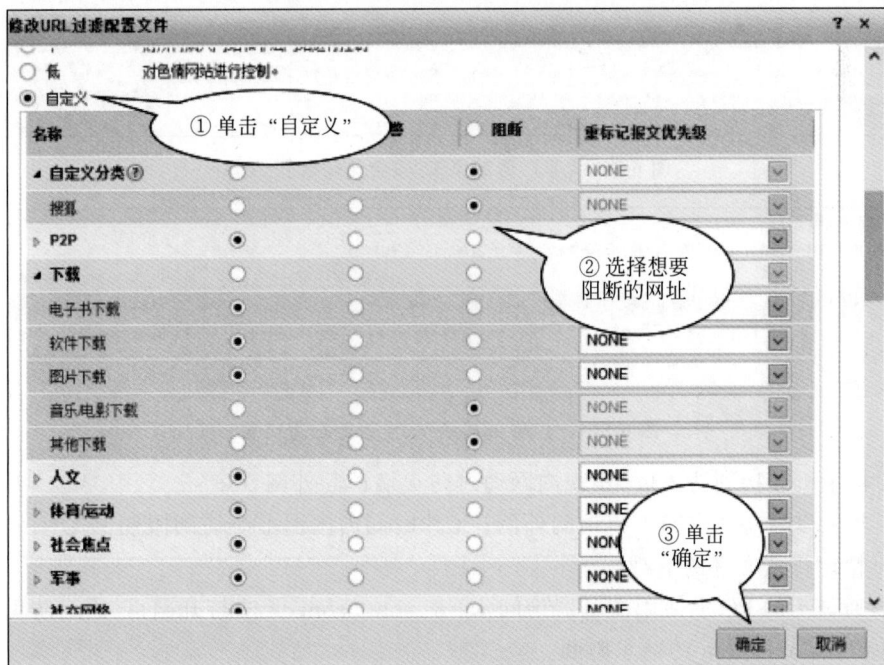

图 6-53　配置 URL 过滤配置文件 2

2. 结果验证

实验时每人(计算机)为一组,先假定为非广告部门的员工,输入脚本或进行 Web 方式配置。

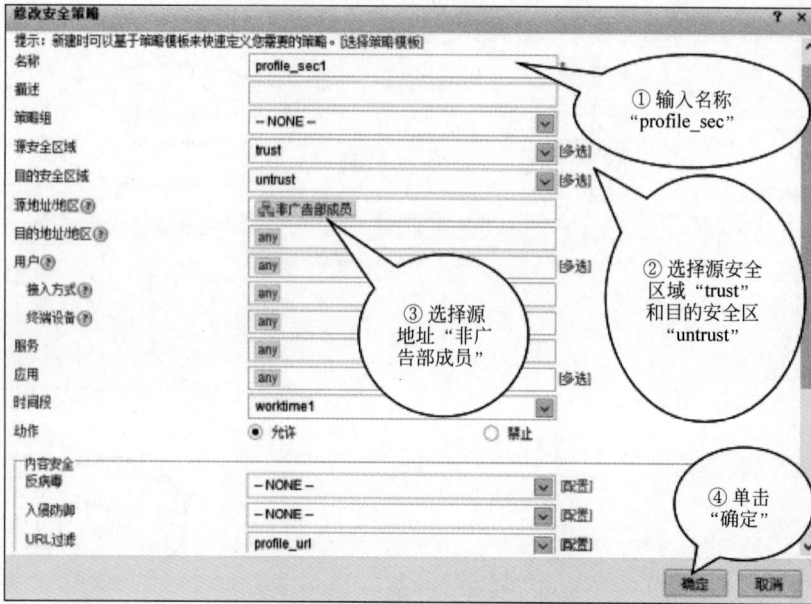

图 6-54　安全策略配置

图 6-55　"非广告部员工"安全策略配置结果

图 6-56　"广告部员工"安全策略配置结果

（1）将主机连接到防火墙,实现内网通过防火墙访问外网。

（2）非工作时间内内网不得访问外网;工作时间内内网不能访问限制的 URL 网站,且不能进行特定格式文件的下载。

在普通员工的 PC 上使用浏览器访问 www.sohu.com,无法打开网页,因为防火墙已经将去往 www.sohu.com 的请求阻断。

习　题　6

1. 防火墙用于将因特网和内部网络隔离,是(　　　　　　　　　　　)。

2. 简述防火墙的原理。

3. 防火墙的作用是(   )、(   )的通信进出被保护的网络,迫使用户强化自己的(   ),简化(   )。

4. 防火墙的主要功能有哪些? 防火墙有哪些优点? 存在哪些局限性?

5. 防火墙按技术分类有哪些?

6. 目前普遍的防火墙按组成结构可分为(   ),(   ),(   )。

7. 防火墙按在网络中部署位置的不同来划分,可分为(   ),(   )、(   )。

8. 在被屏蔽的主机体系中,堡垒主机位于(   )中,所有的外部连接都经过滤路由器到它上面去。

    A. 内部网络　　　　B. 周边网络　　　　C. 外部网络　　　　D. 自由连接

9. 防火墙配置入侵防御功能的目的是(   )。

10. 防火墙配置内容过滤功能的目的是(   )。

11. 防火墙中堡垒主机的作用是什么?

12. 防火墙部署的基本过程有哪些步骤?

13. 简述屏蔽主机防火墙的基本原理。

14. 防火墙配置入侵防御功能的配置思路是什么?

15. 如何具体配置接口 IP 地址和安全区域? 如何创建入侵防御配置文件 profile_ips_pc,配置签名过滤器?

16. 简述屏蔽子网防火墙的基本原理。

17. 如何新建内容过滤配置文件? 如何新建关键字组?

18. 地址组在实验中的作用是什么? 如何理解实验是基于 IP 的?

19. 为什么要将本机的网关地址和防火墙接口地址配置为同一地址?

20. 为什么要将本机的 IP 地址和防火墙接口地址配置为同一网段?

21. 防火墙安全策略配置:如图 1 所示,校园网络的出口使用防火墙作为接入因特网的设备,并且内部网络使用私有网络地址。为了保证教学秩序,要求上课时间(以周一至周五 8:00—12:00 为例)禁止学生用户访问网站 https://lol.qq.com/。设计实现该功能的安全策略配置具体流程,并分析、评价本设计方案对保证网络运行安全的潜在影响。

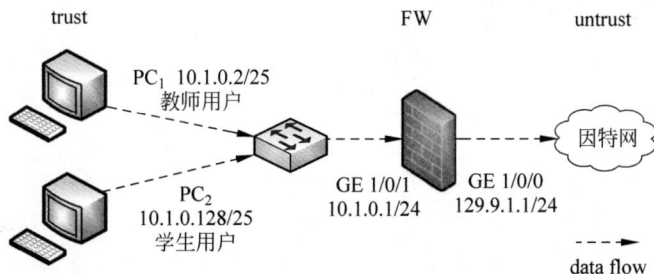

图 1　防火墙安全策略组网图

(1) 完整填写表 1 和表 2,设计防火墙安全策略配置方案,保护内网免受来自互联网的攻击。

(2) 分析本设计方案保证网络运行安全的潜在影响。

表 1　安全区域配置表

端　口	IP 地址	安 全 区 域

表 2　安全策略配置表

编号	源安全区域	目的安全区域	源地址	目的地址	应用	时间段	动作
default	any	any	any	any	any	any	deny

实验 4 基于安全区域的防火墙安全策略配置

【实验目的】

加深对基于安全区域的防火墙安全策略配置方法的理解,熟练掌握 USG6530 华为防火墙入侵防御安全策略配置具体操作步骤,实现基于安全区域的访问控制,客观分析方案对网络运行安全潜在影响,保护企业内网用户和内网服务器避免受到来自因特网的攻击,实现内网运行安全。

通过对防火墙端口物理连线后故障问题的处理,锻炼学生分析问题能力、故障查找排除能力,考查学生应用所学知识解决实际问题的能力,提高实验难度和实用性。

【实验设备】

华为 USG6530 防火墙 1 台,华为 S3700 交换机 4 台,个人计算机 6 台,网线若干。

【实验内容】

实验网络拓扑如图 1 所示,配置安全策略,实现如下要求。

(1) trust 区包含两个局域网 10.1.0.0/24 和 10.2.0.0/24,均允许访问 untrust 区局域网,局域网 10.1.0.0/24 允许访问 DMZ 区局域网,局域网 10.2.0.0/24 禁止访问 DMZ 区局域网。

(2) untrust 区局域网可以访问 DMZ 区局域网。

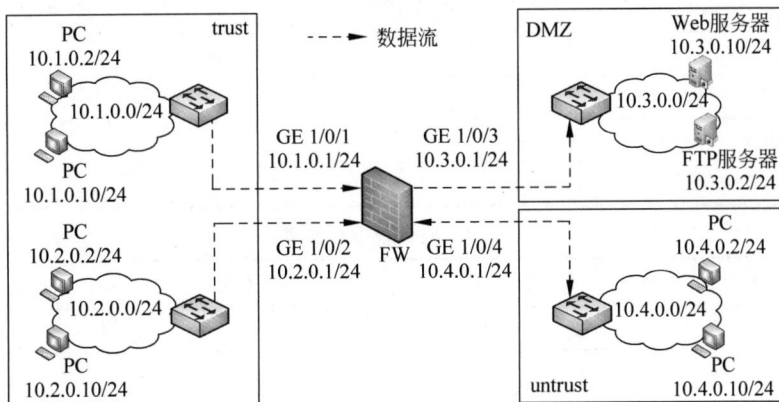

图 1 基于安全区域的防火墙安全策略配置网络拓扑

【实验预习】

(1) 防火墙是(   ),防火墙的作用是(   )。

(2) 安全区域是(   )。

(3) DMZ 是为了解决安装防火墙后(   )不能访问(   )的问题而设立在非安全区与安全区之间的一个缓冲区。

(4) 状态检测防火墙使用(   )的检测机制,将通信双方之间交互的属于同一连接的所有报文都作为整体的数据流来对待。

(5) 安全策略是由匹配条件和动作(   )组成的控制规则,可以基于 IP、接口、协议等属性进行细化的控制。

(6) 一个划分有 DMZ 的网络必须遵守(　　　　)、(　　　　)、(　　　　)、(　　　　)、(　　　　)、(　　　　)6 条访问控制策略,明确各个安全区域之间的访问关系。

(7) 大多数防火墙默认都是(　　　　　　)作为安全选项。

(8) 实现防火墙部署的基本步骤:(　　　　　　　　)。

(9) 防火墙安全策略配置的方式有(　　　　　　)和(　　　　　　)两种。

(10) 配置防火墙接口的命令是:(　　　　　)、(　　　　　　)。

(11) 配置防火墙区域的命令是:(　　　　　)、(　　　　　　)。

(12) 基于状态的防火墙工作原理是(　　　　　　　　)。

(13) 安全策略配置方案表现为(　　　　)、(　　　　)、(　　　　)3 个表。

(14) 防火墙如何建立会话?

(15) 根据图 1,设计完成防火墙安全策略基本方案,完善表 1、表 2 和表 3。

表 1　IP 地址分配表

主　　机	IP(任选一个)	mask
PC$_1$		
PC$_2$		
WWW		
FTP		

表 2　安全区域配置表

接　　口	接口 IP 地址	安 全 区 域
GE 1/0/1		
GE 1/0/2		
GE 1/0/3		
GE 1/0/4		

表 3　安全策略配置表

编　　号	源 安 全 区	目 的 安 全 区	动　　作
default	any	any	deny

【实验步骤】

(1) 修改本机 IP 地址,使用用户名 admin;密码 Huawei@123,登录需要配置的防火墙,记录修改后防火墙登录密码。

(2) 根据方案中表 2,分别配置防火墙各个接口基本参数。记录配置步骤,完成配置后,保存配置界面截图。

(3) 根据方案中表 1,分别配置各个安全区域的地址组,完善表 4。记录配置步骤,完成配置后,保存配置界面截图。

表 4　参数表

对 象 名 称	对 象 含 义
group1	10.1.0.0　trust 中局域网 1

（4）根据方案中表 3，分别配置防火墙各条安全策略。记录配置步骤，完成配置后，保存安全策略配置界面截图。

（5）根据表 2 安全区域配置表的内容，用物理连线连接分别将防火墙接口和对应安全区域的交换机接口对应连接。

【实验验证】

（1）修改测试个人计算机 IP 为对应安全区域 IP 地址范围内的 IP 地址，使用 ping 命令测试网络连通状态，记录测试结果，并与预期结果比较。具体记录、分析测试结果与预期结果不一致时的现象，以及解决方法。

（2）分析该方案的优缺点。

【实验扩展】

（1）防火墙能否防御使用 HTTPS 协议的网络攻击？保存实验截图，分析原因。

（2）局域网 10.2.0.0/24 采用什么方法能够访问 DMZ 区局域网？保存实验截图，记录实验步骤，分析原因。

实验 5　基于内容的防火墙安全策略配置

【实验目的】

灵活组合网站类型、工作时间段两种网络流量内容条件,独立实现基于内容的防火墙安全策略配置方案设计。

执行 USG6530 防火墙安全策略 Web 方式配置具体操作步骤,完成防火墙网站类型、工作时间段配置,对实验过程进行测试和控制,合理分析和解释实验结果,客观评价方案对网络运行安全潜在影响。

通过实验培养学生运用理论知识解决实际复杂工程问题的能力,识别和判断复杂系统问题的关键环节和因素,探究改进实验方案的方法。培养学生的爱国情怀,使用防火墙过滤反动内容、不健康内容网站,共创清朗网络空间。

【实验设备】

华为 USG6530 防火墙 1 台,保留 GE 1/0/0 端口用于连接外网。华为 S3700 交换机 4 台,个人计算机 2 台,网线若干。

【实验内容】

某企业网络拓扑结构如图 1 所示,leader 和 staff 之间通过 FW1 实现互联,该公司的工作时间为工作日的 9:00—17:00。要求通过配置安全策略规则实现如下要求。

(1) leader 在任意时间可以访问任意网站。

(2) leader 中的网络管理员 NA(10.1.1.150-10.1.1.250)不能访问销售类网站(如京东,www.jd.com,116.177.241.131)。

(3) staff 不能访问外网。

(4) staff 中技术部 TD(10.1.2.2-10.1.2.120)在工作时间可以访问技术类网站(如 github.com,20.205.243.166)。

(5) staff 中广告部 AD(10.1.2.150-10.1.2.250)在工作时间可以访问销售类网站(如京东,www.jd.com,116.177.241.131)。

(6) 禁止含有"绝密"字样的文件传输。

请具体完成端口配置表和安全策略表,定义对应的对象名称和内容,并分析方案对保证网络运行安全的可行性。

(1) 分别自定义 URL 分类、时间段安全策略,合理制定个性化的网络安全策略配置方案(端口配置表、安全策略配置表),过滤反动内容、不健康内容网站,根据需要灵活控制不同类型用户的访问权限。

(2) 使用 Web 方式,熟练掌握防火墙配置具体操作步骤,完成防火墙网站类型、工作时间段、NAT 地址转换等配置,培养学生实践操作的能力。

(3) 使用 ping 命令、抓包软件,测试网络安全策略配置方案的执行效果,准确记录、合理分析实验结果,主动查找错误产生原因,积极探索错误解决方法,对实验过程进行测试和控制,培养学生保障网络运行安全的实践能力。

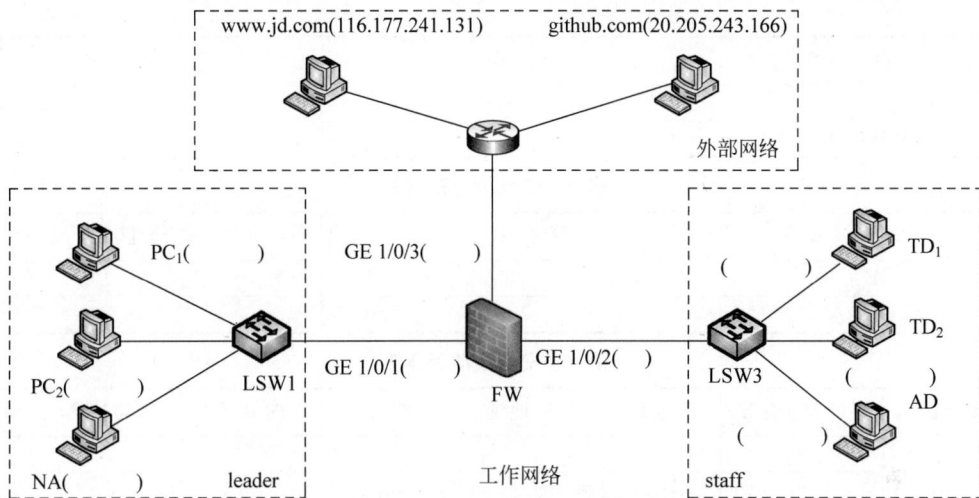

图 1　基于内容的防火墙安全策略配置网络拓扑

（4）比较"基于安全区域的防火墙安全策略配置"和"基于内容的防火墙安全策略配置"两种方法的差异，论证"基于内容的防火墙安全策略配置"方法能够通过对应用层网络内容的过滤同时保证网络运行安全和网络信息安全，能够针对不同用户进行个性化灵活配置。客观评价方案对网络运行安全的潜在影响。

【实验预习】

（1）防火墙发挥保护网络安全作用的前提和基础是（　　　　）。防火墙首次安装必须（　　　　）安全策略，在使用过程中需要（　　　　）改变安全策略。

（2）防火墙只能防（　　　　）。因为防火墙根据配置的安全策略检查、放行网络流量。

（3）NAT 是一种地址转换技术，可以将 IPv4 报文头中的地址转换为另一个地址。通常情况下，利用 NAT 技术将 IPv4 报文头中的（　　　　）转换为（　　　　），可以实现位于私网的多个用户使用少量的公网地址同时访问因特网。

（4）NAT 有 3 种类型：（　　　　）、（　　　　）、（　　　　）。

（5）实现防火墙部署的基本步骤：（　　　　　　　　　　　　　　　　　　）。

（6）防火墙配置的方式有（　　　　）和（　　　　）两种。

（7）会话表项具有（　　　　），ACL 表项没有方向性，因此基于状态的防火墙不存在回包问题。

（8）一条会话表示（　　　　）。

（9）验证防火墙安全策略方案实施效果的方法有哪几种？（2 种即可）

（10）本实验为什么需要配置 DNS？

（11）如何根据网站域名获取对应 IP 地址？

（12）状态检测防火墙是如何保证会话表的大小不随运行时间的增加而增大的？

（13）根据图 1，设计完成防火墙安全策略基本方案，完善表 1、表 2 和表 3。

表 1　IP 地址分配表

主　机	IP	mask
PC$_1$		
NA		

主　机	IP	mask
TD		
WWW. JD. COM		

表 2　安全区域配置表

接　口	接口 IP 地址	安 全 区 域
GE 1/0/1		
GE 1/0/2		

表 3　安全策略配置表

源安全区域	目的安全区域	源地址	目的地址	应用	时间段	内容安全	动作
GE 1/0/1							
any	any	any	any	any	any	any	deny

系统存在一条默认安全策略(条件均为 any,动作默认为 deny),完善表 4。

表 4　自定义对象表

对 象 名 称	对 象 含 义
group1	10.1.0.0　trust 中局域网 1
worktime	每周工作日 9:00—17:00

【实验步骤】

(1) 修改本机 IP 地址,使用用户名 admin;密码 Huawei@123,登录需要配置的防火墙,记录修改后防火墙登录密码。

(2) 根据方案中表 2,分别配置防火墙各个接口基本参数。记录配置步骤,完成配置后,保存配置界面截图。

(3) 根据方案中表 1,分别配置各个安全区域的地址组。记录配置步骤,完成配置后,保存配置界面截图。

(4) 配置源 NAT 策略,完成内、外网地址转换。记录配置步骤,完成配置后,保存配置界面截图。

(5) 配置时间段 worktime,禁止内网中大多数用户在工作时间内访问外网。记录配置步骤,完成配置后,保存配置界面截图。

(6) 配置自定义 URL 分类。记录配置步骤,完成配置后,保存配置界面截图。

(7) 配置 URL 过滤配置文件 profile_url,限制工作时间内对新闻类网站的访问及可执行文件和视频文件的下载。记录配置步骤,完成配置后,保存配置界面截图。

(8) 创建安全策略 policy_sec,并引用时间段 worktime1 和 worktime2 及安全配置文件 profile_url,保护内网用户免受来自因特网的攻击,允许或禁止用户仅在工作时间内可访问或下载某些网络资源。记录配置步骤,完成配置后,保存配置界面截图。

(9) 根据表 2 安全区域配置表的内容,用物理连线分别将防火墙接口和对应安全区域的交换机接口对应连接。

【实验验证】

(1) 修改测试个人计算机 IP 为对应安全区域 IP 地址范围内的 IP 地址,分别对不同

URL网址使用ping命令测试网络连通状态,记录测试结果,并与预期结果比较。具体记录、分析测试结果与预期结果不一致时的现象,以及解决方法。

(2)修改防火墙或测试个人计算机的系统时间,对相同URL网址使用ping命令测试网络连通状态,记录测试结果,并与预期结果比较。具体记录、分析测试结果与预期结果不一致时的现象,以及解决方法。

(3)分析、评价该方案的优缺点。

【实验扩展】

(1)URL策略和时间段策略哪个优先级高?请设计实验步骤验证结果,并保存实验截图。

(2)URL策略和安全区域策略哪个优先级高?请设计实验步骤验证结果,并保存实验截图。

第7章 数字版权保护

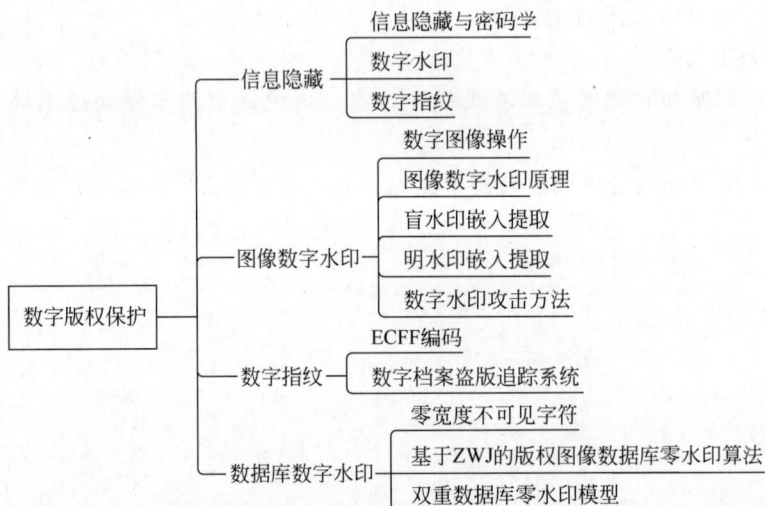

```
                                    信息隐藏与密码学
                           信息隐藏 ──┬── 数字水印
                                    └── 数字指纹

                                    数字图像操作
                                    图像数字水印原理
                           图像数字水印 ─┬─ 盲水印嵌入提取
                                    ├── 明水印嵌入提取
 数字版权保护 ──┬──                 └── 数字水印攻击方法

                                    ECFF编码
                           数字指纹 ──── 数字档案盗版追踪系统

                                    零宽度不可见字符
                           数据库数字水印 ─ 基于ZWJ的版权图像数据库零水印算法
                                    双重数据库零水印模型
```

信息隐藏是保证多媒体信息安全的重要方法,与保证纯文本信息安全的密码学相辅相成,共同保证信息全生命周期的安全性。数字水印和数字指纹是两种最常用的信息隐藏技术。前者用于判定数字资源版权归属,解决版权纠纷问题;后者通过法律取证对不诚实购买者(叛逆者)提出法律指控,解决叛逆者追踪问题,从而对数字资源非法复制和非法传播进行法律制裁,实现数字版权全程保护。图像数据库水印具有直观性,能够帮助我们直观学习数字水印技术;数据库数字水印体现了数字水印的应用价值。

7.1 信息隐藏

信息隐藏(information hiding)是指利用多媒体信息普遍存在的冗余特性,将秘密信息隐藏于公开信息,其首要目标就是使加入隐藏信息后的多媒体目标的质量下降尽可能小,使人无法觉察到隐藏的数据,或者知道它的存在,但未经授权无法知道它的位置。

信息隐藏不像传统加密过的文件一样,看起来是一堆会激发非法拦截者破解机密资料动机的乱码,而是看起来和其他非机密性的一般资料无异,从而十分容易逃过非法拦截者的破解。其道理如同生物学上的保护色,巧妙地将自己伪装隐藏于环境中,免于被天敌发现而遭受攻击。

公开信息称为载体(cover),将秘密信息隐藏于载体称为嵌入,隐藏信息使用的方法称为嵌入算法。常用的载体包括文本、图像、音频、视频等,其中图像因具有直观性被广泛采用。

嵌入秘密信息后的公开信息称为载密载体(stego),从载密载体中获取秘密信息称为提取,提取秘密信息使用的方法称为提取算法。

嵌入是将秘密信息加入载体数据中。主要解决两个问题:一是秘密信息的生成,可以是一串伪随机数,也可以是指定的字符串、图标等;二是嵌入算法,嵌入方案的目标是使秘密信息在不可见性和鲁棒性之间找到一个较好的折中。

提取/检测是用来判断某一数据中是否含有指定的秘密信息。提取/检测主要是设计一个对应嵌入过程的检测算法。检测的结果用来判断是否存在秘密信息,检测方案的目标是使错判与漏判的概率尽量小。提取时需要采用密钥,只有掌握密钥的人才能读出水印。

如图 7-1 所示,信息隐藏由密钥 key 控制,其过程如下。

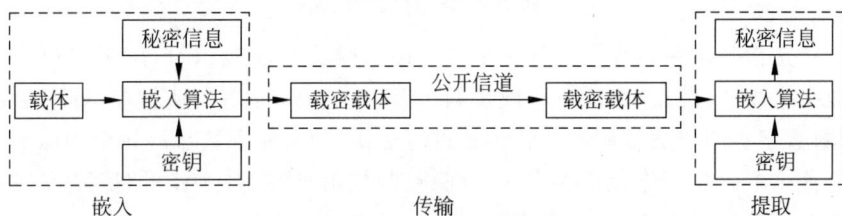

图 7-1　信息隐藏模型

(1) 发送方使用密钥和嵌入算法将秘密信息隐藏于公开信息中,生成载密载体。

(2) 载密载体通过公开信道传输。传输过程中存在被第三方攻击、破坏的可能性。在密钥未知的前提下,第三者很难从载密载体中得到或删除,甚至发现秘密信息。

(3) 接收方收到载密载体,使用密钥通过提取算法将秘密信息从隐蔽载体中提取出来。

信息隐藏基本思想起源于古代的伪装术(密写术),具有悠久的历史,表现为多种形式。在公元前 440 年的古希腊战争中,为了安全传送军事情报,奴隶主就剃光奴隶的头发,然后将密令写在头上,等到头发重新长出来后,再让他去盟友家串门。如果该奴隶在中途被捕,那么纵然搜遍全身的每一角落,敌方也找不到任何可疑之处,只能认定他是普通奴隶,一放了事。而当他成功到达盟友家后,只需将他再次剃成光头,就可轻松读出情报了。

我国的谜语也是一种信息隐藏形式。“身体白又胖,常在泥中藏,浑身是蜂窝,生熟都能尝”;“有洞不见虫,有巢不见蜂,有丝不见蚕,撑伞不见人”。两者的答案都是藕。

数学中也存在信息隐藏,例如,$0+0=0=$一无所获;$1\times1=1=$一成不变;1 的 n 次方=始终如一;$1:1=$不相上下;1 除以 $100=$百里挑一。

1. 信息隐藏分类

信息隐藏现已广泛应用于秘密通信、广播监控、所有权识别、内容认证、叛逆者追踪、元数据嵌入、拷贝控制等多方面,对保障数据安全、维护社会稳定都具有重要意义。

对多媒体内容的保护分为两部分:一是版权保护,二是内容完整性(真实性)保护,即认证。据此可将信息隐藏分为稳健的信息隐藏和脆弱的信息隐藏两大类,前者进行版权标识、实现版权保护,可进一步分为进行版权识别的数字水印和进行版权追踪的数字指纹两类;后者进行内容认证。

如图 7-2 所示,信息隐藏应用主要分为版权标识和隐蔽信道。

(1) 版权标识。

数字水印是指隐藏在载体数字资源中的所有者标识符,用于标识数字资源的版权归属。数字水印的作用是判定数字资源版权归属,解决版权纠纷问题。

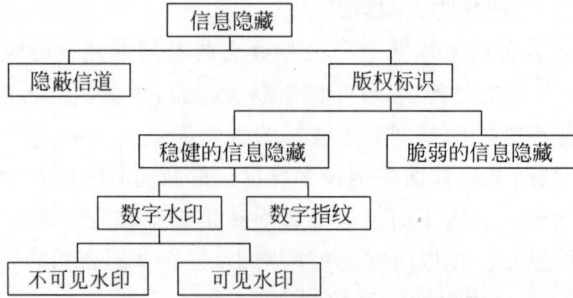

图 7-2　信息隐藏分类

数字指纹是指隐藏在载体数字资源中唯一标识购买者的标识符,用于实现数字资源盗版追踪。数字指纹通过法律取证对不诚实购买者(叛逆者)提出法律指控,解决叛逆者追踪问题,从而对数字资源非法复制和非法传播进行法律制裁,实现数字版权全程保护。

信息隐藏主要研究工作包括数字水印(隐藏版权信息)和数字指纹(隐藏序列号),它们的区别是前者用于起诉违犯者,后者用于判别版权规定的违犯者。

数字水印和数字指纹的相同之处是都将标识符隐藏于载体之中,不同之处是数字水印嵌入的是所有者(发送方)的标识符,用于解决版权纠纷问题;数字指纹嵌入的是购买者(接收方)的标识符,用于解决叛逆者追踪问题。

数字水印只需所有者(发送方)一次嵌入,就可向多个购买者分发,实现成本较低;数字指纹需要为每个购买者嵌入自己特定的购买者标识符,多个购买者需要多次嵌入,实现成本较高。

(2) 隐蔽信道。

隐蔽信道(covert channel):在合法信道中被用来传输隐蔽信息的信道称为隐蔽信道,这种隐蔽信道具有非常强的保密性。

如图 7-3 所示,按发送对象的意图划分,隐蔽信道分为主动式隐蔽信道、被动式隐蔽信道。发送对象既控制公开信道中信息传输,又控制隐蔽信道信息传输,则为主动式隐蔽信道;如果发送对象只负责隐蔽信道的信息传输,将隐蔽信道嵌入别的公开信道,叫作被动式隐蔽信道。

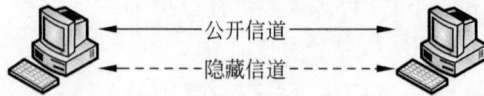

图 7-3　隐蔽信道

信息隐藏主要推动力是对数字资源版权保护的关注。随着音频、视频和其他一些作品数字化浪潮的到来,完美的复制品易于得到,导致大量未授权复制品的产生,这受到音乐、电影、图书和软件出版业的广泛关注。

2. 信息隐藏性质

信息隐藏不同于传统的加密,其目的不在于限制正常的资料存取,而在于保证隐藏数据不被侵犯和发现。因此信息隐藏技术必须考虑正常的信息操作所造成的威胁,即要使秘密信息对正常的数据操作技术具有免疫能力。这种免疫力的关键是要使隐藏信息部分不易被正常的数据操作(如通常的信号变换操作或数据压缩)所破坏。

利用不同的媒体进行信息掩藏时有着不同的特点,但是它们都必须具有下列共同特征。

(1) 不可感知性(invisibility):在不引起秘密信息质量下降的前提下,嵌入秘密信息不会显著改变载体的外部特征,即不引起人们感官上对载体变化的察觉,从而使非法拦截者无法判断是否有秘密信息的存在。不可感知性也称透明性或隐蔽性。

(2) 鲁棒性(robustness):指不因载密载体的某种改动而导致隐藏信息丢失的能力。这里所谓“改动”包括传输过程中的对载密载体一般的信号处理(如滤波、增强、重采样、有损压缩等)、一般的几何变换(如平移、旋转、缩放、分割等)和恶意攻击等情况,即载密载体不会因为这些操作而丢失了隐藏的秘密信息。

(3) 不可检测性(undetectability):指载密载体与原始载体具有一致的特性,如具有一致的统计噪声分布等,即非法拦截者要检测到秘密信息的存在并提取出来应相当困难,至少在秘密信息的有效期内是不可能的。

(4) 自恢复性(self recoverability):指经过了一些操作和变换后,可能会使载密载体受到较大的破坏,如果只留下部分数据,在不需要宿主信号的情况下,却仍然能恢复隐藏信息的特征就是所谓的自恢复性。

(5) 安全性(security):指隐藏算法有较强的抗攻击能力,即它必须能够承受一定程度的人为攻击,而使隐藏信息不会被破坏。

7.1.1　信息隐藏与密码学

密码学和信息隐藏不是相互矛盾、互相竞争的技术,而是互补的。对加密通信而言,攻击者可通过截取密文,并对其进行破译,或将密文进行破坏后再发送,从而影响机密信息的安全;对信息隐藏而言,攻击者难以从众多的公开信息中判断是否存在机密信息,增加截获机密信息的难度,从而保证机密信息的安全。

两者的区别如下。

① 隐藏的对象不同:密码技术主要是研究如何将机密信息进行特殊的编码,以形成不可识别的密码形式(密文)进行传递。密码技术隐藏信息的内容但不隐藏信息的存在;信息隐藏则主要研究如何将某一机密信息秘密隐藏于另一公开的信息中,然后通过公开信息的传输来传递机密信息。信息隐藏不但隐藏了信息的内容而且隐藏了信息的存在。

② 保护的有效范围不同:加密的保护局限在加密通信的信道中或其他加密状态下;而信息隐藏不影响宿主数据的使用,只是在需要检测隐藏的数据时才进行检测,之后不影响其使用和隐藏信息的作用。

③ 需要保护的时间长短不同:用于版权保护的鲁棒水印要求有较长时间的保护效力,可存在于信息的整个生命周期,如绝大部分嵌有数字水印的数字作品整个生命周期都不存在版权纠纷;而加密保护的信息其保护仅局限于信息的传输、存储阶段,在其发送、使用阶段都是明文状态,不存在保护。

④ 对数据失真的允许程度不同:多媒体内容的版权保护和真实性认证往往容忍一定程度失真,而加密的数据不允许一比特的改变,否则无法解密。

【信息隐藏的必要性】

(1) 存在特定的应用场景。

信息隐藏应用于一类必须公开传输信息的场景。经典的 Simmons 模型——囚徒模型,

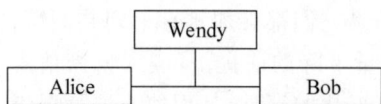

图 7-4　Simmons 模型

如图 7-4 所示。囚徒模型阐述了信息隐藏中各方的角色：假设 Alice 和 Bob 是监狱中的两个囚犯，他们之间的通信需要通过监狱长 Wendy 来传达，同时 Wendy 能看到他们通信的内容，Alice 和 Bob 要如何通信才能保证他们想要传达的秘密信息不被 Wendy 所检测察觉出来呢？这时就需要进行信息隐藏。

如图 7-5 所示，Alice 需要传送秘密信息 m 给 Bob，但是她只能通过公开的载体对象 C（即信纸），而且这个载体对象对第三方而言是完全透明的、可检测的。这时候她需要跟 Bob 商议好秘密信息嵌入的算法，然后通过嵌入算法把秘密信息 m 嵌入载体对象 C 中，最终生成私密对象 S，可以把它想象成是写满文字的信件，需要通过 Wendy 这个监狱长传递这封信件，但同时 Wendy 也会检查信件，看有没有什么违法的信息。只要嵌入算法做得足够安全，或者 Wendy 检查过于粗糙，其中的秘密信息 m 就不会被他察觉出来。甚至他还可以改动这封信件，使之成为私密对象 S′（被鉴定后的信纸）。最终 Bob 收到这封信件后，他会用提取算法提取私密对象 S′（被鉴定后的信纸）的秘密信息 m′，这时 Bob 就能看到 Alice 真正想对他说的信息了。如果 Bob 能接收到 Alice 想要表达的信息，则说明越狱成功；否则，如果被监狱长 Wendy 发现，则越狱失败。

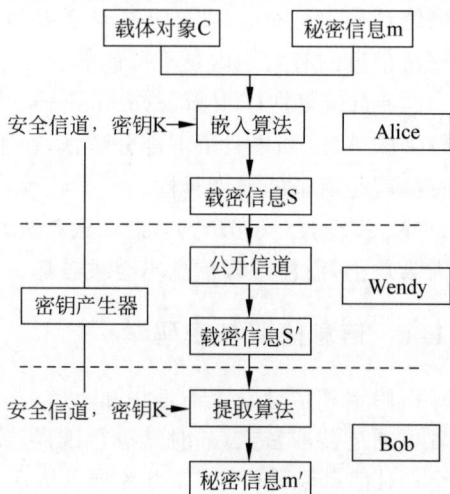

图 7-5　Simmons 模型实现流程

Simmons 的囚徒模型对隐蔽信道的解释是：Alice 和 Bob 通过信纸传输信息，信纸上呈现的信息就是合法信道，但是由于 Alice 和 Bob 在信纸上通过其他手段把他们想要逃狱的意图隐藏在信息中，通过看不见的"通道"把信息传递给对方，这样的信道就是隐蔽信道。

（2）多媒体信息安全的需要。

信息隐藏的对象是多媒体信息，而非传统的文本信息。多媒体信息具有允许数据失真、数据量大等特点，具有冗余性。例如，图像都存在空间冗余，把当前页面作为一幅图像，我们只关心其中的文字部分，而不关心空白部分，空白部分就是图像冗余，但它不影响我们正确获取信息。

【例 7-1】　用计算机看 24 位彩色数字视频，屏幕分辨率为 1024×768，帧率每秒 30 帧，计算一秒数据量大小。据此分析电影版权保护为什么更适合采用信息隐藏方式。

解：因为 size＝图像分辨率（像素）×彩色深度 du（位）×帧率，

所以　size＝$(1024\times768\times24\times30)/(8\times1024\times1024)=67.5$MB

而本书的存储量不足 20MB，也就是说，每秒数字视频的数据量大于整本书的文字数据量，这说明视频的数据量非常大。

由计算可知，此时需要的网络带宽为 67.5MB/s。这对当前网络通信速率而言是困难的。（实际上，我们传输电影采用压缩方式，压缩比通常为 100∶1。）

因此如果采用加解密方式进行电影版权保护，则有如下问题。

① 需要增加加解密软硬件设备,发送方需要加密电影,接收方需要解密电影。加解密需要时间,难以实现实时播放,影响用户观影时效性。

② 要实现安全分发,需要 1 对 1 加密解密,对每个用户使用不同密钥加密,存在多个使用不同密钥加密的相似副本。发行方需将一部影片加密多次,占用大量存储空间。

而如果采用信息隐藏技术(数字水印)进行电影版权保护,则只需将一部影片嵌入一次水印,不需要加解密就可实现多次分发,无须增加设备。

所以从存储容量、传输速率、时效性、软硬件设备诸方面考虑,电影版权保护更适合采用信息隐藏方式。

7.1.2　数字水印

数字水印(digital watermark)在数字资源中隐藏版权所有者信息,唯一地标识版权所有者,证明数字作品所有者的版权,在发生版权纠纷时,提取其中的水印就能够判定数字作品的版权。

数字水印具体表现为文字、标识、序列号,标识数字媒体所有者姓名等。数字水印通常是不可见或不可察的(不可见性),它与数字媒体紧密结合并隐藏其中,并可以经历一些不破坏源数据使用价值或商用价值的操作而能保存下来(鲁棒性)。

数字水印可以通过一些计算操作实现检测或提取。在数字水印系统中,隐藏信息的丢失,即意味着版权信息的丢失,从而也就失去了版权保护的功能,也就是说这一系统就是失败的。

数字水印的目的是在检查盗版行为时,可以从数字载体中提取出有关信息,用以证明数字产品的版权,指证盗版行为。在大多数情况下,只需要证明载体中存在某一个数字水印,不需要精确地恢复隐藏的数字水印。由此可见,数字水印技术必须具有较强的鲁棒性、安全性和透明性。

数字水印的鲁棒性能体现了水印在数字文件中的生存能力,当前的绝大多数算法虽然均具有一定的鲁棒性,但是如果同时施加各种攻击,那么这些算法均会失效。如何寻找更加鲁棒的水印算法仍是一个急需解决的问题。另外,当前的水印算法在提供可靠的版权证明方面或多或少有一定的不完善性,因此寻找能提供完全版权保护的数字水印算法也是一个重要的研究方向。

数字水印技术研究的重点是嵌入技术,目的是保证嵌入信息的鲁棒性。数字水印与数字资源是一对多关系,版权所有者在数字资源中嵌入相同数字水印,所以数字水印技术能够有效确定盗版侵权事件发生但无法追踪到盗版者,不能有效阻止数字产品的非法复制。

数字水印具有信息隐藏的所有属性,特别强调以下性质。

(1) 容量:是指载体在不发生形变的前提下可嵌入的水印信息量。水印信息必须足以表示多媒体内容的创建者或所有者的标志信息或购买者的序列号,这样有利于解决版权纠纷。

(2) 安全性:是指加入水印和检测水印的方法对没有授权的第三方应是绝对保密的,难以篡改或伪造,不可轻易破解。数字水印系统一般使用一个或多个密钥来确保水印安全。

(3) 不可见性:是指数字信息加入水印后不会改变其感知效果,即看不到数字水印的存在。不可见性利用人类视觉系统和听觉系统的属性,经过一系列隐藏处理,使目标资料没有明显的降质现象,而隐藏的资料却无法人为地看见或听见。

Fridrich 指出不可感知性、容量、鲁棒性这 3 个指标之间存在相互制约关系,因此也被称为不可能三角,如图 7-6 所示。容量增加会导致不可感知性变差,不可感知性变差会导致鲁棒性变差,鲁棒性不好就会导致检测结果的不可靠。因此,在满足不可感知性要求后,在鲁棒性与容量之间的取舍取决于最终的应用需求。

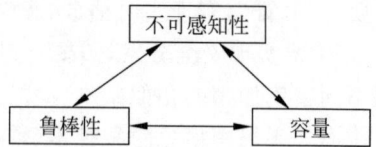

图 7-6　三角关系

1. 数字水印分类

(1) 按水印的可见性,可分为可见水印和不可见水印。

可见水印的主要目的是明确标识版权,防止非法地使用。可见水印会掩盖其下的图像细节,但可以擦除;不可见水印的目的是将来起诉非法使用者,作为起诉的证据,以增加起诉非法使用者的成功率,保护原创造者和所有者的版权。不可见水印往往配合数据解密技术一同使用。人民币上存在可见水印和不可见水印。

(2) 按水印的特性,可分为鲁棒(稳健)水印和脆弱(易损)水印。

鲁棒水印主要用于在数字作品中标识著作权信息,嵌入创建者或所有者的标示信息,或购买者的标示(即序列号)。发生版权纠纷时,创建者或所有者的信息用于标示数据的版权所有者,而序列号用于追踪违反协议而为盗版提供多媒体数据的用户。用于版权保护的数字水印要求有很强的鲁棒性和安全性,需能抵抗一些恶意攻击。

鲁棒水印允许提取的水印存在一定程度的失真,只要水印能够辨识出标识信息即可。

脆弱水印主要用于完整性保护,应对一般图像处理有较强的免疫能力,同时又要求有较强的敏感性,即允许一定程度的失真又要能将失真情况探测出来。必须对信号的改动很敏感,根据水印的状态可以判断数据是否被篡改。

(3) 按照水印的载体,可分为图像水印、视频水印、音频水印、文本水印、数据库水印、印刷水印等。

(4) 按照检测方法,可分为明水印和盲水印。根据提取水印是否需要原始图像可将水印分为明水印和盲水印两种,明水印在检测过程中需要载体,而盲水印的检测只需要密钥,不需要载体。

一般来说,明水印的鲁棒性比较强,但其应用受到存储成本的限制。目前学术界研究的数字水印大多数是盲水印。

需要强调的是:可见水印和不可见水印是从水印嵌入进行分类的,明水印和盲水印是从水印提取进行分类的,不要混淆;可见水印是盲水印,不可见水印可以是明水印,也可以是盲水印。

(5) 按照内容,可分为内容水印和标志水印。内容水印是指水印本身也是某个数字图像(如商标图像)或数字音频片段的编码,具有明确含义;标志水印则只对应于一个序列号。

内容水印的优势在于,如果由于受到攻击或其他原因致使解码后的水印破损,人们仍然可以通过视觉观察确认是否有水印。但对于标志水印来说,如果解码后的水印序列有若干码元错误,则只能通过统计决策来确定信号中是否含有水印。

(6) 按照用途,可分为版权保护水印、票据防伪水印、身份认证水印、篡改提示水印和隐蔽标识水印等。

版权标识水印是目前研究最多的一类数字水印。数字作品既是商品又是知识作品,这种双重性决定了版权标识水印主要强调隐蔽性和鲁棒性,而对数据量的要求相对较小。

票证防伪水印是一类比较特殊的水印,主要用于打印票据和电子票据、各种证件的防伪。

篡改提示水印是一种脆弱水印,其目的是标识原文件信号的完整性和真实性。

隐蔽标识水印的目的是将保密数据的重要标注隐藏起来,限制非法用户对保密数据的使用。

2. 数字水印应用

(1) 数字作品知识产权保护。数字作品的所有者可用密钥产生一个数字水印,并将其嵌入原始数据,然后公开发布他的水印版本作品,从而防止其他团体对该作品宣称拥有版权。当该作品被盗版或出现版权纠纷时,所有者可利用一定方法从盗版作品或含水印作品中获取数字水印作为版权所有依据,从而保护所有者的权益。用作此目的的水印要求具有良好的鲁棒性。

(2) 商务交易中的票据防伪。随着高质量图像输入输出设备的发展,特别是高精度彩色喷墨、激光打印机和高精度彩色复印机的出现,使得货币、支票及其他票据的伪造变得更加容易。传统商务向电子商务转化的过程中,大量过渡性的电子文件(如各种纸质票据的扫描图像等),需要一些非密码的认证方式。数字水印技术可以为各种票据提供不可见的认证标志,从而大大增加了伪造的难度。

(3) 证件防伪。

(4) 篡改提示。当数字作品被用于法庭、医学、新闻及商业时,常需确定它们的内容是否被修改、伪造或特殊处理过。为实现该目的,通常可将原始图像分成多个独立块,再将每个块加入不同的水印。同时可通过检测每个数据块中的水印信号,来确定作品的完整性。与其他用途水印不同的是,这类水印必须是脆弱的,并且检测水印信号时,不需要原始数据。

(5) 声像数据的隐藏标识和篡改提示。数据的标识信息往往比数据本身更具有保密价值,标识信息在原始文件上是看不到的,只有通过特殊的阅读程序才可以读取。这种方法已经被国外一些公开的遥感图像数据库所采用。现有的信号拼接和镶嵌技术可以做到移花接木而不为人知,数据的篡改提示通过隐藏水印的状态可以判断声像信号是否被篡改。

(6) 隐蔽通信及其对抗。利用数字化声像信号相对于人的视觉、听觉冗余,可以进行各种时(空)域和变换域的信息隐藏,从而实现隐蔽通信。

(7) 标题与注释。即将作品的标题、注释等内容(如一幅照片的拍摄时间和地点等)以水印形式嵌入该作品中,这种隐式注释不需要额外的带宽,且不易丢失。

7.1.3　数字指纹

数字版权保护不仅要解决版权归属问题,而且要通过法律取证对不诚实购买者(叛逆者)提出法律指控,解决叛逆者追踪问题,从而对数字资源非法复制和非法传播进行法律制裁,实现数字版权全程保护。

前者使用数字水印技术实现,后者使用数字指纹技术实现。数字水印技术在数字资源中嵌入标示数字资源所有者的数字水印,同一个所有者的数字资源中嵌入的数字水印相同,用户手中的数字资源中只嵌有版权所有者数字水印,只能据此解决数字资源版权归属问题,不能区分购买者;数字指纹技术在每一个购买数字资源中嵌入标示其购买者的唯一数字指纹,用户手中的数字资源中都嵌有自己的数字指纹,无法抵赖。当发现盗版时,提取嵌入数字资源的数字指纹就能够准确发现不诚实购买者,实现数字资源盗版追踪。

数字指纹技术在分发的每份副本中秘密嵌入一个唯一序列码(数字指纹)来实现版权保护与叛逆者追踪,通过提取嵌入非法复制的指纹序列与指纹数据库中的指纹序列比对跟踪原始购买者、发现叛逆者。

数字指纹技术采用指纹编码作为分发给用户的身份认证信息,指纹编码应当具有唯一性,即每一个指纹编码唯一对应一个用户,与此同时指纹编码还应当具有抗多种合谋攻击的特性。为避免未经授权的复制制作和发行,出品人可以将不同用户的 ID 或序列号作为不同的数字指纹嵌入作品的合法复制中。一旦发现未经授权的复制,就可以根据此复制所恢复出的指纹来确定它的来源。

数字指纹技术是一种在开放网络环境下保护数字版权、认证数字资源来源及完整性的技术,有助于多媒体信息版权保护及其版权冲突问题的解决。

数字指纹技术由数字水印技术发展而来,主要解决版权追踪问题。工作原理是数字资源版权所有者在其出售的数字资源复制中嵌入与购买者身份相关的唯一性信息(指纹),当发现非法复制后,所有者通过检测嵌入的指纹识别非法复制的原始购买者(叛逆者),进而通过法律诉讼叛逆者,从而实现保护版权所有者权益、对非法分发行为进行威慑的目的。

数字指纹应具有良好的鲁棒性,能够很好地抵御非法攻击;应具有唯一性,与用户之间存在一一对应关系。数字指纹的唯一标识性保障了区分性,使得视频盗版追踪变得可行;数字指纹的匹配要满足高效性和精确性两个准则。

叛逆者追踪的成功案例是 1981 年英国内阁秘密文件的图像被翻印在报纸上登出。传闻玛格丽特·撒切尔夫人事先给每位部长分发了可唯一鉴别的文件副本。每份副本有着不同的字间距,用于确定收件人的身份信息,用这种方法查出了泄密者。

基于数字指纹的数字资源版权保护已有一些应用。2007 年,谷歌旗下的 YouTube 视频网站公司,利用数字指纹技术分析片段的音频或视频轨道,发出警报通知网站发现媒体公司注册过所有权的视频,删除未经版权所有者许可而发布的相关视频,从而达到保护版权的目的;Audible Magic 公司的视频检索系统首先对媒体公司提供的音乐、电视节目和电影副本进行分析、提取指纹,然后添加至中央数据库中。视频共享网站利用该系统提取用户上传的指纹,然后与数据库中的指纹进行对比判断是否是盗版数字资源;国内优酷视频网站也使用数字指纹技术检测并删除一些用户上传的违规或侵权的非法视频。

数字指纹技术研究重点是指纹编码和检测技术,目的是提高数字指纹抗共谋攻击能力。数字指纹技术将指纹信息嵌入数字资源内作为版权保护的标识,建立了数字指纹与用户唯一对应的特性,通过数字指纹的比对检索实现盗版追踪,是解决数字资源版权保护问题的一种有效且最具潜力的技术。

如图 7-7 所示,数字指纹盗版追踪模型由指纹嵌入(embedded fingerprinting)、多用户合谋攻击(multiuser attacks)、叛逆者追踪(traitor tracing)三部分构成。

指纹嵌入阶段:系统为用户 Alice 分配数字指纹(digital fingerprint),将数字指纹嵌入 Alice 购买的数字资源生成含数字指纹版本(fingerprinted copy)数字资源分发给 Alice。

多用户合谋阶段:Alice、Bob 等多个用户进行合谋攻击(collusion attack),通过比对各

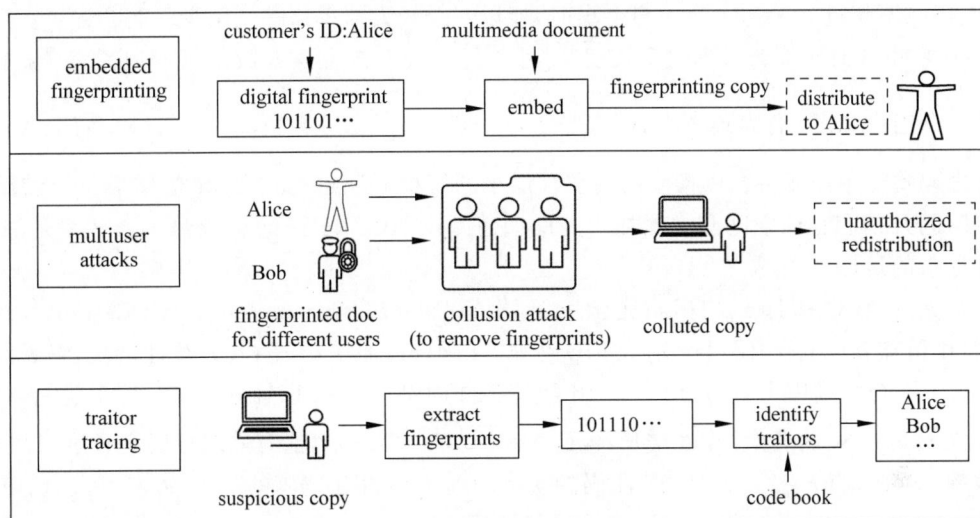

图 7-7 数字指纹盗版追踪模型

自含数字指纹版本数字资源发现数字指纹嵌入位置,进行移除指纹、指纹篡改等操作破坏嵌入数字指纹,生成合谋版本(colluded copy)数字资源进行非法二次分发(unauthorized redistribution)获利。此时,Alice、Bob 等的身份由合法用户转变为叛逆者(traitor)。

盗版追踪阶段:发现可疑版本(suspicious copy)数字资源,系统从中提取数字指纹(extract fingerprints),通过与原始数字指纹库(code book)比对识别叛逆者(identity traitor),实现叛逆者追踪(traitor tracing)。

数字指纹根据嵌入提取方式可以分为对称数字指纹和非对称数字指纹两类。对称数字指纹嵌入提取方和用户双方都知道嵌入的数字指纹,发现非法数字档案时难以确定叛逆者,存在嵌入提取方诬陷用户的可能性;非对称数字指纹需要嵌入提取方和用户双方共同参与指纹嵌入提取过程,双方不能相互抵赖,能够提供无争议的法律凭证,准确追踪、定位叛逆者。

1. 抗合谋数字指纹编码

数字指纹技术采用指纹编码作为分发给用户的身份认证信息,指纹编码应当具有唯一性,即每一个指纹编码唯一对应一个用户;与此同时指纹编码还应当具有抗击合谋攻击的特性。

定义 1:令 G 是二进制运算 · 的半群,$C=\{c_1,c_2,\cdots,c_n\}$ 是 Gv 上的码字集,如果对于所有的 $1\leqslant i\leqslant r,1\leqslant j\leqslant r,i\neq j$,$C$ 中任意选取 i 个码字向量做 · 运算的结果与任意选取 j 个码字向量做 · 运算的结果不相同,则称 C 为 Gv 上 r-$(Gv,\cdot)$ACC。

当 $G=\{0,1\}$ 并且 · 为逻辑与运算时,r-$(Gv,\cdot)$ 称作抗与合谋编码,简称 r-AND-ACC。含义为任意不超过 r 个指纹码字按位逻辑与的结果是唯一的。

类似可定义抗或合谋编码、抗平均合谋编码等。

数字指纹由 Wagner N R 在 1983 年提出。用户合谋攻击问题主要思想是比较各合法用户拷贝的不同之处发现指纹嵌入位置并做出修改,从而达到去除指纹信息或诬陷他人的目的。Wagner 基于嵌入假设提出一种抗合谋编码(anti-collusion codes,ACC)——C 安全码,编码在不超过 $r(r\leqslant3)$ 个用户合谋时,能以一个较大概率追踪到至少一名合谋者。

ACC 设计时应综合考虑码字长度 n、用户数 t、最大抗合谋人数 r 等多项因素。t 个用户中 r 个用户合谋,合谋集大小 $S = C_t^2 + \cdots + C_t^r = \sum_{i=2}^{r} C_t^i$,$S$ 值随 t、r 值增大而增大。在指纹编码检测中需要将合谋指纹码字和合谋集的特征码字进行比对,S 值增大将导致编码检测时间开销和存储空间开销增加。因此如何减少 ACC 码字长度,提高编码效率是 ACC 设计追求的目标。

常见的 ACC 有 I 码、均衡不完全区组设计(balanced incomplete block design,BIBD)码、自由覆盖族(cover free family,CFF)码等。I 码构造简单,n 呈 $O(n)$ 线性增长,编码效率 $\eta=1$,不适合大量用户的场合。基于组合理论的 BIBD 码和 CFF 码码距大、抗干扰能力强,n 呈 $O(m\sqrt{n})$(m 为常数)线性增长,编码效率 $\eta=t/n(t>n)$,能有效缩短码字长度、提高编码效率。例如,当 $r=2$,$t=247$ 时,I 码的 $n=247$,$\eta=1$,BIBD 码的 $n=39$,$\eta=6.3$,CFF 码的 $n=25$,$\eta=8.88$。

但 BIBD 码和 CFF 码都存在构建大参数编码困难的问题,BIBD 对参数的限制更严于 CFF,构造难度大于 CFF,表现为特定参数下 BIBD 设计不存在,需同时满足多个区组设计参数。因此研究者提出放宽区组设计参数限定,以 BIBD 的超集 CFF 为基础构建抗合谋编码 CFF 码,主要应用于组密钥分发、分组测试、数据通信等各个领域。

2. I 码-抗合谋原理

如图 7-8 所示,n 个用户的 I 码码字矩阵 C 由标准 $n\times n$ 正交矩阵(单位矩阵)求补得到。用户 U_i 的码字在第 i 个位置上为 0,其他位置上全为 1。因为每个码字只有一个对应位置的值为 0,所以任

$$C = \begin{bmatrix} 0 & 1 & 1 & 1 & 1 \\ 1 & 0 & 1 & 1 & 1 \\ 1 & 1 & 0 & 1 & 1 \\ 1 & 1 & 1 & 0 & 1 \\ 1 & 1 & 1 & 1 & 0 \end{bmatrix} \quad C^+ = \begin{bmatrix} 0 & 1 & 1 & 1 & 1 \\ 0 & 0 & 1 & 1 & 1 \\ 0 & 0 & 0 & 1 & 1 \\ 0 & 0 & 0 & 0 & 1 \\ 0 & 0 & 0 & 0 & 0 \end{bmatrix}$$

图 7-8 I 码码字矩阵

意 $r(2\leqslant r\leqslant n)$ 个用户之间与合谋产生的码字结果是唯一的,根据合谋码字中 0 的位置就能唯一识别参与合谋的所有用户。例如,C 中 1,3 用户与合谋码字为(01011)。I 码的码长与用户数 n 成正比 $o(n)$,因此不适合大量用户使用。

I 码能抵抗与合谋,但本身不能抵抗或合谋。因为 C 中任意 r 个用户或合谋的码字都是(11111),从中无法准确地追踪出一个用户。

为使 I 码能同时抵抗与合谋和或合谋,需对 C 下三角全 1 矩阵取反为全 0 矩阵,如图 7-8 所示矩阵 C^+。此时根据合谋码字中 0 的位置能唯一识别出 r 个或合谋者之一,满足叛逆者追踪的基本要求。例如,从或合谋码字(00111)中可知用户 2 一定是叛逆者。但此时与合谋也仅能追踪出 r 个合谋者之一,而非全部合谋者。例如,1,3 用户此时与合谋码字为(00011),说明用户 3 一定是叛逆者,但无法确定另一叛逆者,因为 2,3 用户此时与合谋码字也为(00011)。

3. CFF 码

定义 2:设 x 是一个元素集合,f 是由 x 中元素构成的子集(称作块或区组)的集合,两个集合中的元素数目分别为 $|x|=n$ 和 $|f|=t$,$D=(x,f)$ 表示一个组合设计。如果对于任意属于 f 中的 r 块 $A_1,A_2,\cdots,A_r$ 组成的集合 A,以及属于 f 的任意其他一块 B_0,B_0 都不真包含于 A,则称 D 为一个参数为 r 的自由覆盖族,简称为 $r\text{-}CFF(n,t)$。

由定义 2 可知,CFF 只要求满足任何一块不属于另外其他块组成的子块集合这唯一条件,而 BIBD 还有其他限制条件,因此 CFF 比 BIBD 构造简单。

定义 3：令 $D=(x,f)$ 是一个 r-CFF(n,t),M 是它对应的关联矩阵。将关联矩阵 M 按位取补后得到的新矩阵就是码字矩阵 C。C 构成一个能够抗 r 用户的 AND-ACC CFF 编码集,其中每一行对应一个编码码字。

证明：令 J,K 是分别属于 $\{1,2,\cdots,r\}$ 的子集,$|J|=j$,$|K|=k(1\leqslant j,k\leqslant r)$,$J\bigcap K=\varnothing$。要证明 r-CFF 是 AND-ACC,即要证明不大于 r 的任意子集 k 按位逻辑与组合后构成的新码字和不大于 r 的任意其他子集按位逻辑与组合构成的新码字之间是不相同的,即要证 $\bigcap_{j\in J}A_j^C$ 和 $\bigcap_{k\in K}A_k^C$ 两者之间是不相同的,按照德摩根定理,这等价于证 $\bigcup_{j\in J}A_j^C$ 和 $\bigcup_{k\in K}A_k^C$ 两者之间是不相同的。

假设 $\bigcup_{j\in J}A_j^C=\bigcup_{k\in K}A_k^C$,对于任意的 $j\in J$,有 $A_j\in\bigcup_{k\in K}A_k^C$ 成立。而这一结论与 r-CFF 定义相矛盾,因此假设不成立,所以有 $\bigcup_{j\in J}A_j^C\neq\bigcup_{k\in K}A_k^C$,证毕。

根据以上定义,AND-ACC CFF 编码构造过程如下。

(1) 根据定义 1 构造组合设计 $D=(x,f)$ 为 r-CFF(n,t)。如集合 $x=\{1,2,3,4,5,6,7,8,9,10,11,12\}$ 可构造一个 2-CFF$(12,16)$,所有区组构成的集合 $f=\{f_1,f_2,\cdots,f_{16}\}$。$f_1=\{1,2,3\}$,$f_2=\{2,4,9\}$,$f_3=\{3,4,10\}$,$f_4=\{4,5,6\}$,$f_5=\{1,4,7\}$,$f_6=\{2,5,7\}$,$f_7=\{3,5,8\}$,$f_8=\{4,8,12\}$,$f_9=\{1,5,9\}$,$f_{10}=\{2,6,10\}$,$f_{11}=\{3,6,9\}$,$f_{12}=\{7,8,9\}$,$f_{13}=\{1,6,8\}$,$f_{14}=\{2,8,11\}$,$f_{15}=\{3,7,11\}$,$f_{16}=\{10,11,12\}$。

集合 f 满足 CFF 定义,但不满足 BIBD 要求的 f 中任意一个元素出现次数相同这一条件,f 中 12 出现了 2 次,11 出现了 3 次,$\cdots$,所以 f 不是一个 BIBD。

(2) 根据 r-CFF(n,t) 构造对应关联矩阵。方法为每行对应一个 CFF 区组 f_i,每列对应集合 x 的一个元素,f_i 中包含元素对应位置记 1,其余位置记 0。如 f_1 对应置 1 位置为 1,2,3,其对应编码为 111000000000。如图 7-9 中 M 第一行所示。

(3) 根据定义 3 构造码字矩阵 C,生成对应编码。构建的 2-AND-ACC CFF$(12,16)$ 的 C,如图 7-10 所示,容易验证 C 中任意两个码字之间做逻辑与、逻辑或的结果是唯一的,能有效抵抗任意两个用户之间的与合谋攻击、或合谋攻击。

$$M=\begin{bmatrix}
1&1&1&0&0&0&0&0&0&0&0&0\\
0&1&0&1&0&0&0&0&1&0&0&0\\
0&0&1&1&0&0&0&0&0&1&0&0\\
0&0&0&1&1&1&0&0&0&0&0&0\\
1&0&0&1&0&0&1&0&0&0&0&0\\
0&1&0&0&1&0&1&0&0&0&0&0\\
0&0&1&0&1&0&0&1&0&0&0&0\\
0&0&0&1&0&0&0&1&0&0&0&1\\
1&0&0&0&1&0&0&0&1&0&0&0\\
0&1&0&0&0&1&0&0&0&1&0&0\\
0&0&1&0&0&1&0&0&1&0&0&0\\
0&0&0&0&0&0&1&1&1&0&0&0\\
1&0&0&0&0&1&0&1&0&0&0&0\\
0&1&0&0&0&0&0&1&0&0&1&0\\
0&0&1&0&0&0&1&0&0&0&1&0\\
0&0&0&0&0&0&0&0&0&1&1&1
\end{bmatrix}$$

$$C=\begin{bmatrix}
0&0&0&1&1&1&1&1&1&1&1&1\\
1&0&1&0&1&1&1&1&0&1&1&1\\
1&1&0&0&1&1&1&1&1&0&1&1\\
1&1&1&0&0&0&1&1&1&1&1&1\\
0&1&1&0&1&1&0&1&1&1&1&1\\
1&0&1&1&0&1&0&1&1&1&1&1\\
1&1&0&1&0&1&1&0&1&1&1&1\\
1&1&1&0&1&1&1&0&1&1&1&0\\
0&1&1&1&0&1&1&1&0&1&1&1\\
1&0&1&1&1&0&1&1&1&0&1&1\\
1&1&0&1&1&0&1&1&0&1&1&1\\
1&1&1&1&1&1&0&0&0&1&1&1\\
0&1&1&1&1&0&1&0&1&1&1&1\\
1&0&1&1&1&1&1&0&1&1&0&1\\
1&1&0&1&1&1&0&1&1&1&0&1\\
1&1&1&1&1&1&1&1&1&0&0&0
\end{bmatrix}$$

图 7-9　关联矩阵　　　　　　　　　　　**图 7-10　码字矩阵**

4. r-CFF(n,t)生成算法

(1) 初始化布尔数组 cFlag$[n][n]$。cFlag 的第 i 行第 j 列($1 \leqslant i,j \leqslant n$)值为 0 表示元素对$<i,j>$已出现在某一 CFF 区组中,不可再次用于 CFF 区组设计;为 1 表示$<i,j>$还未用于 CFF 区组设计。CFF 区组设计定义要求$<i,i>$不出现于 CFF 区组设计中,所以 cFlag 初始时对角线元素值为 0,其余元素值为 1。

约定 n 和 r 满足条件 $n \leqslant m(r+1)$,m 应取满足条件的最小正整数。例如,对 2-CFF $(10,f)$,m 取 4,2-CFF$(10,f)$实际按 2-CFF$(12,f)$生成。

(2) 生成基础集。根据组合数学$\{(1,\cdots,r+1),(r+2,\cdots,2r+2),\cdots,(n-r,\cdots,n)\}$ 和$\{(1,n/(r+1)+1,\cdots,(r\times n)/(r+1)+1),(2,n/(r+1)+2,\cdots,(r\times n)/(r+1)+2),\cdots,$ $(n/(r+1),2n/(r+1),\cdots,n)\}$的并集为 CFF 基础集,以此为初始结果集,同时修改 cFlag 对应值。

2-CFF$(12,f)$的基础集为$\{(1,2,3)(4,5,6)(7,8,9)(1,5,9)(2,6,10)(3,7,11)(4,8,12)(10,11,12)\}$。如图 7-11 所示,在 cFlag 中将每个区组所有元素对$<i,j>$对应的位置设为 0。例如,区组$(1,2,3)$要求将 cFlag 的$<1,2><1,3><2,3><2,1><3,1><3,2>$位置设为 0。

(3) 对集合 x 中的元素按$(r+1)$个元素一组依次进行$(r+1)$阶全排列,遍历每个全排列构成的所有区组,判断某个区组的元素对$<i,j>$是否已在 cFlag 中出现(cFlag 对应值为 0),出现则舍弃该区组;否则继续遍历其他$<i,j>$直至遍历结束。

遍历结束后,若该区组的所有元素对$<i,j>$在 cFlag 中均未出现过(cFlag 对应值为 1),则加入该区组到结果集中,同时修改 cFlag 对应值。

讨论以 1 开头的 3 阶全排列,由图 7-12 可知$<1,1><1,2><1,3>$为 0,所以 11,12,13 开头的区组不是 CFF 区组;14 开头的 3 阶全排列有$(1,4,2)\cdots(1,4,12)$共 10 个,由于$<1,2>$为 0,故$(1,4,2)$不是 CFF 区组;$\cdots$;$(1,4,7)$中$<1,4><1,7><4,7><4,1><7,1><7,4>$均为 1,故$(1,4,7)$是 CFF 区组,加入结果集中,同时修改 cFlag 对应值,如图 7-12 所示。

以此类推,2-CFF$(12,f)$最终可生成上述的 16 个区组,所以 $t=16$。

$$\begin{bmatrix} 0&0&0&1&0&1&1&1&0&1&1&1 \\ 0&0&0&1&1&0&1&1&1&0&1&1 \\ 0&0&0&1&1&1&0&1&1&1&0&1 \\ 1&1&1&0&0&0&1&0&1&1&1&1 \\ 0&1&1&0&0&0&1&1&0&1&1&1 \\ 1&0&1&0&0&0&1&1&1&0&1&1 \\ 1&1&0&1&1&1&0&0&0&1&1&1 \\ 1&1&1&0&1&1&0&0&0&1&1&1 \\ 0&1&1&1&0&1&0&0&0&1&1&1 \\ 1&0&1&1&1&0&1&1&1&0&0&0 \\ 1&1&0&1&1&1&1&1&1&0&0&0 \\ 1&1&1&0&1&1&1&1&1&0&0&0 \end{bmatrix} \qquad \begin{bmatrix} 0&0&0&0&0&1&0&1&0&1&1&1 \\ 0&0&0&1&1&0&1&1&1&0&1&1 \\ 0&0&0&1&1&1&0&1&1&1&0&1 \\ 0&1&1&0&0&0&0&0&1&1&1&0 \\ 0&1&1&0&0&0&1&1&0&1&1&1 \\ 1&0&1&0&0&0&1&1&1&0&1&1 \\ 1&1&0&1&1&1&0&0&0&1&1&1 \\ 0&1&1&0&1&1&0&0&0&0&1&0 \\ 0&1&1&1&0&1&0&0&0&1&1&1 \\ 1&0&1&0&1&0&1&1&1&0&0&0 \\ 1&1&0&1&1&1&1&1&1&0&0&0 \\ 1&1&1&0&1&1&1&1&0&0&0&0 \end{bmatrix}$$

图 7-11　cFlag 值一　　　　　　　　　　　　图 7-12　cFlag 值二

7.2　图像数字水印

图像数字水印的载体是图像,嵌入的数字水印可以是文字、字符串,当然也可以仍是图像。实际工作中,图像数字水印以图像作为数字水印的居多。图像数字水印具有直观性,常

被用于数字水印入门教学。

图像数字水印的主要功能是标示图像版权所有者,进行图像版权保护。图像数字水印通过保密水印图像嵌入位置、嵌入算法,提高水印嵌入算法的鲁棒性,公开含水印载体图像实现图像版权保护,预防盗版者破坏图像数字水印。

图像版权保护者需要保证载密图像进行正常图像处理后不会破坏水印图像正确提取,经图像盗版者各种攻击后仍能准确提取出水印图像;图像盗版者为了逃避法律制裁,会不断改进攻击方法,对载密图像进行各种攻击,试图达到破坏水印图像正确提取的目的,从而减轻自己的罪责,逃避法律制裁。两者的技术对抗必将长期存在,相互促进,不断发展。

7.2.1 数字图像操作

1. 图像与图像像素矩阵的相互转换

如图 7-13 所示,数字图像是一个二维像素数组(矩阵)。黑白二值图像对应数组每个元素只能取 0(黑)或 1(白)两个值,如图 7-14 所示;灰度图像对应二维数组每个元素实可取 0 (黑)～255(白)中任意一个值,表示 256 个灰度级;彩色图像被认为是 R、G、B 三个颜色通道对应二维数组的合成,每个数组可取 0～255 中的任意一个值,三个数组叠加实现一幅彩色图像。

图 7-13 黑白二值图像

图 7-14 图像像素矩阵

Open CV 中提供 cvGet2D() 和 cvSet2D() 两个函数实现图像与图像像素矩阵的相互转换。

(1) IplImage 结构体是 opencv 定义的图像数据结构,其基本属性如下。

```
int   nSize;              /* IplImage 大小 */
int   ID;                 /* 版本 (＝0) */
int   nChannels;          /* 通道数,取值为 1,2,3 或 4 */
int   depth;              /* 像素的位深度, */
int   dataOrder;          /* 0 - 交叉存取颜色通道, 1 - 分开的颜色通道 */
int   width;              /* 图像宽,单位:像素(px) */
int   height;             /* 图像高,单位:像素(px) */
int   imageSize;          /* 图像数据大小,单位:字节(B) */
```

(2) cvGet2D 函数:CvScalar cvGet2D(const CvArr * arr,int idx0,int idx1);

功能:获取 IplImage 图像中某个像素的 RGB 颜色值,对灰度图像获取灰度值;

arr:一个具体的图像,如 IplImage 的实例对象;

idx0:图像的 y 坐标,单位为像素(px);idx1:图像的 x 坐标,单位为像素(px);

返回值为一个 CvScalar 容器,代表一个像素位置的 RGB 颜色值。

(3) cvSet2D 函数:CVAPI(void) cvSet2D(CvArr * arr,int idx0,int idx1,CvScalar value);

功能:设置 IplImage 图像中某个像素的 RGB 颜色值,对灰度图像设置灰度值;

value:CvScalar 容器的一个实例化对象。

图像到图像像素矩阵的转换:使用两个 for 循环嵌套,遍历图像的每一个像素,用 cvGet2D()得到该像素点颜色值,并将其存入一个 CvScalar 二维数组,就可实现图像到图像像素矩阵的转换。主要代码如下。

```
for(int i = 0; i < image.height(); i++) {
    for(int j = 0; j < image.width(); j++)
            {CvScalar s1;s1 = cvGet2D(image, i, j);…} }
```

图像像素矩阵到图像的转换:使用两个 for 循环嵌套,遍历图像像素矩阵,用 cvSet2D()将图像对应像素的颜色值设置成 CvScalar 数组的值,就可实现图像像素矩阵到图像的转换。主要代码如下。

```
for(int i = 0;i < image_1.height();i++){
        for(int j = 0;j < image_1.width();j++)
            {cvSet2D(image_1,i,j,s[i][j]); } }
```

使用以上方法就可实现如图 7-13 所示的图像与如图 7-14 所示的图像像素矩阵的相互转换。

2. 数字图像旋转、缩放、加噪

数字图像可以用矩阵来表示,因此能够采用矩阵理论和矩阵算法对数字图像进行分析和处理。通过对图 7-15 的像素矩阵进行矩阵运算可实现图像旋转、缩放、加噪,旋转效果如图 7-16、图 7-17 所示。

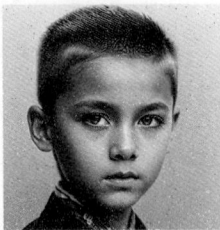 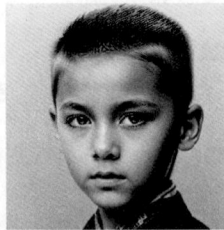 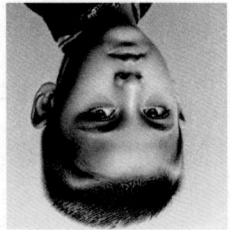

图 7-15　载体图像　　　　图 7-16　90°旋转　　　　图 7-17　旋转图

(1) 图像旋转:将图像像素矩阵进行矩阵变换,就可实现图像旋转。例如,依次将如图 7-15 所示 $n \times n$ 的图像像素矩阵的第 i 行($i=1,2,\cdots,n$)转置为第 $n-i+1$ 列,就可实现图像顺时针旋转 90°,生成如图 7-16 所示图像。

实现方法为通过 cvGet2D()得到源图像的色彩值,用 cvSet2D()给旋转后的目标图像对应像素位置赋值。顺时针旋转 90°的主要代码如下。

```
IplImage image_1 = IplImage.create(image.height(), image.width(), IPL_DEPTH_8U, image.nChannels());
        …
for(i = 0; i < image.height(); i++)
        {for(j = 0; j < image.width(); j++)
```

```
{s = cvGet2D( image , i , j); cvSet2D( image_1,j,(h − i − 1),s);} }
```

类似可实现图像向右旋转 180°(水平翻转)、向左旋转 90°。

图像整数倍 90°角的旋转比较简单,任意角度的旋转就困难一些。例如,将图 7-15 旋转为图 7-17。此时需要根据图 7-18,推导出点 (x,y) 绕原点逆时针旋转到 (x',y') 的旋转公式

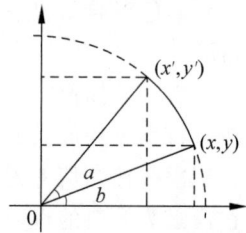

因为 $\text{tg}(b)=y/x$，$\text{tg}(a+b)=y'/x'$，$x \times x + y \times y = x' \times x' + y' \times y'$(圆的半径相同)

所以 将 $\text{tg}(b)=y/x$，$\text{tg}(a+b)=y'/x'$ 带入 $\text{tg}(a+b)=(\text{tg}(a)+\text{tg}(b))/(1-\text{tg}(a) \times \text{tg}(b))$

图 7-18　旋转公式

可消除参数 b,得 $\text{tg}(a)+y/x=y'/x' \times (1-\text{tg}(a) \times y/x)$

所以 $x'=y' \times (x-y\text{tg}(a))/(x\text{tg}(a)+y)$

将上式代入 $x \times x + y \times y = x' \times x' + y' \times y'$ 消除参数 x',化简得

$y'=x\sin(a)+y\cos(a)$，$x'=x\cos(a)-y\sin(a)$

(2) 图像缩放:图像放大后,需要在目的图像中插入像素,增加像素数;缩小时,需要对源图像进行像素取样,减少像素数。两者都会导致图像颜色过渡不连续,因此两者不仅需要考虑在什么位置增加或减少像素,而且需要考虑增加或减少像素如何与周围像素颜色过渡连续。

经典的图像缩放算法有近邻取样插值法、二次线性插值法、三次线性插值法等。

近邻取样插值法:将目标图像各点的像素颜色值设为源图像中与其最近点的像素颜色值。假设源图像宽度和高度分别为 $w0$ 和 $h0$,缩放后目标图像的宽度和高度分别为 $w1$ 和 $h1$,那么缩放比例就是 float fw = float($w0$)/$w1$; float fh = float($h0$)/$h1$;目标图像中的 (x,y) 点坐标对应着源图像中的 $(x0,y0)$ 点,其中: $x0 = \text{int}(x * \text{fw})$，$y0=\text{int}(y * \text{fh})$。

通过使用 cvGet2D() 和 cvSet2D() 函数以及近邻取样插值法的思想就可实现图像的任意比例缩放,主要代码如下。

```
IplImage image_1 = IplImage.create(setX, setY, IPL_DEPTH_8U, image.nChannels());
        …
    for(i = 0;i < image_1_h;i++)
        { x =  i * image_h/image_1_h;
            for(j = 0;j < image_1_w;j++)
            {y = j * image_w/image_1_w;cvSet2D(image_1,i,j,cvGet2D(image,x,y));} }
```

其中缩放后图像宽、高为 setX、setY,image_1 存放缩放后目标图像,image 为源图像。

如图 7-19 所示,近邻取样插值的缩放算法直接取 (S_x, S_y) 点的 Color0 颜色作为缩放后点的颜色;二次线性插值需要考虑 (S_x, S_y) 点周围的 4 个颜色值 Color0\Color1\Color2\Color3,把 (S_x, S_y) 到 A、B、C、D 坐标点的距离作为系数来把 4 个颜色混合出缩放后点的颜色。

设 $u=S_x-\text{floor}(S_x)$; $v=S_y-\text{floor}(S_y)$;(floor 函数的返回值为小于或等于参数的最大整数),则二次线性插值公式为

tmpColor0=Color0 * $(1-u)$+Color2 * u; tmpColor1=Color1 * $(1-u)$ + Color3 * u;

DstColor =tmpColor0 * $(1-v)$ + tmpColor2 * v;

展开公式为 pm0=$(1-u)$ * $(1-v)$; pm1=v * $(1-u)$; pm2=u * $(1-v)$; pm3=

$u * v$；

则颜色混合公式为 DstColor＝Color0 * pm0＋Color1 * pm1＋Color2 * pm2＋Color3 * pm3；

三次线性插值：二次线性插值缩放出的图像很多时候让人感觉变得模糊（术语叫低通滤波），特别是在放大的时候，需要使用三次线性插值来改善插值结果。

三次线性插值考虑映射点周围 8 个点的颜色来计算最终的混合颜色，如图 7-20 中 P00 所在像素为映射的点，加上它周围的 8 个点，按一定系数混合得到最终输出结果。

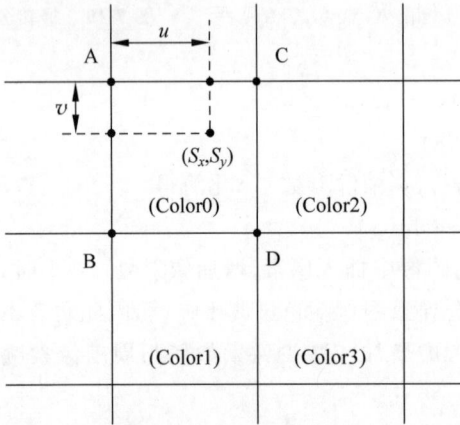

图 7-19　二次线性插值

P11	P01	P11	P21
P10	P00	P10	P20
P11	P01	P11	P21
P12	P02	P12	P22

图 7-20　三次线性插值

对载体图像（图 7-15）缩放后可得图 7-21。

（3）图像加噪：是指在图像表面加上随机的噪点，加噪分为椒盐噪声和高斯噪声。

如图 7-22 所示，椒盐噪声是指两种噪声，一种是盐噪声（salt noise），另一种是胡椒噪声（pepper noise）。盐＝白色，椒＝黑色。前者是高灰度噪声，后者属于低灰度噪声。一般两种噪声同时出现，呈现在图像上就是黑白杂点。

图 7-21　图像缩放

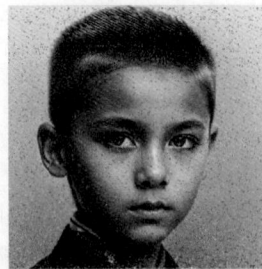

图 7-22　图像加噪

实现时，首先使用 for 循环和 cvGet2D()将图像转化为图像像素矩阵，然后在图像像素矩阵的随机位置设置 $N \times (1-snr)$ 个颜色值为（255,255,255）的白点，其中 N 为原图的大小（width×height，也是图像的像素点个数），snr 为信噪比（取值为 0～1），最后将加噪后的图像像素矩阵转换为图像输出显示。主要代码如下。

```
double SNR = 0.9;int num = (int)(w * h * (1 - SNR));
    for(int i = 0;i < num;i++){
        int row = (int)(Math.random() * (double)h); int col = (int)(Math.random() *
```

```
(double)w);
                A[row][col][0] = 255;A[row][col][1] = 255;A[row][col][2] = 255;}
        for(int i = 0;i < h;i++){
            for(int j = 0;j < w;j++){
                s1.setVal(0, A[i][j][0]); s1.setVal(1, A[i][j][1]);
                s1.setVal(2, A[i][j][2]); cvSet2D(image_0,i,j,s1);} }
```

对载体图像(图 7-15)加噪后可得图 7-22。

【图像镜像】

图像镜像是指通过水平或垂直翻转图像,使得原图像中的左右或上下部分互换位置而得到新图像。

图像镜像的原理基于图像矩阵的操作。对于一个二维图像矩阵,水平镜像可以通过将矩阵的每一行倒序排列实现,如图 7-23 所示;垂直镜像可以通过将矩阵中的每一列倒序排列实现,如图 7-24 所示。

$$\begin{bmatrix} 1 & 2 & 3 \\ 4 & 5 & 6 \\ 7 & 8 & 9 \end{bmatrix} \Rightarrow \begin{bmatrix} 3 & 2 & 1 \\ 6 & 5 & 4 \\ 9 & 8 & 7 \end{bmatrix} \qquad \begin{bmatrix} 1 & 2 & 3 \\ 4 & 5 & 6 \\ 7 & 8 & 9 \end{bmatrix} \Rightarrow \begin{bmatrix} 7 & 8 & 9 \\ 4 & 5 & 6 \\ 1 & 2 & 3 \end{bmatrix}$$

图 7-23　水平镜像

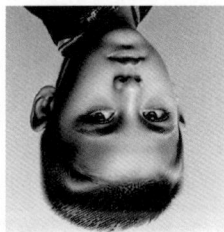

图 7-24　垂直镜像

假设原图像的矩阵表示为 M,镜像后的图像矩阵表示为 M′,则图像矩阵变换公式如下:水平镜像,M′[i][j] = M[i][M. width-j-1];垂直镜像,M′[i][j] = M[M. hight-i-1][j]。M. width 表示矩阵 M 的行数,M. hight 表示矩阵 M 的列数,i 和 j 分别表示矩阵的行坐标和列坐标。

7.2.2　图像数字水印原理

图像数字水印嵌入原理为两个数字图像像素矩阵的某种运算,如图 7-25 所示。

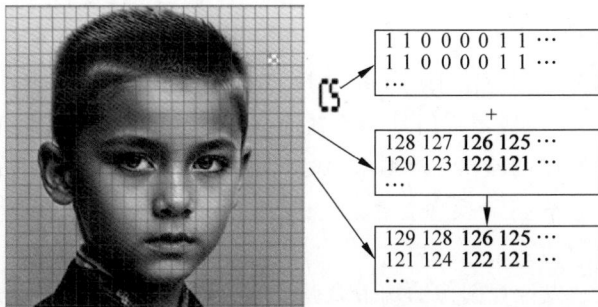

图 7-25　数字水印嵌入原理

图像数字水印嵌入提取的难点如下。

(1) 数字水印嵌入位置的随机选择。数字水印嵌入位置的随机性可实现水印嵌入的不可见性,破坏水印图像的内在联系,增加攻击者破坏水印的难度。

(2) 如何实现数字水印对常规图像操作(旋转、缩放、加噪等)的鲁棒性,保证水印能够在含水印图像受到攻击后仍能正确提取,实现数字水印的可用性。

图像水印算法主要有空域算法和频率变换域算法。

1. 空域算法

首先把一个密钥输入一个 m 序列发生器来产生水印信号,再将此 m 序列重新排列成二维水印信号,按像素点逐一插入原始声音、图像或视频等载体号中作为水印,即将数字水印通过某种算法直接叠加到图像等信号空间域中。

空域数字水印技术的优点是算法简单、速度快、容易实现,几乎可以无损地恢复载体图像和水印信息。其缺点是太脆弱,常用的信号处理过程,如信号的缩放、剪切等,都可以破坏水印。典型空域方法有最低有效位方法(least significant bits,LSB)、Patchwork 算法和文档结构微调方法。

(1) LSB 算法:将信息嵌入随机选择的图像点中最不重要的像素位上,因为改变这一位置对载体图像的品质影响最小。由于使用了图像不重要的像素位,算法的鲁棒性差,水印信息很容易被滤波、图像量化、几何变形的操作破坏。由于水印信号被安排在了最低位上,所以不会被人的视觉或听觉所察觉,保证了嵌入水印是不可见的。

(2) Patchwork 算法:利用像素的统计特征将信息嵌入像素的亮度值中。算法随机选择 N 对像素点(a_i,b_i),然后将每个 a_i 点的亮度值加 1,每个 b_i 点的亮度值减 1,这样整个图像的平均亮度保持不变。检测时,计算 $S=\sum_{i=1}^{n}(\tilde{a}_i-\tilde{b}_i)$,如果这个载体确实包含了一个水印,就可以预计这个和为 $2n$,否则它将近似为 0。

适当地调整参数,Patchwork 算法对 JPEG 压缩、FIR 滤波及图像裁剪有一定的抵抗力,但该方法嵌入的信息量有限。为了嵌入更多的水印信息,可以将图像分块,然后对每一个图像块进行嵌入操作。

(3) 文档结构微调方法:是在通用文档中隐藏特定二进制信息的技术。如轻微改变文档的字符或图像行距,水平间距,或改变文字特性等来完成水印嵌入。这种水印能抵御攻击,其安全性主要靠隐蔽性来保证。

2. 频率变换域算法

该类算法中大部分水印算法采用了扩展频谱通信(spread spectrum communication)技术,其基本思想是先对图像或声音信号等信息进行某种变换,在变换域上内嵌入水印,然后经过反变换而成为含水印的输出;检测水印时,也要首先对信号作相应的数学变换,然后通过相关运算检测水印。这些变换包括离散余弦变换(DCT)、小波变换(DWT)、傅氏变换(FT 或 FFT)等。

算法实现过程为:先计算图像的离散余弦变换(DCT),然后将水印叠加到 DCT 域中幅值最大的前 k 系数上(不包括直流分量),通常为图像的低频分量。

若 DCT 系数的前 k 个最大分量表示为 $D=\{d_i\}(i=1,2,\cdots,k)$,水印是服从高斯分布

的随机实数序列 $W=\{w_i\}(i=1,2,\cdots,k)$,那么水印的嵌入算法为 $d_i=d_i(1+a*w_i)$,其中常数 a 为尺度因子,控制水印添加的强度。然后用新的系数做反变换得到水印图像 I。

解码函数则分别计算原始图像 I 和水印图像 I^* 的离散余弦变换,并提取嵌入的水印 W^*,再做相关检验以确定水印的存在与否。

图像的频域空间中可以嵌入大量的比特而不引起可查的降质,当选择改变中频或低频分量(除去直流分量)来加入水印时,鲁棒性还可大大提高。

离散余弦变换(discrete cosine transform,DCT)和 FFT 变换都属于变换压缩方法(transform compression),变换压缩的一个特点是将从前密度均匀的信息分布变换为密度不同的信息分布。在图像中,低频部分的信息量要大于高频部分的信息量,尽管低频部分的数据量比高频部分的数据量要小得多。例如,删除掉占 50% 存储空间的高频部分,信息量的损失可能还不到 5%。

在图像处理中,每幅图像都会被切成 8×8 的小块,块的大小可以是任意,只是因为历史原因人们习惯于切为 8×8 的块。基于分块的 DCT 是最常用的变换之一,现在所采用的静止图像压缩标准 JPEG 也是基于分块 DCT 的。

二维的图像处理与一维的信号处理原理是一致的,只是一些计算公式不一样,在二维图像中,基函数的公式为

正变换

$$F_c(\mu,v)=\frac{2}{\sqrt{MN}}c(\mu)c(v)\sum_{x=0}^{M-1}\sum_{y=0}^{N-1}f(x,y)\cos\left[\frac{\pi}{2N}(2x+1)\mu\right]\cos\left[\frac{\pi}{2M}(2y+1)v\right]$$

逆变换

$$f(x,y)=\frac{2}{\sqrt{MN}}\sum_{\mu=0}^{M-1}\sum_{v=0}^{N-1}c(\mu)c(v)F_c(\mu,v)\cos\left[\frac{\pi}{2N}(2x+1)\mu\right]\cos\left[\frac{\pi}{2M}(2y+1)v\right]$$

$$c(x)=\begin{cases}\frac{1}{\sqrt{2}}, & x=0\\1, & x=1,2,\cdots,N-1\end{cases}$$

公式中 x 和 y 指像素在空间域(对应一维的时间域)的坐标,u 和 v 指基函数频率域中的坐标。这个基函数公式基于 8×8 的块,x,y,u,v 的取值范围都是 $0\sim7$。

如果 $F_c(u_1-v_1)-F_c(u_2-v_2)>k$,则嵌入 1,否则嵌入 0,不满足关系式的系数值通过加入随机噪声进行修改。

图像经 DCT 变换后,低频信息集中在矩阵的左上角,高频信息则向右下角集中。直流分量在[0,0]处,[0,1]处的基函数在一个方向上是一个半周期的余弦函数,在另一个方向上是一个常数。[1,0]处的基函数与[0,1]类似,只不过方向旋转了 $90°$。图 7-26 为原图,图 7-27 是图 7-26 的 DCT 示意图。

DCT 反变换(inverse DCT)更为容易,将频率域中的基函数分别与对应的振幅(spectrum)相乘并累加,即可得到相应的空间域元素的值。

离散小波变换(discrete wavelet transform):在变换的每一层次,图像都被分解为 4 个四分之一大小的图像,它们都是由原图与一个小波基图像的内积后,再经过在行和列方向进行 2 倍的间隔抽样而生成的,如图 7-28 所示。

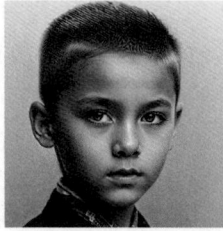

图 7-26　原图

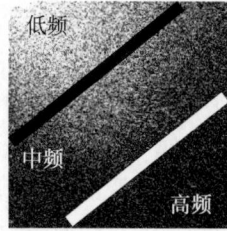

图 7-27　DCT 示意图

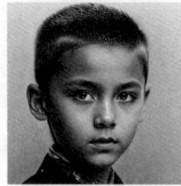

(a) 原图

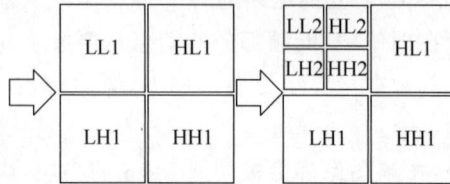

(b) 第一层　　　　　(c) 第二层

图 7-28　DWT 示意图

　　该方法即使当水印图像经过一些通用的几何变形和信号处理操作而产生比较明显的变形后仍然能够提取出一个可信赖的水印拷贝。

　　一个简单改进是不将水印嵌入 DCT 域的低频分量上,而是嵌入中频分量上以调节水印的鲁棒性与不可见性之间的矛盾。另外,还可以将数字图像的空间域数据首先通过离散傅里叶变换(discrete Fourier transform,DFT)或离散小波变换(DWT)转换为相应的频域系数;其次,根据待隐藏的信息类型,对其进行适当编码或变形;再次,根据隐藏信息量的大小和其相应的安全目标,选择某些类型的频域系数序列(如高频或中频或低频);再次,确定某种规则或算法,用待隐藏的信息的相应数据去修改前面选定的频域系数序列;最后,将数字图像的频域系数经相应的反变换转化为空间域数据。

　　该类算法的隐藏和提取信息操作复杂,隐藏信息量不能很大,但抗攻击能力强,很适合于数字作品版权保护的数字水印技术中。

7.2.3　盲水印嵌入提取

　　盲水印是可见水印,主要功能是明确标示载体图像版权所有者。如在载体图像(图 7-15)左上角嵌入水印图像(图 7-29)可得图 7-30 所示的载密图像。

　　盲水印在载体图像中的嵌入实质是在载体图像的基础上覆盖水印图像。实现方法是将载体图像嵌入位置颜色值设置成水印图像对应位置的颜色值,从而达到水印覆盖的效果。盲水印的特点是在嵌入时直接将水印图像嵌入载体图像内部,提取时直接从含水印载体图像内提取出水印图像,水印图像在嵌入和提取时都不需要进行额外的运算处理。

　　盲水印的提取是盲水印嵌入的逆过程。正常的图像处理(合理的缩放、旋转、加噪)不会破坏数字水印的正确提取,如图 7-32、图 7-33 所示。图 7-31 为对图 7-30 加噪后的图像,从中仍然可以提取出如图 7-34 所示的数字水印。

　　随着图像处理程度的增加,合理的操作也会转变为对图像的破坏,成为一种攻击方式。观察表 7-1 可知:当加噪比例超过一定值后,提取的水印将不能有效识别。

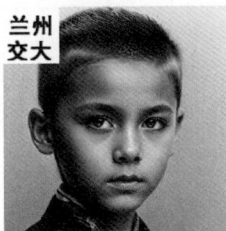

图 7-29 水印图像　　　　图 7-30 含盲水印图像　　　　图 7-31 加噪水印图像

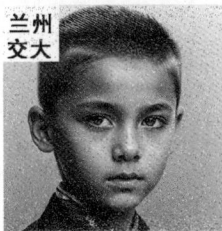

图 7-32 缩放提取　　　　图 7-33 旋转提取　　　　图 7-34 加噪提取

表 7-1 不同加噪比例提取水印图像比较

加 噪 比 例	0%	1.5%	6.2%	25%
水印图像				
提取水印				
汉明距离	6	73	352	1172

　　因此操作比例阈值的选取是一个重要的问题。一方面需要不断改进已有数字水印嵌入提取算法,增加阈值;另一方面也应该看到数字水印保护版权的作用也具有局限性,需要其他方法的辅助,如汉明距离、像素替代法等。

1. 汉明距离

　　在信息论中,两个等长字符串之间的汉明距离是两个字符串对应位置的不同字符的个数。换句话说,它就是将一个字符串变换成另外一个字符串所需要替换的字符个数。例如,1011101 与 1001001 之间的汉明距离是 2;2143896 与 2233796 之间的汉明距离是 3;toned 与 roses 之间的汉明距离是 3。

　　两个图像的汉明距离是两个图像像素矩阵对应位置不同字符的个数,可用来比较两个图像的相似程度。实现图像汉明距离的代码如图 7-35 所示,汉明距离越小,两个图像越相似。

　　表 7-1 计算了提取水印与水印图像的汉明距离,需要注意的是即使没有对含水印图像进行任何处理(加噪比例 0%),提取水印也会和水印图像有差异。

```
import cv2
img1 = cv2.imread("lena512.bmp",cv2.IMREAD_GRAYSCALE)
img2 = cv2.imread("demo1.bmp",cv2.IMREAD_GRAYSCALE)
n=len(img2)
dis=0
for i in range(0,n):
    for j in range(0,n):
        if (img2[i][j]!=img1[i][j]):
            dis=dis+1
print ('hamming distance=',dis)
cv2.waitKey(0)
```

图 7-35   计算图像汉明距离代码

2．像素替代法

像素替代法是指用水印图像的像素值直接替代载体图像对应位置的像素值。可分为固定位置替代和随机位置替代。

（1）固定位置替代。

使用该方法以载体图像固定位置 (x,y) 为左上角嵌入水印代码如图 7-36 所示，效果如图 7-37 所示。显然该种方法嵌入的水印为可见水印，不需要提取水印，存在不可见性差的缺点。

```
import cv2
img1 = cv2.imread("lena512.bmp",cv2.IMREAD_GRAYSCALE)
img2 = cv2.imread("demo1.bmp",cv2.IMREAD_GRAYSCALE)
n=len(img2)
dis=0
for i in range(0,n):
    for j in range(0,n):
        if (img2[i][j]!=img1[i][j]):
            dis=dis+1
print ('hamming distance=',dis)
cv2.waitKey(0)
```

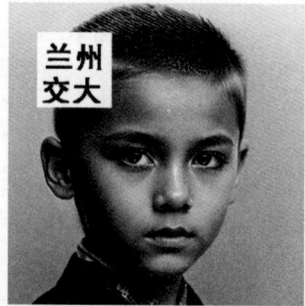

图 7-36   固定位置替代嵌入代码

图 7-37   固定位置替代

（2）随机位置替代。

logistic 混沌序列具有伪随机性和初值敏感性，常用于确定水印嵌入位置。

$$\text{logistic：} X_{k+1} = \mu X_k(1-X_k), \quad X_0 \in (0,1], \mu \in (0,4]$$

使用 logistic 混沌序列生成嵌入位置处理流程如图 7-38 所示。图 7-39 为扩大函数值 1000 倍取整的结果。图 7-40 为排序、去重的结果，假定该结果序列为 $N=\{n_1,n_2,\cdots\}$，载体图像宽带为 w，则 $x_i=n_i \bmod w, y_i=\text{int}(n_i/w),(x_i,y_i)$ 即为水印嵌入位置。例如，$w=5, n_i=11, x_i=1, y_i=2$，则 $(1,2)$ 就是一个嵌入点。

使用该方法嵌入、提取水印代码如图 7-41、图 7-42 所示，效果如图 7-43 所示。观察

图 7-38　logistic 混沌序列处理流程

图 7-44 所示的载密图像,可以发现该种方法嵌入水印的效果类似对载体图像加噪,为不可见水印,隐蔽性好。在提取该方法嵌入水印时,需要 logistic 混沌序列生成参数 (X_0, μ),否则难以提取出对应正确的嵌入水印;而且提取水印与嵌入水印相比,明显存在失真。

　　logistic 混沌序列的伪随机性和初值敏感性决定了攻击者不知道生成参数 (X_0, μ),通过提取载密图像的随机噪声点重新排列出嵌入水印是计算不可行的,因此只要我们根据密码学知识保护好生成参数 (X_0, μ),嵌入水印就是安全的。

```
输入初值 (0,1]: 0.98 输入参数 (0,4]: 3.998
原始值: 0.407957  0.965629    0.132692
0.460109  0.993138  0.0272467   0.105964
0.378753  0.940726  0.222929    0.692581
0.851225  0.506311  0.999341    0.00263385
0.0105024 0.041477  0.159206    0.53517
0.994555  0.0216522 0.0846913   0.30992
0.85505   0.49551   0.998511    0.00232016
0.00925449 0.0366571 0.141183   0.484158
0.998571  0.00570435 0.0226759  0.008025
0.0322847 0.87403   0.440187    0.985197
0.0583077 0.219522  0.684985    0.86269
0.473586  0.99671   0.0131082   0.0517198
0.196081  0.630218  0.931706 0.254391 …
原始值扩大1000倍后取整: 407 965 132 460 993
27 105 378 940 222 692 851 506 999 2 10 41
159 535 994 21 84 309 855 495 998 2 9 36
141 484 998 5 22 8 32 874 440 985 58 219
684 862 473 996 13 51 196 630 931 254 …
```

图 7-39　logistic 函数值

```
排序后的结果: 2 2 2 4 5 9 10 11 13 16 21 21
22 27 34 34 36 36 41 42 46 51 58 65 81 84
84 88 105 106 130 132 134 134 141 142 159
163 176 196 214 219 222 245 254 298 309 310
322 378 381 407 428 440 449 454 460 464 466
473 484 488 492 495 506 535 545 547 582 591
630 674 679 684 692 712 732 740 758 768 782
819 836 851 855 856 862 870 874 877 931 940
943 965 966 972 979 985 989 990 991 991 993
994 994 996 998 998 999 999 999
去重后的结果: 2 4 5 9 10 11 13 16 21 22 27
34 36 41 42 46 51 58 65 81 84 88 105 106
130 132 134 141 142 159 163 176 196 214 219
222 245 254 298 309 310 322 378 381 407 428
440 449 454 460 464 466 473 484 488 492 495
506 535 545 547 582 591 630 674 679 684 692
712 732 740 758 768 782 819 836 851 855 856
862 870 877 931 940 943 965 966 972 979 985
989 990 991 993 994 996 998 999
```

图 7-40　logistic 函数值去重、排序结果

```
import cv2
img1 = cv2.imread("lena512.bmp")
img2 = cv2.imread("lzjt.bmp")
ц=3.99
x=0.98
n1=len(img1)
n2=len(img2)
d=[0]*n2*n2
for i in range(1,n2*n2):
    x=ц*x*(1-x)
    d[i]=int(x*n1*n1)
for i in range(0,n2):
    for j in range(0,n2):
        x=int(d[n2*(i-1)+j]/n1)
        y=d[n2*(i-1)+j]%n1
        img1[x,y]=img2[i,j]
cv2.imwrite("test1.bmp",img1)
cv2.imshow("test1.bmp",img1)
cv2.waitKey(0)
```

图 7-41　随机位置替代嵌入代码

```
import cv2
img1 = cv2.imread("test1.bmp")
img2 = cv2.imread("lzjt.bmp")
ц=3.99
x=0.98
n1=len(img1)
n2=len(img2)
d=[0]*n2*n2
for i in range(1,n2*n2):
    x=ц*x*(1-x)
    d[i]=int(x*n1*n1)
    for i in range(0,n2):
        for j in range(0,n2):
            x=int(d[n2*(i-1)+j]/n1)
            y=d[n2*(i-1)+j]%n1
            img2[i,j]=img1[x,y]
cv2.imwrite("test2.bmp",img2)
cv2.imshow("test2.bmp",img2)
cv2.waitKey(0)
```

图 7-42　随机位置替代提取代码

　　总之,使用随机位置替代方法嵌入的水印具有良好的安全性、不可见性,在外观上和图像加噪难以区分,具有良好的隐蔽性。

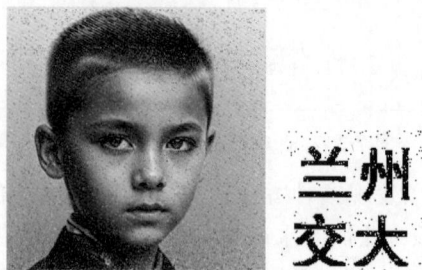

图 7-43   随机位置替代

7.2.4   明水印嵌入提取

明水印在水印嵌入时,将水印图像与载体图像进行运算,将运算结果嵌入载体图像内部。提取水印图像时,通过对含水印载体图像和原始载体图像的运算,将水印图像从含水印的载体图像内提取出来。

明水印通过水印图像与载体图像的运算实现水印图像的不可见性,完成了水印信息隐藏。明水印破坏了水印图像颜色间的相关性,更加难以发现、去除,水印的安全性更高。

灰度图像每一个像素点的取值为 $0 \sim 255$,共 256 级别,255 为白色,0 为黑色。因此每个像素可以用 8b 来表示。各个像素位置相同的位形成了一个平面,定义为位平面。图 7-44 为一幅 512×512 大小的灰度图像各个位平面。

图 7-44   载体图像的各个位平面

观察图可看到位平面 8 与原始图像最相似,改变它对原始图像影响最大;位平面 1 与原始图像最不相似,改变它对原始图像影响最小。因此定义像素的位平面 1 到位平面 8 依次为最不重要位平面到最重要位平面,二进制位越靠前则对像素点灰度的影响越大,从这点出发,考虑更改像素点灰度值最低位 LSB 来隐藏信息,这样对原图像的改变就比较小。

最原始的明水印嵌入提取算法为 LSB 算法,是一种简单而实用的信息隐藏算法。它通过对空域的 LSB 做替换实现水印图像嵌入提取,用来替换 LSB 的序列就是需要加入水印图像对应的序列。

LSB 算法把信息隐藏在图像的最低位的平面上,通过修改图像的最低有效位来嵌入隐藏信息,以达到隐藏信息的目的。由于最低有效位的变化对图像的视觉感知影响较小,因此使用这种算法可以在保证图像质量的同时实现信息的隐蔽性。

除了 LSB 算法,还有其他的隐写术可以用于信息隐藏,如 DCT 隐写、量化隐写等。这些隐写术的选择和使用,需要根据具体的应用场景和需求来进行选择和设计。同时,为了保证信息的安全性和隐蔽性,还需要考虑加密和解密的方式和算法,以防止信息被恶意获取或篡改。

对 LSB 算法的两种理解方法如下。

1. 像素替代方法

如图 7-45 所示,LSB 嵌入是使用水印图像的二值像素值(0 或 1)直接替代载体图像对应位置像素值的最低有效位(最右边的 1 位)。与此对应,LSB 提取就是直接提取载密图像相应位置像素值的最低有效位。从图 7-45 中可以看出使用这种方法嵌入的水印,提取时会存在一定误差。

Original Image Bytes	Message to hide	Embedded Image Bytes
10010010	0	10010010
01010011	1	01011111
10011011	0	10011010
11010011	0	11010010
10001010	0	10001010
00000010	1	00000011
01110010	0	01110010
00101011	1	00101011

图 7-45　LSB 像素替代

2. ±1 方法

±1 方法水印嵌入首先获取水印图像的二值像素值 p_i(0 或 1),然后根据 p_i 值将载体图像对应位置像素值±1: $p_i=0$,对应位置像素值+1; $p_i=1$,对应位置像素值-1。

与之对应的水印提取方法是求载密图像和载体图像对应位置像素值差值,若差值=1,置 $p_i=1$;若差值=-1,置 $p_i=0$。由 p 构成的矩阵即为提取水印。

对灰度水印图像,可以遍历水印图像的每一个像素,若像素值小于 125 修改为 0,大于 125 修改为 1,从而实现灰度水印二值化,将其转换为黑白水印。

使用±1 方法在载体图像左上角固定位置嵌入、提取水印对应伪代码如图 7-46、图 7-47 所示,效果如图 7-48、图 7-49 所示。大家可以尝试对载密图像进行各种攻击(处理)后提取水印,一定会有更多收获。

观察图 7-48 所示的载密图像,可以发现该种方法嵌入水印为不可见水印,隐蔽性好。在提取该方法嵌入水印时,需要原始载体图像,否则难以提取出正确的嵌入水印。

明水印具有良好的安全性、不可见性,在外观上和载体图像难以区分,具有良好的隐蔽性。

7.2.5　数字水印攻击方法

图像数字水印攻击指对载密图像进行的各种图像操作,只要操作效果能够破坏、消除或干扰数字水印提取,进而影响数字水印的检测或验证。

攻击者通常会设法找到载密图像中的水印信息,并运用一定的水印攻击方法消除或者减弱水印的存在,干扰载密图像所有者的检测,使其检测不到水印的存在,或者提取出的水印信息与原始水印相比有较大失真,从而达到攻击者非法使用或者传播该载密图像的目的。

```
import cv2
img1 =
cv2.imread("lena512.bmp",cv2.IMREAD_GRAYSCALE)
img2 =
cv2.imread("lzjd128.bmp",cv2.IMREAD_GRAYSCALE)
x=10
y=10
LSB=1
n=len(img2)
for i in range(0,n):
    for j in range(0,n):
        if (img2[i][j]==0):
            img1[x+i][y+j] = img1[x+i][y+j] +LSB
        else:
            img1[x+i][y+j] = img1[x+i][y+j] -LSB
cv2.imwrite("demo1.bmp",img1)
cv2.imshow("demo1.bmp",img1)
cv2.waitKey(0)
```

图 7-46　水印嵌入伪代码

```
import cv2
img1 = cv2.imread("lena512.bmp",cv2.IMREAD_GRAYSCALE)
img2 = cv2.imread("demo1.bmp",cv2.IMREAD_GRAYSCALE)
img3 = cv2.imread("demo1.bmp",cv2.IMREAD_GRAYSCALE)
n=len(img3)
for i in range(0,n):
    for j in range(0,n):
        img3[i][j]=img2[i][j]-img1[i][j]
cv2.imwrite("demo2.bmp",img3)
cv2.imshow("demo2.bmp",img3)
cv2.waitKey(0)
```

图 7-47　水印提取伪代码

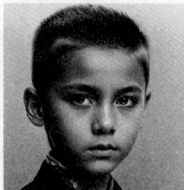

图 7-48　明水印嵌入 LSB＝1　　　　　图 7-49　明水印提取 LSB＝1

　　数字水印技术要求应用的水印嵌入提取算法具有较强的鲁棒性,能够抵抗各种不同的攻击或者处理操作。在水印嵌入提取算法投入应用之前,通常会进行一定的攻击测试,并根据攻击测试的结果对该算法进行改进,提高算法的鲁棒性以及可行性。因此我们研究图像数字水印攻击目的是提高已有水印嵌入提取算法的鲁棒性及可行性,探索提出新的鲁棒性以及可行性更好的水印嵌入提取算法,实现保护载密图像知识产权。

(1) 根据操作目的,可将图像数字水印攻击分为有意攻击和无意攻击两类。

① 有意攻击。非法用户(攻击者、盗版者)以影响水印的检测或验证为目的对载密图像进行的主动操作,称为有意攻击。

有意攻击直接影响水印的嵌入和提取过程,降低水印的鲁棒性和不可见性。

② 无意攻击:合法用户(所有者、使用者)以正常使用载密图像为目的对载密图像进行的正常图像操作,如果操作影响数字水印的检测或验证,这类图像正常处理操作就称为无意攻击。

对载密图像的操作必然会影响载密图像的部分像素值,进而影响数字水印的检测或验证。判断操作属于正常操作还是无意攻击的标准是操作影响数字水印正常提取的阈值大小,超过阈值为无意攻击,否则属于正常操作。

无意攻击间接影响水印的嵌入和提取过程,降低水印的鲁棒性和不可见性。

(2) 根据水印技术分类,水印攻击可分为三类:消除攻击、表达攻击、协议攻击。

① 消除攻击:以将水印信息完全消除为目的进行的攻击。

主要采用以下几种图像处理技术:有损压缩、解调攻击、统计平均。

- 有损压缩。这是最常见的一种攻击方法,其主要思想是利用 JPEG、MPEG 等多媒体压缩算法对载密图像作压缩处理。经过有损压缩的载密图像通常会删除一些冗余信息。由于一些高频内容对视觉影响较小而被当作冗余内容的删减,数字媒体中嵌入的数字水印会很容易被删掉或者被极大减弱。
- 解调攻击。各种常见的滤波攻击的总称,如高斯滤波、均值滤波、中值滤波等,它对水印危害较大。
- 统计平均。统计平均主要运用统计数学的理论知识。攻击者从数量较多的载密图像数据中选取少许互不相干的个体,并对它们进行统计平均处理,从而得到水印信号的估计,进而消除水印。

② 表达攻击:主要破坏数字水印的检测。通过对载密图像数据进行几何攻击、抖动攻击、重构滤波,使得用户检测失效或检测结果有误。

- 几何攻击经常被一些破坏者用来对数据媒体对象进行非法的形变处理,如比例缩放、旋转、剪切。
- 抖动攻击是指在嵌有水印的载体上增加一个抖动信号,破坏水印定位过程。
- 重构滤波在不破坏数据媒体的前提下,改变嵌入的数字水印信息,使得用户检测不出水印或检测的水印信息无效。

③ 协议攻击:主要通过干扰水印检测过程来实现,使检测到的水印有误或者不能确定其版权,给数据的拥有者及盗版者带来版权纷争。

可以将协议攻击分为以下三种。

- 解释攻击主要针对水印技术不健全的情况,每个人都可以对其使用的载密图像版权进行解释性申明。如水印为一无特定含义的字符串,各人可以对其有不同的解释。
- 复制攻击主要通过利用某种方法估算出嵌入载体数据中的水印,而后将其嵌入另一个载体数据对象中。在嵌入的过程中通常采用自适应的方法以保证目标载体数据的质量。

- 合谋攻击是运用一定的技术对多个嵌有不同水印的相同载体数据的多个副本进行分析和处理,通过平均计算构造出合法的水印副本,从而删除水印。

【例 7-2】 图像镜像攻击编程示例

(1) 使用 LSB 算法,将水印图像(图 7-29,32×32)嵌入载体图像(图 7-26,128×128)正中心位置得到载密图像(图 7-25)。

解：
```
img1 = cv2.imread("lena.bmp".cv2.IMREAD_GRAYSCALE)
img2 = cv2.imread("wmA.bmp".cv2.IMREAD_GRAYSCALE)
x = (len(img1) - len(img1))/2
y = (len(img1) - len(img1))/2
for i in range(0,len(img2)):
    for j in(0,len(img2));
        if(img2[i][j] === 0);
            img1[x + i][y + j] = img1[x + i][y + j] + 1
        else:
            img1[x + i][y + j] = img1[x + i][y + j] - 1
cv2.imwrite("lenaA.bmp".img1)
```

(2) 对载密图像(图 7-25)进行水平镜像攻击得到图 7-23,从图 7-23 中提取水印图像。

解：
```
img2 = cv2.imread("lena.bmp".cv2.IMREAD_GRAYSCALE)
img3 = cv2.imread("lena.bmp".cv2.IMREAD_GRAYSCALE)
n = len(img3)
for i in range(0.n):
        for j in range(0,n):
            img3[i][j] = img2[i][n - j - 1]
cv2.imwrite("demo.bmp".img3)        //载体镜像　载密镜像也可以
img1 = cv2.imread("demo.bmp",cv2.IMREAD_GRAYSCALE)
img2 = cv2.imread("lenaB.bmp",cv2.IMREAD_GRAYSCALE)
img3 = cv2.imread("lenaB.bmp",cv2.IMREAD_GRAYSCALE)
n = len(img3)
for i in range(0,n):
    for j in range(0,n):
        img3[i][j] = img1[i][j] - img2[i][j]
        if(img3[i][j] == - 1)
        img3[i][j] = 0
cv2.imwrite("wmB.bmp",img3)
```

(3) 计算提取水印和水印图像的汉明距离 H。

使用图 7-35 代码可计算出 H=68,小于阈值 100,说明提取水印有效。

(4) 分析 LSB 方案对保护数字图像版权的潜在影响。

LSB 方案通过修改载体图像的最低有效位,对原有图像像素值改变微小,不易被用户直观察觉,能够实现数字水印的不可见嵌入;不破坏像素统计规律,能够有效抵抗统计攻击,有效保护载体图像的版权。

通过对使用 LSB 方案的多个载密图像进行图像分析,可以发现水印的嵌入位置等信息,方案的隐藏效果存在改进空间;使用图像加噪、旋转等攻击方式,可以破坏从载密图像中提取数字水印,方案鲁棒性(抗攻击性)较差。

7.3　数　字　指　纹

7.3.1　ECFF 编码

I 码生成容易,可容纳用户数理论上不受限制;CFF 编码具有码距大、抗干扰能力强的优势,能够有效缩减编码长度,因此结合两者优点提出的 CFF 码和 I 码级联编码是一种抗干扰能力强且编码空间大,能同时抵抗与合谋、或合谋等多种合谋攻击,有效跟踪合谋用户的指纹编码,称为扩展 CFF(eextension CFF,ECFF)编码。

级联码由内码和外码两级编码组成,内码决定追踪能力,外码决定追踪效率。将 CFF 码作为内码,I 码作为外码进行级联编码。新编码提高了编码效率,降低了编码难度,具有抗干扰能力强且编码空间大、能够抗击 r 个用户合谋攻击,对分发人数无限制的优势;能同时抵抗与合谋、或合谋等多种合谋攻击,具有良好的抗合谋性能;能有效跟踪到合谋用户的指纹编码,确定叛逆者。

1. ECFF 编码算法

(1) 选定编码元素集合 x、最大抗合谋人数 r,设计 $r\text{-}CFF(n,t)$ 区组集合 f,得到区组数 t。

(2) 根据分发的用户总数 N,计算 $m=N/t$ 向上取整作为 I 码的大小。例如,$N=48$,使用 2-CFF(12,16),I 码大小 $m=48/16=3$。

(3) 构造一个 $m\times m$ 的单位矩阵,扩展每个码字为 $t\times n$ 的子阵。其中码比特 1 扩展为全 1 的 $t\times n$ 子阵,码比特 0 扩展为全 0 的 $t\times n$ 子阵。

(4) 将扩展矩阵对角线上全 1 的 $t\times n$ 子阵替换为由 CFF 设计生成的 $t\times n$ 的关联矩阵 M,生成级联编码关联矩阵 T。

$$T=\begin{bmatrix} M(t,n) & 0(t,n) & \cdots & \cdots & 0(t,n) \\ 0(t,n) & \cdots & \cdots & \cdots & \cdots \\ \cdots & \cdots & M(t,n) & \cdots & \cdots \\ \cdots & \cdots & \cdots & \cdots & \cdots \\ 0(t,n) & \cdots & \cdots & 0(t,n) & M(t,n) \end{bmatrix}(m\times t,m\times n)$$

$$R=\begin{bmatrix} C(t,n) & 1(t,n) & \cdots & \cdots & 1(t,n) \\ 0(t,n) & \cdots & 1(t,n) & \cdots & \cdots \\ \cdots & 0(t,n) & C(t,n) & 1(t,n) & \cdots \\ \cdots & \cdots & 0(t,n) & \cdots & 1(t,n) \\ 0(t,n) & \cdots & \cdots & 0(t,n) & C(t,n) \end{bmatrix}(m\times t,m\times n)$$

(5) 将 T 中各 $M(t,n)$ 子块及各 $M(t,n)$ 子块右侧的所有 $0(t,n)$ 子块的元素取反,产生级联编码码字矩阵 R。

R 中任意两行都是不相同的,这保证了 R 中每一行码字都可以作为一个身份的认证信息(指纹编码),它们具有和 $r\text{-}CFF$ 设计相同的抗合谋性质,能有效抵抗合谋攻击。

由上述方法产生的级联编码用户容量为 $m\times t$,码字长度为 $m\times n$,编码效率 $\eta=(m\times t)/(m\times n)=t/n$。这说明级联编码的编码效率实际上等同于嵌入的 CFF 码的编码效率。

因此采用容易构造的小参数 CFF 码作为内码,然后与外码 I 码级联就能构建容纳大用户数的级联编码,有效降低编码构造复杂性,并且用户数理论上不受限制,比单纯的 CFF 码更加高效。

(6) 为进一步有效抵抗平均合谋攻击,使用编码扩展技术对码字矩阵 $\boldsymbol{R}$ 进行级联编码扩展:用序列 10 和 01 对 $\boldsymbol{R}$ 所有 $\boldsymbol{C}(t,n)$ 块中的 1 和 0 进行扩展为 $\boldsymbol{C}(t,2n)$,并且对 $\boldsymbol{R}$ 中每个扩展前的 $\boldsymbol{C}(t,n)$ 块左边的 $0(t,n)$ 块扩展为 $0(t,2n)$,右边的 $1(t,n)$ 块扩展为 $1(t,2n)$,得到最终码字矩阵 $\boldsymbol{C}$。

$$
\boldsymbol{C}=\begin{bmatrix}
\boldsymbol{C}(t,2n) & 1(t,2n) & \cdots & \cdots & 1(t,2n)\\
0(t,2n) & \cdots & 1(t,2n) & \cdots & \cdots\\
\cdots & 0(t,2n) & \boldsymbol{C}(t,2n) & 1(t,2n) & \cdots\\
\cdots & \cdots & 0(t,2n) & \cdots & 1(t,2n)\\
0(t,2n) & \cdots & \cdots & 0(t,2n) & \boldsymbol{C}(t,2n)
\end{bmatrix}(m\times t,2m\times n)
$$

$\boldsymbol{C}$ 中元素具有规律性:CFF 子块同时含有码比特 0 与码比特 1;1 子块不含码比特 0;0 子块不含码比特 1。因此通过对 0 与 1 同时出现区域的定位就可以确定 CFF 子块在级联码中的位置。具体实例如图 7-50 所示。

```
100101010110010101011001   111111111111111111111111
100101010101100101100101   111111111111111111111111
011001011001010101011001   111111111111111111111111
011001010101100101010110   111111111111111111111111
010110011001010101100101   111111111111111111111111
010110010110010110010101   111111111111111111111111
011001100101010110010101   111111111111111111111111

000000000000000000000000   101010010101010101010101
000000000000000000000000   010101101010010101010101
000000000000000000000000   010101010101101010010101
000000000000000000000000   010101010101010101101010
000000000000000000000000   100101011001010110010101
000000000000000000000000   011001010110010101100101
000000000000000000000000   010110010101100101011001
```

图 7-50　码字矩阵左上角内容

2. ECFF 检测算法

(1) 确定编码所在 CFF 子块位置。根据 $\boldsymbol{C}$ 中元素规律性可知:每条指纹编码含有 0 的个数是 CFF 码字长度 n 的倍数,所以统计 0 的个数后,对 $2n$ 进行整除向上取整,就得到编码所在块的位置。如图 7-49 最后一行指纹:

000000000000000000000000 010110010101100101011001 中 0 的个数为 36,$n=12$,所以该指纹所在 CFF 编码块位置为 2。

(2) 确定合谋用户。在 CFF 子块中任意不大于 r 个用户合谋产生的向量都是唯一的,因此确定 CFF 子块位置后,对指纹特征码字位置进行跟踪便可检测出参与合谋的用户。

具体做法为:从数据库中取出具有相同 CFF 编码的所有指纹,逐条计算指纹与被追踪指纹的汉明距离,找到具有汉明距离最小的指纹认定为叛逆者指纹。

显然级联编码检测实质是 CFF 编码检测,由于级联编码使用的 CFF 编码码长较短,因此特征编码集存储、检测花费的时间空间开销及运算复杂度都大大降低,具有很高的检测效率。

7.3.2　数字档案盗版追踪系统

抗合谋数字指纹能够从多用户合谋伪造数字档案中准确识别出参与者,为追踪溯源非法使用者提供不可抵赖法律数字取证证据,保护数字资源信息安全。将 ECFF 编码应用于解决数字档案分发控制和用户身份真实性保护,设计开发了数字档案盗版追踪系统。系统总体流程如图 7-51 所示。

（1）数字指纹初始化。数字指纹服务器 fs(fingerprinting server)使用 ECFF 编码方法生成 ECFF 数字指纹集,独立保存指纹生成参数,确保不知道参数条件下难以伪造数字指纹。

（2）合法用户注册。用户 ID_i 登录注册,fs 为每个用户分配唯一 ECFF 数字指纹 f_i 标识用户 ID_i,fs 使用私钥 K_{sfs} 签名 ID_i 发送 $K_{pdas}(K_{sfs}(ID_i))$ 给用户 ID_i,公钥 K_{pfs} 加密 f_i 发送

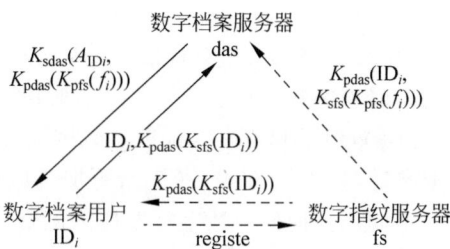

图 7-51　系统总体流程

$K_{pdas}(ID_i,K_{pfs}(f_i))$ 给数字档案服务器 das(digital archives server)。

使用 $K_{pdas}(M)$ 加密数据 M 的目的是保证数据传输的机密性。

用户 ID_i 没有解密 K_{pdas} 对应的私钥 K_{sdas},所以不能独立伪造 $K_{pdas}(K_{sfs}(ID_i))$ 假冒用户 ID_i,即 $(ID_i,K_{pdas}(K_{sfs}(ID_i)))$ 和 $(ID_i,K_{pdas}(K_{sfs}(ID_i)))$ 虚假对应关系不成立;用户 ID_i 保存 $K_{pdas}(K_{sfs}(ID_i))$ 作为凭证防止 fs 否认用户 ID_i 已注册。

das 使用私钥 K_{sdas} 解密 $K_{pdas}(ID_i,K_{sfs}(K_{pfs}(f_i)))$ 存储 $(ID_i,K_{pfs}(f_i))$ 的对应关系,但不知道 f_i 的具体值,确保只有 fs 独立保存有 (ID_i,f_i) 的对应关系,保证 das 不能独立伪造 f_i 和 $K_{pfs}(f_i)$。

用户注册为一次性工作,注册完成后,fs 与 das、ID_i 之间不再进行信息交换,有利于数字指纹保密和减轻 fs 的工作负荷。

fs 的作用类似 CA,作为第三方进行用户身份认证,确保用户身份真实性;预防数字档案管理方诬陷用户,辅助实现盗版追踪。

das 的作用是进行数字档案的日常维护管理,进行数字指纹的嵌入提取。

（3）das 实时记录数字档案生命周期全过程中的每一个操作(包括操作人、操作内容、日期时间等信息)。

用户 ID_i 向 das 申请使用特定数字档案 A,das 使用私钥 K_{sdas} 和 fs 的公钥 K_{pfs} 先后解密 $K_{pdas}(K_{sfs}(ID_i))$,判断 $K_{pfs}(K_{sdas}(K_{pdas}(K_{sfs}(ID_i)))) = ID_i$ 等式是否成立,验证用户 ID_i 身份真实性。等式不成立则拒绝分发数字档案 A;成立则选择嵌入参数将 ID_i 对应的 $K_{pfs}(f_i)$、时间戳等嵌入数字档案 A 生成 A_{IDi},然后使用 das 私钥 K_{sdas} 签名生成 $K_{sdas}(A_{IDi},K_{pdas}(K_{pfs}(f_i)))$ 发送给用户 ID_i。

该步骤进行了用户 ID_i 的身份认证,保证了 das 分发给用户 ID_i 的每个数字档案 A_{IDi} 中都嵌有密文状态的唯一 ECFF 数字指纹 $K_{pfs}(f_i)$。

用户 ID_i 收到的 $K_{sdas}(A_{IDi},K_{pdas}(K_{pfs}(f_i)))$ 保证了 das 不能否认生成、发送过 A_{IDi},不能否认存在 $(A_{IDi},K_{pdas}(K_{pfs}(f_i)))$ 对应关系。

（4）发现非法使用数字档案 A_{IDj},司法部门要求 das 从 A_{IDj} 中提取 $K_{pfs}(f_j)$,计算 $K_{pfs}(f_j)$ 与指纹数据库中存储的 $(ID_j,K_{pfs}(f_j))$ 的余弦相似度,认定相似度最小的数字指纹对应用户为非法使用者 ID_j,提交 $(ID_j,K_{pfs}(f_j))$;司法部门要求 fs 对非法使用者 ID_j 进行身份认证,根据 das 提供的 $(ID_j,K_{pfs}(f_i))$,使用私钥 K_{sfs} 解密 $K_{pfs}(f_i)$ 获得唯一

ECFF 数字指纹 f_i，比较(ID_j, f_i)与 fs 中存储的(ID_j, f_i)是否一致，一致则可确定非法使用者 ID_j，否则需要进一步收集证据；司法部门以($A_{IDj} \rightarrow K_{pfs}(f_i) \rightarrow f_i \rightarrow ID_j$)关联关系作为数字证据实现追踪非法使用者 ID_j。

协议规定了 das、fs、U_i 三方相互制约关系，要求至少有两方参与才能实现 ECFF 嵌入提取，体现了协议的非对称性。das 独立存储嵌入提取参数，实现嵌入提取功能，但无法独立伪造嵌入的数字指纹 $K_{pfs}(f_i)$，所以不可能独立生成正确的 A_{IDi}；fs 知道($K_{pfs}(f_i) \rightarrow f_i \rightarrow ID_j$)，但不知道嵌入提取参数因而无法进行正确的 ECFF 嵌入提取；U_i 既不知道嵌入提取参数，也不知道 $K_{pfs}(f_i)$，更加难以伪造 A_{IDj}。

不同用户向同一数字档案嵌入的数字指纹虽然不同，但数字指纹嵌入位置是相同的，因此多个不同用户比较相同数字档案多个版本的不同之处就可发现数字指纹嵌入可探测位，进而移除或修改可探测位的值，改变嵌入数字指纹序列生成新数字档案。

系统提取盗版作品嵌入的用户指纹追踪盗版的来源，实现对叛逆者进行追踪，为依法审判叛逆者提供法律依据，使其受到相应法律制裁，对非法复制数字档案起到法律惩罚、震慑作用，从而起到数字版权保护作用。

系统采用离散余弦变换和离散小波变换相结合的方法嵌入提取指纹，保证指纹具有良好的不可感知性和稳健性。指纹在音频中的嵌入位置由嵌入时随机参数确定，增加了指纹破解的难度。

测试结果表明，各种合谋攻击后提取的指纹编码匹配率均在 80% 以上，未发生误判、漏判现象。说明 ECFF 编码能较好地抵抗多种合谋攻击，有效追踪叛逆者。

例如，指纹 1(3,7,11)1001 0101 1010 1110 0110 0111 1010 1001 1001 0110 1110 1101 和指纹 2(4,8,12) 1001 1010 1010 0001 0110 1000 1010 1001 1001 0110 1110 1101 测试结果为：

提取的与合谋结果为 1001 0000 1010 0000 0110 0000 1010 1001 1001 0110 1110 1101；

提取的或合谋结果为 1001 1111 1010 1111 0110 1111 1010 1001 1001 0110 1110 1101；

提取的平均合谋结果为 1001 0000 1010 0000 0110 0000 1010 1001 1001 0110 1110 1101。

表 7-2 为计算的合谋指纹匹配率，判定匹配率大的指纹对应叛逆者。

表 7-2　合谋指纹匹配率

合谋类型	与指纹 1 匹配率	与指纹 2 匹配率
与合谋	83.3%	91.6%
或合谋	91.6%	83.3%
平均合谋	83.3%	91.6%

7.4　数据库数字水印

数据库存储的数据资源中蕴藏了巨大的社会价值和经济价值，其知识产权受法律保护。数据库盗版行为严重损害数据库所有者的知识版权和社会信誉，给数据库所有者造成了巨大经济损失，已引起世界各国的高度重视。

数据库数字水印能够以高概率判别盗版数据库版权归属,保护数据库知识版权,是国际上公认解决数据库版权问题的有效方法。作为一种新型数据库数字水印形式,数据库零水印通过随机提取宿主数据库数据特征生成数字水印,保存于第三方认证中心;检测时通过从待检数据库中提取数字水印,与认证中心存储的数字水印相比较判断数据库版权归属。

数据库零水印具有零嵌入和不可见的优点。零嵌入解决了嵌入式数据库水印因修改宿主数据库数据嵌入水印信息导致的数据误差问题,保证了数据库数据的可用性和准确性;不可见实现了数据库零水印信息隐藏,解决了水印信息可见性和安全性的矛盾,保证了数据库零水印的安全性。因此数据库零水印是数据库水印发展的方向。

数据库零水印形式上是二进制序列,因而存在如下不足。

(1) 缺乏直观、明确的含义,需要进一步与版权信息建立关联,才能实现数据库版权保护,否则水印二进制序列可能形成二义性从而导致版权死锁,进而引起版权纠纷。这严重制约着数据库零水印的应用,是数据库零水印研究需要解决的关键问题。

(2) 二进制取 0 或 1 的概率各为 50%,因而修改或删除水印对检测结果的影响仅为实际影响的 50%,检测结果的匹配率偏高,可信度偏低,需要采取措施增加检测结果的可信度。

7.4.1　零宽度不可见字符

如图 7-52 所示,在 Word 2003 文档的"实例"两字中间输入一个零宽度不可见字符(zero width joiner,ZWJ),其 Unicode 编码为 200C。方法是将光标移到"实例"两字中间,输入 200C 后按 Alt+X 组合键,此过程中眼睛观察不到任何变化,而且加入该字符前后字数统计没有变化(同为 12),证明该字符宽度为零,实现了"零"嵌入。

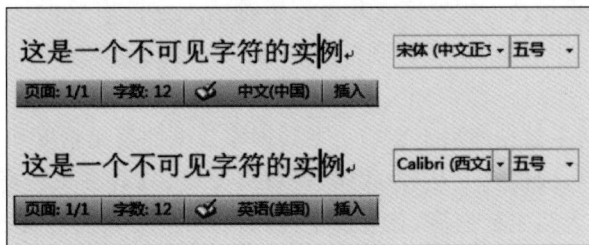

图 7-52　ZWJ 具有零宽度和不可见双重属性

接下来将光标移到"实例"两字左边,屏幕显示字体是宋体;按一次右箭头键,光标右移到"实例"两字中间,屏幕显示字体仍为宋体;再按一次右箭头键,会发现光标没有移动(因为零宽度),但是屏幕显示字体却变为了 Calibri;继续按一次右箭头键,光标右移到"实例"两字右边,屏幕显示字体重新变回宋体。

这个实验证明"实例"两字中间确实存在一个具有字符宽度为零、不可见双重特性的字符,进一步实验可证明该字符对 Word 文档所有排版属性均无任何影响。

类似地可使用以下程序选取数据库中某一特定记录,在其中任意字符型数据的任意位置插入 ZWJ 作为数字水印,结果如图 7-53 所示。

```
string str = "";
OleDbConnection con = new OleDbConnection(@"Provider = Microsoft.Jet.OleDb.4.0; Data Source = " +
"E:\\my.mdb");
con.Open();
```

```
string sql = "select [地址] from my where id = 3";
OleDbCommand cmd = new OleDbCommand(sql,con);
OleDbDataReader read = cmd.ExecuteReader();
if(read.Read())      str = read.GetValue(2).ToString();
Console.WriteLine(str);
read.Close();
char s = (char)(8202);
//8202 是十进制,对应十六进制是 200A
str = str + s;                //在指定字符串最后加入 ZWJ
string sql1 = "update my set [地址] = \" + str + "\"
where [id] = 3";
OleDbCommand cmd1 = new OleDbCommand(sql1, con);cmd1.ExecuteNonQuery();
```

Id	姓名	年龄	地址	成绩
1	张默末	54	深圳市福田区34号	87
2	李婷婷	48	华尔街21号●	22
3	马晓霞	22	香港英皇道193-209	15
4	李丽倩	59	北京市海淀区蓝旗营教师住宅小区10-39	

图 7-53　ZWJ 嵌入数据库

这个实验证明由于 ZWJ 宽度为零、不占位置、不可见,以 ZWJ 作为水印符号嵌入数据库字符型字段,对原有字符型数据的字符串长度等任何属性无影响,因此从用户的角度来看该水印是不可见的,满足数据库零水印具有不可见和零宽度的本质特征,属于数据库零水印的范畴。

据此可将数据库零水印概念从"不嵌入数字水印到宿主数据库"扩展为"允许嵌入 ZWJ 到宿主数据库"。

数据库零水印概念的扩展:实验发现 Unicode 编码为 2000 至 200F 的多个字符同时具有零宽度和不可见双重特性。零宽度意味着该字符插入字符串后,不会改变原字符串长度等任何属性,不会引起用户警觉,可实现"零"嵌入;不可见意味着该字符仅能被计算机识别,眼睛很难察觉。

由于 ZWJ 嵌入宿主数据库后不影响宿主数据库数据的使用精度和可用性,不会引起数据误差,具有不可见性,因此以 ZWJ 为载体,将具有明确、直观含义的商标图案等版权图像作为水印不可见地嵌入宿主数据库,具有安全性和隐蔽性,可解决传统数据库零水印具有二义性可能形成版权死锁进而引起版权纠纷的关键问题,是对数据库零水印的一大创新突破,可成功实现数据库零水印的盲检,增强数据库版权保护的强度和实用性。

以 ZWJ 为载体,将具有明确、直观含义的商标图案等版权图像作为数字图像水印不可见地嵌入宿主数据库,创新和实现了基于 ZWJ 的数据库版权图像零水印算法,扩展了数据库零水印概念,解决了传统数据库零水印具有二义性可能形成版权死锁进而引起版权纠纷的关键问题;通过对字符型数据求其 Unicode 编码和后提取特定二进制位作为传统数据库零水印,解决了如何有效利用非数值型数据构造数据库零水印这一数据库零水印难点问题;通过采用汉明码构造校验矩阵对检测结果进行纠错、对检测结果多数表决等方法进一步提高检测结果的可信度。

7.4.2　基于 ZWJ 的版权图像数据库零水印算法

为了增强版权图像的抗攻击性,在版权图像数据库零水印构造时对版权图像先进行了预处理——位交换和纠错编码;相应地在版权图像数据库零水印检测时,对检测出的版权图像需要进行解预处理才能得到最终的检测版权图像。

版权图像数据库零水印嵌入算法步骤如下。

(1) 生成版权图像虚拟矩阵。获取版权图像像素矩阵,存为数组 bufPic,选择每 4 位作为一个虚拟像素,存为数组 $C(x,y)$。

(2) 位交换。顺序取 $C(x,y)$ 之值,若 $x+y$ 为偶数,先将 $C(x,y)$ 之值首末位交换,然后每一位和 $Sp(x+y+L)$ 异或;若 $x+y$ 为奇数,先将 $C(x,y)$ 之值每一位和 $Sp(x+y+L)$ 进行异或,然后将 $C(x,y)$ 首末位交换。位交换后的图像虚拟像素矩阵,存为数组 $B(x,y)$。$L \in [0,3]$。

(3) 产生校验矩阵。顺序取 $B(x,y)$ 之值依次记为 (x_3,x_4,x_5,x_6),用 $x_0=x_3 \oplus x_5 \oplus x_6$,$x_1=x_3 \oplus x_4 \oplus x_5$,$x_2=x_4 \oplus x_5 \oplus x_6$ 计算 3 位校验码 (x_0,x_1,x_2),然后使用偶校验的奇偶校验码生成 x_7,以 (x_0,x_1,x_2,x_7) 4 位一组构成对应的校验矩阵。

(4) 标记水印位置。使用混沌参数生成混沌序列,通过去重、数据库容量扩展后选取字符型字段作为水印嵌入位置,记为数组 S。

(5) 异或操作。从宿主数据库中依次提取 $S[i]$ 标记位置的字段值,写入 info[i]。按照传统数据库零水印嵌入算法,将 info[i] 转换成二进制,提取第 β 位记为 $d[i]$。将 bufPic[i] 与 $d[i]$ 异或后的值写入 bufPic[i]。

(6) 嵌入 ZWJ。依次从宿主数据库中提取与 $S[i]$ 标记位置对应的 info[i]、bufPic[i]。若 bufPic[i] 值为 0,在对应 info[i] 中加入 Unicode 编码为 200C 的 ZWJ;若 bufPic[i] 值为 1,在对应 info[i] 中加入 Unicode 编码为 200D 的 ZWJ。然后将更新后的 info[i] 写回宿主数据库。

图 7-54(a) 是原始水印(版权图像);图 7-54(b) 是位交换后所得原始水印,即实际嵌入水印。可看到实际嵌入水印像素分布比较均匀、无明显分布规律,与原始水印图像不存在明显关联,已不能分辨出原始水印信息。

本算法使用混沌函数标记水印嵌入位置,因而水印序列具有随机性,破解难度较大。即使水印序列得以破解,提取得到的水印也是如图 7-54(b) 所示的实际嵌入水印,还需位交换才能恢复出如图 7-54(a) 所示的原始水印图像,因此算法安全性较好。

由算法可知,位交换后水印位置信息与图像像素已不存在一一对应关系,水印位置信息不会直接暴露给用户,这就使得嵌入数据库中的水印位置不易发现,增加了破解难度。表现为当进行子集删除攻击等性能测试时,提取的水印会出现如图 7-54(c) 所示随机干扰黑点。图 7-54(d) 是全删除水印后提取的图像,为黑白交错样式。

(a) 原始水印　　　(b) 实际嵌入水印　　　(c) 部分攻击后　　　(d) 全删除攻击后
　　　　　　　　　　　　　　　　　　　　提取的水印　　　　提取的水印

图 7-54　嵌入和提取的水印

由于混沌函数的随机性,使得不同图像、同一图像使用不同参数时加密的结果均具有随机性,攻击者无法实现已知选择明文攻击,伪造参数完全一致的版权图像嵌入数据库。因此算法实现了对版权图像加密的目的,提高了算法的安全性。

版权图像零水印检测算法与嵌入算法类似,故不再详述。检测时为了能够在受到各种攻击后有效提高版权图像检测匹配率和检测结果的可信度,引入校验矩阵对提取版权图像像素矩阵进行纠错。

纠错方法为顺序取每一个虚拟像素 $B(x,y)$,其 4 位值依次记为 (x_3, x_4, x_5, x_6),对应取校验矩阵的 4 位作为 (x_0, x_1, x_2, x_7),用 $y_0 = x_3 \oplus x_5 \oplus x_6 \oplus x_0$,$y_1 = x_3 \oplus x_4 \oplus x_5 \oplus x_1$,$y_2 = x_4 \oplus x_5 \oplus x_6 \oplus x_2$ 分别计算异或的结果,依次记为 (y_0, y_1, y_2),然后按表 7-3 对 4 位像素位 (x_3, x_4, x_5, x_6) 进行纠错,对 3 位校验位 (x_0, x_1, x_2) 则不做任何处理。

表 7-3　校验码纠错方法

y_0, y_1, y_2	错误位置	处理方法
110	x_3	x_3 取反
011	x_4	x_4 取反
111	x_5	x_5 取反
101	x_6	x_6 取反

某次加入校验矩阵前后版权图像匹配率对比实验结果如表 7-4 所示。

表 7-4　加入校验矩阵前后版权图像匹配率比较

α	5%	10%	15%	20%	25%
ρ_2	96.97%	95.41%	92.48%	86.62%	78.20%
加入校验矩阵后提取版权图像					
ρ_2	95.31%	90.43%	86.82%	82.23%	73.63%
未加入校验矩阵提取版权图像					

实验结果证明加入校验矩阵后提取的版权图像效果明显好于未加校验矩阵所提取的版权图像,如更改比例 $\alpha = 25\%$ 时,采用校验矩阵提取的版权图像的匹配率 $\rho_2 = 78.20\%$,而未采用校验矩阵提取的版权图像匹配率 $\rho_2 = 73.63\%$,图像的匹配率提高了 5.57%。

统计多次实验结果表明:纠错后可提高版权图像检测匹配率 6% 左右,有效增加了检测结果的可信度。

7.4.3　双重数据库零水印模型

将具有直观性的版权图像数据库零水印和反映数据库数据特征但无明确意义的传统数据库零水印通过共用一组混沌参数建立起关联,构造了双重数据库零水印系统实现数据库版权保护。系统模型如图 7-55 所示,由零水印嵌入/构造、零水印注册、零水印检测 3 部分构成。

算法:对选定字符型字段求 Unicode 编码和后转换为对应二进制,对选定数值型字段直接转换为对应二进制值,然后统一根据密钥提取二进制值第 β 位生成数据库零水印。这样生成的数据库零水印具有脆弱性,可充分体现数据库数据的特征、实现篡改定位和验证数据库数据的完整性。

为了增加传统数据库零水印的安全性,对传统数据库零水印进行了二次置乱;为了提高传统数据库零水印的匹配率和可信度,使用汉明码构造校验矩阵对检测出的传统数据库零水印进行了纠错。表 7-5 是一次对比实验结果,统计多次实验结果表明,使用校验码能够提高传统数据库零水印匹配率 8% 左右。

为了增加破解难度,对初始水印序列进行了二次混沌置乱。方法是使用第二组参数 Key2 生成一组新的随机序列 $S_1[i]$,然后将初始水印 $S[i]$ 与随机序列 $S_1[i]$ 的对应位进行位交换,交换后得到的序列作为最终的传统数据库零水印。

数据库中非数值型数据主要是指字符型数据,其他非数值型数据都可转换为字符型数据或数字型数据处理。因此本算法具有普遍适用性,可扩大传统数据库零水印的适用范围,成功解决了在保证非数值型数据精度的前提下,如何构造数据库零水印的难题。

版权图像零水印算法在上一节已有介绍,这里不再介绍。

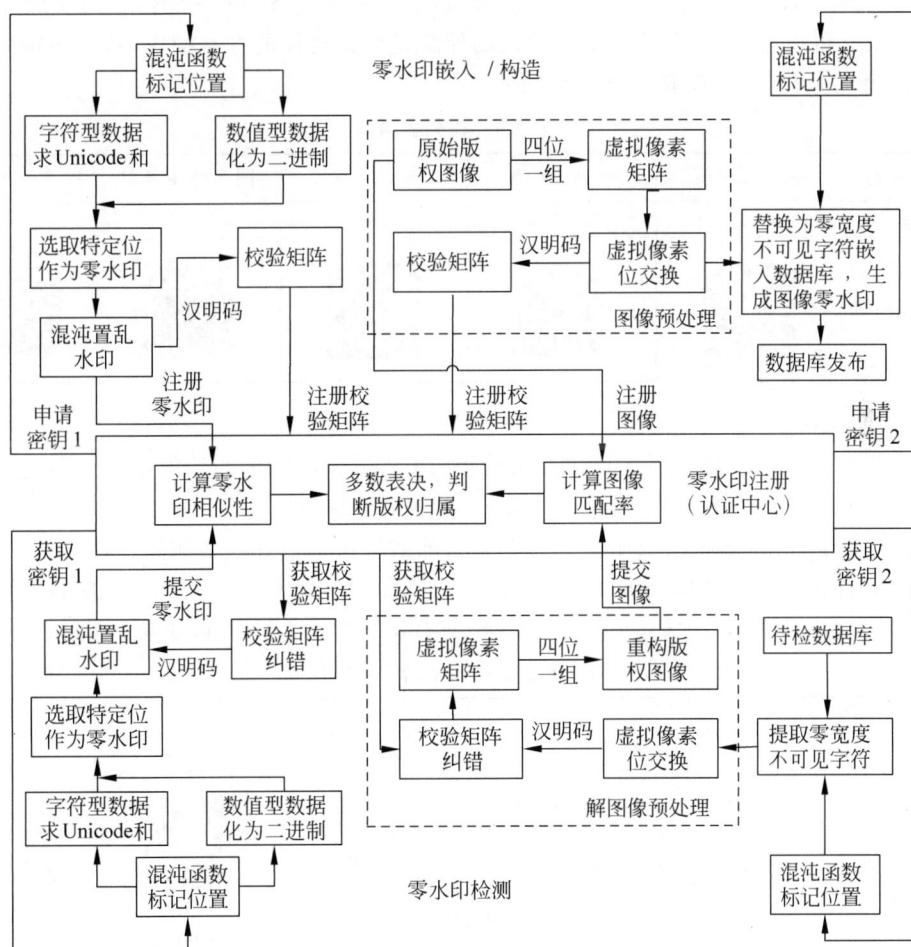

图 7-55　双重数据库零水印模型

在判断版权归属时通过采用多数表决来进一步提高检查结果的可信度。具体做法是:

(1) 传统数据库零水印匹配率、版权图像匹配率都合格,确定版权归属申请者。

(2) 传统数据库零水印匹配率、版权图像匹配率只有一个合格,版权是否归属申请者存在争议,需进行人工判断或使用其他辅助方法进一步确定版权归属。

(3) 传统数据库零水印匹配率、版权图像匹配率都不合格,确定版权不归属申请者。

表 7-5　加入校验码前后传统数据库零水印匹配率比较

删除比例 α	10%	20%	30%	40%	50%
加入校验码	100%	98.22%	96.48%	94.14%	91.31%
未加校验码	96.29%	93.16%	88.09%	85.35%	83.01%

1. 可用性测试

(1) 未受攻击：针对不同的嵌入比例,使用正确的参数进行试验,版权图像零水印都可正确检测出如图 7-54(a)所示完整的版权图像,版权图像水印匹配率、传统数据库零水印匹配率均为 100%。

(2) 误判实验：本章提出的算法对参数具有敏感性,修改单一参数后的实验结果如表 7-6 所示。可以看出,所有检测出的版权图像都是由无规律的像素构成,从中不能观察到任何有意义的版权信息,没有发生误判现象。

表 7-6　误判实验

修改参数	混沌初值	分形参数	长　度	图像混沌参数	图像分形参数
数值变化	0.8321	3.9556	180	0.8786	3.9489
提取版权图像					

2. 性能测试

对数据库的攻击以数据库的可用性为前提,因此以攻击 50% 的数据量为上限进行相关性能测试,当数据量超过 50% 后,可认为数据库已缺乏可用性。

(1) 子集删除/子集选取攻击。由表 7-7 测试结果可以看出：当删除比例 $\alpha=50\%$,即 4000 条数据库记录删除 2000 条时,传统数据库零水印的匹配率 $\rho_1=83.01\%$,版权图像匹配率 $\rho_2=82.91\%$,可辨别出版权信息。说明算法具有良好的抗子集删除/子集选取攻击的性能。

表 7-7　子集删除攻击的水印匹配率

α	10%	20%	30%	40%	50%
ρ_1	96.29	93.16	88.09	85.35	83.01
提取版权图像					
ρ_2	97.66	94.43	91.21	86.33	82.91

(2) 子集更改攻击。子集更改攻击实验采用随机选取字段的方式进行,实验结果如表 7-8 所示,可以看到：当更改比例 $\alpha=25\%$,即更改 4000 个字段时,传统数据库零水印匹配率 $\rho_1=84.38\%$,版权图像匹配率 $\rho_2=88.36\%$,可辨别出版权信息。说明算法具有良好的抗子集更改攻击的性能。

表 7-8　子集更改攻击的水印匹配率

α	5%	10%	15%	20%	25%
ρ_1	97.85%	93.16%	91.80%	90.43%	84.38%

续表

提取版权图像					
ρ_2	98.14%	97.36%	96.48%	93.75%	88.36%

（3）子集增加攻击。由于水印位置标记使用 ID 进行，ID 的唯一性原则保证了记录增加不会改变原有记录的 ID 号，因此子集增加对水印匹配率无影响，始终保持为 100%，但会增加检测时间。

版权图像数据库零水印具有良好的鲁棒性和直观性，基于混沌序列的传统数据库零水印具有良好的脆弱性，本书将两者相结合实现了基于双重数据库零水印的数据库版权保护系统，能有效提高数据库版权保护的实用性，扩大适用范围，为进一步进行数据库版权侵权追踪研究奠定了基础。

ZWJ 具有零宽度和不可见双重特征，这决定了其非常适合做数字水印，实现信息隐藏。如何在文本、图像等其他媒体中使用 ZWJ 作为数字水印进行信息隐藏，有待于进一步探讨。

习　题　7

1. 信息隐藏是（　　　　）。
2. 信息隐藏的特性为（　　　）、（　　　）、（　　　）、（　　　）、（　　　）。
3. 数字水印技术包括（　　　）、（　　　）和（　　　）3 个过程。
4. 按照水印的载体，数字水印技术可分为（　　　）、（　　　）、（　　　）、（　　　）、（　　　）、（　　　）。
5. 对数字水印的操作有（　　　）、（　　　）、（　　　）。
6. 三用户抗与合谋 I 码的编码是用户甲：011、用户乙：101、用户丙：110，其能够抗与合谋的含义是指（　　　）。例如，用户甲、乙编码与的结果是（　　　），说明（　　　）参与了与合谋。
7. 数字指纹盗版追踪模型由（　　　）、（　　　）、（　　　）3 部分构成。
8. 信息隐藏和密码学有哪些区别？
9. 信息隐藏通用模型由哪几部分组成？
10. 什么是数字水印技术？
11. 数字水印技术是如何证实该数据的所有权的？
12. 请简述数字水印技术的一般特性。
13. 数字水印按水印的可见性可分为哪些，并简述。
14. 数字水印技术有哪些应用？
15. 什么是图像数字水印？
16. 图像数字水印嵌入提取的难点有哪些？

17. 请简述明水印嵌入的一般流程。

18. 明水印图像在载体图像中的嵌入提取算法主要有哪些?

19. 数据库零水印有哪些缺陷?

20. 什么是零宽度不可见字符?

21. 在判断版权归属时采用多数表决来进一步提高检查结果的可信度,具体做法有哪些?

22. 什么是数字指纹?

23. 简述 I 码-抗合谋原理。

24. 简述 ECFF 编码算法的一般实现过程。

25. 开发数字档案盗版追踪系统的一般步骤有哪些?

26. 编程题。

(1) 提取图 2 中的水印图像,存为图 3 命名为 wm_t.bmp。

(2) 计算如图 1 所示原始水印 wm_s.bmp 与如图 3 所示提取水印 wm_t.bmp 的汉明距离。

(3) 分析该方案对保护数字图像版权的潜在影响。

　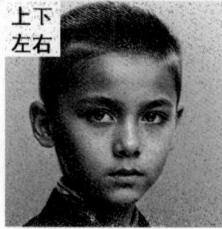　

图 1　wm_s　　　　　　　图 2　lena.bmp　　　　　　图 3　wm_t

实验 6　图像版权保护

【实验目的】

引导学生掌握经典的图像旋转、缩放、加噪算法及其实现,掌握经典的图像数字水印嵌入提取算法及其实现,感受图像数字水印在图像版权保护中的作用,培养学生编程实现完整软件系统的工程能力和综合运用所学知识的能力,提高学生学习兴趣。

(1) 自学 Open CV 中 cvGet2D() 和 cvSet2D() 函数的使用方法。

(2) 学习图像旋转、缩放、加噪的矩阵变换理论。

(3) 学习图像数字水印嵌入提取的原理。

(4) 编程实现(2)、(3)内容。按照软件工程要求设计一个完整的软件系统,图形化界面交互友好,功能完整,具有扩充性;设计表格记录实验过程提取的水印图像,计算提取水印与水印图像的汉明距离,确定攻击阈值。

(5) 讨论思考题提出的问题,给出具体解决方法,编程验证提出解决方法的可行性。(可选做)

(6) 撰写实验报告,并通过分组演讲,学习交流不同数字水印嵌入提取方法的优缺点。

【实验内容】

(1) 掌握 Open CV 中 cvGet2D() 和 cvSet2D() 函数的使用方法,实现图像与图像像素矩阵的相互转换,通过对像素矩阵进行矩阵运算实现图像旋转、缩放、加噪。

(2) 实现在载体图像左上角嵌入水印图像;从含盲水印图像提取嵌入的水印图像。

(3) 对含盲水印图像进行 $90°,180°,270°$ 旋转后提取水印图像。

(4) 对含盲水印图像依次加入 $5\%,10\%,\cdots$ 的椒盐噪声进行加噪攻击,然后提取水印图像;计算不同比例噪声下水印图像与提取水印的汉明距离,确定加噪比例阈值。

(5) 对含盲水印图像进行缩放攻击后提取水印图像。

(6) 实现在载体图像任意位置嵌入和提取水印图像;同学间交换含盲水印载体图像提取水印图像,根据成功提取出其他同学水印图像个数、提取所用时间、提取水印准确程度评定实验成绩;分析总结盲水印的优缺点。

(7) 使用 LBS 方法实现明水印的嵌入和提取,对含明水印图像进行旋转、加噪、缩放攻击,进行盲水印和明水印性能比较。

(8) 使用 logistic 随机函数生成图像嵌入位置,实现在随机载体图像位置嵌入和提取明水印,实验成绩评定方法同(6)。

(9) 自选其他方法实现明水印嵌入提取。(可选做)

【实验内容 1】　图像与图像像素矩阵的相互转换

【实验原理】

略

【实验方案】

1. 图像到图像像素矩阵的转换

(1) 将水印图像(图1)转换为类似图2的图像像素矩阵输出,对比两者说明对应关系,记录图像像素矩阵。

(2) 以自己的身份证照片为载体图像(图3),将其转换为R、G、B三个不同图像像素矩阵输出,记录3个图像像素矩阵,比较该图像像素矩阵与(1)的图像像素矩阵的不同。

2. 图像像素矩阵到图像的转换

(1) 将"1. 图像到图像像素矩阵的转换"(1)所得图像像素矩阵转换为图像输出,比较输出图像与水印图像的差异,计算两者的汉明距离。

(2) 将"1. 图像到图像像素矩阵的转换"(2)所得R、G、B三个不同图像像素矩阵相加后转换为图像输出,比较输出图像与载体图像的差异,计算两者的汉明距离。

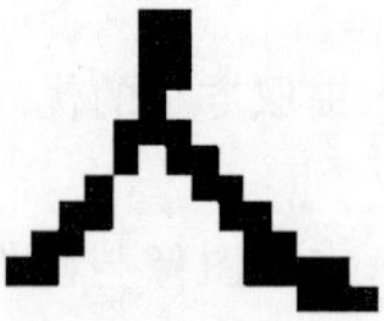

图1 水印图像

```
1 1 1 1 1 1 1 1 1 1 1 1 1 1 1 1
1 1 1 1 1 1 1 1 1 1 1 1 1 1 1 1
1 1 1 1 1 1 1 1 1 1 1 1 1 1 1 1
1 1 1 1 1 1 0 0 1 1 1 1 1 1 1 1
1 1 1 1 1 1 0 0 1 1 1 1 1 1 1 1
1 1 1 1 1 1 0 0 1 1 1 1 1 1 1 1
1 1 1 1 1 1 0 1 1 1 1 1 1 1 1 1
1 1 1 1 1 0 0 0 1 1 1 1 1 1 1 1
1 1 1 1 1 0 1 0 0 1 1 1 1 1 1 1
1 1 1 1 0 1 1 1 0 0 1 1 1 1 1 1
1 1 1 0 0 1 1 1 1 0 0 1 1 1 1 1
1 1 0 0 1 1 1 1 1 1 0 0 1 1 1 1
1 0 0 1 1 1 1 1 1 1 0 0 0 0 1 1
1 1 1 1 1 1 1 1 1 1 1 1 0 0 0 1
1 1 1 1 1 1 1 1 1 1 1 1 1 1 1 1
1 1 1 1 1 1 1 1 1 1 1 1 1 1 1 1
```

图2 图像像素矩阵

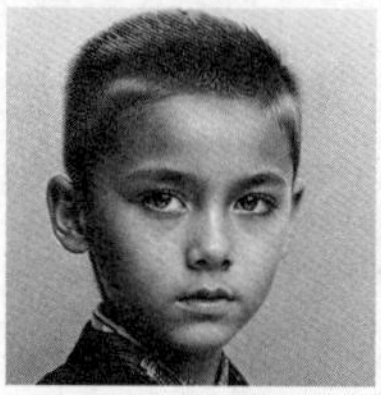

图3 载体图像

【实验内容2】 图像旋转、缩放、加噪

【实验原理】

略

【实验方案】

1. 图像旋转

编程实现载体图像(图3)进行不同角度旋转,记录输出结果到表1。

表1 不同角度图像旋转比较

	顺时针45°	顺时针90°	顺时针180°	顺时针270°
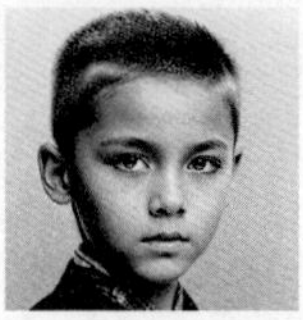				

思考题:顺时针45°旋转时会出现什么问题?如何解决?

2. 图像缩放

采用近邻取样插值法编程实现载体图像不同比例旋转,记录输出结果到表2。

表 2 不同比例图像缩放比较

	缩小 1/4	缩小 1/2	扩大 1/2	扩大 1 倍
近邻取样插值法				
二次线性插值				

思考题：二次线性插值法如何实现图像缩放？（可选做）

3．图像的加噪

采用椒盐加噪方法编程实现载体图像不同比例加噪，记录输出结果到表 3。计算加噪图像与载体图像的汉明距离填入表 3。

表 3 不同加噪比例图像比较

加 噪 比 例	5%	10%	15%	20%
加噪图像				
汉明距离				

思考题：如何确定加噪比例阈值？

【实验内容 3】

盲水印嵌入提取

【实验原理】

略

【实验方案】

1．固定位置盲水印嵌入提取

编程实现在载体图像(图 3)左上角嵌入水印图像(图 2)生成含水印图像，并对含水印图像进行旋转、缩放、加噪攻击后提取水印图像，计算提取水印图像与水印图像(图 1)的汉明距离填入表 4。

表 4 不同攻击后提取水印图像比较

攻 击 方 式	旋 转	缩 放	加 噪	旋转＋加噪
提取水印				
汉明距离				

2．随机位置盲水印嵌入提取

编程实现在载体图像随机位置嵌入水印图像生成含水印图像，并对含水印图像进行旋转、缩放、加噪攻击后提取水印图像，计算提取水印图像与水印图像的汉明距离填入表 5。

表 5 不同攻击后提取水印图像比较

攻 击 方 式	旋 转	缩 放	加 噪	旋转＋加噪
提取水印				
汉明距离				

思考题：如何使用 logistic 随机函数生成水印嵌入位置？如何保证水印嵌入位置的机密性？

【实验内容 4】

明水印嵌入提取

【实验原理】

略

【实验方案】

使用 LSB 算法编程实现在载体图像左上角嵌入水印图像生成含水印图像,并对含水印图像进行旋转、缩放、加噪攻击后提取水印图像,计算提取水印图像与水印图像的汉明距离填入表 6。

表 6　不同攻击后提取水印图像比较

攻击方式	旋　　转	缩　　放	加　　噪	旋转＋加噪
提取水印				
汉明距离				

思考题:如何使用变换域算法(DCT、DWT)实现明水印的嵌入提取?

【实验内容 5】

图像数字水印攻防对抗(可选做)

【实验原理】

图像数字水印的主要功能是标示图像版权所有者,进行图像版权保护。图像版权保护者需要保证含水印载体图像进行正常图像处理后不会破坏水印图像正确提取,经图像盗版者各种攻击后仍能准确提取出水印图像;图像盗版者为了逃避法律制裁,则会对含水印载体图像进行各种攻击,试图达到破坏水印图像正确提取的目的。两者的技术对抗必将长期存在,相互促进,不断发展。

实验通过保密水印图像嵌入位置、嵌入算法,提高水印嵌入算法的鲁棒性,公开含水印载体图像实现图像版权保护,预防盗版者破坏图像数字水印;盗版者通过不断改进攻击方法,破坏从含水印载体图像中正确提取水印图像减轻自己的罪责,逃避法律制裁。

【实验方案】

(1) 每位同学将自己的姓名制作为类似图 1 的水印图像,然后自选嵌入位置,分别选择一种盲水印嵌入方法和明水印嵌入方法实现水印图像嵌入载体图像(图 3),将含水印载体图像以学号＋A 和学号＋B 命名提交到实验网站。

要求学生不公布自己使用的嵌入算法、嵌入位置,允许学生对含水印载体图像进行各种攻击后上传,但攻击后应保证自己能够提取出可识别的水印图像,否则学生实验成绩评定为不及格。

(2) 每位同学从实验网站下载含水印载体图像,提取其中的水印图像提交到实验网站。

(3) 实验成绩根据提取正确的水印图像个数、第一次水印图像正确提交使用时间、水印图像质量排名评定。

【实验报告要求】

实验报告需要反映以下工作。

(1) 实验过程:绘制程序流程图,记录实验中遇到的问题及解决方法。

(2) 实验数据记录:记录载体图像旋转、缩放、加噪后的结果;记录进行旋转、缩放、加噪后含水印的载体图像及提取出的水印图像。

（3）数据处理分析：计算攻击后含水印图像提取出的水印图像与原始水印图像的汉明距离，比较两者图像相似性，确定攻击阈值。

（4）实验结果总结：从不可见性和鲁棒性两方面对比盲水印和明水印，总结不同图像水印嵌入提取算法的优缺点及适用的具体工程类型。

（5）创新性：针对思考题提出问题的解决方法及实现程度。（可选做）

【考核要求与方法】

（1）程序运行：考核图像水印不可见性和鲁棒性性能指标的完成程度。初级要求是能够独立实现在载体图像嵌入水印图像，从旋转、缩放、加噪攻击后含水印图像中正确提取出的水印图像，合理选择攻击阈值；中级要求是能够从其他同学进行旋转、缩放、加噪攻击后含水印载体图像中正确提取出的水印图像；高级要求是能够解决至少两个思考题提出的问题，给出具体实现结果。

（2）实验报告：实验报告的规范性与完整性。

（3）自主创新：自主思考与独立实践能力。根据学生解决思考题方法的可行性和实现程度考核。（可选做）

【实验特色】

（1）实验来源于数字图像版权保护实际工程项目，综合了信息安全、图像处理、编程语言等多门课程知识，编程语言不限，水印嵌入提取方法具有多种选择，具有良好的扩充性。

（2）学生可以直观地观察到实验结果，具有趣味性；思考题渐进地提高实验难度，可培养学生自主探索解决问题方法的能力，有效地激发学生的创新意识。

（3）提取其他同学嵌入水印的实验内容具有攻防性和挑战性，学生具有成就感。

第8章 网络安全法律法规

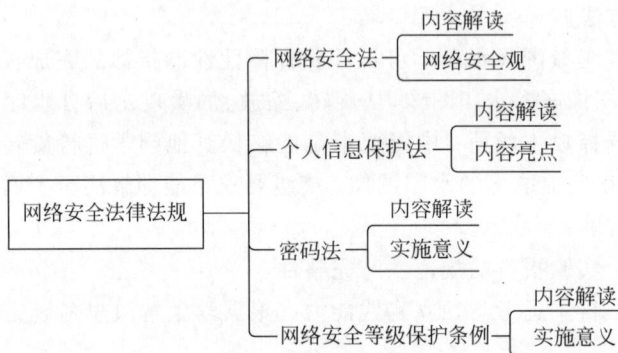

网络安全既要运用技术来保证网络安全,防止网络犯罪,也要运用法律来惩治破坏网络安全的行为和个人、组织,打击网络犯罪。每个公民都必须学习、遵守《网络安全法》等法律法规,共创清朗网络空间,实现"网络安全为人民,网络安全靠人民"。

8.1 网络安全法

《网络安全法》是我国第一部全面规范网络空间安全管理方面问题的基础性法律,是我国网络空间法治建设的重要里程碑,是依法治网、化解网络风险的法律重器,是让互联网在法治轨道上健康运行的重要保障。

《网络安全法》将成熟的做法制度化,并为将来可能的制度创新作了原则性规定,为网络安全工作提供切实法律保障。只有树立了全民网络安全意识,才能真正实现"网络安全为人民,网络安全靠人民"。

8.1.1 内容解读

《网络安全法》共 7 章 79 条,内容上有如下亮点。

1. 明确了网络安全三大基本原则

(1) 网络空间主权原则。

《网络安全法》第 1 条"立法目的"开宗明义,明确规定要维护我国网络空间主权。网络空间主权是一国国家主权在网络空间中的自然延伸和表现。习近平总书记指出,《联合国宪章》确立的主权平等原则是当代国际关系的基本准则,覆盖国与国交往各个领域,其原则和精神也应该适用于网络空间。各国自主选择网络发展道路、网络管理模式、互联网公共政策和平等参与国际网络空间治理的权利应当得到尊重。

第 2 条明确规定《网络安全法》适用于我国境内网络及网络安全的监督管理。这是我国网络空间主权对内最高管辖权的具体体现。

（2）网络安全与信息化发展并重原则。

习近平总书记指出，安全是发展的前提，发展是安全的保障，安全和发展要同步推进。网络安全和信息化是一体之两翼、驱动之双轮，必须统一谋划、统一部署、统一推进、统一实施。

《网络安全法》第 3 条明确规定，国家坚持网络安全与信息化并重，遵循积极利用、科学发展、依法管理、确保安全的方针；既要推进网络基础设施建设，鼓励网络技术创新和应用，又要建立健全网络安全保障体系，提高网络安全保护能力，做到"双轮驱动、两翼齐飞"。

（3）共同治理原则。

网络空间安全仅仅依靠政府是无法实现的，需要政府、企业、社会组织、技术社群和公民等网络利益相关者的共同参与。

《网络安全法》坚持共同治理原则，要求采取措施鼓励全社会共同参与，政府部门、网络建设者、网络运营者、网络服务提供者、网络行业相关组织、高等院校、职业学校、社会公众等都应根据各自的角色参与网络安全治理工作。

2. 制定了网络安全战略，明确了网络空间治理目标，提高了我国网络安全政策的透明度

《网络安全法》第 4 条明确提出了我国网络安全战略的主要内容，即明确保障网络安全的基本要求和主要目标，提出重点领域的网络安全政策、工作任务和措施。第 7 条明确规定，我国致力于"推动构建和平、安全、开放、合作的网络空间，建立多边、民主、透明的网络治理体系。"这是我国第一次通过国家法律的形式向世界宣示网络空间治理目标，明确表达了我国的网络空间治理诉求。

上述规定提高了我国网络治理公共政策的透明度，与我国的网络大国地位相称，有利于提升我国对网络空间的国际话语权和规则制定权，促成网络空间国际规则的出台。

3. 明确了政府各部门的职责权限，完善了网络安全监管体制

《网络安全法》将现行有效的网络安全监管体制法治化，明确了网信部门与其他相关网络监管部门的职责分工。第 8 条规定，国家网信部门负责统筹协调网络安全工作和相关监督管理工作，国务院电信主管部门、公安部门和其他有关机关依法在各自职责范围内负责网络安全保护和监督管理工作。这种"1＋X"的监管体制，符合当前互联网与现实社会全面融合的特点和我国监管需要。

4. 强化了网络运行安全，建立了关键信息基础设施安全保护制度，确立了关键信息基础设施重要数据跨境传输的规则

《网络安全法》第 3 章用了近 1/3 的篇幅规范网络运行安全，特别强调要保障关键信息基础设施的运行安全。

关键信息基础设施是指那些一旦遭到破坏、丧失功能或数据泄露，可能严重危害国家安全、国计民生、公共利益的系统和设施。

网络运行安全是网络安全的重心，关键信息基础设施安全则是重中之重，与国家安全和社会公共利益息息相关。为此，《网络安全法》强调在网络安全等级保护制度的基础上，对关键信息基础设施实行重点保护，明确关键信息基础设施的运营者负有更多的安全保护义务，并配以国家安全审查、重要数据强制本地存储等法律措施，确保关键信息基础设施的运行安全。

5. 完善了网络安全义务和责任,加大了违法惩处力度

《网络安全法》将原来散见于各种法规、规章中的规定上升到人大法律层面,对网络运营者等主体的法律义务和责任做了全面规定,明确了网络产品和服务提供者的安全义务,明确了网络运营者的安全义务,进一步完善了个人信息保护规则,并在网络运行安全、网络信息安全、监测预警与应急处置等章节中进一步明确、细化。在"法律责任"中则提高了违法行为的处罚标准,加大了处罚力度,有利于保障《网络安全法》的实施。

6. 将监测预警与应急处置措施制度化、法治化

《网络安全法》第 5 章将监测预警与应急处置工作制度化、法治化,明确国家建立网络安全监测预警和信息通报制度,建立网络安全风险评估和应急工作机制,制定网络安全事件应急预案并定期演练。这为建立统一高效的网络安全风险报告机制、情报共享机制、研判处置机制提供了法律依据,为深化网络安全防护体系,实现全天候全方位感知网络安全态势提供了法律保障。

8.1.2　网络安全观

习近平总书记在 2016 年 4 月 19 日主持召开的网络安全和信息化工作座谈会上强调,维护网络安全"要树立正确的网络安全观"。

所谓网络安全观,是人们对网络安全这一重大问题的基本观点和看法。

要树立正确的网络安全观,应当把握好以下 6 方面的关系。

(1) 网络安全与国家主权:承认和尊重各国网络主权是维护网络安全的前提。

国家主权是国家的固有权利,是国家独立的重要标志。网络主权或网络空间主权是国家主权在网络空间的自然延伸和体现。对内而言,网络主权是指国家独立自主地发展、管理、监督本国互联网事务,不受外部干涉;对外而言,网络主权是指一国能够平等地参与国际互联网治理,有权防止本国互联网受到外部入侵和攻击。目前,网络主权的观念已经得到多数国家的认可。网络空间不是一个如同传统的公海、极地、太空一样的全球公域,而是建立在各国主权之上的一个相对开放的信息领域。

对于网络霸权国家来讲,最好没有网络主权,这样它可以自由出入于网络空间的每个节点和角落,但对于其他国家而言,网络主权却是管辖本国网络、维护本国网络安全的前提。若没有网络主权,网络安全也就失去了根基。承认和尊重各国网络主权,就应该尊重各国自主选择网络发展道路、网络管理模式、互联网公共政策和平等参与国际网络空间治理的权利;就不得利用网络技术优势搞网络霸权;就不得借口网络自由干涉他国内政;就不得为了谋求己国的所谓绝对安全而从事、纵容或支持危害他国国家安全的网络活动。

(2) 网络安全与国家安全:没有网络安全就没有国家安全。

随着网络信息技术的迅猛发展和广泛应用,特别是我国国民经济和社会信息化建设进程的全面加快,网络信息系统的基础性、全局性作用日益增强。网络已经成为实现国家稳定、经济繁荣和社会进步的关键基础设施。同时必须看到,境内外敌对势力针对我国网络的攻击、破坏、恐怖活动和利用信息网络进行的反动宣传活动日益猖獗,严重危害我国国家安全,影响我国信息化建设的健康发展。网络安全是我们当前面临的新的综合性挑战。它不仅仅是网络本身的安全,而是关涉到国家安全和社会稳定,是国家安全在网络空间中的具体体现,理应成为国家安全体系的重要组成部分,这是网络安全整体性特点的体现,不能将网络安全与其他安全割裂。

习近平总书记倡导"总体国家安全观",网络安全是整体的而不是割裂的,网络安全对国家安全牵一发而动全身,同许多其他方面的安全都有着密切关系。在信息时代,国家安全体系中的政治安全、国土安全、军事安全、经济安全、文化安全、社会安全、科技安全、信息安全、生态安全、资源安全、核安全等都与网络安全密切相关,这是因为当今国家各个重要领域的基础设施都已经网络化、信息化、数据化,各项基础设施的核心部件都离不开网络信息系统。因此,如果网络安全没有保障,这些关系国家安全的重要领域都暴露在风险之中,面临被攻击的可能,国家安全就无从谈起。

(3) 网络安全与信息化发展:网络安全和信息化是一体之两翼、驱动之双轮。

习近平总书记指出,安全是发展的前提,发展是安全的保障,安全和发展要同步推进。网络安全和信息化是一体之两翼、驱动之双轮,必须统一谋划、统一部署、统一推进、统一实施。这非常经典地概括了网络安全与发展的辩证关系。

我国网络应用和网络产业发展很快,但网络安全意识不足,网络安全保障没有同步跟上。因此,要在加强信息化建设的同时,大力开发网络信息核心技术,培养网络安全人才队伍,加快构建关键信息基础设施安全保障体系,全天候全方位感知网络安全态势,增强网络安全防御能力和威慑能力,为国民经济和信息化建设打造一个安全、可信的网络环境。

值得注意的是,网络安全是相对的而不是绝对的。考虑到网络发展的需要,网络安全应当是一种适度安全。适度安全是指与因非法访问、信息失窃、网络破坏而造成的危险和损害相适应的安全,即安全措施要与损害后果相适应。这是因为采取安全措施是需要成本的,对于危险较小或损害较少的信息系统采取过于严格或过高标准的安全措施,有可能牺牲发展,得不偿失。

(4) 网络安全与法治:让互联网在法治轨道上健康运行。

伴随着互联网的飞速发展,利用网络实施的攻击、恐怖、淫秽、贩毒、洗钱、赌博、窃密、诈骗等犯罪活动时有发生,网络谣言、网络低俗信息等屡见不鲜,已经成为影响国家安全、社会公共利益的突出问题。习近平总书记指出,网络空间不是"法外之地",要坚持依法治网、依法办网、依法上网,让互联网在法治轨道上健康运行。

法律通过设定各个主体的权利义务,规范政府、组织和个人的行为,维护正义秩序。网络空间是一个新兴领域,并随着技术的日新月异而不断发展变化,传统的法律难以适应快速发展的网络,网络空间的许多行为和现象有待于法律明确规范。因此有必要加快网络立法进程,明确网络主体的权利义务,规范网民的网络信息行为,依法治理网络空间。

(5) 网络安全与人民:网络安全为人民,网络安全靠人民。

当前的互联网是一个泛在网,绝大多数网络基础设施为民用设施,网络的终端延伸到千家万户的计算机上和亿万民众的手机上,网络的应用深入人们的日常生活甚至整个生命过程中。各个网络之间高度关联、相互依赖,网络犯罪分子或敌对势力可以从互联网的任何一个节点入侵某个特定的计算机或网络实施破坏活动,轻则损害个人或企业的利益,重则危害社会公共利益和国家安全。因此,传统的安全保护方法,如装几个安全设备和安全软件,或者将某个个人或单位重点保护起来,已经无法满足网络安全保障的需要。泛在的网络需要泛在的网络安全维护机制。正如习近平总书记所指出的，网络安全是共同的而不是孤立的，网络安全为人民，网络安全靠人民，维护网络安全是全社会共同责任，需要政府、企业、社会组织、广大网民共同参与，共筑网络安全防线。

依靠人民维护网络安全，首先要培养人民的网络安全意识。总体来讲，我国社会公众的网络安全意识比较淡薄。由于大多数的网络服务都是免费的，人们在尽情享受网络带来的福利时，往往容易忽视网络的安全隐患。因此，培养网民的网络安全意识成为网络安全的首要任务之一，许多国家都将此作为一项战略行动予以重视。例如，美国在 2004 年就启动了国家网络安全意识月活动；澳大利亚每年设网络安全意识周；日本从小学、中学阶段开展增强网络安全意识的活动；韩国设立国家信息保护日，在小学、初中和高中阶段加强网络安全教育，以便提高公众意识和扩大网络安全领域的基础。我国也从 2014 年开始每年举行"网络安全宣传周"活动，帮助公众更好地了解、感知身边的网络安全风险，增强网络安全意识，提高网络安全防护技能，保障用户合法权益，共同维护国家网络安全。

（6）网络安全与国际社会：维护网络安全是国际社会的共同责任。

全球互联网是一个互联互通的网络空间，网络安全是开放的而不是封闭的，网络的开放性必然带来网络的脆弱性。各国是网络空间的命运共同体，网络空间的安全需要各国多边参与，多方参与，共同维护。正如习近平总书记所指出的，网络安全是全球性挑战，没有哪个国家能够置身事外、独善其身，维护网络安全是国际社会的共同责任。

各国政府均已认识到保障网络安全需要国际合作。各国应该携手努力，加强对话交流，有效管控分歧，推动制定各方普遍接受的网络空间国际规则，共同遏制信息技术滥用，反对网络监听和网络攻击，反对网络空间军备竞赛和网络恐怖主义，健全打击网络犯罪司法协助机制，共同维护网络空间和平安全。国际社会要本着相互尊重和相互信任的原则，通过积极有效的国际合作，共同构建和平、安全、开放、合作的网络空间，建立多边、民主、透明的国际互联网治理体系。

综上所述，网络安全发展需要理念与技术并行。

（1）认识网络安全的对抗性本质，知己知彼。习近平总书记指出，"网络安全的本质在对抗，对抗的本质在攻防两端能力较量"。这种对抗与较量是技术的对抗，是人的对抗，是一种体系化的对抗。一个国家的网络安全防御能力，最终是要由攻击者来检验的。网络安全防御技术，需要在与安全威胁的对抗中持续发展成长。

从知彼角度来讲，我国面临着复杂的网络安全压力，某些国家凭借庞大的网络攻击机构组织、覆盖全球的情报工程体系、制式化的网络攻击装备库，对我国发动网络入侵，危害我国关键信息基础设施安全。

从自己角度来讲，我国在网络安全技术积累方面，技术门类比较齐全，在反病毒引擎、主动防御、大数据安全分析等方面，有部分单点技术已经具备国际先进水平。但我国基础信息技术短板较多，尚未形成完善先进的体系。因此唯有按照习近平总书记"攻防力量要对等。要以技术对技术，以技术管技术，做到魔高一尺、道高一丈"的要求，通过长期扎实的工作，建立自身持续成长的系统工程能力，使防御技术形成一个有效防御体系和社会机制，才能实现有效对抗和防御。

（2）尊重网络安全的基本规律属性，避免错误认知。网络安全的进步是两方面的，一方面是在与威胁的对抗和研判中，不断提升自身能力；另一方面是不断实现对错误观念与方法的扬弃,从而达成持续进步。

习近平总书记指出,网络安全是"整体的而不是割裂的""是动态的而不是静态的""是开放的而不是封闭的""是相对的而不是绝对的""是共同的而不是孤立的"。要突破网络安全核心技术,形成有效防护能力,就要尊重网络安全的整体性、动态性、开放性、相对性和共同性。

习近平总书记指出安全和发展要同步推进。我国信息化建设成就全球瞩目,但网络安全长期没有同步推进。当前物联网等新兴产业正在兴起,有效落实同步推进安全发展的要求,能够促进新兴产业崛起,形成安全的规划与设计,为新兴产业发展注入安全的基因。

(3) 落实全天候全方位感知网络安全态势的要求,树立动态、综合的防护理念。

习近平总书记指出关键信息基础设施是网络安全的重中之重,也是可能遭到重点攻击的目标,要求我们全天候全方位感知网络安全态势。

8.2 个人信息保护法

8.2.1 内容解读

在信息化时代,个人信息保护已成为广大人民群众最关心、最直接、最现实的利益问题。《个人信息保护法》坚持和贯彻以人民为中心的法治理念,牢牢把握保护人民群众个人信息权益的立法定位,聚焦个人信息保护领域的突出问题和人民群众的重大关切,目的是将广大人民群众网络空间合法权益维护好、保障好、发展好,使广大人民群众在数字经济发展中享受更多的获得感、幸福感、安全感。

《个人信息保护法》共 8 章 74 条。该法进一步细化、完善个人信息保护应遵循的原则和个人信息处理规则,明确个人信息处理活动中的权利义务边界,健全个人信息保护工作体制机制。

《个人信息保护法》规定国家网信部门负责统筹协调个人信息保护工作和相关监督管理工作。国务院有关部门依照本法和有关法律、行政法规的规定,在各自职责范围内负责个人信息保护和监督管理工作。县级以上地方人民政府有关部门的个人信息保护和监督管理职责,按照国家有关规定确定。

《个人信息保护法》规定个人在个人信息处理活动中具有以下权利。

(1) 个人对其个人信息的处理享有知情权、决定权,有权限制或拒绝他人对其个人信息进行处理。法律、行政法规另有规定的除外。

(2) 个人有权向个人信息处理者查阅、复制其个人信息。

(3) 个人请求将个人信息转移至其指定的个人信息处理者,符合国家网信部门规定条件的,个人信息处理者应当提供转移的途径。

(4) 个人发现其个人信息不准确或不完整的,有权请求个人信息处理者更正、补充。

(5) 个人有权要求个人信息处理者对其个人信息处理规则进行解释说明。

《个人信息保护法》规定以下情形个人信息处理者方可处理个人信息。

(1) 取得个人的同意。

(2) 为订立、履行个人作为一方当事人的合同所必需,或者按照依法制定的劳动规章制度和依法签订的集体合同实施人力资源管理所必需。

（3）为履行法定职责或法定义务所必需。

（4）为应对突发公共卫生事件，或者紧急情况下为保护自然人的生命健康和财产安全所必需。

（5）为公共利益实施新闻报道、舆论监督等行为，在合理的范围内处理个人信息。

（6）依照本法规定在合理的范围内处理个人自行公开或其他已经合法公开的个人信息。

（7）法律、行政法规规定的其他情形。

《个人信息保护法》规定有下列情形之一的，个人信息处理者应当主动删除个人信息，个人信息处理者未删除的，个人有权请求删除。

（1）处理目的已实现、无法实现或未实现处理目的不再必要。

（2）个人信息处理者停止提供产品或服务，或者保存期限已届满。

（3）个人撤回同意。

（4）个人信息处理者违反法律、行政法规或违反约定处理个人信息。

（5）法律、行政法规规定的其他情形。

法律、行政法规规定的保存期限未届满，或者删除个人信息从技术上难以实现的，个人信息处理者应当停止除存储和采取必要的安全保护措施之外的处理。

8.2.2　内容亮点

1．确立个人信息保护原则

《个人信息保护法》借鉴国际经验并立足我国实际，确立了个人信息处理应遵循的原则，强调处理个人信息应当遵循合法、正当、必要和诚信原则，具有明确、合理的目的并与处理目的直接相关，采取对个人权益影响最小的方式，限于实现处理目的的最小范围，公开处理规则，保证信息质量，采取安全保护措施等。

这些原则应当贯穿于个人信息处理的全过程、各环节。

2．规范处理活动保障权益

《个人信息保护法》紧紧围绕规范个人信息处理活动、保障个人信息权益，构建了以"告知—同意"为核心的个人信息处理规则。该规则是《个人信息保护法》确立的个人信息保护核心规则，是保障个人对其个人信息处理知情权和决定权的重要手段。

《个人信息保护法》要求，处理个人信息应当在事先充分告知的前提下取得个人同意，个人信息处理的重要事项发生变更的应当重新向个人告知并取得同意。同时，针对现实生活中社会反映强烈的一揽子授权、强制同意等问题，《个人信息保护法》特别要求，个人信息处理者在处理敏感个人信息、向他人提供或公开个人信息、跨境转移个人信息等环节应取得个人的单独同意，明确个人信息处理者不得过度收集个人信息，不得以个人不同意为由拒绝提供产品或服务，并赋予个人撤回同意的权利。在个人撤回同意后，个人信息处理者应当停止处理或及时删除其个人信息。

此外，考虑到经济社会生活的复杂性，个人信息处理的场景日益多样，《个人信息保护法》从维护公共利益和保障社会正常生产生活的角度，还对取得个人同意以外可以合法处理个人信息的特定情形作了规定。

《个人信息保护法》还分别对共同处理、委托处理等实践中较为常见的处理情形作出了针对性规定。

3. 禁止"大数据杀熟"，规范自动化决策

当前，越来越多的企业利用大数据分析、评估消费者的个人特征用于商业营销。有一些企业通过掌握消费者的经济状况、消费习惯、对价格的敏感程度等信息，对消费者在交易价格等方面实行歧视性的差别待遇，误导、欺诈消费者。其中，最典型的就是社会反映突出的"大数据杀熟"。

"大数据杀熟"行为违反了诚实信用原则，侵犯了消费者权益保护法规定的消费者享有公平交易条件的权利，应当在法律上予以禁止。对此，《个人信息保护法》明确规定：个人信息处理者利用个人信息进行自动化决策，应当保证决策的透明度和结果公平、公正，不得对个人在交易价格等交易条件上实行不合理的差别待遇。

4. 严格保护敏感个人信息

《个人信息保护法》将生物识别、宗教信仰、特定身份、医疗健康、金融账户、行踪轨迹等信息列为敏感个人信息。《个人信息保护法》要求只有在具有特定的目的和充分的必要性，并采取严格保护措施的情形下，方可处理敏感个人信息，同时应当事前进行影响评估，并向个人告知处理的必要性及对个人权益的影响。

这主要是考虑到此类信息一旦泄露或被非法使用，极易导致自然人的人格尊严受到侵害或人身、财产安全受到危害，因此，对处理敏感个人信息的活动应当做出更加严格的限制。

值得关注的是，为保护未成年人的个人信息权益和身心健康，《个人信息保护法》特别将不满 14 周岁未成年人的个人信息确定为敏感个人信息予以严格保护。同时，与《未成年人保护法》有关规定相衔接，要求处理不满 14 周岁未成年人个人信息应当取得未成年人的父母或其他监护人的同意，并应当对此制定专门的个人信息处理规则。

5. 规范国家机关处理活动

为履行维护国家安全、惩治犯罪、管理经济社会事务等职责，国家机关需要处理大量个人信息。保护个人信息权益、保障个人信息安全是国家机关应尽的义务和责任。但近年来，一些个人信息泄露事件也反映出有些国家机关存在个人信息保护意识不强、处理流程不规范、安全保护措施不到位等问题。对此，《个人信息保护法》对国家机关处理个人信息的活动做出专门规定，特别强调国家机关处理个人信息的活动适用《个人信息保护法》，并且处理个人信息应当依照法律、行政法规规定的权限和程序进行，不得超出履行法定职责所必需的范围和限度。

6. 赋予个人充分权利

《个人信息保护法》将个人在个人信息处理活动中的各项权利，包括知悉个人信息处理规则和处理事项、同意和撤回同意，以及个人信息的查询、复制、更正、删除等总结提升为知情权、决定权，明确个人有权限制个人信息的处理。

同时，为了适应互联网应用和服务多样化的实际，满足日益增长的跨平台转移个人信息的需求，《个人信息保护法》对个人信息可携带权作了原则规定，要求在符合国家网信部门规定条件的情形下，个人信息处理者应当为个人提供转移其个人信息的途径。

此外,《个人信息保护法》还对死者个人信息的保护作了专门规定,明确在尊重死者生前安排的前提下,其近亲属为自身合法、正当利益,可以对死者个人信息行使查阅、复制、更正、删除等权利。

7. 强化个人信息处理者义务

个人信息处理者是个人信息保护的第一责任人。据此,《个人信息保护法》强调,个人信息处理者应当对其个人信息处理活动负责,并采取必要措施保障所处理的个人信息的安全。在此基础上,《个人信息保护法》设专章明确了个人信息处理者的合规管理和保障个人信息安全等义务,要求个人信息处理者按照规定制定内部管理制度和操作规程,采取相应的安全技术措施,指定负责人对其个人信息处理活动进行监督,定期对其个人信息活动进行合规审计,对处理敏感个人信息、利用个人进行自动化决策、对外提供或公开个人信息等高风险处理活动进行事前影响评估,履行个人信息泄露通知和补救义务等。

8. 赋予大型网络平台特别义务

互联网平台服务是数字经济区别于传统经济的显著特征。互联网平台为商品和服务的交易提供技术支持、交易场所、信息发布和交易撮合等服务。

在个人信息处理方面,互联网平台为平台内经营者处理个人信息提供基础技术服务、设定基本处理规则,是个人信息保护的关键环节。提供重要互联网平台服务、用户数量巨大、业务类型复杂的个人信息处理者对平台内的交易和个人信息处理活动具有强大的控制力和支配力,因此在个人信息保护方面应当承担更多的法律义务。据此,《个人信息保护法》对这些大型互联网平台设定了特别的个人信息保护义务,包括:按照国家规定建立健全个人信息保护合规制度体系,成立主要由外部成员组成的独立机构对个人信息保护情况进行监督;遵循公开、公平、公正的原则,制定平台规则;对严重违法处理个人信息的平台内产品或服务提供者,停止提供服务;定期发布个人信息保护社会责任报告,接受社会监督。

上述规定能够提高大型互联网平台经营业务的透明度,完善平台治理,强化外部监督,形成全社会共同参与的个人信息保护机制。

9. 规范个人信息跨境流动

随着经济全球化、数字化的不断推进,以及我国对外开放的不断扩大,个人信息的跨境流动日益频繁,但由于遥远的地理距离,以及不同国家法律制度、保护水平之间的差异,个人信息跨境流动风险更加难以控制。因此《个人信息保护法》构建了一套清晰、系统的个人信息跨境流动规则,以满足保障个人信息权益和安全的客观要求,适应国际经贸往来的现实需要。

(1) 明确以向境内自然人提供产品或服务为目的,或者分析、评估境内自然人的行为等,在我国境外处理境内自然人个人信息的活动适用《个人信息保护法》,并要求符合上述情形的境外个人信息处理者在我国境内设立专门机构或指定代表,负责个人信息保护相关事务。

(2) 明确向境外提供个人信息的途径,包括通过国家网信部门组织的安全评估、经专业机构认证、订立标准合同、按照我国缔结或参加的国际条约和协定等。

(3) 要求个人信息处理者采取必要措施保障境外接收方的处理活动达到《个人信息保护法》规定的保护标准。

（4）对跨境提供个人信息的"告知—同意"做出更严格的要求,切实保障个人的知情权、决定权等权利。

（5）为维护国家主权、安全和发展利益,对跨境提供个人信息的安全评估、向境外司法或执法机构提供个人信息、限制跨境提供个人信息的措施、对外国歧视性措施的反制等作了规定。

10. 健全个人信息保护工作机制

个人信息保护涉及的领域广,相关制度措施的落实有赖于完善的监管执法机制。根据个人信息保护工作实际,《个人信息保护法》明确,国家网信部门和国务院有关部门在各自职责范围内负责个人信息保护和监督管理工作。同时,对个人信息保护和监管职责作出规定,包括开展个人信息保护宣传教育、指导监督个人信息保护工作、接受处理相关投诉举报、组织对应用程序等进行测评、调查处理违法个人信息处理活动等。

此外,为了加强个人信息保护监管执法的协同配合,《个人信息保护法》还进一步明确了国家网信部门在个人信息保护监管方面的统筹协调作用,并对其统筹协调职责做出具体规定。

8.3　密　码　法

8.3.1　内容解读

1. 内容解读

《密码法》是在总体国家安全观框架下,国家安全法律体系的重要组成部分,也是一部技术性、专业性较强的专门法律,明确了密码分类管理原则,注重把握职能转变和"放管服"改革要求与保障国家安全的平衡,同时,注意处理好与网络安全法、保守国家秘密法等法律的衔接,具有很强的指导性、针对性和可操作性。其颁布实施将极大地提升密码工作的科学化、规范化、法治化水平,有力促进密码技术进步、产业发展和规范应用,切实维护国家安全、社会公共利益以及公民、法人和其他组织的合法权益,同时也将为密码部门提高"三服务"能力提供坚实的法治保障。

密码是保障网络与信息安全的核心技术和基础支撑,是解决网络与信息安全问题最有效、最可靠、最经济的手段;它就像网络空间的 DNA,是构筑网络信息系统免疫体系和网络信任体系的基石,是保护党和国家根本利益的战略性资源,是国之重器。

在科学总结长期以来密码工作经验的基础上,此次《密码法》立法过程中,一方面明确对核心密码、普通密码与商用密码实行分类管理的原则,规定核心密码、普通密码用于保护国家秘密信息,商用密码用于保护不属于国家秘密的信息。另一方面,注重把握职能转变和"放管服"要求与保障国家安全的平衡。在明确鼓励商用密码产业发展、突出标准引领作用的基础上,对涉及国家安全、国计民生、社会公共利益,列入网络关键设备和网络安全专用产品目录的产品,以及关键信息基础设施的运营者采购的部分,规定了适度的管制措施。

《密码法》共五章四十四条,自 2020 年 1 月 1 日起施行。

第一章总则部分,规定了《密码法》的立法目的、密码工作的基本原则、领导和管理体制,以及密码发展促进和保障措施。第二章核心密码、普通密码部分，规定了核心密码、普通密码使用要求、安全管理制度，以及国家加强核心密码、普通密码工作的一系列特殊保障制度和措施。第三章商用密码部分，规定了商用密码标准化制度、检测认证制度、市场准入管理制度、使用要求、进出口管理制度、电子政务电子认证服务管理制度，以及商用密码事中事后监管制度。第四章法律责任部分，规定了违反《密码法》相关规定应当承担的相应法律后果。第五章附则部分，规定了国家密码管理部门的规章制定权，解放军和武警部队密码立法事宜及《密码法》的施行日期。

《密码法》围绕"怎么用密码、谁来管密码、怎么管密码"，重点规范了以下内容。

（1）什么是密码。

第二条规定，《密码法》中的密码"是指采用特定变换的方法对信息等进行加密保护、安全认证的技术、产品和服务"。

第六条至第八条明确了密码的种类及其适用范围，规定核心密码用于保护国家绝密级、机密级、秘密级信息，普通密码用于保护国家机密级、秘密级信息，商用密码用于保护不属于国家秘密的信息。

对密码实行分类管理，是党中央确定的密码管理根本原则，是保障密码安全的基本策略，也是长期以来密码工作经验的科学总结。

（2）谁来管密码。

第四条规定，要坚持党管密码根本原则，依法确立密码工作领导体制，并明确中央密码工作领导机构，即中央密码工作领导小组（国家密码管理委员会），对全国密码工作实行统一领导，把中央确定的领导管理体制，通过法律形式固定下来，变成国家意志，为密码工作沿着正确方向发展提供根本保证。

中央密码工作领导小组负责制定国家密码重大方针政策，统筹协调国家密码重大事项和重要工作，推进国家密码法治建设。

第五条确立了国家、省、市、县 4 级密码工作管理体制。国家密码管理部门，即国家密码管理局，负责管理全国的密码工作；县级以上地方各级密码管理部门，即省、市、县级密码管理局，负责管理本行政区域的密码工作；国家机关和涉及密码工作的单位在其职责范围内负责本机关、本单位或本系统的密码工作。

（3）怎么管密码。

第二章（第十三条至第二十条）规定了核心密码、普通密码的主要管理制度。

核心密码、普通密码用于保护国家秘密信息和涉密信息系统，有力地保障了中央政令军令安全，为维护国家网络空间主权、安全和发展利益构筑起牢不可破的密码屏障。

《密码法》明确规定，密码管理部门依法对核心密码、普通密码实行严格统一管理，并规定了核心密码、普通密码使用要求，安全管理制度以及国家加强核心密码、普通密码工作的一系列特殊保障制度和措施。核心密码、普通密码本身就是国家秘密，一旦泄密，将危害国家安全和利益。因此，有必要对核心密码、普通密码的科研、生产、服务、检测、装备、使用和销毁等各个环节实行严格统一管理，确保核心密码、普通密码的安全。

第三章（第二十一条至第三十一条）规定了商用密码的主要管理制度。

商用密码广泛应用于国民经济发展和社会生产生活的方方面面，涵盖金融和通信、公安、税务、社保、交通、卫生健康、能源、电子政务等重要领域，积极服务"互联网＋"行动计划、智慧城市和大数据战略,在维护国家安全、促进经济社会发展,以及保护公民、法人和其他组织合法权益等方面发挥着重要作用。

《密码法》明确规定,国家鼓励商用密码技术的研究开发、学术交流、成果转化和推广应用,健全统一、开放、竞争、有序的商用密码市场体系,鼓励和促进商用密码产业发展。

① 坚决贯彻落实"放管服"改革要求,充分体现非歧视和公平竞争原则,进一步削减行政许可数量,放宽市场准入,更好地激发市场活力和社会创造力。

② 由商用密码管理条例规定的全环节严格管理调整为重点把控产品销售、服务提供、使用、进出口等关键环节,管理方式上由重事前审批转为重事中事后监管,重视发挥标准化和检测认证的支撑作用。

③ 对于关系国家安全和社会公共利益,又难以通过市场机制或者事中事后监管方式进行有效监管的少数事项,规定了必要的行政许可和管制措施。

按照上述立法思路,《密码法》规定了商用密码的主要管理制度,包括商用密码标准化制度、检测认证制度、市场准入管理制度、使用要求、进出口管理制度、电子政务电子认证服务管理制度及商用密码事中事后监管制度。

(4) 怎么用密码。

对于核心密码、普通密码的使用,第十四条要求在有线、无线通信中传递的国家秘密信息,以及存储、处理国家秘密信息的信息系统,应当依法使用核心密码、普通密码进行加密保护、安全认证。

对于商用密码的使用,一方面,第八条规定公民、法人和其他组织可以依法使用商用密码保护网络与信息安全,对一般用户使用商用密码没有提出强制性要求;另一方面,为了保障关键信息基础设施安全稳定运行,维护国家安全和社会公共利益,第二十七条要求关键信息基础设施必须依法使用商用密码进行保护,并开展商用密码应用安全性评估,要求关键信息基础设施的运营者采购涉及商用密码的网络产品和服务,可能影响国家安全的,应当依法通过国家网信办会同国家密码管理局等有关部门组织的国家安全审查。党政机关存在大量的涉密信息、信息系统和关键信息基础设施,都必须依法使用密码进行保护。此外,由于密码属于两用物项,第十二条还明确规定,任何组织或个人不得窃取他人加密保护的信息或非法侵入他人的密码保障系统,不得利用密码从事危害国家安全、社会公共利益、他人合法权益等违法犯罪活动。

2. 立法背景和必要性

密码是党和国家的命脉,是国家重要战略资源。密码工作是党和国家的一项特殊重要工作,直接关系国家政治安全、经济安全、国防安全和信息安全,在我国革命、建设、改革各个历史时期,都发挥了不可替代的重要作用。进入新时代,密码工作面临着许多新的机遇和挑战,担负着更加繁重的保障和管理任务,制定一部密码领域综合性、基础性法律十分必要。

(1) 核心密码和普通密码维护国家安全方面的基本制度、密码管理部门和密码工作机构及其工作人员开展核心密码和普通密码工作的保障措施等,需要通过国家立法予以明确,进一步提升法治化保障水平。

(2) 近年来密码在维护国家安全、促进经济社会发展、保护人民群众利益方面发挥越来越重要的作用,国家对重要领域商用密码的应用、基础支撑能力的提升,以及安全性评估、审查制度等不断提出明确要求,需要及时上升为法律规范。

（3）传统对商用密码实行全环节许可管理的手段已不适应职能转变和"放管服"改革要求，急需在立法层面重塑现行商用密码管理制度。

3. 立法思路

《密码法》立法过程中，重点把握以下 3 个原则。

（1）坚持党管密码和依法管理相统一原则。

党管密码原则是密码工作长期实践和历史经验的深刻总结，密码工作大权在党中央，密码工作的大政方针必须由党中央决定，密码工作的重大事项必须向党中央报告。《密码法》规定，坚持中国共产党对密码工作的领导，旗帜鲜明地把党管密码这一根本原则写入法律，这是《密码法》最根本性的规定。同时，明确中央密码工作领导机构，即中央密码工作领导小组，对全国密码工作实行统一领导，依法确立了密码工作领导体制，为密码工作沿着正确方向发展提供了根本保证。

党管密码必须依靠依法管理，依法管理必须坚持党管密码，两者有机统一于密码工作的全过程和各方面。只有坚持党管密码，才能保证密码管理沿着正确的方向不偏离、不走样。只有依靠依法管理，才能将党管密码的具体制度纳入法治化轨道，确保党对密码工作的大政方针落地生根、有效实施。

（2）坚持创新发展和确保安全相统一原则。

密码的安全与发展是相辅相成的。《密码法》依法确立了促进密码事业发展的一系列制度和措施，包括鼓励密码科技进步和创新、保护密码领域知识产权、促进密码产业发展、实施密码工作表彰奖励等，以充分调动各方面积极性，努力为密码科技创新、产业发展和应用推广营造良好环境。

同时要看到，密码作为一种典型的"两用物项"，用得好会造福社会，用得不好或被坏人利用，就可能成为潘多拉魔盒中的灾祸虫害，给党和国家及人民群众的利益带来不可估量的损失，这样的教训在战争年代有，在今天的和平时期也依然存在。因此，《密码法》明令禁止任何组织或个人窃取他人加密保护的信息，非法侵入他人的密码保障系统，或者利用密码从事危害国家安全、社会公共利益、他人合法权益等违法犯罪活动。此外，根据国际通行做法，《密码法》还规定了商用密码进口许可和出口管制制度，这对于防止利用商用密码从事违法犯罪活动具有重要意义。

（3）明确对核心密码、普通密码与商用密码实行分类管理的原则。

在核心密码、普通密码方面，深入贯彻总体国家安全观，将现行有效的基本制度、特殊管理政策及保障措施法治化；在商用密码方面，充分体现职能转变和"放管服"改革要求，明确公民、法人和其他组织均可依法使用。

注重把握职能转变和"放管服"要求与保障国家安全的平衡。在明确鼓励商用密码产业发展、突出标准引领作用的基础上，对涉及国家安全、国计民生、社会公共利益，列入网络关键设备和网络安全专用产品目录的产品，以及关键信息基础设施的运营者采购等部分，规定了适度的管制措施。

注意处理好《密码法》与《网络安全法》《保守国家秘密法》等有关法律的关系。在商用密码管理和相应法律责任设定方面，与网络安全法的有关制度，如强制检测认证、安全性评估、国家安全审查等作了衔接；同时，鉴于核心密码、普通密码属于国家秘密，在核心密码、普通密码的管理方面与保守国家秘密法作了衔接。

8.3.2　实施意义

密码是党和国家的"命门""命脉",是国家重要战略资源。密码工作是党和国家的一项特殊重要事业,在党领导我国革命、建设、改革的各个历史时期,都发挥了不可替代的重要作用。

中国共产党的密码工作诞生于烽火硝烟的 1930 年 1 月,是毛泽东、周恩来等老一辈无产阶级革命家亲自领导创建的,已经走过了 90 多年的光辉历程。

革命战争年代,中共中央通过密码通信这一重要渠道运筹帷幄、决胜千里,仅在指挥三大战役期间,毛泽东同志就亲自起草密码电报 197 份,批签密码电报上千份。电影《永不消逝的电波》中李侠的人物原型——中共上海地下党员李白,以及被誉为"龙潭三杰"之一的钱壮飞等革命烈士都是密码战线的优秀代表。

进入新时代,密码工作面临许多新的机遇和挑战,担负着更加繁重的保障和管理任务。党中央高度重视密码立法工作,将《密码法》作为国家安全法律制度体系的重要组成部分,强调要在国家安全法治建设的大盘子中研究制定《密码法》,构建以《密码法》为核心的密码法律制度。

党的十八大以来,在以习近平同志为核心的党中央坚强领导下,密码事业取得历史性成就,实现历史性变革。制定和实施《密码法》,就是要适应新的形势发展需要,推进密码领域职能转变和"放管服"改革,建立健全密码法治实施、监督、保障体系,规范密码产业秩序,提升密码自主创新水平和供给能力,为密码事业又好又快发展提供制度保障。

《密码法》的出台与党的十九大提出的建设社会主义现代化强国目标密不可分,是我国密码领域的第一部法律,是党的十九大以来出台的维护国家安全的又一部重要法律。

制定和实施《密码法》,对于深入贯彻落实习近平总书记关于密码工作的重要指示批示精神,全面提升密码工作法治化和现代化水平,更好发挥密码在维护国家安全、促进经济社会发展、保护人民群众利益方面的重要作用,具有十分重要的意义。这是构建国家安全法律制度体系、维护国家网络空间主权安全、推动密码事业高质量发展的重要举措。

在信息化高度发展的今天,密码的应用已经渗透到社会生产生活各个方面,从涉及国家安全的保密通信、军事指挥,到涉及国民经济的金融交易、防伪税控,再到涉及公民权益的电子支付、网上办事等,密码都在背后发挥着基础支撑作用。制定和实施《密码法》,就是要把密码应用和管理的基本制度及时上升为法律规范,推动构建以密码技术为核心、多种技术交叉融合的网络空间新安全体制,努力做到党和国家战略推进到哪里,密码就保障到哪里。

《密码法》将密码分为核心密码、普通密码和商用密码,实行分类管理,是中共中央确定的密码管理根本原则,保障密码安全的基本策略,也是长期以来密码工作经验的科学总结。三类密码保护的对象不同,对其进行明确划分,有利于确保密码安全保密,有利于密码管理部门根据不同信息等级和使用对象,对密码实行科学管理,充分发挥三类密码在保护网络与信息安全中的核心支撑作用。

随着中国改革开放的不断深入和社会主义市场经济体制的逐步建立,国家信息化进程不断加快,国家经济、管理、社会事务,以及公民个人信息在存储和传输过程中的安全问题日益突出,使用商用密码保护非国家秘密的需求越来越强烈,《商用密码管理条例》应运而生。商用密码工作是中国密码工作的重要组成部分,受到中共中央、国务院的高度重视。《商用密码管理条例》颁布实施以来,中国商用密码工作取得了快速的发展,法规体系不断健全、管理体制不断完善、科研创新能力不断增强、产业队伍不断壮大、应用领域不断拓展,产生了显著的社会效益和经济效益,在国民经济和社会生活中发挥着至关重要的作用。

近年来国家有关机关和监管机构站在国家安全和长远战略的高度提出了推动国密算法应用实施、加强行业安全可控的要求。2010 年底,国家密码管理局公布了我国自主研制的"椭圆曲线公钥密码算法"(SM2 算法)。为保障重要经济系统密码应用安全,国家密码管理局于 2011 年发布了《关于做好公钥密码算法升级工作的通知》,要求"自 2011 年 3 月 1 日起,在建和拟建公钥密码基础设施电子认证系统和密钥管理系统应使用 SM2 算法。自 2011 年 7 月 1 日起,投入运行并使用公钥密码的信息系统,应使用 SM2 算法"。

2015 年 2 月国家商业密码管理办公室发布公告称:根据要求全国第三方电子认证服务机构(CA)针对电子认证服务系统和密钥管理系统公钥算法进行升级改造完毕,已经全面支持国产算法,同时各认证服务机构正在积极推动国产算法的应用服务改造,淘汰有安全风险及低强度的密码算法和产品。

目前,全国 30 多家 CA 认证机构已经具备发放基于自主非对称 SM2 算法的数字证书能力。在产品方面,经过上百家密码企业的努力,已经有近 400 个支持 SM2/3/4 算法的产品通过了国家密码管理局的检测,产品涵盖密码芯片、加密卡、加密机、智能密码钥匙、ATM 系统、安全网关及各种专用安全终端等。支持国密算法的软硬件密码产品共 699 项,包括 SSL 网关、数字证书认证系统、密钥管理系统、金融数据加密机、签名验签服务器、智能密码钥匙、智能 IC 卡、PCI 密码卡等多种类型,目前已初步形成形式多样、功能互补的产品链,并保持着持续增长的势头。

虽然在 SSL VPN、数字证书认证系统、密钥管理系统、金融数据加密机、签名验签服务器、智能密码钥匙、智能 IC 卡、PCI 密码卡等产品上改造完毕,但是目前的信息系统整体架构中还使用操作系统、数据库、中间件、浏览器、网络设备、负载均衡设备、芯片等软硬件,由于复杂的原因无法完全把密码模块升级为国产密码模块,导致整个信息系统还存在安全薄弱环节。

密码服务是信息化安全建设的基础服务,密码的国产化改造和推广就成为我们重要的历史使命。为了普及和推广国产密码,一方面是产品升级改造,对于国外的产品,通过国产算法的标准出海战略,让国产算法成为国际标准从而国外的产品也能够支持,对于国产的产品,加快国产算法模块的改造和应用,真正让国产算法为信息系统的安全自主可控;另一方面是应用的宣传和推广,国产算法虽然在安全领域众所周知,但是在其他领域却鲜为人知。所以对于从业者来说,就要不断对用户宣传、推广使用国产密码算法,以及尽快升级到国产算法的思想。只有从以上这两方面入手并且持之以恒,相信国家提出的信息安全领域的自主可控战略最终就会实现。

密码是保障网络与信息安全的核心技术和基础支撑。关系国家安全、国计民生、社会公共利益的关键信息基础设施,必须使用密码进行保护,而且使用的密码必须合规、正确、有效。如果不使用或不正确使用密码进行保护,将严重威胁关键信息基础设施的安全稳定运行,威胁国家安全和社会公共利益。因此,有必要对关键信息基础设施使用密码提出明确要求,有效保障关键信息基础设施安全。制定《密码法》,就是要将国家对关键信息基础设施的密码应用要求及时上升为法律规范,并对现行密码管理制度做出调整,切实为企业松绑减负,促进密码科技进步和创新,促进密码产业健康发展。如果把网络和信息系统比作大楼,密码就好比看门的卫士,如果没有卫士或是用不合格的卫士,就等同于门洞大开或雇用"小偷"当警卫,没有任何安全可言。因此,有必要对密码的合规、正确、有效应用提出明确要求,保障关键信息基础设施的安全稳定运行。

建立完善商用密码应用安全性评估制度,对关键信息基础设施密码应用的合规性、正确性和有效性进行评估,对于有效规范密码应用,切实保障国家网络与信息安全,具有重要作用。商用密码应用安全性评估同时也是网络安全等级保护和关键信息基础设施安全保护制度的重要内容和技术手段。商用密码应用安全性评估与关键信息基础设施网络安全检测评估、网络安全等级测评在内容上有所区分,在实施中统筹考虑、协调开展,相互衔接。

8.4 网络安全等级保护条例

网络安全等级保护制度是我国的基本制度、基本策略、基本方法,是保护信息化发展、维护网络安全的根本保障。为深入推进实施网络安全等级保护制度,保障国家网络空间安全和关键信息基础设施安全,公安部会同中共中央网络安全和信息化委员会办公室(以下简称中央网信办)、国家保密局、国家密码管理局,在总结十几年全国范围开展网络安全等级保护工作经验的基础上,制定了《网络安全等级保护条例》。

8.4.1 内容解读

网络安全等级保护制度是我国现行的网络安全领域的一项重要制度。《网络安全法》中对网络安全等级保护制度作了明确规定。

第二十一条 国家实行网络安全等级保护制度。网络运营者应当按照网络安全等级保护制度的要求,履行下列安全保护义务,保障网络免受干扰、破坏或未经授权的访问,防止网络数据泄露或被窃取、篡改。

(一)制定内部安全管理制度和操作规程,确定网络安全负责人,落实网络安全保护责任。

(二)采取防范计算机病毒和网络攻击、网络侵入等危害网络安全行为的技术措施。

(三)采取监测、记录网络运行状态、网络安全事件的技术措施,并按照规定留存相关的网络日志不少于六个月。

(四)采取数据分类、重要数据备份和加密等措施。

(五)法律、行政法规规定的其他义务。

为了落实《网络安全法》规定,公安部等部门联合制定了《网络安全等级保护条例》。

1. 等级保护定义

等级保护是指根据等级保护条例,按照一定的规则和程序,对网络安全等级保护对象进行安全保护的工作。

等级保护主要从技术要求和管理要求两方面进行综合测评,根据等级保护测评的 3 种不同技术类型,其测评的指标要求也有所不同。

等级保护测评的 3 种不同技术类型包括如下。

（1）安全评估技术：主要是针对信息系统的安全保护能力进行评估，包括漏洞扫描、渗透测试、安全检查、安全评估等。

（2）安全检测技术：主要是针对信息系统的安全事件进行检测，包括入侵检测、流量监测、日志审计等。

（3）安全防护技术：主要是针对信息系统的安全防护能力进行评估，包括防火墙、入侵防御、反病毒、加密等。

等级保护条例规定了网络运营者应当履行的一般安全保护义务和特殊安全保护义务，包括安全保护能力、密码管理、网络安全等级保护的监督管理、应急处置要求等内容。除此以外，还规定了涉密网络的安全保护、产品服务采购使用的安全要求、监测预警和信息通报要求、数据和信息安全保护要求等内容对网络运营者提出了要求。

作为网络运营者，企业应当依法履行一般安全保护义务和特殊安全保护义务，保障网络和信息安全。

《网络安全等级保护条例》针对产品服务采购使用的安全要求、技术维护要求、监测预警和信息通报要求、数据和信息安全保护要求以及应急处置要求等内容对网络运营者提出了要求。

2. 基本内容

简单来说，网络安全等级保护是对网络进行分等级保护、分等级监管。有以下几个关键词。

（1）定级。网络运营者对信息网络、信息系统、网络上的数据和信息，按照重要性和遭受损坏后的危害性分成五个安全保护等级，从第一级到第五级，逐级增高。

（2）备案。等级确定后，第二级（含）以上网络到公安机关备案，公安机关对备案材料和定级准确性进行审核，审核合格后颁发备案证明。

（3）建设。备案单位根据网络的安全等级，安全国家标准开展安全建设整改，建设安全设施、落实安全责任、建立和落实网络安全管理制度。

（4）测评。备案单位选择符合国家要求的测评机构开展等级测评。

（5）监督。公安机关对第二级网络进行指导，对第三级、第四级网络定期开展监督、检查。

网络安全等级保护的主要内容可以分为技术类安全要求和管理类安全要求两大类。技术类安全要求主要从物理安全、网络安全、主机安全、应用安全和数据安全几层面提出，通过在信息系统中部署软硬件并正确配置其安全功能来实现；管理类安全要求主要从安全管理制度、安全管理机构、人员安全管理、系统建设管理和系统运维管理几方面提出，通过控制各种角色的活动，从政策、制度、规范、流程以及记录等方面作出规定来实现。

根据网络安全等级保护制度，对网络运营者的安全保护义务作了基本规定，主要包括以下几方面。

（1）制定内部安全管理制度和操作规程，确定网络安全负责人，落实网络安全保护责任。

内部安全管理制度是网络运营者制定的有关网络安全管理组织架构、人员配备、行为规范、管理责任的规则；操作规程是网络运营者制定的有关人员在操作设备或办理业务时应当遵守的程序或步骤。网络运营者应当依照法律、行政法规及网络安全等级保护制度的规定,制定内部安全管理制度和操作规程,细化并落实安全管理义务,根据不同保护等级设置安全管理机构、安全管理人员、安全主管、安全管理负责人等,并明确相关机构和人员的职责。安全管理制度和操作规程规定的每一项具体制度、每一个操作步骤都应当有具体的责任人,哪个环节出了责任事故都要有相应的人员负责。

（2）采取防范危害网络安全行为的技术措施。

网络运营者应当依照法律、行政法规及网络安全等级保护制度的规定,切实采取技术防范措施,从技术上防范计算病毒和网络攻击、网络侵入等网络安全风险。例如,安装防病毒软件,防范计算机病毒;安装网络身份认证系统、网络入侵检测系统、网络风险审计系统等,防范网络攻击、侵入;安装自动报警系统,当检测到安全风险时自动报警等。

（3）配备相应的硬件和软件监测、记录网络运行状态、网络安全事件,按照规定留存相关网络日志。

网络日志是对网络信息系统的用户访问、运行状态、系统维护等情况的记录,对于追溯非法操作、未经授权的访问,并维护网络安全以及调查网络违法犯罪活动具有重要作用。我国相关行政法规和标准对网络日志的留存及其期限作了规定,一些国家的法律也对留存网络日志作了规定。网络安全法根据维护网络安全的需要,借鉴有关国家的做法,对网络日志留存及留存的期限作了规定。同时,考虑到网络日志的种类较多,哪些需要按照本条规定留存不少于六个月,需要根据维护网络安全的实际来确定,因此,本条规定,网络运营者应当按照规定留存相关的网络日志不少于六个月。

（4）采取数据分类、重要数据备份和加密等措施。

数据分类就是按照某种标准,如重要程度,对数据进行区分、归类。数据备份就是为防止系统故障或其他安全事件导致数据丢失,而将数据从应用主机的硬盘或阵列复制、存储到其他存储介质。数据加密就是通过加密算法和密钥将明文数据转变为密文数据,从而实现数据的保密性。网络运营者应当依照《密码法》和有关法律、行政法规以及网络安全等级保护制度的规定,采取数据分类、重要数据备份和加密措施,保护网络数据安全。

（5）网络运营者的其他义务。

除了《密码法》规定的义务外,网络运营者还应当履行其他有关法律、行政法规规定的网络安全保护义务。

8.4.2　实施意义

网络安全等级保护首先意味着保障个人隐私和信息安全。如今,无论是在线购物、金融交易还是社交分享,个人信息都在不断地被输入和存储在各种终端设备和云端服务器中。而个人信息泄露可能导致身份盗窃、金融欺诈等一系列问题,给个人和家庭带来不可估量的损失。而在企业领域,机密信息的泄露同样会严重威胁企业的核心竞争力和商业机密。因此,通过网络安全等级保护,可以保护个人和企业的隐私和机密信息,确保其不受到窃取、篡改、滥用等威胁。

网络安全等级保护意味着保护网络基础设施的稳定运行。网络已经成为现代社会不可或缺的基础设施,涉及交通、电力、金融等各行各业,一旦网络遭受攻击或遭到瘫痪,将对整个社会的运行造成严重的冲击。近年来,全球范围内爆发的勒索病毒、黑客攻击等事件频频发生,给全球网络基础设施的安全带来了极大的挑战。而通过网络安全等级保护技术的应用,可以加密数据传输、强化网络设备的防御能力,保证网络的稳定运行,为各个行业提供可靠的服务。

网络安全等级保护还意味着防范网络犯罪和打击网络黑产。在互联网的广阔世界中,遍布着各种各样的网络犯罪行为,如黑客攻击、网络诈骗、恶意软件传播等。这些犯罪行为不仅给个人和企业带来巨大的经济损失,还严重侵害了公民的合法权益和社会的公共秩序。网络安全等级保护的重要任务之一就是建立起完善的网络安全防护体系,通过监测、预警、反制等手段,对网络犯罪行为进行打击,维护网络环境的安全稳定。

因此《网络安全等级保护条例》意义重大,它可以为个人和企业打造最坚固的网络防线,让个人和企业在数字化时代安心畅游。

(1) 贯彻落实《网络安全法》,健全完善网络安全保障工作法律规范体系。

近年来,世界主要国家将网络安全作为谋求战略优势的新抓手,对内不断加强顶层设计和能力建设,对外抢抓网络空间控制权、规则制定权和话语权,世界大国网络空间博弈加剧,网络问题已成为大国互动的新焦点、大国战略关系走向的重大课题。我国网络安全形势更是严峻复杂,面临前所未有的威胁、风险和挑战,并存在许多突出的问题和困难。在这种形势下,亟须健全完善我国的网络安全法律体系,为我国网络安全等级保护制度的实施提供法律保障。

《网络安全法》明确规定国家实行网络安全等级保护制度,标志着网络安全等级保护制度从 1994 年国务院条例(第 147 号令)上升为国家法律要求,标志着我国实施十年之久的信息安全等级保护制度进入新时代、新阶段,标志着以保护国家关键信息基础设施和大数据安全为重点的网络安全等级保护制度将进一步健全完善并依法全面推进实施。以"建设网络强国"为战略目标,以发展需求为牵引,以安全问题为导向,及时制定出台《网络安全等级保护条例》十分必要、紧迫,这是构建全新网络安全等级保护制度体系、保障关键信息基础设施和大数据安全、依法维护我国网络空间安全的重要举措。

(2) 落实网络安全等级保护制度要求,构建国家网络安全基本制度、基本国策。

近年来,有关法规和系列政策文件明确要求,落实网络安全等级保护制度要求,重点保护基础信息网络和关系国家安全、经济命脉、社会稳定等方面的重要信息系统,不断健全完善网络安全等级保护制度体系。

网络安全等级保护是当今发达国家保护关键信息基础设施、保障信息安全的通行做法,也是我国多年来网络安全工作实践和经验的总结。开展网络安全等级保护工作的主要目的就是要保护国家关键信息基础设施安全、维护国家安全,这是一项事关国家安全、社会稳定、国家利益的重要决策部署。

网络安全等级保护制度业已成为国家网络安全的基本制度、基本策略和基本方法,是促进信息化健康发展,维护国家安全、社会秩序和公共利益的根本保障。因此,有必要将这一基础性制度通过行政法规的形式固定下来,把多年来网络安全工作中行之有效的方法和措施固化下来,确保《网络安全法》规定的网络安全基本制度得以有效实施。

(3) 应对日益严峻的网络安全形势,解决网络安全突出问题。

近年来网络安全形势越来越严峻,网络安全事件(案件)频发,面临境内外的网络攻击威胁也越来越大。从公安机关开展网络安全事件处置,以及打击黑客攻击类网络违法犯罪案件的情况看,有超过 80% 的网络安全事件(案件)都是网络运营者自身安全保护重视不够,基本安全保护措施不落实等原因造成的。因此,需要以《网络安全法》和《网络安全等级保护条例》共同支撑国家网络安全等级保护制度全面有效地贯彻落实。

习　题　8

1.《网络安全法》确立了哪些基本原则？

2.《网络安全法》从（　　　　　　　　　）起开始实施。

3. 要树立正确的网络安全观，应当把握好哪 6 方面的关系？

4. 如何理解"网络安全为人民，网络安全靠人民"？

5.《个人信息保护法》的十大亮点是什么？

6.《密码法》重点规范了什么内容？

7.《密码法》需要重点把握的 3 个原则是什么？

8. 网络安全等级可以分为几级？

9.《网络安全等级保护条例》意义是什么？

参 考 文 献

[1] 马利,姚永雷,苏健,等.计算机网络安全[M].4 版.北京:清华大学出版社,2023.

[2] KAHATE A.密码学与网络安全[M].葛秀慧,金名.译.4 版.北京:清华大学出版社,2023.

[3] 包子健,何德彪,彭聪,等.基于 SM2 数字签名算法的可否认环签名[J].密码学报,2023,10(2):264-275.

[4] 孙海锋,张文芳,王小敏,等.基于门限和环签名的抗自适应攻击拜占庭容错共识算法[J].自动化学报,2023,49(7):1471-1482.

[5] 郭平秀,李启南,杨忠鹏.一种图像增强及改进海洋生物图像检测算法[J].计算机工程与应用,2023,59(8):208-216.

[6] 谢佳,刘仕钊,王露,等.环签名技术研究进展及展望[J].计算机科学与探索,2023,17(5):985-1001.

[7] 李启南.二元主体结构的 AIGC 著作权归属研究[J].河南科技,2023,42(18):117-122.

[8] 杨忠鹏,李启南.改进 SteGAN 的嵌入式图像隐写方案[J].兰州交通大学学报,2022,41(4):48-57.

[9] 范青,何德彪,罗敏,等.基于 SM2 数字签名算法的环签名方案[J].密码学报,2021,8(4):710-723.

[10] 李启南,薛志浩,张学军.改进 Fast-HotStuff 区块链共识算法[J].计算机工程,2021,47(8):14-21.

[11] 郑剑,赖恒财.基于一次性环签名的区块链电子投票方案[J].计算机应用研究,2020,37(11):3378-3381,3391.

[12] 李启南,武茂生,牛泽杰.基于抗合谋指纹的数字档案信息安全保护[J].档案学研究,2016,3:78-81.

[13] 牛泽杰,李启南,李强军.基于矩形树图和折线图的网络流量分析[J].兰州交通大学学报,2016,35(6):51-56.

[14] 李启南,董一君,李娇,等.基于 CFF 码和 I 码的抗合谋数字指纹编码[J].计算机工程,2015,41(6):110-115.

[15] 威廉·斯托林斯.密码编码学与网络安全:原理与实践[M].唐明,译.6 版.北京:电子工业出版社,2015.

[16] 李启南,李娇,武让.基于双重零水印的数据库版权保护[J].计算机工程,2012,38(8):107-110.

[17] HANKERSON D,MENEZES A,VANSTONE S.椭圆曲线密码学导论[M].张焕国,等译.北京:电子工业出版社,2005.

[18] RIVEST R L,SHAMIR A, TAUMAN Y. How to leak a secret [C]//Proc of International Conference on the Theory and Application of Cryptology and Information Security. Berlin:Springer, 2001:552-556.

[19] DIFFIE W,HELLMAN M E. New directions in cryptography[J]. IEEE Transactions on Information Theory,1976,22(6):644-654.

图 书 资 源 支 持

感谢您一直以来对清华版图书的支持和爱护。为了配合本书的使用，本书提供配套的资源，有需求的读者请扫描下方的"书圈"微信公众号二维码，在图书专区下载，也可以拨打电话或发送电子邮件咨询。

如果您在使用本书的过程中遇到了什么问题，或者有相关图书出版计划，也请您发邮件告诉我们，以便我们更好地为您服务。

我们的联系方式：

清华大学出版社计算机与信息分社网站：https://www.shuimushuhui.com/

地　　　址：北京市海淀区双清路学研大厦 A 座 714

邮　　　编：100084

电　　　话：010-83470236　010-83470237

客服邮箱：2301891038@qq.com

QQ：2301891038（请写明您的单位和姓名）

资源下载：关注公众号"书圈"下载配套资源。

资源下载、样书申请

书圈

图书案例

清华计算机学堂

观看课程直播